U0314305

冶金工业出版社

普通高等教育"十四五"规划教材

# 材料分析检测方法

主编 龚 沛 崔晓明 赵学平

北 京
冶 金 工 业 出 版 社
2023

## 内 容 提 要

本书主要介绍了 X 射线衍射技术和材料电子显微分析技术的设备原理及分析实验方法，主要内容包括：X 射线衍射分析、扩展 X 射线吸收精细结构谱、透射电子显微分析、扫描电子显微分析、扫描隧道显微镜和原子力显微镜、光电子能谱分析、俄歇电子能谱学和热分析。书中引用案例均来自材料科学领域的新成果。

本书可作为高等院校材料科学与工程等专业本科生和研究生的教材，也可供从事材料研究及分析检测的科研人员学习参考。

**图书在版编目（CIP）数据**

材料分析检测方法 / 龚沛，崔晓明，赵学平主编 . —北京：冶金工业出版社，2023.8
普通高等教育"十四五"规划教材
ISBN 978-7-5024-9603-6

Ⅰ . ①材…　Ⅱ . ①龚…　②崔…　③赵…　Ⅲ . ①工程材料—分析方法　②工程材料—测试技术　Ⅳ . ①TB3

中国国家版本馆 CIP 数据核字（2023）第 157392 号

**材料分析检测方法**

| | | | |
|---|---|---|---|
| **出版发行** 冶金工业出版社 | | **电　话** | (010)64027926 |
| **地　　址** 北京市东城区嵩祝院北巷 39 号 | | **邮　编** | 100009 |
| **网　　址** www. mip1953. com | | **电子信箱** | service@ mip1953. com |

责任编辑　高　娜　美术编辑　吕欣童　版式设计　郑小利
责任校对　石　静　责任印制　窦　唯
北京印刷集团有限责任公司印刷
2023 年 8 月第 1 版，2023 年 8 月第 1 次印刷
787mm×1092mm　1/16；19.25 印张；463 千字；295 页
**定价 56.00 元**

投稿电话　(010)64027932　投稿信箱　tougao@cnmip. com. cn
营销中心电话　(010)64044283
冶金工业出版社天猫旗舰店　yjgycbs. tmall. com
（本书如有印装质量问题，本社营销中心负责退换）

# 前　言

"材料分析检测方法"是材料与化工学科的公共技术基础课之一，也是材料成型及控制工程、金属材料工程、材料物理、冶金工程等专业必修的技术基础课程之一。本书结合近年来内蒙古工业大学"材料分析方法"课程教学改革成果、教学实践经验及教学内容和设备现状，并参考兄弟院校教材编写而成。

本书力求突出如下特点：

（1）根据材料科学与工程专业的教学与科研范围，选择常用的分析仪器，从基本原理、仪器结构组成、分析方法三个方面进行详细讲解。

（2）强调基础理论与实际应用紧密联系。在介绍各种仪器设备工作原理及结构的基础上，紧密结合近年来编者形成的教学与科研成果，突出理论基础知识在实际工作中的应用，以适应高校工程教育的发展方向。

（3）在每章末选用了相关的近年高水平科研论文，目的是使初学者熟悉每种仪器的应用场景，了解其分析方法如何与其他分析方法有效地结合，以全面表征材料内部结构及性能。

本书包括 X 射线衍射分析、电子显微分析、热分析等多方面内容。全书共分 9 章，由内蒙古工业大学龚沛、崔晓明、赵学平担任主编。各章内容的编者均是内蒙古工业大学从事材料分析检测工作或主讲材料分析检测相关课程的老师。具体分工为龚沛编写第 2 章、第 3 章、第 8 章，崔晓明编写第 1 章、第 5 章、第 9 章，赵学平编写第 4 章、第 6 章，白朴存编写第 7 章。

本书在编写过程中参考了相关教材和文献资料，在此谨向原作者表示敬意和感谢。

由于编者水平所限，书中难免存在不妥之处，敬请广大读者批评指正。

编　者

2023 年 3 月

# 目　　录

# 1 绪 论

"材料分析检测方法"是工科高校材料类等专业普遍开设的一门有关材料测试分析与表征方法的专业技术基础课，主要介绍利用 X 射线衍射分析、电子显微分析和热分析等技术，表征分析材料微观组织结构与组成成分的方法，包括各种测试分析仪器的主要结构、工作原理及应用。对其他分析仪器表征方法，比如 X 射线精细结构谱、俄歇谱仪、X 射线光电谱仪、扫描隧道显微镜和高分辨电镜也进行了简单的介绍。

随着工业现代化进程的不断深入与科学技术的飞速发展，各行业领域对材料性能提出了新的要求。众所周知，材料的成分、组织、结构决定了其性能。材料分析方法就是在表征材料成分、结构、组织、缺陷等需求的基础上逐渐发展起来的现代分析测试技术，它是理论研究和生产实践中质量控制的有力工具，是材料的生产和新材料的研发中不可或缺的重要手段。

常见的材料性能包括力学性能、物理性能、化学性能等。例如，对于某些传统工程结构材料而言，人们更加关注其力学性能的提高，通常可以采用新技术、新工艺、新方法制备得到理想力学性能的新材料。为了深入挖掘新材料优异力学性能的成因及机理，科研人员需要借助一定的测试技术手段，详细表征材料的成分、组织和结构，通过分析测试结果，揭示材料内部组织结构对力学性能的影响，给出影响力学性能的影响因素，从而针对某些实际工程问题，能够提出更加科学合理的解决方案或策略，进一步指导新型高性能材料的设计与开发。

金属材料及多数功能材料的显微组织结构特征主要包括：（1）基体晶粒大小与形态（树枝晶、等轴晶、柱状晶等）；（2）第二相的尺寸、形态、数量、分布等（颗粒状、岛状、棒状相沿晶界或晶内分布等）；（3）基体与第二相的显微化学成分及其分布特点（元素的组成、富集、偏析等）；（4）缺陷类型及特征（空位、位错、界面等）；（5）基体与第二相的结构及特征（基体或第二相在不同晶带轴下的衍射花样）；（6）位向关系（惯习面、孪生面等）；（7）应变类型及分布（晶界、沉淀相与基体界面、孪晶界等附近区域）。

在开展材料显微组织观察时，首先会选择最简单、最常用的光学显微镜。作为传统的材料显微组织测试分析手段，光学显微镜可以直观获取材料的显微组织信息。例如，材料的晶粒大小，以及一些尺寸较大的第二相的分布与形态等。然而，受较低分辨率与放大倍数的限制，金相显微镜无法实现材料原子尺度下显微组织的表征需求。同时，金相显微镜只适用于表征材料的表面形貌，对于材料内部组织结构特征，以及微区的成分分析等信息也无法有效获取。对于材料化学成分分析而言，可以采用 ICP 测定材料的平均成分含量，但不能获得所含元素的分布情况。实际上，在材料显微组织中的某些区域（如界面处）可能存在元素的富集或偏析，导致材料微区成分不均匀。因此，使用传统的显微组织结构及成分分析的测试方法，远远不能满足当前材料研究领域的实际要求。

材料微观结构研究从 1885 年 X 射线发现开始至今已经近 140 年了，对材料开发和研究者来说，起初最常用的分析仪器是 X 射线衍射仪（X-ray diffraction，XRD）和透射电子显微镜（transmission electron microscope，TEM）。一百多年来，随着电子技术的发展，除了上述两种常用仪器外，还诞生了许多材料分析仪器。

X 射线衍射是利用 X 射线在晶体中的衍射现象来分析材料的晶体结构、晶格参数、晶体缺陷、不同结构相的含量及内应力。但是，X 射线衍射不能实现材料形貌的高分辨观察，以及微纳尺度下材料微区成分分析。电子显微镜是利用高能电子束做光源，用磁场做透镜制造的具有高分辨率和高放大倍数的电子光学显微镜。热分析是在程序控制温度下测量物质的物理性质与温度关系的一类技术。程序控制温度是指按某种规律加热或冷却，通常是线性升温和线性降温，物质包括原始试样和在测量过程中由化学变化生成的中间产物及最终产物。

通过本课程的学习，可以理解常用的材料现代分析方法及其基本原理，培养正确选择测试分析方法解决实际工程问题的意识和能力；了解各种测试分析仪器设备，以及测试分析方法在实际研究工作中的应用；能综合运用材料分析的原理与方法，对材料显微组织结构及成分进行表征，并能灵活运用各种分析方法解决科研与生产中所遇到的各种问题。

本书作为一本讲解材料分析方法的教材，主要的读者是材料类本科生及研究生，以及相关的生产和科研人员。由于材料类研究与物理和材料化学研究方向在微观领域的逐渐接轨，本书也可作为物理专业和材料化学专业学生的教学参考书。为了增强读者对各种分析测试方法的综合运用和分析能力，在与应用相关的章节之后，引进了近些年材料领域高水平学术论文作为案例，并期望通过对案例的解析提高读者综合运用材料分析方法的能力。

# 2 X射线衍射分析

## 2.1 X射线物理基础

### 2.1.1 X射线的发展历程

X射线是1895年德国物理学家伦琴（W. C. Rontgen, 1845—1923）在研究阴极管放电现象时发现的。由于当时对它的本质还不了解，故称为X射线，也称为伦琴射线。

X射线的发现是19世纪末20世纪初物理学的三大发现（1895年X射线、1896年放射线、1897年电子）之一，这一发现标志着现代物理学的产生。X射线为诸多科学提供了一种行之有效的研究手段，它对19世纪后的物理学以至整个科学技术的发展产生了巨大而深远的影响。

1836年，英国科学家迈克尔·法拉第（Michael Faraday, 1791—1867）发现在稀薄气体中放电时会产生一种绚丽的辉光，后来物理学家把这种辉光称为"阴极射线"。1861年，英国科学家威廉·克鲁克斯（William Crookes, 1832—1919）发现通电的阴极射线管在放电时会产生亮光，于是就把它拍下来，可是显影后发现整张干版上什么也没照上，一片模糊。他以为干版旧了，又用新干版连续照了三次，依然如此。克鲁克斯的实验室非常简陋，他认为是干版有毛病，退给了厂家。他也曾发现抽屉里保存在暗盒里的胶卷莫名其妙地感光报废了，他找到胶片厂商，指斥其产品低劣。一个伟大的发现与他失之交臂，直到伦琴发现了X射线，克鲁克斯才恍然大悟。

1895年10月，德国实验物理学家伦琴也发现了干板底片"跑光"现象，他决心查个水落石出。伦琴吃住在实验室，一连做了7个星期的秘密实验。11月8日，伦琴用克鲁克斯阴极射线管做实验，他用黑纸把管严密地包起来，只留下一条窄缝。他发现电流通过时，2 m开外一个涂了亚铂氰化钡的小屏发出明亮的荧光。如果用厚书、2～3 cm厚的木板或几厘米厚的硬橡胶插在放电管和荧光屏之间，仍能看到荧光。他又用盛有水、二硫化碳或其他液体的容器进行阻挡实验，实验结果表明它们也是"透明的"，铜、银、金、铂、铝等金属只要不太厚都能让这种射线透过。让伦琴更为惊讶的是，当他把手放在纸屏前时，纸屏上留下了手骨的阴影。伦琴意识到这可能是某种特殊的从来没有观察到的射线，它具有特别强的穿透力。伦琴用这种射线拍摄了他夫人的手的照片，显示出手骨骼。

1895年12月28日，伦琴向德国维尔兹堡物理和医学学会递交了第一篇研究通讯《一种新射线——初步报告》。伦琴在他的通讯中把这一新射线称为X射线（数学上经常使用的未知数符号X），因为他当时无法确定这一新射线的本质。

伦琴的这一发现立即引起了强烈的反响，1896年1月4日柏林物理学会成立50周年纪念展览会上展出X射线照片。1月5日维也纳《新闻报》抢先作了报道，1月6日伦敦

《每日纪事》向全世界发布消息，宣告发现了 X 射线，这些宣传轰动了当时国际学术界，伦琴的论文在 3 个月之内就印刷了 5 次，立即被译成英、法、意、俄等文字。X 射线作为世纪之交的三大发现之一，引起了学术界极大的研究热情。此后，伦琴发表了《论一种新型的射线》《关于 X 射线的进一步观察》等一系列研究论文。1901 年诺贝尔奖第一次颁发，伦琴由于发现 X 射线而获得了这一年的物理学奖。

随着 X 射线研究的迅速升温，几乎所有的欧洲实验室都立即用 X 射线管来进行实验和拍照。几个星期之后，X 射线已开始被医学家利用，他们使用 X 射线准确地显示了人体的骨骼，这是物理学的新发现在医学中最迅速的应用。随后，创立了用 X 射线检查食管、肠道和胃的方法，受检查者吞服一种造影剂（如硫酸钡），再经 X 射线照射，便可显示出病变部位的情景。以后又发明了用于检查人体内脏其他一些部位的造影剂。X 射线诊断仪在相当一个时期内一直作为医院中最重要的诊断仪器。

为纪念伦琴对物理学的贡献，后人也称 X 射线为伦琴射线，并以伦琴的名字作为 X 射线等的照射量单位。

在伦琴发现 X 射线的五年前，美国科学家古德斯柏德在实验室里偶然洗出了一张 X 射线的透视底片，但他归因于照片的冲洗药水或冲洗技术，便把这一"偶然"弃之于垃圾堆中。

自伦琴发现 X 射线后，许多物理学家都在积极地研究和探索。

1897 年，法国物理学家塞格纳克（G. M. M. Sagnac，1869—1926）发现 X 射线还有一种效应引人注目，当它照射到物质上时会产生二次辐射，这种二次辐射是漫反射，比入射的 X 射线更容易吸收，这一发现为以后研究 X 射线的性质作了准备。

偏振性的发现对认识 X 射线的本质虽然前进了一大步，但还不足以判定 X 射线是波还是粒子，因为粒子也能解释这一现象，只要假设这种粒子具有旋转性就可以了。1907～1908 年，一场关于 X 射线是波还是粒子的争论在巴克拉和英国物理学家亨利·布拉格（William Henry Bragg，1862—1942）之间展开。亨利·布拉格根据 γ 射线能使原子电离，在电场和磁场中不偏转以及穿透力极强等事实，主张 γ 射线是由中性偶——电子和正电荷组成，他认为 X 射线也一样，并由此解释了已知的各种 X 射线现象。巴克拉坚持认为 X 射线具有波动性，两人在科学期刊上展开了辩论，双方都有一些实验事实支持，这场争论虽然没有得出明确结论，但还是给科学界留下了深刻印象。巴克拉关于 X 射线的偏振实验和波动性观点可以说是后来劳厄发现 X 射线衍射的基础。

巴克拉最重要的贡献是发现了元素发出的 X 射线辐射都具有和该元素有关的特征谱线（也叫标识谱线）。巴克拉在实验中发现，不管元素已化合成什么化合物，它们总是发射一种硬的 X 射线，当原子量增大时，标识 X 射线的穿透本领会随着增大，这说明 X 射线具有标识特定元素的特性。

1909 年，巴克拉和他的学生沙德勒（C. A. Sadler）在进一步的实验中发现，标识谱线其实并不均匀，它可以再分为硬的成分和软的成分。他们把硬的成分称为 K 线，把软的成分称为 L 线。每种元素都有其特定的 K 线和 L 线。这些谱线的吸收率与发射元素的相对原子质量之间近似有线性关系，却跟普通光谱不同，不呈周期性。X 射线标识谱线对建立原子结构理论极为重要。

巴克拉由于发现标识 X 射线在 1917 年获得了诺贝尔物理学奖。

X射线有三个特征：第一，人的肉眼不可见，但它却能使铂氰化钡等物质发出可见的荧光，使照相底片感光；第二，X射线沿直线传播，经过电场或磁场时不发生偏转，且具有很强的穿透能力；第三，X射线通过物质时可以被吸收，使其强度衰减，还能杀伤生物细胞。

当时，X射线究竟是微小的质点束，还是像光一样的波状辐射，一直悬而未决。有一种鉴定方法就是看X射线能否通过狭缝时产生衍射（即改变射线方向）。要想获得衍射，狭缝间距须大致与辐射线的波长相当。当时最密的人工衍射光栅，只适用于一般光线，由X射线的穿透力推测，若X射线像波一样，则其波长要短得多，可能只有可见光波长的千分之一，制作如此精细的光栅完全是不可能的。

德国物理学家劳厄（Max von Laue，1879—1960）想到，如果人工做不出这样的光栅，自然界中的晶体也许能行。晶体是一种几何形状整齐的固体，而在固体平面之间有特定的角度，并且有特定的对称性。这种规律是构成晶体结构的原子有序排列的结果。一层原子和另一层原子之间的距离大约是X射线波长的大小，晶体应能使X射线衍射。

劳厄的老板，物理学家阿诺德·索末菲（Arnold Sommerfeld，1868—1951）认为这一想法荒诞不经，劝说他不要在这上面浪费时间，但到了1912年，两个学生证实了劳厄的预言，他们把一束X射线射向硫化锌晶体，在感光板上捕捉到了散射现象，即后来所称的劳厄相。感光板被冲洗出来后发现了圆形排列的亮点和暗点，这个衍射图证明了X射线具有波的性质。《自然》杂志把这一发现称为"我们时代最伟大和意义最深远的发现"。劳厄实验证明了X射线的波动性和晶体内部结构的周期性，他发表了《X射线的干涉现象》一文，两年后，也就是1914年，劳厄获得了诺贝尔物理学奖。

1914年，英国物理学家莫塞莱（Henry Gwyn Jeffreys Moseley，1887—1915）用布拉格X射线光谱仪研究不同元素的X射线，取得了重大成果。莫塞莱发现，以不同元素作为产生X射线的靶时，所产生的特征X射线的波长不同。他把各种元素所产生的特征X射线的波长排列后，发现其次序与元素周期表中的次序一致，他称这个次序为原子序数，原子序数与特征X射线波长的数量关系被称为莫塞莱定律。

从1901年伦琴发现X射线到今天，历史上与X射线相关的诺贝尔奖高达25项，可见X射线在科技发展中占有的重要地位，他们对各个基础科学的研究产生了巨大的推动作用（以下统计可能不完全）。

（1）1901年，诺贝尔奖第一次颁发，伦琴因发现X射线而获得了诺贝尔物理学奖。

（2）1914年，劳厄的X射线晶体衍射，证明了晶体的原子点阵结构而获得诺贝尔物理学奖。

（3）1915年，布拉格父子因利用X射线研究晶体结构方面所作出的杰出贡献分享了诺贝尔物理学奖。

（4）1917年，巴克拉由于发现标识X射线获得诺贝尔物理学奖。

（5）1924年，西格班因在X射线光谱学方面的贡献获得了诺贝尔物理学奖。

（6）1927年，康普顿与威尔逊因发现X射线的粒子性同获诺贝尔物理学奖。

（7）1936年，德拜因利用偶极矩、X射线和电子衍射法测定分子结构的成就而获诺贝尔化学奖。

（8）1946 年，缪勒因发现 X 射线能人为地诱发遗传突变而获诺贝尔生理学或医学奖。

（9）1954 年，鲍林由于在化学键的研究以及用化学键的理论阐明复杂的物质结构而获得诺贝尔化学奖（他的成就与 X 射线衍射研究密不可分）。

（10）1962 年，沃森、克里克和威尔金斯因发现核酸的分子结构及其对生命物质信息传递的重要性分享了诺贝尔生理学或医学奖（他们的研究成果是在 X 射线衍射实验的基础上得到的）。

（11）1962 年，佩鲁茨和肯德鲁因用 X 射线衍射分析法首次精确地测定了蛋白质晶体结构而分享了诺贝尔化学奖。

（12）1964 年，霍奇金因在运用 X 射线衍射技术测定复杂晶体和大分子的空间结构方面取得的重大成果，获诺贝尔化学奖。

（13）1969 年，哈塞尔与巴顿因提出"构象分析"的原理和方法，并应用在有机化学研究而同获诺贝尔化学奖（他们用 X 射线衍射分析法开展研究）。

（14）1973 年，威尔金森与费歇尔因对有机金属化学的研究卓有成效而共获诺贝尔化学奖。

（15）1976 年，利普斯科姆因用低温 X 射线衍射和核磁共振等方法研究硼化合物的结构及成键规律所获得的重大贡献获得诺贝尔化学奖。

（16）1979 年，诺贝尔生理学或医学奖破例地授给了对 X 射线断层成像仪（CT）作出特殊贡献的豪斯菲尔德和科马克这两位没有专门医学经历的科学家。

（17）1980 年，桑格借助于 X 射线分析法与吉尔伯特·伯格因确定了胰岛素分子结构和 DNA 核苷酸顺序以及基因结构而共获诺贝尔化学奖。

（18）1981 年，凯·西格班由于在电子能谱学方面的开创性工作获得了诺贝尔物理学奖。

（19）1982 年，克卢格因在测定生物物质的结构方面的突出贡献而获诺贝尔化学奖。

（20）1985 年，豪普特曼与卡尔勒因发明晶体结构直接计算法，为探索新的分子结构和化学反应作出开创性的贡献而分享了诺贝尔化学奖。

（21）1988 年，戴森霍弗、胡伯尔和米歇尔因用 X 射线晶体分析法确定了光合成中能量转换反应的反应中心复合物的立体结构，共享了诺贝尔化学奖。

（22）1997 年，斯科与博耶和沃克因借助同步辐射装置所产生的 X 射线表征了人体细胞内离子传输酶方面的研究成就而共获诺贝尔化学奖。

（23）2002 年，贾科尼因发现宇宙 X 射线源，与戴维斯和小柴昌俊共同分享了诺贝尔物理学奖。

（24）2003 年，阿格雷和麦金农因发现细胞膜水通道，以及对细胞膜离子通道结构和机理研究所作出的开创性贡献被授予诺贝尔化学奖（他们的成果用了 X 射线晶体成像技术）。

（25）2006 年，科恩伯格被授予诺贝尔化学奖，以奖励他在"真核转录的分子基础"研究领域所作出的杰出贡献（他将 X 射线衍射技术结合放射自显影技术开展研究）。

## 2.1.2　X 射线的本质

X 射线被发现后不久，物理学家就观察到 X 射线的偏振现象，偏振现象为电磁波所独有，但若最终确定 X 射线为电磁波，需要进一步观察到 X 射线的衍射现象，其实当时已经具备建立晶体 X 射线衍射实验的理论基础。

首先，晶体学的知识体系已经发展得相当完善。1784 年，法国晶体学家阿羽提出晶体结构理论；1830 年，德国晶体学家赫塞尔提出晶体 32 种宏观对称类型即 32 种点群；1848 年，法国晶体学家布拉菲确定了 14 种空间点阵类型；1885～1890 年，俄国晶体学家费多罗夫成功推导出 230 种空间群；1891 年，德国数学家熊夫利斯也导出了 230 种空间群。

物理学对晶体光学、热膨胀等的研究支持晶体物质原子规则排列的理论，根据 1 mol 物质的原子数，当时可以推测出原子在晶体中的间距在 0.1～1 nm 数量级，另一方面，德国物理学家索墨菲根据单缝衍射实验的结果，发现 X 射线的波长约为 0.04 nm。

内部原子规则排列的晶体由于其面间距与 X 射线波长是一个数量级，所以有可能被作为立体光栅观测到 X 射线的衍射现象。

1912 年德国物理学家劳厄在与其研究生埃瓦尔德讨论光学问题时得到启发，利用硫酸铜晶体作衍射光栅成功地观察到了 X 射线的衍射现象，该实验不但证实了 X 射线的本质是电磁波，而且为完善的晶体学理论找到了最有力的实验证据，具有划时代的意义。此外，X 射线为研究晶体的精细结构提供了新的方法。如可以利用 X 射线在结构已知的晶体中产生的衍射现象来测定 X 射线的波长；反过来，也可以利用已知波长的 X 射线在晶体中的衍射现象对晶体结构以及与晶体结构有关的各种问题进行研究。

劳厄的文章发表不久，引起了英国布拉格父子的关注，当时老布拉格，即亨利·布拉格（William Henry Bragg，1862—1942）已是利兹大学的物理学教授，而小布拉格，即劳伦斯·布拉格（William Lawrence Bragg，1890—1971）刚从剑桥大学毕业，在卡文迪许实验室工作。由于都是 X 射线微粒论者，两人都试图用 X 射线的微粒理论来解释劳厄的照片，但他们的尝试未能取得成功。小布拉格经过反复研究，成功地解释了劳厄的实验事实。他以更简洁的方式，清楚地解释了 X 射线晶体衍射的形成，并提出著名的布拉格公式：$2d\sin\theta = n\lambda$，这一结果不仅证明了小布拉格解释的正确性，更重要的是证明了能够用 X 射线来获取关于晶体结构的信息，在劳厄实验的基础上，1912 年，英国物理学家布拉格父子首次利用 X 射线衍射方法测定了 NaCl 的晶体结构，并用 X 射线研究了铜单晶的晶体结构。

劳厄发现 X 射线衍射有两个重大意义：一方面，表明了 X 射线是一种波，对 X 射线的认识迈出了关键的一步，这样科学家就可以确定它们的波长，并制作仪器对不同的波长加以分辨（与可见光一样，X 射线具有不同的波长）；另一方面，这一发现验证了晶体的空间点阵假说，使晶体物理学发生了质的飞跃。可以利用 X 射线来研究晶体的三维物质结构，此后，X 射线学在理论和实验方法上飞速发展，形成了一门内容极其丰富、应用极其广泛的综合学科。

X 射线波长在国际单位制中用纳米（nm）表示，1 nm = $10^{-9}$ m。在电磁波谱中（见图 2-1），X 射线的波长范围为 0.001～10 nm。用于 X 射线晶体结构分析的波长一般选用 0.05～0.25 nm。金属部件的无损探伤则希望用更短的波长，一般为 0.005～0.1 nm 或更短。

图 2-1　X射线在电磁波谱中的波段范围

X射线的频率 $\nu$、波长 $\lambda$ 以及其光子的能量 $E$、动量 $P$ 之间存在如下关系：

$$E = h\nu = \frac{hc}{\lambda} \tag{2-1}$$

$$P = \frac{h}{\lambda} \tag{2-2}$$

式中，$h$ 为普朗克常数，$6.625 \times 10^{-34}$ J·s；$c$ 为光速，$2.998 \times 10^{8}$ m/s。

### 2.1.3　X射线的产生

X射线的产生可以有多种方式。常规X射线衍射仪器所配备的X射线发生器，都是通过高速电子流轰击金属靶的方式获得X射线。对于那些特殊的研究工作可以利用同步辐射X射线源。常规X射线衍射仪器所配备的X射线发生器是X射线管。宏观上看，X射线管的基本工作步骤是：高速运动的电子与物体碰撞，电子的运动受阻失去动能，其中小部分（1%）能量转变为X射线的能量产生X射线，而绝大部分（99%）能量转变成热能使物体温度升高。因此，为了获得X射线需具备下列三个基本条件：（1）产生自由电子；（2）使电子作定向的高速运动；（3）在其运动的路径上设置一个障碍物（金属靶）使电子突然减速或停下。X射线管的基本结构就是按照这样的条件设计的，如图 2-2 所示。

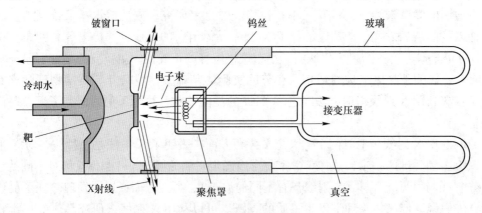

图 2-2　X射线管的结构

X射线管的基本组成包括：

（1）阴极。阴极产生电子，它是由绕成螺线形的钨丝制成。给它通以一定的电流加热到白热，便能放射出热辐射电子。在数万伏高压电场的作用下，这些电子加速飞向阳极。为了使电子束集中，在阴极灯丝外面加上聚焦罩，并使灯丝与聚焦罩之间始终保持 $100 \sim 400$ V 的负电位差。聚焦罩是用钼或钽等高熔点金属制成。

（2）阳极。阳极又称为靶，靶被高速运动电子轰击产生X射线。由于高速电子束轰击阳极靶时，只有1%的能量转变为X射线的能量，而其余的99%都转变为热能，因此阳极由两种材料制成。阳极底座用导热性能好、熔点较高的材料（黄铜或紫铜）制成，在底座的端面镶上一层阳极靶材料，常用的阳极靶材料有Cr、Fe、Co、Ni、Cu、Mo、Ag、W等，在软X射线装置中常用Al、Si等靶。阳极靶内部设计有循环水冷却通道，工作时必须先通循环水，以防止靶被熔化。

在阳极外面装有阳极罩，它的作用是吸收二次电子。因为当高速电子束轰击阳极靶面时，除发射X射线外，还产生一些二次电子。如果让它们射到玻璃壁上，则会使管壁产生大量的负电荷积累，从而阻止电子束的运动。

（3）窗口。窗口是X射线从阳极靶内输出的口。为了减少X射线的损失，在X射线管的周围开设两个或四个由专门材料制成的窗口。窗口材料要求既要有足够强度以保持管内真空，又要对X射线吸收较小。较好的窗口材料是铍，有时也用硼酸铍锂构成的林德曼玻璃，但它不耐潮湿，使用时要用专制的透明胶涂在窗口上防潮。

（4）焦点。焦点是指阳极靶面被电子束轰击的地方，正是从这块面积上激发出X射线。焦点的尺寸和形状是X射线管的重要特性之一。焦点的形状取决于阴极灯丝的形状。现代X射线管多用螺线形灯丝，产生长方形焦点。

## 2.1.4 连续X射线谱

由X射线管发射出来的X射线可以分为两种类型：一种是波长在一定范围连续分布的X射线，如果以波长为横坐标，以X射线的相对强度为纵坐标作图，则构成如图2-3所示的连续X射线谱，它和可见光的白光相似，故也称为多色X射线；另一种是在上述连续谱上的某些特定波长处出现尖锐峰值的谱线，由于这些特征峰的位置只与靶材的原子序数有关，可以作为识别不同靶材的标识，所以称其为标识（特征）X射线谱（见图2-4），它和可见光中的单色光类似，所以也称为单色X射线。

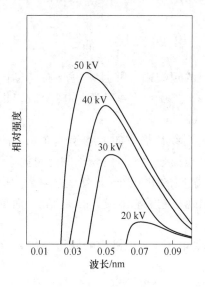

图2-3 钨靶连续X射线谱

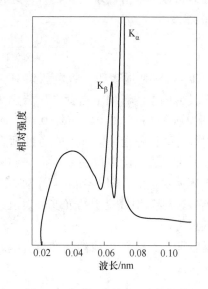

图2-4 钼靶K系标识X射线谱

例如，保持钨靶 X 射线管的管电流不变，将管电压由 20 kV 逐渐增加到 50 kV，同时测量各种波长的对应强度，便可以得到如图 2-3 所示的连续 X 射线谱。从图 2-3 可以看出，连续 X 射线谱的强度是随波长的变化而连续变化的。每条曲线都有一个强度最大值，并且在波长减少方向存在波长最小值，称之为短波限 $\lambda_{swl}$。随着管电压的升高，各种波长的强度均相应地增加，同时，各曲线所对应的强度最大值和"短波限"均向波长减小方向移动。

如果保持管电压不变，只增加管电流，则短波限 $\lambda_{swl}$ 和强度最大值对应的波长不变，只是各点强度都有一定的增加。

运用经典电动力学的理论可以对连续 X 射线谱产生的机理做出解释。当能量为"eV"的电子与构成阳极靶的原子碰撞时，电子产生负加速度，经典电动力学的理论认为，只要电子产生加速度就会向空间辐射球面波，每碰撞一次产生一份向空间辐射的能量为"$h\nu$"的光子流，这样的光子流即为 X 射线。单位时间内到达阳极靶面的电子数目巨大，在这些电子中，只有极少数电子只经过一次碰撞就耗尽全部能量，而绝大多数电子要经历多次碰撞，逐渐地损耗自己的能量。每个电子每经历一次碰撞产生一个光子，多次碰撞产生多次辐射。由于每次碰撞中产生的加速度不同，所以相应的光子的能量各不相同，因此出现一个连续 X 射线谱。

短波限的存在对应于经过一次碰撞就耗尽全部能量的情形，即电子在电场中获得的动能全部转化为一个光子的能量。

$$eV = h\nu_{max} = \frac{hc}{\lambda_{swl}} \tag{2-3}$$

式中，$e$ 为电子电荷，等于 $1.602 \times 10^{-19}$ C；$V$ 为电子通过两极时的电压降，V；$h$ 为普朗克常数，$6.626 \times 10^{-34}$ J·s；$\nu_{max}$ 为 X 射线频率，$s^{-1}$；$c$ 为光速，等于 $2.998 \times 10^8$ m/s；$\lambda_{swl}$ 为短波限，nm。

将所有常数的数值代入式（2-3），并将波长用纳米（nm），管电压用千伏（kV）表示，即得：

$$\lambda_{swl} = \frac{6.626 \times 10^{-34} \text{ J·s} \times 3 \times 10^8 \text{ m/s}}{1.602 \times 10^{-19} \text{ C} \times V} = \frac{1.24}{V} \text{ nm} \tag{2-4}$$

式（2-4）清楚地表明，管电压值对应一定的短波限，并且，短波限只与管电压有关，不受其他因素的影响。当管电压分别为 20 kV、30 kV、40 kV、50 kV 时，相应的短波限分别为 0.062 nm、0.041 nm、0.031 nm、0.025 nm。

X 射线的强度是指单位时间内通过垂直于 X 射线传播方向上的单位面积内的所有光子的能量总和，常用的单位是 J/(cm²·s)。X 射线的强度 $I$ 是由光子的能量 $h\nu$ 和它的数目 $n$ 两个因素决定的，即 $I = nh\nu$。因为波长为短波限的单个光子虽然能量最大，但其数量很少，所以连续 X 射线谱中的强度最大值并不出现在光子能量最大的 $\lambda_{swl}$ 处，而是在大约 $1.5\lambda_{swl}$ 的地方。

实验证明，连续 X 射线的强度与管电流 $i$、管电压 $V$、阳极靶的原子序数 $Z$ 存在如下关系：

$$I_{连} = K_1 i Z V^m \tag{2-5}$$

式中，$K_1$ 和 $m$ 都是常数，$m$ 约等于 2，$K_1$ 约等于 $(1.1 \sim 1.4) \times 10^{-9}$。

在 X 射线管中，电子束轰击阳极时，99% 的能量转变为热能，只有 1% 左右的能量转变为 X 射线的能量。因此。X 射线管的效率是很低的。

$$\eta = X\ 射线管效率 = \frac{X\ 射线功率}{电子流功率} = \frac{K_1 i Z V^2}{iV} = K_1 Z V \tag{2-6}$$

例如，钨靶 $Z = 74$，当管电压为 100 kV 时，X 射线管的效率也只有 1% 或更低。

### 2.1.5 特征 X 射线谱

特征 X 射线又称为标识 X 射线。从谱线图上看，标识 X 射线谱是在连续谱上产生的，即在连续谱的特定波长处产生尖锐的强度峰，称这些强度峰对应的 X 射线为标识 X 射线谱。在实际操作中，以钼靶为例（见图 2-4），如果保持 X 射线管中管电流一定，将管电压逐渐增加，在管电压低于 20 kV 时，只产生连续 X 射线谱；当管电压超过 20 kV 时，则在连续谱的基础上产生波长特定的 X 射线的尖锐峰，构成标识 X 射线谱。通常将开始产生标识谱线的临界电压称为激发电压，每种物质的激发电压是一个定值。当电压继续增加时，标识谱线的波长不变，只是强度相应地增加，改变管电流等其他参数也是如此。实验研究证明这些特征峰的位置只与靶材的原子序数有关。图 2-4 所示的是钼靶 K 系标识 X 射线谱。它有两个强度高峰，分别位于波长为 0.063 nm 和 0.071 nm 处。前者称 $K_\beta$，后者称 $K_\alpha$。$K_\alpha$ 辐射实际上是由波长很接近（波长差约为 $4 \times 10^{-4}$ nm）的两条谱线组成。当两条线能分辨时，将双重线分别称为 $K_{\alpha 1}$ 和 $K_{\alpha 2}$，它们的强度比为 $K_{\alpha 1} : K_{\alpha 2} = 2 : 1$。钼靶 $K_{\alpha 1}$ 和 $K_{\alpha 2}$ 的波长分别为 0.070926 nm 和 0.071354 nm。如果双重线不能分辨，则简称为 $K_\alpha$，它的波长计算方法是按其强度比例加权平均，即 $\lambda_{K_\alpha} = 2K_{\alpha 1}/3 + K_{\alpha 2}/3$，对钼靶来说，它的波长 $\lambda_{K_\alpha} = 2 \times 0.070926/3 + 0.071354/3 = 0.071069$ nm。

标识 X 射线谱的产生机理源于原子内部的电子从高能级向低能级的跃迁。从原子物理学知道，原子系统内的电子按"泡利不相容原理"和"能量最低原理"分布于各个能级，即所谓"能量量子化，轨道量子化"。各能级中电子的运动状态由四个量子数所确定。原子系统内的能级是不连续的，按其能量大小分为数层，从内到外依次为 K、L、M、N…。K 层能量最低，从内到外依次跳跃增加，但相邻两层间的能量差值随主量子数 $n$ 的增加而减小。在电子束轰击阳极的过程中，当某个具有足够能量的电子将阳极靶原子的内层电子即 K 电子击出时，在 K 层上出现一个空位，原子的系统能量因此而升高，处于激发态，这种激发态是不稳定的，较高能级上的电子会自发地向低能级上的空位跃迁，使原子系统重新回到稳定状态，而多余的能量以光子的形式辐射出标识 X 射线谱，其辐射频率由下列公式决定：

$$h\nu_{n2 \to n1} = E_{n2} - E_{n1} = W_{n1} - W_{n2} \tag{2-7}$$

式中，$E_{n1}$、$E_{n2}$ 分别为低能级和高能级中电子的能量；$W_{n1}$、$W_{n2}$ 分别为将相应低能级和高能级的电子打到无穷远处所做的功。

可见，由于能量量子化和轨道量子化，电子从 L 层跃迁到 K 层所辐射出的每个标识 X 射线光子的能量都是相同的，因此标识 X 射线具有特定波长。

莫塞莱在 1913～1914 年整理特征 X 射线数据时发现，特征辐射的波长随阳极靶材的原子序数的增加而变短，在特征 X 射线频率 $\nu$ 的平方根和靶材原子序数 $Z$ 之间存在线性关系：$\sqrt{\nu} = C(Z - \sigma)$，后人将这个关系式称为莫塞莱定律，式中 $C$ 和 $\sigma$ 均为常数。现在经常把它写成这样的形式：

$$\sqrt{\frac{1}{\lambda}} = C(Z - \sigma) \tag{2-8}$$

莫塞莱定律是 X 射线波谱分析的依据，配有能谱仪或波谱仪的透射电镜和扫描电镜，就是通过对细聚焦的高能电子束轰击试样表面激发出的标识 X 射线的分析来确定元素的存在（当然，能谱仪或波谱仪也可以单独使用，只是在材料的研究中，若和其他仪器联合使用，效能更佳，例如和透射电子显微镜一起使用，不但可以在观察形貌的同时通过选区衍射获得感兴趣区域的物相结构信息，还可以获得表面元素分布的信息）。

根据原子物理学的知识，从式（2-7）出发也可以导出莫塞莱定律。

标识 X 射线谱的激发和辐射过程也可以用图 2-5 所示的原子能级示意图来描述。例如，当 K 层电子被击出时，原子的系统能量便由基态升高到 K 激发态，把这个过程称为 K 系激发。随后，K 层的空位被高能级上的电子所填充，这时所产生的辐射称为 K 系辐射。在 K 系辐射中，当 K 层的空位被 L 层的电子填充时，空位从 K 层转移到 L 层，则受激原子从 K 激发态跃迁到 L 激发态，产生 $K_\alpha$ 辐射。当 K 层空位被 M 层电子填充时，空位从 K 层转移到 M 层，则受激原子从 K 激发态跃迁到 M 激发态，产生 $K_\beta$ 辐射。其余的 L、M、N 等系的激发辐射过程也和 K 系的情况类似。

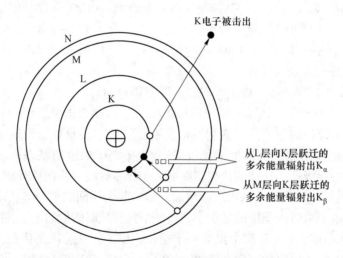

图 2-5　产生标识谱时原子能级跃迁示意图

从原子能级跃迁示意图可以明显地看出 $K_\beta$ 辐射的光子能量大于 $K_\alpha$ 的能量，但是 $K_\alpha$ 的强度却比 $K_\beta$ 大（见图 2-4），这是因为 K 层与 L 层相邻，K 层空位被 L 层电子填充的概率大于被 M 层电子填充的概率。因此，$K_\alpha$ 光子数量大，而 X 射线的强度是光子的能量与其数目的乘积，所以，$K_\beta$ 辐射的强度要比 $K_\alpha$ 的小，约为 $K_\alpha$ 的五分之一。

$K_{\alpha 1}$ 和 $K_{\alpha 2}$ 双线现象是原子层内的亚层造成的。我们知道在 L 层上有 8 个电子，它们的能量并不相同，而分别位于两个亚层上。当 K 层空位被两个不同的 L 亚层上的电子填充时，便产生具有微小能量差别的 $K_{\alpha 1}$ 和 $K_{\alpha 2}$ 双线辐射。

击出 K 层电子所做的功最大，所以 K 系的激发电压最高。在发生 K 系激发的同时必定伴随有其他各系的激发和辐射过程发生，但在一般的 X 射线衍射中，由于 L、M、N 等系的辐射强度很弱（数量少）和波长很长（光子能量低），因此，只能观测到 K 系辐射。

K 系标识 X 射线的强度与管电压、管电流的关系为：

$$I_{标} = K_2 i (V - V_K)^n \tag{2-9}$$

式中，$K_2$、$n$ 为常数，$n = 1.5 \sim 1.7$；$V$、$V_K$ 分别为工作电压和 K 系激发电压；$i$ 为管电流。

在 X 射线衍射工作中，经常使用的是标识 X 射线，只有在用劳厄法，摄照固定不动的单晶体时，才采用连续 X 射线。在使用标识 X 射线的分析工作中，X 射线谱中的连续谱部分会产生有害的背底，因此，实际工作中总是希望标识谱线强度与连续谱强度的比越大越好。根据式（2-5）和式（2-9）两个关系式可以求出标识谱线强度和连续谱强度的比 $I_{标}/I_{连}$ 与工作电压和激发电压的比 $V/V_K$ 之间的关系，结果表明，当工作电压为 K 系激发电压的 $3 \sim 5$ 倍时，$I_{标}/I_{连}$ 最大。常用的阳极靶 K 系标识 X 射线谱的波长和工作电压列于表 2-1 中。

**表 2-1　常用的阳极靶 K 系标识 X 射线谱的波长和工作电压**

| 靶 | 原子序数 | $K_{\alpha1}$ | $K_{\alpha2}$ | $K_{\alpha}$ | $K_{\beta}$ | $V_K$/kV | $V$/kV |
|---|---|---|---|---|---|---|---|
| Cr | 24 | 2.28962 | 2.29351 | 2.2909 | 2.08480 | 5.98 | 20 ~ 25 |
| Fe | 26 | 1.93991 | 1.93991 | 1.9373 | 1.75653 | 7.10 | 25 ~ 30 |
| Co | 27 | 1.78892 | 1.79278 | 1.7902 | 1.62075 | 7.71 | 30 |
| Ni | 28 | 1.65784 | 1.66169 | 1.6591 | 1.50010 | 8.29 | 30 ~ 35 |
| Cu | 29 | 1.54051 | 1.54433 | 1.5418 | 1.39217 | 8.86 | 35 ~ 40 |
| Mo | 42 | 0.70926 | 0.71354 | 0.7107 | 0.63225 | 20.0 | 50 ~ 55 |
| Ag | 47 | 0.55941 | 0.56381 | 0.5609 | 0.49701 | 25.5 | 55 ~ 60 |

## 2.2　X 射线衍射几何

### 2.2.1　布拉格方程

利用 X 射线研究晶体结构中的各类问题，主要是利用了 X 射线在晶体中产生的衍射现象。

X 射线在晶体中的衍射现象是这样产生的：当一束 X 射线照射到晶体上与电子相互作用发生相干散射时，每个电子都是一个新的次级波源，向空间辐射出与入射波同频率的球面电磁波，在讨论衍射线的方向时，认为所有电子的散射波都是由原子中心发出的。由于这些散射波之间的干涉作用，使得空间某些方向上始终保持干涉加强，于是在这个方向上可以观测到衍射线，而在另一些方向上则始终是互相抵消的，于是就没有衍射线产生。所以，X 射线在晶体中的衍射现象，本质上是大量的相干散射波互相干涉的结果。

由于衍射花样是 X 射线在特定结构的晶体中衍射产生的，所以这些衍射花样必定包含晶体结构的信息。只有弄清衍射花样和晶体结构之间的内在联系，才可以利用衍射花样分析晶体结构。一个衍射花样，包含两方面的信息：一是衍射线在空间的分布规律（衍射线的方向，即衍射角 $2\theta$），二是衍射线束的强度。通过后面的学习我们将会看到，衍射线的空间分布规律是由晶胞的大小和形状决定的；而衍射线的强度则取决于原子的品种和它们在晶胞中的位置。为了通过衍射花样来分析晶体内部结构的各种问题，必须在衍射花样和晶体结构之间建立起定性和定量的关系。这是 X 射线衍射理论所要解决的中心问题。

### 2.2.1.1　布拉格方程的导出

布拉格方程是 X 射线衍射几何规律（空间的分布规律）的最简洁表达形式。用布拉格方程描述 X 射线在晶体中的衍射几何时，是把晶体看作是由许多平行的原子面堆积而成的立体光栅。虽然原子中的电子在 X 射线电场作用下产生的次生波呈球面波的形式向空间各个方向辐射，但由于次生波源处于晶体中规则排列的原子面上，所以，通过下面的分析可以看到，只有在入射线的特定的镜面反射方向才有可能观察到衍射现象。也就是说，所有原子的球面相干散射波在原子面反射方向上的相位是有可能相同的，是可能的干涉加强方向。下面分析单一原子面和多层原子面在反射方向上原子散射波的相位情况，从而导出布拉格方程。

如图 2-6 所示，当一束平行的 X 射线以 $\theta$ 角投射到一个原子面上时，其中任意两个原子 $A$、$B$ 的散射波在原子面反射方向上的光程差为：

$$\delta = CB - AD = AB\cos\theta - AB\cos\theta = 0 \tag{2-10}$$

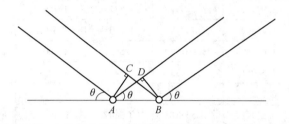

图 2-6　一个原子面对 X 射线的衍射

$A$、$B$ 两原子散射波在原子面反射方向上的光程差为零，说明它们的相位相同，是干涉加强的方向。由于 $A$、$B$ 是任意的，所以此原子面上所有原子散射波在反射方向上的相位均相同。由此看来，一个原子面对 X 射线的衍射可以在形式上看成为原子面对入射线的反射。这里首先讨论一个原子面的散射，是为了说明单一原子面上所有原子散射波在反射方向上的相位均相同。如果在这个原子面之下再加入一个相同的原子面，可以设想，只要上、下两个面的面间距满足某些特定的值，一定也会在某些特定方向相位同步。下面讨论的就是两个原子面的情形，并且由此导出布拉格方程。

由于 X 射线在电场和磁场中不发生偏转的特性，使它不仅能使晶体表面的原子成为散射波源，而且还能使晶体内部的原子成为散射波源。在相干散射情况下，应该把衍射线看成是由许多平行原子面发出的反射波振幅叠加的结果。干涉加强的条件是晶体中任意相邻两个原子面上的原子散射波在原子面反射方向的相位差为 $2\pi$ 的整数倍或者光程差等于波长的整数倍。如图 2-7 所示，一束波长为 $\lambda$ 的 X 射线以 $\theta$ 角投射到面间距为 $d$ 的一组平行原子面上。从中任选两个相邻原子面 $P_1$、$P_2$，作原子面的法线与两个原子面相交于 $A$、$B$。过 $A$、$B$ 绘出代表 $P_1$ 和 $P_2$ 原子面的入射线和反射线。由图 2-7 可以看出，经 $P_1$ 和 $P_2$ 这两个原子面反射的反射波的光程差为：$\delta = EB + BF = 2d\sin\theta$，干涉加强的条件为：

$$2d\sin\theta = n\lambda \tag{2-11}$$

式中，$n$ 为整数，称为反射级数；$\theta$ 为入射线与反射面的夹角，称为掠射角，由于它等于入射线与衍射线夹角的一半，故又称为半衍射角，把 $2\theta$ 称为衍射角。

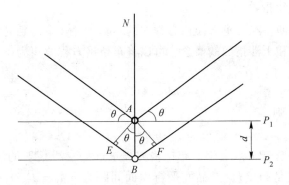

图 2-7　双原子面对 X 射线的衍射

式（2-11）是 X 射线在晶体中产生衍射必须满足的基本条件，它反映了衍射线方向（$\theta$）与晶体结构（$d$）之间的关系。这个关系式首先由英国物理学家布拉格父子于 1912 年导出，故称为布拉格方程。

### 2.2.1.2　布拉格方程的讨论

#### A　选择反射

X 射线在晶体中的衍射本质上是晶体中各原子散射波之间的干涉。只是由于对称性，使衍射线必然出现于原子面对入射线的反射方向，但是 X 射线的原子面反射和可见光的镜面反射有两点不同：其一，一束可见光以任意角度投射到镜面上都可以产生反射，而原子面对 X 射线的反射并不是在任意角度都可以接收到衍射花样，只有当 $\lambda$、$\theta$ 和 $d$ 三者之间满足布拉格方程时才能发生反射。所以把 X 射线的这种反射称为选择反射。其二，X 射线的所谓原子面反射有深层原子的参与，而可见光的镜面反射只有表面原子的参与。

在众多的教材中，有的用"反射"这个术语来描述一些衍射问题，有的把"衍射"和"反射"作为同义语混合使用，这都是为了形象地说明衍射问题，其本质上都是干涉的结果。因此，以后应统一使用"衍射"和"干涉"这两个词来描述和分析 X 射线的衍射过程，本质上都应理解为干涉。

#### B　产生衍射的极限条件

从布拉格方程可以看出在晶体中能产生衍射的波长范围：

$$\frac{n\lambda}{2d} = \sin\theta < 1 \tag{2-12}$$

式（2-12）变形后，即为 $n\lambda < 2d$。$n$ 的最小值为 1（$n = 0$ 相当于透射方向上的衍射线束，无法观测），所以产生衍射的波长条件为 $\lambda < 2d$，也就是说，能够被晶体衍射的电磁波的波长必须小于参加反射的晶面中最大面间距的二倍，否则不会产生衍射现象。但是波长过短使衍射线向低角范围聚集，不利于衍射现象的观测，也不宜使用。因此，用于 X 射线衍射的波长范围为 0.05 ~ 0.25 nm。另一方面，将 $\lambda < 2d$ 变形得到 $d > \lambda / 2$，它说明当 X 射线波长一定时，晶体中有可能参加反射的晶面族也是有限制的，它们必须满足 $d > \lambda / 2$，即只有那些晶面间距大于入射 X 射线波长一半的晶面才能发生衍射。可以利用这个关系来判断一定条件下所能出现的衍射线数目的多少。在 X 射线衍射的波长范围内，选用的波长越短，能出现的衍射线数目越多。

C   干涉面和干涉指数

为了应用上的方便，经常把布拉格方程中的 $n$ 隐含在 $d$ 中得到简化的布拉格方程。为此，需要引入干涉面和干涉指数的概念。可以将布拉格方程改写为：

$$2\frac{d_{hkl}}{n}\sin\theta = \lambda$$

令 $d_{HKL} = d_{hkl}/n$，则

$$2d_{HKL}\sin\theta = \lambda \tag{2-13}$$

这样，就把 $n$ 隐含在 $d_{HKL}$ 之中，布拉格方程永远是一级衍射的形式。这里把 $(hkl)$ 晶面的 $n$ 级衍射看成是与 $(hkl)$ 晶面平行、面间距为 $d_{HKL} = d_{hkl}/n$ 的晶面的一级衍射。面间距为 $d_{HKL}$ 的晶面并不一定是晶体中的真实原子面，而是为了简化布拉格方程所引入的衍射面，把这样的衍射面称为干涉面。把干涉面的晶面指数称为干涉指数，通常用大写的 $HKL$ 来表示。根据晶面指数的定义可以得出干涉指数与晶面指数之间的关系为：$H = nh$；$K = nk$；$L = nl$。干涉指数与晶面指数之间的明显差别是：干涉指数中有公约数，而晶面指数只能是互质的整数；当干涉指数也互为质数时，它就代表一族真实的晶面。所以说，干涉指数是晶面指数的推广，是广义的晶面指数，是为了便于数学处理才引入的。

D   衍射花样和晶体结构的关系

从布拉格方程可以看出，在波长一定的条件下，衍射线的方向 $(\theta)$ 是晶面间距 $d$ 的函数。如果将各晶系的 $d$ 值公式代入布拉格方程 (2-13)，则得：

立方晶系            $\sin^2\theta = \dfrac{\lambda^2}{4a^2}(H^2 + K^2 + L^2)$                   $(2\text{-}14)$

正方晶系            $\sin^2\theta = \dfrac{\lambda^2}{4}\left(\dfrac{H^2 + K^2}{a^2} + \dfrac{L^2}{c^2}\right)$             $(2\text{-}15)$

斜方晶系            $\sin^2\theta = \dfrac{\lambda^2}{4}\left(\dfrac{H^2}{a^2} + \dfrac{K^2}{b^2} + \dfrac{L^2}{c^2}\right)$             $(2\text{-}16)$

六方晶系            $\sin^2\theta = \dfrac{\lambda^2}{4}\left(\dfrac{4}{3}\dfrac{H^2 + HK + K^2}{a^2} + \dfrac{L^2}{c^2}\right)$        $(2\text{-}17)$

其余晶系从略。

从式 (2-14)~式(2-17) 可以看出，不同晶系的晶体，或者同一晶系而晶胞大小不同的晶体，其衍射花样是不相同的。因此，在具体用 X 射线衍射现象研究各个晶系的晶体结构时，布拉格方程只反映了晶胞的大小和形状与衍射线方向间的函数关系。也就是说，衍射线的方向只包含了晶体晶胞的大小和形状这两个信息，而未包含原子的品种和位置的信息。从后面的学习我们将看到，原子的品种和位置的信息包含在 X 射线衍射线的强度中。

例如，用一定波长的 X 射线照射图 2-8 所示的具有相同点阵常数的三种晶胞。简单晶胞（见图 2-8(a)）和体心晶胞（见图 2-8(b)和(c)），其衍射花样的区别，从布拉格方程中得不到反映；由单一种类原子构成的体心晶胞（见图 2-8(b)）和由两种原子构成的体心晶胞（见图 2-8(c)）衍射花样的区别，从布拉格方程中也得不到反映，因为在布拉

格方程中不包含原子种类和坐标的参量。由此看来，在研究晶胞中原子的位置和种类的变化时，除布拉格方程外，还需要有其他的判断依据。这种判据就是下一节要讲的衍射线强度理论中的结构因子。

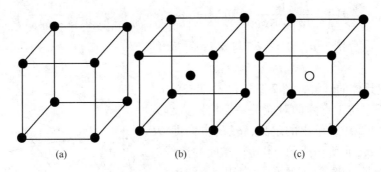

图 2-8   布拉格方程不能反映原子的品种和位置
（a）简单晶胞；（b）（c）体心晶胞

### 2.2.2   倒易点阵及衍射矢量方程

倒易点阵和倒空间的引入是为了解释衍射花样的形成原因。本小节的内容先从数学的角度给出倒易点阵和倒易矢量的概念，然后通过衍射矢量三角形建立衍射矢量方程，你会发现：在衍射矢量方程中就隐含着倒易矢量。最后建立利用衍射矢量三角形解释衍射花样形成规律的倒易点阵中的埃瓦尔德作图法。

值得注意的是，以下介绍的分析衍射线空间分布规律的原理与方法，也是透射电子显微镜中电子衍射所遵循的规律。因为电子与物质发生的弹性散射与 X 射线和物质发生的相干散射虽然散射线产生机理不同，但却遵循相同的规律，即都是使衍射线的方向改变、能量不变。

#### 2.2.2.1   倒易点阵

倒易点阵是在晶体点阵的基础上按照一定的对应关系建立起来的空间几何图形，是晶体点阵的另一种抽象表达形式。其之所以称为倒易点阵是因为它的许多性质与晶体点阵存在着倒易关系。为了便于区别，有时将晶体点阵称为正点阵。利用倒易点阵处理晶体几何关系时，正点阵中的二维阵点平面在倒易点阵中只对应一个倒易阵点，晶面间距和取向两个参量在倒易点阵中只用一个倒易矢量就可以表达。我们所观测到的衍射花样实际上是满足衍射条件的倒易点阵的投影。满足布拉格方程的衍射面在倒易点阵中可以量化为倒易矢量。这个倒易矢量既显示了衍射线的空间分布规律，又包含了产生衍射晶面的信息。

A   倒易点阵的定义

如果用 $a$、$b$、$c$ 表示正点阵的基矢量，用 $a^*$、$b^*$、$c^*$ 表示倒易点阵的基矢量，倒易点阵与正点阵的基矢量对应关系定义为：

$$a^* \cdot b = a^* \cdot c = b^* \cdot a = b^* \cdot c = c^* \cdot a = c^* \cdot b = 0 \qquad (2\text{-}18)$$

$$a^* \cdot a = b^* \cdot b = c^* \cdot c = 1 \qquad (2\text{-}19)$$

这两个基本关系给出了倒易基矢量的方向和长度。式（2-18）确定了倒易基矢的方向：$a^*$同时垂直$b$和$c$，因此$a^*$垂直$b$、$c$所构成的平面，即$a^*$垂直（100）晶面。同理，$b^*$垂直（010）晶面，$c^*$垂直（001）晶面。

将式（2-19）改写成其标量形式即可确定倒易基矢量的长度。

$$|a^*| = \frac{1}{|a| \cdot \cos\varphi} \quad |b^*| = \frac{1}{|b| \cdot \cos\psi} \quad |c^*| = \frac{1}{c \cdot \cos\omega} \qquad (2-20)$$

式中，$\varphi$、$\psi$、$\omega$分别为$a^*$与$a$、$b^*$与$b$、$c^*$与$c$的夹角。

为了形成具体的理解，图2-9以倒易基矢量$c^*$为例，画出了它与正点阵的对应关系。按照方程式（2-18）和式（2-19）给出的定义，$c^*$的方向即$OP$方向，也就是$a$、$b$所构成的（001）晶面的法线方向；$c^*$的大小是（001）晶面的面间距$d_{001}$的倒数。$a^*$与$b^*$同理。

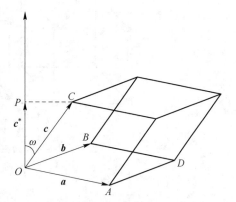

图2-9　倒易基矢量$c^*$与正点阵基矢量的对应关系

所以：

$$|a^*| = \frac{1}{d_{100}} \quad |b^*| = \frac{1}{d_{010}} \quad |c^*| = \frac{1}{d_{001}} \qquad (2-21)$$

在三维空间，倒易基矢量的方向和长度还可以用统一的矢量方程表达：

$$a^* = \frac{b \times c}{V} \quad b^* = \frac{c \times a}{V} \quad c^* = \frac{a \times b}{V} \qquad (2-22)$$

其中，$V$是正点阵的阵胞体积。在式（2-22）中，倒易基矢量的方向由等号右边的矢量积所确定是显而易见的。

为了说明倒易基矢量的长度，仍以$c^*$为例。在图2-9中，$OP = d_{001}$同时也是阵胞的高，$|a \times b| = $平行四边形$OADB$的面积$S$，而$V = Sd_{001}$，所以，$|c^*| = \dfrac{|a \times b|}{V} = \dfrac{S}{Sd_{001}} = \dfrac{1}{d_{001}}$。同理，对$a^*$和$b^*$也可得到类似的结果。所以说，式（2-19）、式（2-20）与式（2-22）是等效的表达形式。

由于$V = a \cdot b \times c = b \cdot c \times a = c \cdot a \times b$，所以可将式（2-22）写成：

$$a^* = \frac{b \times c}{a \cdot b \times c} \quad b^* = \frac{c \times a}{b \cdot c \times a} \quad c^* = \frac{a \times b}{c \cdot a \times b} \qquad (2-23)$$

**B　倒易点阵与正点阵的倒易关系**

由式（2-18）和式（2-19）可知，正点阵和倒易点阵基矢量是完全对称的，所以，同样可从式（2-18）和式（2-19）得到：$a$垂直$b^*$、$c^*$所构成的（100）$^*$倒易阵点平面；$b$垂直$c^*$、$a^*$所构成的（010）$^*$倒易阵点平面；$c$垂直$a^*$、$b^*$所构成的（001）$^*$倒易阵点平面。同理可得：

$$|a| = \frac{1}{d_{100}^*} \quad |b| = \frac{1}{d_{010}^*} \quad |c| = \frac{1}{d_{001}^*} \qquad (2-24)$$

倒易基矢量的倒易等于正点阵基矢量，换句话说，倒易点阵的倒易是正点阵。倒易点阵与其相应的正点阵具有相同类型的坐标系。

C 倒易矢量的基本性质

从倒易点阵原点向任一个倒易阵点所连接的矢量称为倒易矢量，用符号 $\boldsymbol{r}^*$ 表示。

$$\boldsymbol{r}^* = H\boldsymbol{a}^* + K\boldsymbol{b}^* + L\boldsymbol{c}^* \tag{2-25}$$

式中，$H$、$K$、$L$ 为整数。

倒易矢量是倒易点阵中的重要参量，也是在 X 射线衍射中经常引用的参量。根据倒易点阵的定义从数学上可以证明，正空间的晶面与其所对应的倒易点（倒易矢量）之间具有明确的关系，这便是倒易矢量的两个基本性质：

（1）倒易矢量 $\boldsymbol{r}^*$ 垂直于正点阵中的 $HKL$ 晶面；

（2）倒易矢量 $\boldsymbol{r}^*$ 的长度等于 $HKL$ 晶面的面间距 $d_{HKL}$ 的倒数。

这个性质是非常重要的，正是根据这一性质，才能够将衍射矢量和倒易矢量联系起来，从而在衍射花样和晶体结构之间建立起联系，为用后边介绍的倒易点阵作图法（埃瓦尔德作图法）分析、解释衍射花样的形成规律打下理论基础。

为了进一步理解正空间中的面和倒空间中的点的对应关系，图 2-10 作为一个简单的例子形象地画出了它们的对应关系。在正空间中（100）、（200）、（300）、（400）这些平行的晶面，在倒空间中对应的倒易矢量的方向就是这些面的法线方向，即图中的 $Ox$ 方向，大小等于这些面的晶面间距的倒数。这里正空间和倒空间取相同的原点 $O$。

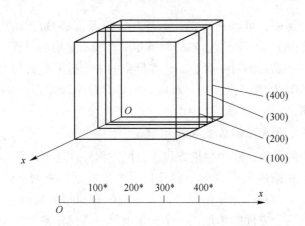

图 2-10 正空间中的面和倒空间中的点的对应关系

D 晶带及晶带定律

在晶体结构或空间点阵中，与某一取向平行的所有晶面均属于同一个晶带。同一晶带中所有晶面的交线互相平行，其中通过坐标原点的那条直线称为晶带轴。晶带轴的晶向指数即为该晶带的指数。

根据晶带的定义，同一晶带中所有晶面的法线都与晶带轴垂直。可以将晶带轴用正点阵矢量 $\boldsymbol{r} = u\boldsymbol{a} + v\boldsymbol{b} + w\boldsymbol{c}$ 表达，晶面法向用倒易矢量 $\boldsymbol{r}_{HKL}^* = H\boldsymbol{a}^* + K\boldsymbol{b}^* + L\boldsymbol{c}^*$ 表达。由于 $\boldsymbol{r}^*$ 与 $\boldsymbol{r}$ 垂直，所以：

$$\boldsymbol{r}^* \cdot \boldsymbol{r} = (H\boldsymbol{a}^* + K\boldsymbol{b}^* + L\boldsymbol{c}^*)(u\boldsymbol{a} + v\boldsymbol{b} + w\boldsymbol{c}) = 0$$

利用倒易点阵定义可得：

$$Hu + Kv + Lw = 0 \tag{2-26}$$

从这个关系式可以看出，属于［$uvw$］晶带的晶面（$HKL$），其指数间都必须符合式（2-26）。这个关系式称为晶带定律。

已知某晶带［$uvw$］中任意两个晶面的指数（$H_1 K_1 L_1$）和（$H_2 K_2 L_2$），可以通过晶带定律计算出晶带轴的指数。

利用式（2-26），代入两个已知的晶面指数：

$$H_1 u + K_1 v + L_1 w = 0$$

$$H_2 u + K_2 v + L_2 w = 0$$

将这两个方程联立求解可得：

$$u : v : w = \begin{vmatrix} K_1 L_1 \\ K_2 L_2 \end{vmatrix} : \begin{vmatrix} L_1 H_1 \\ L_2 H_2 \end{vmatrix} : \begin{vmatrix} H_1 K_1 \\ H_2 K_2 \end{vmatrix} = (K_1 L_2 - K_2 L_1) : (L_1 H_2 - L_2 H_1) : (H_1 K_2 - H_2 K_1)$$

$$(2\text{-}27)$$

同理，如果某个晶面（$HKL$）同时属于两个指数已知的晶带［$u_1 v_1 w_1$］和［$u_2 v_2 w_2$］时，也可以利用式（2-26）求出该晶面的晶面指数，其计算方法同上。

$$H : K : L = \begin{vmatrix} v_1 w_1 \\ v_2 w_2 \end{vmatrix} : \begin{vmatrix} w_1 u_1 \\ w_2 u_2 \end{vmatrix} : \begin{vmatrix} u_1 v_1 \\ u_2 v_2 \end{vmatrix} = (v_1 w_2 - v_2 w_1) : (w_1 u_2 - w_2 u_1) : (u_1 v_2 - u_2 v_1)$$

$$(2\text{-}28)$$

在其他晶体学问题中，可以利用式（2-27）计算晶面指数已知的两个晶面交线的晶向指数，利用式（2-28）计算指数已知的两条相交直线所确定的晶面指数。

正空间中属于同一晶带的每一个晶面，在倒空间中与过原点的与晶带轴垂直的倒易阵点平面（零层倒易面）上的倒易点一一对应，所以，每个过原点的倒易阵点平面上的倒易阵点属于同一晶带。

### 2.2.2.2   衍射矢量方程和埃瓦尔德图解法

X射线在晶体中的衍射，除布拉格方程和劳厄方程外，还可以用衍射矢量方程和埃瓦尔德图解法来表达。在描述X射线的衍射几何时，主要是解决两个问题：一是产生衍射的条件，即满足布拉格方程；二是衍射方向，即根据布拉格方程确定衍射角$2\theta$。引入衍射矢量概念后，把这两个方面的情形用一个矢量就可以表达出来。

如图2-11所示，当一束X射线被晶面$P$反射时，假定$N$为晶面$P$的法线方向，入射线方向用单位矢量$S_0$表示，衍射线方向用单位矢量$S$表示，$S - S_0$称为衍射矢量。从图2-11可以看出，只要满足布拉格方程，衍射矢量$S - S_0$必定与反射面的法线$N$平行，而它的绝对值为：

$$|S - S_0| = 2\sin\theta = \frac{\lambda}{d_{HKL}} \tag{2-29}$$

这样，我们又可以把布拉格方程说成：当满足衍射条件时，衍射矢量的方向就是衍射面的法线方向，衍射矢量的长度与衍射晶面族的面间距的倒数成比例，比例系数为$\lambda$。

如果我们把式（2-29）与倒易矢量比较，则不难看出，衍射矢量实际上相当于倒易矢量，只差一个系数$\lambda$。将$\lambda$除到左边，就得到倒易矢量：

$$\frac{S}{\lambda} - \frac{S_0}{\lambda} = r^* = H a^* + K b^* + L c^* \tag{2-30}$$

式（2-30）即为倒易点阵中的衍射矢量方程。利用衍射矢量方程可以在倒易点阵中分析各种衍射问题。

衍射矢量方程的图解法表达形式就是由 $S/\lambda$、$S_0/\lambda$ 和 $r^*$ 三个矢量构成的等腰矢量三角形演变而来。图 2-12 说明了入射线、衍射线和倒易矢量之间的几何关系。当一束 X 射线以一定的方向投射到晶体上时。可能会有若干个晶面族满足衍射条件，即在若干个方向上产生衍射线。每一个衍射线 $S/\lambda$ 与公共边 $S_0/\lambda$ 构成等腰矢量三角形。虽然衍射矢量方向不同，但与入射矢量长度相等，都是 $1/\lambda$，又都是从 $C$ 点出发，所以满足衍射条件（即布拉格方程）的衍射矢量的终端必然落在以 $C$ 为球心的球面上。

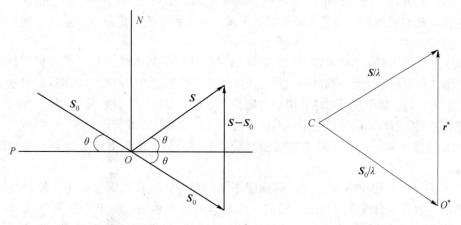

图 2-11　产生布拉格衍射时单位矢量关系图　　　　图 2-12　衍射矢量三角形

根据这个原理，埃瓦尔德建立了倒易点阵中的衍射条件图解法，称为埃瓦尔德图解法，其作图方法如图 2-13 所示，沿入射线方向从 $C$ 点出发，作长度为 $1/\lambda$（倒易点阵周期与 $1/\lambda$ 采用同一比尺度）的矢量 $S_0/\lambda$，并使该矢量的末端落在倒易点阵的原点 $O^*$，以矢量 $S_0/\lambda$ 的起端 $C$ 为中心，以 $1/\lambda$ 为半径画一个球，称为反射球，凡是与反自球面相交的倒易阵点（例如 $P_1$ 和 $P_2$）都能满足衍射条件而产生衍射。

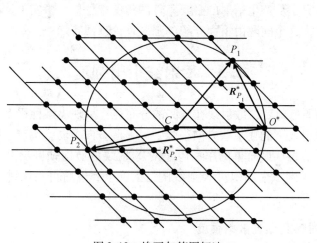

图 2-13　埃瓦尔德图解法

　　图 2-13 中 $P_1O^*C$、$P_2O^*C$ 是满足布拉格方程的衍射矢量三角形，其中 $CP_1$ 和 $CP_2$ 分别为倒易阵点 $P_1$ 和 $P_2$ 实际的衍射线方向。倒易矢量 $\boldsymbol{R}_{P_1}^*$ 和 $\boldsymbol{R}_{P_2}^*$ 分别隐含满足衍射条件的晶面族的取向和面间距。由此可见，埃瓦尔德图解法可以同时表达产生衍射的条件和衍射线的方向。

　　埃瓦尔德图解、布拉格方程和劳厄方程是描述 X 射线衍射几何的等效形式，由其中任何一种表达式都可以推导出另外两种表达式。由倒易点阵中的衍射矢量方程（2-30）最容易看出这种一致性。衍射矢量方程实际上是布拉格方程的矢量表达形式。将衍射矢量方程分别乘以点阵基矢量 $\boldsymbol{a}$、$\boldsymbol{b}$、$\boldsymbol{c}$ 便可得劳厄方程组。

　　在这三种表达方法中，布拉格方程和埃瓦尔德图解更加简洁。当进行衍射几何分析时，利用埃瓦尔德图解法既简单又直观，但是，如果需要进行定量数学运算，则必须利用布拉格方程。

　　从上述产生衍射的条件可以看出，并不是随便把一个晶体置于 X 射线照射下都能产生衍射现象，只有反射球面与倒易阵点相交，才能产生衍射现象。根据埃瓦尔德图解法，要想增加衍射的机会，就要使反射球有机会与倒易阵点相交，或使反射球或晶体处于相对运动状态，或者拓宽反射球面的涵盖范围。晶体衍射中常见的实验方案就是上述原理的应用。

　　（1）转动晶体法：用标识 X 射线照射转动的单晶体，使反射球有机会与某些倒易阵点相交。

　　（2）劳厄法：用连续 X 射线照射固定不动的单晶体。在衍射实验中，X 射线管是固定不动的，因此入射线方向也是不动的，即反射球是不动的，由于连续 X 射线波长连续变化，因此反射球连续分布在一定的区域，凡是落到这个区域内的倒易阵点都满足衍射条件。这种情况也可以看作是反射球在一定范围内运动，从而使反射球有机会与某些倒易阵点相交。

　　（3）多晶体衍射方法：用标识 X 射线照射多晶体试样。多晶体中，由于各晶粒的取向是任意分布的，其对应的倒易矢量指向任意方向，就某一特定晶面族而言，其倒易矢量长度相等，并且晶粒数量巨大，在倒易点阵中这些特定晶面的矢量终点落在以倒易原点为圆心的球面上，与反射球总有相交的机会。

　　上述三种方法只是从产生衍射的必要条件的角度来分析，事实上。衍射线能否出现还取决于另一个因素，这个问题由下面介绍的强度理论来回答。

# 2.3　X 射线衍射强度

　　X 射线经过物质散射后，散射线在空间的分布往往呈现出某种程度的规律性，如散射物质为晶态，则散射线可能在某些方向很强，另一些方向极弱，即产生衍射。影响衍射强度的因素很多，本节将从最简单的单一电子对 X 射线的散射强度出发，到一个原子对 X 射线的散射强度，再到一个晶胞对 X 射线的散射强度，然后再来探讨多晶体对 X 射线的散射强度。

### 2.3.1　一个电子对 X 射线的散射强度

　　一个电子对 X 射线的相干散射，如图 2-14 所示，一束强度为 $I_0$ 的 X 射线沿 $Ox$ 方向传播，作用在位于 $O$ 处的自由电子上。若该电子是原子中束缚较紧的内层电子，则电子在 X 射线电磁波的作用下产生受迫振动，并向四周空间辐射频率与入射线频率相同的 X 射线，即相干散射。

若空间任意一点 $P$ 处电子相干散射波的强度为 $I_e$，$OP = R$，入射线方向与观察方向夹角为 $2\theta$。为了便于问题的讨论，在设定坐标系时，以 $O$ 点为坐标原点，让 $OP$ 位于 $xOz$ 平面内。因电磁波的电场强度矢量垂直于传播方向，故位于 $yOz$ 平面内。由经典电动力学理论可知，电子在 $P$ 点处散射波的电场强度振幅为：

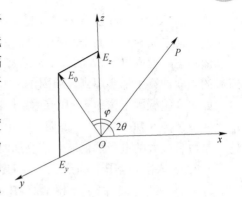

图 2-14　$O$ 点处电子被沿 $Ox$ 方向的
X 射线强迫振动

$$E_e = E_0 \frac{e^2}{mRc^2}\sin\varphi \tag{2-31}$$

式中，$E_0$ 为入射线电场强度振幅；$e$ 为电子电荷；$m$ 为电子质量；$c$ 为光速；$\varphi$ 为电场强度矢量 $E_0$ 与散射线方向 $OP$ 间的夹角。

因强度与振幅的平方成正比，故 $P$ 点处的散射强度为：

$$I_e = I_0\left[e^4/(m^2R^2c^4)\right]\sin^2\varphi \tag{2-32}$$

上式说明，电子在 $P$ 点的散射强度与角度 $\varphi$ 有关。因从 X 射线管中发出的 X 射线是非偏振的，$E_0$ 的方向随时在 $yOz$ 面内改变，$\varphi$ 角相应改变。为使问题简化，可将 $E_0$ 分解成沿 $y$ 轴的分量 $E_y$ 和沿 $z$ 轴的分量 $E_z$。因 $E_0$ 在各方向出现的概率相等，故 $E_y = E_z$。根据几何关系：

$$E_0^2 = E_y^2 + E_z^2 = 2E_y^2 = 2E_z^2 \tag{2-33}$$

所以：

$$I_0 = I_y + I_z = 2I_y = 2I_z \tag{2-34}$$

即

$$I_y = I_z = \frac{1}{2}I_0 \tag{2-35}$$

沿 $z$ 方向的电场强度 $E_z$ 与 $OP$ 方向的夹角为 $(\pi/2) - 2\theta$，因此，电子在 $E_y$ 作用下在 $P$ 点的散射波强度为：

$$I_{Pz} = I_z\frac{e^4}{m^2R^2c^4}\sin^2\left(\frac{\pi}{2} - 2\theta\right) = \frac{I_0e^4}{2m^2R^2c^4}\cos^2 2\theta \tag{2-36}$$

沿 $y$ 方向的电场强度与 $OP$ 方向的夹角为 $\pi/2$，因此，电子在 $E_y$ 作用下在 $P$ 点的散射波强度为：

$$I_{Py} = I_y\frac{e^4}{m^2R^2c^4}\sin^2\frac{\pi}{2} = \frac{I_0e^4}{2m^2R^2c^4} \tag{2-37}$$

电子在入射线的作用下，在 $P$ 点处的散射强度为：

$$I_e = I_{Py} + I_{Pz} = I_0\frac{e^4}{m^2R^2c^4}\frac{1 + \cos^2 2\theta}{2} \tag{2-38}$$

式（2-38）称为汤姆孙公式。它说明电子散射强度随 $2\theta$ 而变，在 $2\theta$ 为 $0°$ 和 $180°$ 的方向上，其强度为 $90°$ 方向上强度的 2 倍。即一束非偏振的 X 射线被电子散射后偏振化了，偏振化程度取决于 $2\theta$ 的大小，通常称 $(1+\cos2\theta)/2$ 为偏振因子，也叫极化因子。在所有的强度计算中都要用到这项因子。

如果令偏振因子为 3/4，则在 $R=1\text{ cm}$ 处，一个电子的散射强度 $I_e$ 与入射 X 射线强度 $I_0$ 之比，仅为 $5.96\times10^{-26}$，说明一个电子的散射强度是微不足道的。实验观察到的衍射线，是数量极大的电子散射波干涉叠加的结果。

X 射线作用在电子上除产生相干散射外，对束缚比较小的电子还将产生非相干散射，$I_e=I_{相干}+I_{非相干}$。由于非相干散射线与入射 X 射线不符合干涉条件，所以不可能产生衍射现象，非相干散射只能给衍射图像带来有害的背底，通常可以不考虑非相干散射。

### 2.3.2　一个原子对 X 射线的散射强度

原子核也具有电荷，所以 X 射线也应该在原子核上产生散射。但原子核的质量为一个电子质量的 1836 倍，由式（2-38）可知，散射强度与引起散射的粒子质量的平方成反比，故原子核的散射强度比电子散射强度小得多，可略去。

当一束 X 射线与一个原子相遇时，如果入射 X 射线的波长比原子直径大得多，序数为 $Z$ 的原子的所有电子可以看成集中在一点，但是在通常的衍射分析中，所用 X 射线的波长与原子直径大小相差不多，因此，不能认为原子中的所有电子集中在一点，如图 2-15 所示，它们的散射波之间有一定的位相差。在 $2\theta=0$ 方向的散射，各电子散射的位相相同，原子的散射波振幅是一个电子的 $Z$ 倍，故合成波振幅等于各个电子散射波振幅之和。但在其他的任意方向上，如 $yy'$ 方向上不同的电子散射的 X 射线存在光程差，又由于原子半径的尺度比 X 射线波长 $\lambda$ 的尺度要小，所以又不可能产生波长整数倍的位相差，这就导致了电子波合成要有所损耗，即原子散射波强度 $I_a<Z^2I_e$。为评价原子散射本领，引入系数 $f(f\leq Z)$，称系数 $f$ 为原子散射因子。式（2-39）是考虑了各个电子散射波的位相差之后原子中所有电子散射波合成的结果。数值上，$f$ 是在相同条件下，一个原子散射波与一个电子散射波的振幅之比：

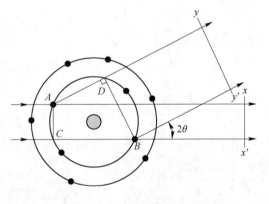

图 2-15　一个原子对 X 射线的散射

$$f=\frac{A_a}{A_e}=\left(\frac{I_a}{I_e}\right)^{\frac{1}{2}} \tag{2-39}$$

式中，$A_a$、$A_e$ 分别表示为原子散射波振幅和电子散射波振幅。$f$ 可理解为用一个电子散射波振幅对一个原子散射波振幅的度量，所以原子散射因子反映的是一个原子将 X 射线向某个方向散射时的散射效率。它与 $\sin\theta$ 和 $\lambda$ 有关，如图 2-16 所示，当 $\sin\theta/\lambda$ 值减小时 $f$ 增大，当 $\sin\theta=0°$ 时，$f$ 取最大值 $Z$，随着 $\theta$ 的增加，$f$ 值逐渐减小。

### 2.3.3　一个晶胞对 X 射线的散射强度

当 X 射线照射到一个晶体上，将产生衍射现象。为了简化讨论，首先做一些假定，忽略一些次要的和从属性的影响因素。假定：

（1）晶体是理想的、完整的，晶体内部没有任何缺陷或畸变。

（2）不考虑温度的影响。晶体中各原子均处于静止状态，没有热振动。

（3）由于 X 射线的折射率近似等于 1，所以 X 射线在晶体内传播时，其光程差就等于波程差。

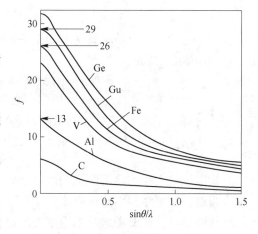

图 2-16　原子散射因子随 $\sin\theta/\lambda$ 变化曲线

（4）入射 X 射线是单色的严格平行的射线。不考虑 X 射线的吸收衰减问题，被照射的原子接收的入射线强度一致。

（5）晶体中各个原子的散射线不会再被其他原子散射。

同时还可以认为，由于晶体点阵常数很小，约为零点几纳米，而在实验时，X 射线源、探测衍射线的记录装置与晶体的距离至少也有几厘米，因此，可以认为：X 射线源、记录装置与晶体的距离为无穷远，衍射 X 射线和入射 X 射线相同，都是平行光线。另外，入射 X 射线的截面积最小也有 $mm^2$ 数量级，它将照射到晶体上千万个原子和晶面上。但从探测装置角度上看来，衍射线又是从一个点发射出来的。

设在一个晶胞内有 $m$ 个基点原子（可以是同名原子或异名原子），各原子的散射因子是 $f_j$。当一束入射 X 射线照射到此晶胞中各个原子上时，每个原子都将散射 X 射线。绘出晶胞中各原子衍射 X 射线的光路图（见图 2-17），假定在 $S$ 方向接收衍射线。$O$ 点和 $A$ 点两原子散射波程差为：

$$\delta_j = OD - AC = \mathbf{r}_j \cdot \mathbf{S} - \mathbf{r}_j \cdot \mathbf{S} = \mathbf{r}_j(\mathbf{S} - \mathbf{S}_0) \tag{2-40}$$

$$\mathbf{r}_j = x_j\mathbf{a} + y_j\mathbf{b} + z_j\mathbf{c}$$

式中，矢量 $\mathbf{r}_j$ 为 A 原子的位置矢量，且此时原子间的位相差为：

$$\phi_j = \frac{2\pi}{\lambda}\delta_j = 2\pi\mathbf{r}_j\frac{\mathbf{S} - \mathbf{S}_0}{\lambda}$$

当满足干涉加强条件时：

$$\frac{\mathbf{S} - \mathbf{S}_0}{\lambda} = h\mathbf{a}^* + k\mathbf{b}^* + l\mathbf{c}^*$$

所以

$$\phi_j = 2\pi(x_j\mathbf{a} + y_j\mathbf{b} + z_j\mathbf{c})(h\mathbf{a}^* + k\mathbf{b}^* + l\mathbf{c}^*) = 2\pi(x_jh + y_jk + z_jl) \tag{2-41}$$

所以晶胞内所有电子散射的相干散射合成波的振幅为：

$$A_b = A_e(f_1e^{i\phi_1} + f_2e^{i\phi_2} + \cdots + f_ne^{i\phi_n}) = A_e\sum_{j=1}^{n}f_je^{i\phi_j} \tag{2-42}$$

定义结构振幅为 $F$，则

$$F = \sum_{j=1}^{n}f_je^{i\phi_j} \tag{2-43}$$

$F$ 称为结构因子，它与原子种类和原子在晶胞中的几何位置有关。$F$ 在一般情况下是一个复数，它代表一个晶胞散射波的振幅和位相，其绝对值为用一个电子散射波振幅为单位表示的晶胞散射波振幅。即

$$F = \frac{-个晶胞内所有原子散射的相干散射波振幅}{-个电子散射的相干散射波振幅} = \frac{A_b}{A_e}$$

对于（$hkl$）晶面，其结构因子可表示为：

$$F_{hkl} = \sum_1^n f_j \mathrm{e}^{2\pi \mathrm{i}(hx_j+ky_j+lz_j)} \tag{2-44}$$

结构因子的大小反映了晶胞的散射能力，一定的晶体类型对应于一定的结构因子，其衍射线强度正比于结构因子。它决定了在满足布拉格方程的条件下，衍射线是否出现。在计算结构因子时，既要考虑晶胞内结点的坐标，又要考虑每个结点对应的结构单元内原子种类及数目的影响。

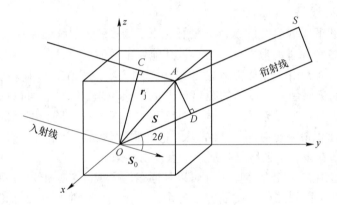

图 2-17　一个晶胞对 X 射线的散射

### 2.3.4　小晶体对 X 射线散射的积分强度

一个小晶体可以看成由晶胞在三维空间周期重复排列而成。因此，在求出一个晶胞的散射波之后，按位相对所有晶胞的散射波进行叠加，就得到整个晶体的散射波的合成波，衍射线束的合成振幅可表示为：

$$A_M = A_e F \sum_{mnp} \mathrm{e}^{\mathrm{i}\phi_{mnp}} = A_e F \sum_{m=0}^{N_1-1} \mathrm{e}^{\mathrm{i}2\pi m\xi} \sum_{n=0}^{N_2-1} \mathrm{e}^{\mathrm{i}2\pi n\eta} \sum_{p=0}^{N_3-1} \mathrm{e}^{\mathrm{i}2\pi p\zeta} = A_e F G \tag{2-45}$$

强度与振幅的平方成正比，故：

$$I_M = I_e \left| F \right|^2 \left| G \right|^2 \tag{2-46}$$

式中，$I_M$ 为小晶体的衍射强度；$G$ 为干涉函数或形状因子。

$G$ 的表达式为：

$$G = \sum_{m=0}^{N_1-1} \mathrm{e}^{\mathrm{i}2\pi m\xi} \sum_{n=0}^{N_2-1} \mathrm{e}^{\mathrm{i}2\pi n\eta} \sum_{p=0}^{N_3-1} \mathrm{e}^{\mathrm{i}2\pi p\zeta} = G_1 G_2 G_3 \tag{2-47}$$

#### 2.3.4.1　干涉函数的三角函数式

在讨论周期排列晶胞的散射波干涉时，引入了干涉函数，它是一个周期函数。$G$ 表达

式中的三个求和都是等比级数，由等比级数求和公式得 $G_1$ 和 $|G|^2$ 为：

$$G_1 = \sum_{m=0}^{N_1-1} e^{i2\pi m\xi} = \frac{1 - e^{i2\pi(N_1-1)\xi} e^{i2\pi\xi}}{1 - e^{i2\pi\xi}} = \frac{1 - e^{i2\pi N_1\xi}}{1 - e^{i2\pi\xi}}$$

$$|G|^2 = G_1 \cdot G^* = \frac{(1 - e^{i2\pi N_1\xi})(1 - e^{-i2\pi N_1\xi})}{(1 - e^{i2\pi\xi})(1 - e^{-i2\pi\xi})} = \frac{2 - (e^{i2\pi N_1\xi} + e^{-i2\pi N_1\xi})}{2 - (e^{i2\pi\xi} + e^{-i2\pi\xi})} = \frac{2 - 2\cos^2\pi N_1\xi}{2 - 2\cos^2\pi\xi} = \frac{\sin^2\pi N_1\xi}{\sin^2\pi\xi}$$

故干涉函数的三角函数式为：

$$|G|^2 = |G_1|^2|G_2|^2|G_3|^2 = \frac{\sin^2\pi N_1\xi}{\sin^2\pi\xi} \cdot \frac{\sin^2\pi N_2\eta}{\sin^2\pi\eta} \cdot \frac{\sin^2\pi N_3\zeta}{\sin^2\pi\zeta} \tag{2-48}$$

当 $\xi\eta\zeta$ 取 $0$，$\pm1$，$\pm2$，$\cdots$ 整数时，式（2-48）为不定式，用洛必达法则可求出 $|G_1|^2$ $= N_1^2$ 及 $|G|^2 = N_1^2 N_2^2 N_3^2 = N^2$。实际上 $\xi\eta\zeta$ 取整数就变成 $HKL$，$r_{\xi\eta\zeta}^*$ 变成 $r_{HKL}^*$，即 $\dfrac{s - s_0}{\lambda} = Ha^* + Kb^* + Lc^*$，而相位差为：

$$\phi_{mnp} = 2\pi(mH + nK + pL) \tag{2-49}$$

其中，$m$、$n$、$p$ 和 $H$、$K$、$L$ 都为整数，故 $\phi_{mnp}$ 为 $2\pi$ 的整数倍，说明晶胞的散射波位相相同，则式（2-45）和式（2-46）分别为：

$$A_M = A_e FN \tag{2-50}$$

$$I_M = I_e |F|^2 N^2 \tag{2-51}$$

式（2-50）和式（2-51）说明，在满足衍射矢量方程的条件下，小晶体的散射波为一个晶胞散射波 $A_e F$ 的 $N$ 倍，强度则为 $N^2$ 倍。因此，满足衍射矢量方程（或布拉格方程）是产生衍射线的必要条件，此时 $|G|^2 = N^2$，而强度表达式为式（2-51）。但是，如果结构因子等于零，即一个晶胞的散射合成波为零，则 $I_M = 0$，此时没有衍射线出现，故 $F \neq 0$ 是产生衍射线的充分条件。

### 2.3.4.2 小晶体对 X 射线散射的积分强度

一个小晶体的强度按式（2-51）计算值，与实验测定值相差较大，这是因为该式仅代表干涉函数主峰最大值处的强度，而实验测定值则包含了整个主峰对应的强度，即积分强度。实验时，入射 X 射线不可能严格单色、平行，晶体常常具有镶嵌结构。晶体 M 具有嵌镶结构，这种模型中晶体是由许多小的嵌镶块组成的。嵌镶块的大小约为 $10^{-4}$ cm 数量级，它们之间的取向角差一般为 $1' \sim 30'$。每个嵌镶块内晶体是完整的，嵌镶块间界造成晶体点阵的不连续性。在入射线照射的体积中可能包含许多个嵌镶块，因此，不可能有贯穿整个晶体的完整晶面。X 射线的相干作用只能在嵌镶块内进行，嵌镶块之间没有严格的相位关系，不可能发生干涉作用。在计算衍射线强度时，只要首先求出一个晶块的反射本领，然后把各晶块的反射线强度相加就可以了。

求积分强度，就是要对式（2-51）在整个倒易球范围内进行积分。当反射球与倒易球交于图 2-18 所示位置时，则 $\Omega$ 角对应的反射球面上倒易球的范围都是强度有值范围，其积分强度为：

$$I_\Omega = \int_\Omega I_M d\Omega = \int_\Omega I_e |F|^2 N^2 d\Omega = I_e |F|^2 \int_\Omega |G|^2 d\Omega d\alpha \tag{2-52}$$

当晶体绕垂直于纸面的轴转动时，倒易矢量 $r_{\xi\eta\zeta}^*$ 也绕 $O$ 点垂直于纸面的轴转动。整个倒易体扫过反射球面时，倒易矢量的角度变化范围为 $\varphi$，则整个倒易体都参与反射的积分强度为：

$$I_积 = \int_\Omega \int_\varphi |F|^2 |G|^2 d\Omega d\varphi \qquad (2\text{-}53)$$

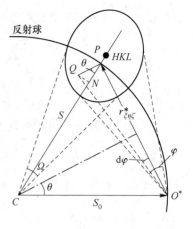

因干涉函数$|G_1|^2$是倒空间坐标$\xi\eta\zeta$的函数，故进行积分前应将对$\Omega$和$\alpha$的积分变成对$\xi\eta\zeta$的积分。

最后得到积分强度为：

$$I_积 = I_0 \frac{e^4}{m^2 c^4} \frac{1+\cos^2 2\theta}{2\sin 2\theta} \frac{\lambda^3}{V_0^2} |F|^2 \Delta V = I_0 Q \Delta V \quad (2\text{-}54)$$

$$Q = \frac{e^4}{m^2 c^4} \frac{1+\cos^2 2\theta}{2\sin 2\theta} \frac{\lambda^3}{V_0^2} |F|^2 \qquad (2\text{-}55)$$

式中，$Q$为晶体的反射本领，它表示在一定波长和单位强度的X射线照射下，晶体单位体积的反射强度。

图2-18   反射球与倒易球相交

上面推出的衍射强度公式，还不能作为实际应用的计算公式，因在各种具体的实验方法中，还有若干与实验方法有关的因素要考虑，故各种方法都有自己的衍射强度公式。

### 2.3.5 粉末多晶体衍射的积分强度

在一个小晶体积分强度的基础上，现进一步讨论粉末法多晶体衍射的积分强度。粉末法衍射线的强度与偏振因子、结构因子、洛伦兹因子、多重性因子、吸收因子和温度因子有关，其中偏振因子和结构因子在前面已经讨论。洛伦兹因子为三角函数，在讨论小晶体的积分强度时，已引入了它的一部分，即$\dfrac{1}{\sin 2\theta}$，下面讨论单位弧长上的强度时，还将引入另一部分，即$\dfrac{\cos\theta}{\sin 2\theta}$。

多晶试样在很小的体积内包含有数量极大的、取向任意的晶粒，各晶粒同一$\{HKL\}$晶面族的倒易点构成一个倒易球，其半径为$1/d_{HKL}$，对于细晶粒，倒易点扩大成倒易体，由若干倒易体构成厚倒易球。因入射线有一定的发散度，根据埃瓦尔德作图原理，反射球与有一定厚度的倒易球壳相交，得到一个环带，衍射线束则形成一个有一定厚度的衍射圆锥（见图2-19），圆锥轴为入射线，圆锥半顶角为$2\theta$，圆锥母线即衍射线。如在与入射线垂直的位置放置一张底片，衍射圆锥与底片相交得到衍射圆环。实验测定的就是衍射圆环上单位弧长上的强度。

为求单位弧长上的强度，可先求整个衍射圆环的强度。整个衍射圆环的强度，等于参与衍射的晶粒数与一个小晶体的积分强度的乘积。参与衍射的晶粒数越多，衍射圆环的强度越强。根据埃瓦尔德作图原理，只有倒易球上环带对应的部分才能产生衍射，即产生衍射的晶面法线必须通过环带，其余方位的晶面则不产生衍射。在晶粒取向完全任意的情况下，可以用环带面积$\Delta S$和倒易球面积$S$之比表示参加衍射的晶面的百分数；因指数一定的晶面数与晶粒数是一一对应的，故也表示参加衍射的晶粒百分数。如用$q$代表试样中被X射线照射的晶粒数，而$\Delta q$是参加衍射的晶粒数，则$\dfrac{\Delta q}{q} = \dfrac{\Delta S}{S}$。由图2-19可见，环带面积为：

$$\int_\varphi 2\pi r^* \sin(90° - \theta) \cdot r^* d\alpha = \int_\varphi 2\pi (r^*)^2 \cos\theta d\alpha$$

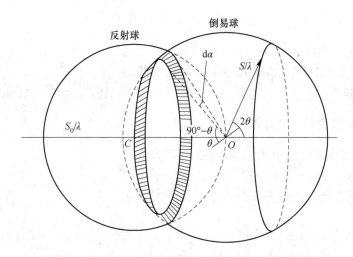

图 2-19　粉末多晶体的埃瓦尔德球图解法

而倒易球面积为 $4\pi(r^*)^2$，故：

$$\frac{\Delta q}{q} = \frac{\Delta S}{S} = \frac{\int_\varphi 2\pi(r^*)^2\cos\theta\mathrm{d}\theta}{4\pi(r^*)^2} = \int_\varphi \frac{\cos\theta}{2}\mathrm{d}\theta$$

所以

$$\Delta q = \int_\varphi \frac{\cos\theta}{2}\mathrm{d}\alpha$$

由式（2-52）可知，当一个小晶体的倒易体与反射球交于图 2-18 的部位时，其积分强度为：

$$I_\Omega = I_e|F|^2|G|^2\mathrm{d}\Omega$$

求多晶衍射圆环上的总积分强度时，需将上式乘以参与衍射的晶粒数 $\Delta q$，并使反射球扫过整个倒易体，即相当于对 $\mathrm{d}\alpha$ 积分，故多晶衍射圆环的总积分强度为：

$$I_环 = I|F|^2\frac{\cos\theta}{2}q\iint|G|^2\mathrm{d}\Omega\mathrm{d}\alpha = \frac{\cos\theta}{2}qI_积 \tag{2-56}$$

将式（2-54）代入上式得：

$$I_环 = I_0\frac{e^4}{m^2c^4}\frac{1+\cos^2 2\theta}{2\sin 2\theta}\frac{\cos\theta}{2}\frac{\lambda^3}{V_0^2}|F|^2q\Delta V \tag{2-57}$$

因 $q\Delta V = V$ 为 X 射线照射试样的体积，故：

$$I_环 = I_0\frac{e^4}{m^2c^4}\frac{1+\cos^2 2\theta}{2\sin 2\theta}\frac{\cos\theta}{2}\frac{\lambda^3}{V_0^2}|F|^2V \tag{2-58}$$

实验中测定的是单位弧长上的强度，如果衍射环上强度分布均匀，则环长除 $I_环$ 就是强度 $I_0$。如图 2-19 所示，如衍射环到试样的距离为 $R$，则环的半径为 $R\sin 2\theta$，其周长则为 $2\pi R\sin 2\theta$，故：

$$I = \frac{I_环}{2\pi R\sin 2\theta} = \frac{I_0}{32\pi R}\frac{e^4}{m^2c^4}\frac{\lambda^3}{V_0^2}V|F|^2\frac{1+\cos^2 2\theta}{\sin^2\theta\cos\theta} \tag{2-59}$$

式中，$\dfrac{1+\cos^2 2\theta}{\sin^2\theta\cos\theta}$ 为角因子，它由偏振因子 $\dfrac{1+\cos^2 2\theta}{2}$ 和考虑衍射几何特征而引入的洛伦

兹因子 $\dfrac{1}{\sin^2\theta\cos\theta}$ 相乘而得，故又称洛伦兹-偏振因子。图 2-20 为粉末法的角因子与 $\theta$ 的关系曲线。因洛伦兹因子与具体的衍射几何有关，故各种衍射方法的角因子表达式不相同。

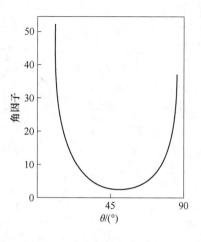

图 2-20　角因子与 $\theta$ 角的关系

### 2.3.6　影响衍射强度的其他因素

考虑等同晶面族数目、温度、物质吸收等因素对衍射强度的影响并引入相应的修正因子，各因子均以乘子的形式出现在衍射积分强度公式中以校正衍射积分强度计算值。

#### 2.3.6.1　多重性因子

对多晶体试样，因同一 $\{HKL\}$ 晶面族的各晶面面间距相同，由布拉格方程可知，这些晶面衍射角 $\theta$ 相同，其衍射线构成同一衍射圆环。通常将同一晶面族中等同晶面数 $p$ 称为多重因子。显然，在其他条件相同的情况下，多重因子越大，则参与衍射的晶粒数越多，或者说，每一晶粒参与衍射的概率越多。例如立方晶系的（100）反射，它可能由粉末试样中某些晶粒的（100）面反射产生，也可能由另一些取向的晶粒的（010）、（001）面衍射产生，因它们的面间距相同，故衍射线形成同一衍射圆锥。同样对（111）反射，因 $\{111\}$ 有八组面间距相同的晶面，部分晶粒的取向使（111）处于衍射位置，而另一些晶粒的取向使其他七组晶面处于衍射位置，这些衍射也构成同一衍射圆环。因此，$\{111\}$ 面族中的晶面，其取向处于反射位置的概率为 $\{100\}$ 面族的4/3，故在其他条件相同的情况，（111）反射的强度为（100）反射强度的4/3 倍。

考虑多重性因子的影响，衍射强度积分公式为：

$$I=\frac{I_0}{32\pi R}\frac{e^4}{m^2c^4}\frac{\lambda^3}{V_0^2}V|F|^2P\frac{1+\cos^2 2\theta}{\sin^2\theta\cos\theta} \tag{2-60}$$

#### 2.3.6.2　温度因子

在前面的讨论中，认为原子位置固定，实际上由于热振动，原子在其平衡位置不断地振动，这种振动在绝对零度也存在；温度越高时振动幅度越大。由于原子偏离理想位置，以致在满足布拉格条件下由相邻原子面散射的 X 射线光程差并不刚好等于 $n\lambda$，使衍射线强度减弱。根据计算，如果有热振动时，X 射线衍射强度为 $I_T$，无热振动时为 $I$，则

$$I_T=Ie^{-2M} \tag{2-61}$$

也即

$$f=f_0e^{-M} \tag{2-62}$$

式中，$f_0$ 为绝对零度时的原子散射因子，温度越高，$f$ 越小；$e^{-M}$ 为校正原子散射因子的温度因子。

$2M$ 与其他物理量间存在以下关系：

$$2M=2B\frac{\sin^2\theta}{\lambda^2}=\frac{12h^2}{m_ak\Theta}\Big[\frac{\phi(x)}{\chi}+\frac{1}{4}\Big]\frac{\sin^2\theta}{\lambda^2} \tag{2-63}$$

式中，$h$ 为普朗克常数；$m_a$ 为原子质量；$k$ 为玻耳兹曼常数；$\Theta = \dfrac{h\nu_m}{k}$ 为特征温度的平均值（$\nu_m$ 为固体弹性振动的最大频率）；$\chi = \Theta/T$，$T$ 为绝对温度；$\phi(x)$ 为德拜函数，且 $\phi(x) = \dfrac{1}{x}\int_0^x \dfrac{\xi \mathrm{d}\xi}{\mathrm{e}^\xi - 1}$，其中 $\xi = \dfrac{h\nu}{kT}$（$\nu$ 为固体弹性振动频率）。

如果 $\overline{u^2}$ 为原子从其平衡位置沿反射晶面法线方向位移的平方的平均值（均方偏离），则

$$M = 8\pi^2 \, \overline{u^2} \, \frac{\sin^2\theta}{\lambda^2} \tag{2-64}$$

而

$$\mathrm{e}^{-2M} = \mathrm{e}^{-16\pi^2\left(\frac{\sin^2\theta}{\lambda^2}\right)\overline{u^2}} = \mathrm{e}^{-4\pi^2\left(\frac{n}{d}\right)\overline{u^2}} \tag{2-65}$$

由上式看出，当反射晶面的面间距越小或衍射级数 $n$ 越大时，温度因子的影响也越大。即是说，在一定温度下，掠射角 $\theta$ 越大，热振动导致的衍射强度降低得也越多。

### 2.3.6.3 吸收因子

前面推导的衍射强度公式，尚未计及试样吸收的影响，实际上，吸收带来的影响很大。如果用 $I_{吸}$ 和 $I$ 分别代表试样有吸收和无吸收时的衍射强度，则

$$I_{吸} = A(\theta)I \tag{2-66}$$

式中，$A(\theta)$ 为吸收因子。

图 2-21 为 X 射线穿过吸收系数大的圆柱状试样时，入射线和衍射线被吸收的情况。因试样的线吸收系数 $\mu$ 大，则入射线透过试样时大部分被吸收，只有表面绘有阴影的那一小部分参与衍射，同时衍射线也经过比较强烈的吸收。因透射衍射线束在试样中经过的路程长，故强度衰减很厉害，而背射衍射线束在试样中经过的路程短，强度衰减比较小。由此可见，当试样的线吸收系数 $\mu$ 和试样的半径 $r$ 一定时，如其他因子相等，则 $\theta$ 角越大，吸收越少，衍射线条的强度越大，$A(\theta)$ 越大。当 $\mu$ 和 $r$ 的乘积越大时，强度降低越多，$A(\theta)$ 越小，如图 2-22 所示。

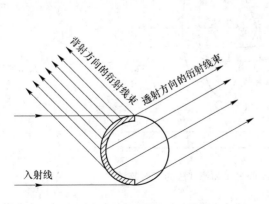

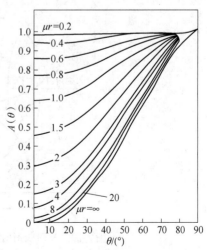

图 2-21　圆柱试样的吸收情况　　　　图 2-22　圆柱试样的吸收因子与 $\mu r$ 的关系

#### 2.3.6.4　积分强度

在给出多重因子、温度因子和吸收因子之后，最终得到一个多晶粉末试样的衍射强度公式：

$$I = \frac{I_0}{32\pi R} \frac{e^4}{m^2 c^4} \frac{\lambda^3}{V_0^2} V |F|^2 P \frac{1+\cos^2 2\theta}{\sin^2 \theta \cos \theta} e^{-2M} A(\theta) \tag{2-67}$$

衍射线的强度是非常微弱的。这样微弱的衍射线作用在底片上，如果曝光时间太短，底片冲洗后不会留下可见的影像。用 3 kW 以下的 X 光管进行摄照，要获得一张满意的衍射花样，曝光时间至少要 10 min，有时甚至数小时。

## 2.4　X射线衍射方法

### 2.4.1　多晶体衍射方法

多晶体 X 射线衍射方法包括照相法与衍射仪法。

#### 2.4.1.1　照相法

照相法是以光源（X 射线管）发出的特征 X 射线（单色光）照射多晶体样品，使之发生衍射，并用照相底片记录衍射花样的方法。照相法常用粉末（黏结成圆柱形）多晶体样品，故又称为粉末照相法或粉末法。照相法也可用非粉末块、板或丝状样品。

根据样品与底片的相对位置，照相法又可分为德拜法（德拜-谢勒法）、聚焦法和针孔法，其中德拜法应用最普遍，除非特别说明，照相法一般即指德拜法。

A　成像原理与衍射花样特征

多晶体衍射的埃瓦尔德图解如图 2-23 所示。样品中各晶粒同名晶面的倒易点集合成倒易球，倒易球与反射球交线为圆环，因而样品各晶粒同名晶面的衍射线构成以入射线为轴、$2\theta$ 为半锥角的圆锥体，称为（$HKL$）衍射圆锥。不同（$HKL$）晶面衍射角 $2\theta$ 不同，其衍射圆锥共顶；所有等同晶面的衍射圆锥则重叠（因为 $2\theta$ 角相同）。

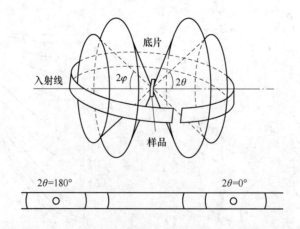

图 2-23　X 射线衍射线的空间分布和德拜法的衍射花样

若采用垂直于入射线方向的平板底片记录衍射信息（针孔法），则获得的衍射花样是一些同心衍射圆环，它们是各（HKL）衍射圆锥与平板底片的交线。德拜法所用的筒状底片记录的衍射信息是衍射环上的一小段，它们是各（HKL）衍射圆锥与底片的交线。如图 2-23 所示。

B　德拜相机与实验技术

a　德拜相机

德拜照相装置称德拜相机。由圆筒形外壳、样品架、光阑和承光管（后光阑）等部分组成，如图 2-24 所示。照相底片紧贴相机外壳内壁安装（底片曲率半径等于相机外壳内径）。常用相机内直径（$D$）为 57.3 mm，故底片上每毫米长度对应 2°圆心角。有时用 $D$ 为 114.6 mm 的相机，则底片上每毫米长度对应 1°圆心角。样品架在相机中心轴上，并有专门调节装置，以使安装在架上之圆柱形样品与相机中心同轴。

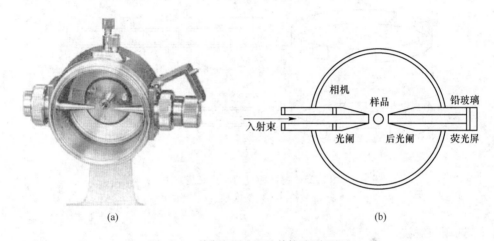

图 2-24　德拜相机(a)及其构造原理(b)

光阑的主要作用是限制入射线的发散度（不平行度），固定入射线位置和控制入射线截面（尺寸）的大小。穿透样品后的入射线进入承光管，经过一层黑纸和荧光屏后被铅玻璃吸收（荧光屏可显示入射线与样品的相对位置）。

b　样品制备

粉末样品制备一般经过粉碎（韧性材料用锉刀锉）、研磨、过筛（0.04～0.06 mm）等过程。最后黏结为细圆柱状（直径 0.2～0.8 mm），长度为 10～15 mm，经研磨后的韧性材料粉末应在真空或保护气氛下退火，以清除加工应力。

c　底片的安装

将双面乳胶专用底片按相机尺寸裁成长方形并在适当位置打孔后紧贴相机内壁安装（光阑或承光管穿过底片圆孔）、压紧。根据底片圆孔位置和开口所在位置不同，安装方法分为 3 种。

（1）正装法。X 射线从底片接口处入射，照射试样后从中心孔穿出，如图 2-25(a)所示。这样低角的弧线接近中心孔，高角线则靠近端部。由于高角线有较高的分辨本领，有时能将 $K_\alpha$ 双线分开。正装法的几何关系和计算均较简单，常用于物相分析等工作。

（2）反装法。如图 2-25(b)所示。X 射线从底片中心孔射入，从底片接口处穿出。高角线条集中于孔眼附近，衍射线中除角极高的部分被光阑遮挡外，其余几乎全能记录下来。高角线弧对间距较小，底片收缩造成的误差也较小，故此法常运用于点阵常数的测定。

（3）偏装法（不对称装法）。如图2-25(c)所示，底片上有两个孔，分别对装在光阑和承光管的位置，衍射线条形成进出光孔的两组弧对。这种安装底片的方法具有反装法的优点。此法还可以直接由底片测出0°～180°长度，从而求出圆周长，此法可以消除底片收缩、试样偏心以及相机半径不准确所产生的误差。这是常用的方法。

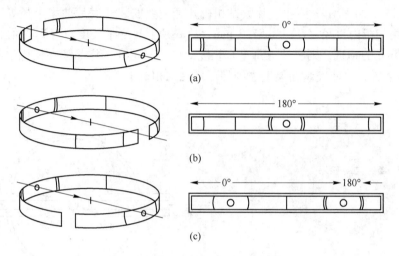

图2-25　德拜相机的底片安装方法
（a）正装法；（b）反装法；（c）偏装法

　　d　选靶与滤波

主要依据 $\lambda$ 与 $\mu_m$ 的关系选靶和滤波。

（1）选靶。选靶是指选择X射线管阳极（靶）所用材料。选靶的基本要求是：靶材产生的特征X射线（常用K射线）尽可能少地激发样品的荧光辐射，以降低衍射花样背底，使图像清晰。根据吸收规律，所选择的阳极靶产生的X射线不会被试样强烈地吸收，即 $Z_{靶} \leqslant Z_{样}$ 或 $Z_{靶} \gg Z_{样}$。选靶时还需考虑其他因素。如入射线波长对衍射线条多少的影响：由于 $\sin\theta \leqslant 1$，故由布拉格方程可知 $d \geqslant \lambda/2$，即只有满足此条件的晶面才有可能产生衍射，因此 $\lambda$ 越长则可能产生的衍射线条越少。又如，通过波长的选择可调整衍射线条的出现位置等。

（2）滤波。K系特征辐射包括 $K_\alpha$ 与 $K_\beta$ 射线，因二者波长不同，将使样品产生两套方位不同的衍射花样，使衍射分析工作复杂化。滤波片的选择是为了获得单色光，避免多色光产生复杂的多余衍射线条。实验中通常仅用靶材产生的 $K_\alpha$ 线条照射样品，因此必须滤掉 $K_\beta$ 等其他特征射线。滤波片的选择是根据阳极靶材确定的。

在确定了靶材后，选择滤波片的原则是：当 $Z_{靶} \leqslant 40$ 时，$Z_{滤} = Z_{靶} - 1$；当 $Z_{靶} > 40$ 时，$Z_{滤} = Z_{靶} - 2$。

　　e　摄照参数的选择

摄照参数包括X射线管电压、管电流、摄照（曝光）时间等。管电压通常为阳极（靶材）激发电压（$V_k$）的3～5倍，此时特征谱与连续谱强度比最大。管电流较大可缩短摄照时间，但以不超过管额定功率为限。摄照时间的影响因素很多，一般在具体实验条件下通过试照确定（德拜法常用摄照时间以 h 计）。

　　f　衍射花样的测量和计算

　　主要是通过测量底片上衍射线条的相对位置计算 $\theta$ 角（并确定各衍射线条的相对强度）。($HKL$) 衍射弧对与其 $\theta$ 角的关系如图 2-26 所示。由图可知，当 $2\theta \leqslant \dfrac{\pi}{2}$ 时，有

$$2L = R \cdot 4\theta \tag{2-68}$$

式中，$2L$ 为衍射弧对间距；$R$ 为相机半径。

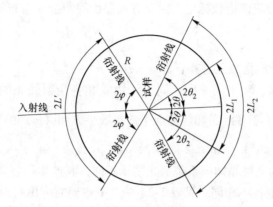

图 2-26　德拜相机衍射几何

式（2-68）中 $\theta$ 为弧度，若 $\theta$ 用角度表示，则有

$$\theta = 2L \cdot 57.3 / (4R) \tag{2-69}$$

当 $2\theta > \dfrac{\pi}{2}$ 时：

$$2L' = R \cdot 4\varphi \quad (\text{rad}) \tag{2-70}$$

式中，$2\varphi = \pi - 2\theta$，若用角度表示，则有

$$2L' = R \cdot 4\varphi \frac{2\pi}{360} = \frac{4R}{57.3}(90° - \theta)$$

$$\theta = 90° - 2L' \frac{57.3}{4R} \tag{2-71}$$

　　g　德拜相机的分辨本领

　　照相机的分辨本领可以用衍射花样中两条相邻线条的分离程度来定量表征，它表示晶面间距变化所引起的衍射线条位置相对改变的灵敏程度。

$$\Delta L = \varphi \frac{\Delta d}{d} \qquad \varphi = \frac{\Delta L}{\dfrac{\Delta d}{d}} \tag{2-72}$$

$$\Delta L = 2R\Delta\theta \qquad \frac{\Delta d}{d} = -\cot\theta \Delta\theta \tag{2-73}$$

$$\varphi = \frac{\Delta L}{\dfrac{\Delta d}{d}} = -2R\tan\theta$$

为了表示分辨本领与波长的关系，上式改写为：

$$\varphi = -2R\frac{\sin\theta}{\sqrt{1-\sin^2\theta}} = -2R\frac{\dfrac{n\lambda}{2d}}{\sqrt{1-\dfrac{n\lambda}{2d}}} = -2R\frac{n\lambda}{\sqrt{4d^2-(n\lambda)^2}} \qquad (2\text{-}74)$$

C　衍射花样指数标定

衍射花样指数标定，即确定衍射花样中各线条（弧对）相应晶面（即产生该衍射线条的晶面）的干涉指数，并以之标识衍射线条，又称衍射花样指数化。

（1）立方晶系衍射花样指数标定。由立方系晶面间距公式与布拉格方程，可得：

$$\sin^2\theta = \frac{\lambda^2}{4a^2}m \qquad (2\text{-}75)$$

式中，$m$ 为衍射晶面干涉指数平方和，即 $m = H^2 + K^2 + L^2$。

由式（2-75）可知，对于同一底片同一（物）相各衍射线条的 $\sin^2\theta$（从小到大的）顺序比$\left(\text{因}\dfrac{\lambda^2}{4a^2}\text{为常数}\right)$等于各线条相应晶面干涉指数平方和（$m$）的顺序比，即

$$\sin^2\theta_1 : \sin^2\theta_2 : \sin^2\theta_3 : \cdots = m_1 : m_2 : m_3 : \cdots \qquad (2\text{-}76)$$

立方晶系不同结构类型晶体因系统消光规律不同，其产生衍射各晶面的衍射晶面干涉指数平方和 $m$ 顺序比也各不相同，见表2-2。表2-2中同时列出与 $m$ 值相应的晶面干涉指数。

由上述可知，通过衍射线条的测量，计算同一物相各线条的 $\sin^2\theta$ 顺序比，然后与表2-2中的 $m$ 顺序比相对照，即可确定该物相晶体结构类型及各衍射线条（相应晶面）的干涉指数。

（2）正方晶系与六方晶系衍射花样指数标定。正方晶系与六方晶系衍射花样指数标定较立方系情况复杂，不再详述。

表 2-2　立方晶系衍射晶面及其衍射晶面指数平方和

| 衍射线顺序号 | 简单立方 | | | 体心立方 | | | 面心立方 | | | 金刚石立方 | | |
| --- | --- | --- | --- | --- | --- | --- | --- | --- | --- | --- | --- | --- |
| | $HKL$ | $m$ | $m_i/m_1$ | $HKL$ | $m$ | $m_i/m_1$ | $HKL$ | $m$ | $m_i/m_1$ | $HKL$ | $m$ | $m_i/m_1$ |
| 1 | 100 | 1 | 1 | 110 | 2 | 1 | 111 | 3 | 1 | 111 | 3 | 4 |
| 2 | 110 | 2 | 2 | 200 | 4 | 2 | 200 | 4 | 1.33 | 220 | 8 | 2.66 |
| 3 | 111 | 3 | 3 | 211 | 6 | 3 | 220 | 8 | 2.66 | 311 | 11 | 3.67 |
| 4 | 200 | 4 | 4 | 220 | 8 | 4 | 311 | 11 | 3.67 | 400 | 16 | 5.33 |
| 5 | 210 | 5 | 5 | 310 | 10 | 5 | 222 | 12 | 4 | 331 | 19 | 6.33 |
| 6 | 211 | 6 | 6 | 222 | 12 | 6 | 400 | 16 | 5.33 | 422 | 20 | 6.67 |
| 7 | 220 | 8 | 8 | 321 | 14 | 7 | 331 | 19 | 6.33 | 333,511 | 27 | 9 |
| 8 | 300,221 | 9 | 9 | 400 | 16 | 8 | 420 | 20 | 6.67 | 440 | 32 | 10.67 |
| 9 | 310 | 10 | 10 | 411,311 | 18 | 9 | 422 | 24 | 8 | 531 | 35 | 11.67 |
| 10 | 311 | 11 | 11 | 420 | 20 | 10 | 333,511 | 27 | 9 | 620 | 40 | 13.33 |

### 2.4.1.2 衍射仪法

#### A 概述

X射线（多晶体）衍射仪是以特征 X 射线照射多晶体样品，并以辐射探测器记录衍射信息的衍射实验装置。X射线衍射仪是以布拉格实验装置为原型，随着机械与电子技术等的进步逐步发展和完善起来的。衍射仪由 X 射线发生器、X 射线测角仪、辐射探测器和辐射探测电路 4 个基本部分组成，现代 X 射线衍射仪还包括控制操作和运行软件的计算机系统。

X射线衍射仪成像原理（埃瓦尔德图解）与照相法相同，但记录方式及相应获得的衍射花样不同。

衍射仪采用具有一定发散度的入射线，也因"同一圆周上的同弧圆周角相等"而聚焦，与聚焦（照相）法不同的是，其聚焦圆半径随 $2\theta$ 变化而变化。

X射线衍射仪法具有方便、快速、准确和可以自动进行数据处理等特点，在许多领域中取代了照相法，已成为晶体结构分析等工作中的主要方法。

#### B X射线测角仪

测角仪是 X 射线衍射仪的核心部分，其结构如图 2-27(a)所示。样品台（小转盘 $H$）与测角仪圆（大转盘 $K$）同轴（中心轴 $O$ 与盘面垂直）；X 射线管的线状焦斑($S$)与 $O$ 轴平行；接收光阑（$F$）与计数管（$G$）共同安装在可围绕 $O$ 轴转动的支架上；处于入射线与样品（$C$）之间的入射光阑（$A$）包括梭拉狭缝（$S_1$）与发散狭缝（$J$）（图中未画出），$S_1$ 与 $J$ 分别限制入射线在垂直方向与水平方向发散度；样品与接收光阑间有防散射狭缝（$B$）和梭拉狭缝（$S_2$）（图中未画出），$S_2$ 限制衍射线垂直发散度，而 $B$ 与 $F$ 限制衍射线水平发散度；$S$、$S_1$、$J$、$C$、$B$、$S_2$ 及 $F$ 构成了测角仪的光学布置，$S$ 发出的具有一定发散度的 X 射线经 $S$ 与 $J$ 后照射到样品 $C$ 上，产生的衍射线经 $B$、$S$ 后在光阑 $F$ 处聚焦，然后进入计数管 $C$。

实验过程中，安装在样品台 $H$ 上的样品（其表面应与 $O$ 轴重合）随 $H$ 与支架 $E$ 以 1:2 的角速度关系联合转动（常称为计数管与样品台连动扫描，或称为 $\theta$-$2\theta$ 连动），以保证入射角等于反射角；连动扫描过程中，一旦 $2\theta$ 满足布拉格方程（且样品无系统消光）时，样品将产生衍射线并被计数管接收。测角仪扫描范围：正向（顺时针）$2\theta$ 可达 165°，反向（逆时针）$2\theta$ 可达 −100°。$2\theta$ 测量绝对精度 0.02°，重复精度 0.001°。

X射线管焦斑 $S$ 与接收光阑 $F$ 处于同一圆周，即测角仪圆上。$S$ 发出的发散 X 射线照射样品，样品产生的（HKL）衍射线在 $F$ 处聚焦；按聚焦原理，$S$、$O$ 与 $F$ 决定的圆即为聚焦圆（$S$、$O$ 与 $F$ 共圆），如图 2-27(b)所示。在计数器与样品连动扫描过程中，$F$ 点的位置沿测角仪圆周变化，即对应不同（HKL）衍射，焦点 $F$ 位置不同，从而导致聚焦圆半径不同。由聚焦几何可知，为保证聚焦效果，样品表面与聚焦圆应具有相同的曲率，由于连续扫描过程中测角仪聚焦圆曲率不断变化，样品表面不可能实现这一要求，故衍射仪工作时这一问题只能被近似处理，即采用平板样品，使样品表面在扫描过程中始终与聚焦圆相切。

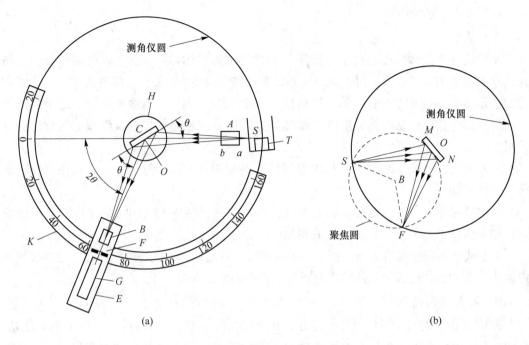

图 2-27　测角仪的构造

（a）测角仪的光学布置；（b）样品表面

### C　辐射探测器

辐射探测器的作用是接收样品衍射线（光子），并将光信号转变为电（瞬时脉冲）信号。

### a　正比计数器与盖革计数器

正比计数器与盖革计数器均为充气式计数器。正比计数器以 X 射线光子可使气体电离的性质为基础，其结构如图 2-28 所示。它由一个充有惰性气体的圆筒形套管（阴极）和一根与圆筒同轴的细金属丝（阳极）构成，两极间维持一定电压。X 射线光子由窗口（铍片或云母）进入管内使气体电离，电离产生的电子和离子分别向两极运动；电子向阳极运动过程中被加速而获得更高的能量，且电场越强，电子速率越大。当两极间电压提高到一定值（600～900 V）时，电子因加速获得足够的能量，与气体分子碰撞时使气体进

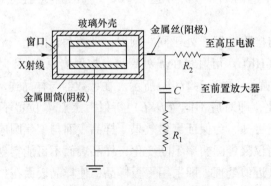

图 2-28　正比计数器结构示意图

一步电离，新产生的电子又可使气体电离，雪崩效应下，在极短的时间内产生的大量电子涌到阳极，实现了电信号的放大。每当一个X射线光子进入计数器时，就产生一次电子"雪崩"，从而在计数器两极间外电路中就产生一个易于探测的电脉冲。

b 闪烁计数器

闪烁计数器是利用X射线激发某些固体物质（磷光体）发射可见荧光并通过光电倍增管放大的计数器；磷光体一般为加入少量铊作为活化剂的碘化物单晶体。

一个X射线光子照射磷光体使其产生一次闪光，闪光射入光电倍增管并从光敏阴极上撞出许多电子，一个电子通过光电倍增管的倍增作用，在极短时间（小于1 μs）内，可增至$10^6 \sim 10^7$个电子，从而在计数器输出端产生一个易检测的电脉冲。闪烁计数器在脉冲计数速率$10^5/s$以下时使用，不会有计数损失。闪烁计数器跟正比计数器一样，也可与脉冲高度分析器联用。由于闪烁晶体能吸收所有的入射光子，因而在整个X射线波长范围内吸收效率都接近100%，故闪烁计数器的主要缺点是本底脉冲过高。此外，由于光敏阴极可能产生热电子发射而使本底过高，因而闪烁计数器应尽量在低温下工作或采用循环水冷却。

闪烁计数器与正比计数器是目前使用最为普遍的计数器。要求定量关系较为准确的情况下习惯使用正比计数器，闪烁计数器的使用已逐渐减少。除此以外，还有锂漂移硅计数器、位能正比计数器等。

锂漂移硅计数器（可表示为Si(Li)计数器）是一种固体（半导体）探测器，因具备分辨能力高、分析速度快及无计数损失等优点，已逐渐普遍应用，但需用液氮冷却，且低温室内需保持$1.33 \times 10^{-4}$ Pa以上的真空度，给使用和维修带来一定困难。

位能正比计数器是一种高速检测衍射信息的计数器，适用于相变等瞬间变化过程的分析研究，也可测量微量样品和强度弱的衍射信息（如漫散射）。

## 2.4.2 单晶体衍射方法

### 2.4.2.1 劳厄法

劳厄法是用连续谱照射不动的单晶体，如图2-29所示。根据X射线源、晶体和底片的位置不同，劳厄法可分为透射劳厄法和背射劳厄法，平板底片与入射线垂直放置。

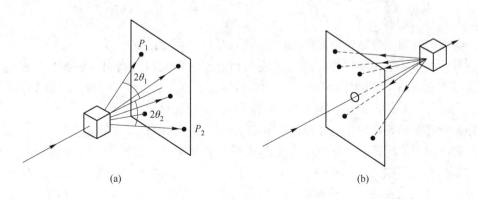

(a) (b)

图2-29 透射及背射劳厄法原理图

（a）透射劳厄法；（b）背射劳厄法

单晶体的特点是每个（$hkl$）晶面只有一组，单晶体固定到台架上后，任何晶面相对于入射X射线固定，即$\theta$角一定。由布拉格方程可知，针对一组（$hkl$）晶面（面间距$d_1$）产生反射时，连续谱中只有一个合适的波长$\lambda_1$对反射起作用，在布拉格方向$2\theta_1$上产生衍射斑点$P_1$。对于另一个晶面$d_2$，按$2\theta_2$的反射，它是由连续谱中波长为$\lambda_2$的X射线生成的，产生衍射斑点$P_2$，在劳厄照片上的第$i$个斑点到中心的距离$t$可换算出第$i$个斑点所对应的$2\theta$角：

$$\tan 2\theta = \frac{t}{D}$$

式中，$D$为试样到底片的距离；$t$为第$i$个斑点到入射线与底片交点的距离。于是就可以知道照片上各个点对应的是哪组晶面，再进一步得到晶体取向、晶体不完整性等信息。

### 2.4.2.2　周转晶体法

周转晶体法是用单色的X射线照射单晶体。光学布置如图2-30所示。将单晶体的某一晶轴或某一重要晶向垂直于X射线安装，再将底片在单晶体四周围绕成圆筒形。摄影时让晶体绕选定的晶向旋转，转轴与圆筒状底片的中心轴重合。

周转晶体法的特点是入射线的波长$\lambda$不变，而依靠旋转单晶体以连续改变各个晶面与入射线的$\theta$角来满足布拉格方程的条件。在单晶体不断旋转的过程中，某组晶面会于某个瞬间和入射线的夹角恰好满足布拉格方程，于是在此瞬间便产生一根衍射线束，在底片上感光出一个感光点。周转晶体法主要用来确定未知晶体的结构。

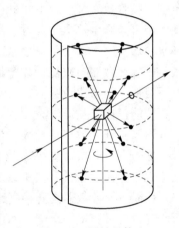

图2-30　周转晶体法

# 2.5　X射线衍射分析的应用

## 2.5.1　X射线物相分析

### 2.5.1.1　概述

X射线衍射物相分析包括定性物相分析和定量物相分析。

定性物相分析是指根据德拜法或X射线衍射仪法所测得的衍射峰位和相对强度，对所研究的多晶体粉末或块材中所包含的物相做出鉴别，确定所包含的每一种物相的晶体结构类型和名称，并标定出这些物相的衍射线所对应的晶面指数。

定量物相分析是在定性物相分析的基础上，分析各相的相对含量。

X射线物相分析是以X射线衍射的基本原理为基础的。具有特定的结构参数（包括晶体结构类型、晶胞大小、晶胞中原子、离子或分子数目的多少以及它们所处的位置等）的物质，在给定波长的X射线辐射下，呈现出该物质所特有的衍射花样（衍射线条的位置和强度），因此，衍射花样就成为物质的特有标志。多相物质的衍射花样是各相衍射花样的机械叠加，彼此独立无关；各相的衍射花样表明了该相中组成元素结合状态。因为多晶体衍射花样与晶体物质具有独有的对应关系，可将待测物质的衍射数据与各种已知物质的衍射数据进行对比，借以对物相作定性分析。

在利用 X 射线作物相分析时，同时考察多晶体衍射线条的位置和强度两个判据。在自然界中确实存在着晶体结构类型和晶胞大小相同的物质，它们的衍射线条位置是相同的，但由于原子不同导致其衍射强度存在差异，在这种情况下，如果把衍射线条的位置作为物相分析的唯一依据，就会得出错误的结论。例如 Au-Cu 固溶体，随成分的不同，其点阵常数从 0.36147 nm 变到 0.40783 nm。其中有一种成分的固溶体，其点阵常数可以与 Al（$a=0.40496$ nm）完全相同，尽管这种情况是特殊的，但也说明在对多晶体进行 X 射线物相分析时，必须同时应用位置和强度两个信号。通常用 $d$（晶面间距根据布拉格方程，它和衍射花样的位置即衍射角一一对应）和 $I$（衍射线相对强度）的数据表征衍射花样，即用 $d$-$I$ 数据作为定性相分析的基本判据。

### 2.5.1.2　粉末衍射卡

既然多晶体衍射花样反映了被测物相的特征，那么大量搜集已知物质的多晶体衍射花样，与待测物质的衍射花样进行对比，便可鉴别不同物相，可见，物相鉴定的关键是全面地收集各种已知物质的完整衍射数据。为此，J. D. Hanawalt 及其协作者早在 20 世纪 30 年代就开始搜集和摄取了上千种已知物质的衍射花样，并将其完整衍射数据加以科学分类，这项工作后来由美国材料试验协会（ASTM）接管，经国际协作，于 1941 年首次出版了 1300 种物质的 ASTM 粉末衍射卡片集，到 1956 年先后收集了 6000 种物质的衍射数据，出版了六组卡片集。1959 年 ASTM 对过去出版的卡片用衍射仪进行校正，并补充若干新数据重新出版。1966 年大约已收集 25000 多种物质的衍射数据，全名为 ASTM 粉末衍射卡片集。1969 年成立了国际性的"粉末衍射标准联合会"，负责编辑和出版粉末衍射卡片，1978 年 International Centre for Diffraction Data（ICDD）联合出版。ICDD 每年 9 月出版最新版本的 PDF 卡片数据库，2023 版 PDF 数据库包含无机物、有机物在内的 PDF 卡片共计超过 110 万张。

粉末衍射卡片的内容如图 2-31 所示，每张卡片分十个部分。

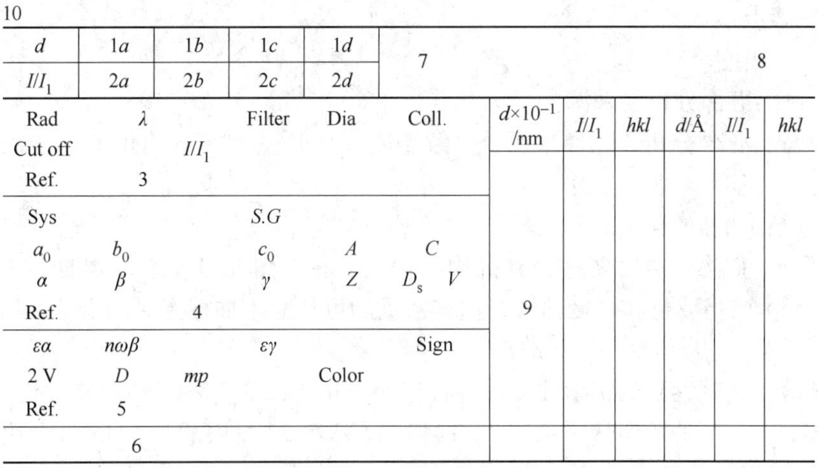

| 10 | | | | | | | | | | |
|---|---|---|---|---|---|---|---|---|---|---|
| $d$ | 1a | 1b | 1c | 1d | 7 | | | 8 | | |
| $I/I_1$ | 2a | 2b | 2c | 2d | | | | | | |
| Rad. | $\lambda$ | Filter | Dia | Coll. | $d\times10^{-1}$/nm | $I/I_1$ | hkl | $d$/Å | $I/I_1$ | hkl |
| Cut off | $I/I_1$ | | | | | | | | | |
| Ref. 　3 | | | | | | | | | | |
| Sys | 　S.G | | | | | | | | | |
| $a_0$ | $b_0$ | $c_0$ | $A$ | $C$ | 9 | | | | | |
| $\alpha$ | $\beta$ | $\gamma$ | $Z$ | $D_s$　$V$ | | | | | | |
| Ref. 　　4 | | | | | | | | | | |
| $\varepsilon\alpha$ | $n\omega\beta$ | $\varepsilon\gamma$ | | Sign | | | | | | |
| 2V | $D$ | $mp$ | | Color | | | | | | |
| Ref. 　　5 | | | | | | | | | | |
| 　　　6 | | | | | | | | | | |

图 2-31　粉末衍射卡片

第一部分：1*a*、1*b*、1*c* 为 3 根最强衍射线的晶面间距，1*d* 为该物质在表明的摄照条件下所能测得的最大晶面间距。

第二部分：2*a*、2*b*、2*c*、2*d* 为上述 4 根衍射线条的相对强度，并把最强衍射线的强度当作 100% 来标度其他衍射线的相对强度。

第三部分：摄照时实验条件的数据。

Rad——X 射线辐射的种类（Cu $K_\alpha$、Mo $K_\alpha$ 等）；

$\lambda$——X 射线波长，以 Å（1 Å = 0.1 nm = $10^{-10}$ m）为单位；

Filter——滤波片；

Dia——照相机半径；

Coll.——光阑狭缝宽度，或圆孔尺寸；

Cut off——该相机所能摄得的最大晶面间距；

$I/I_1$——测量衍射线条相对强度的方法（衍射仪，强度标或目测估计）；

Dcorr. abs?——所测 *d* 值是否经过吸收校正；

Ref.——第三部分和第九部分资料来源。

第四部分：物相的结晶学数据。

Sys——所属晶系；

*S. G*——所属空间群；

$a_0$、$b_0$、$c_0$——点阵参数；$A = a_0/b_0$，$C = c_0/b_0$；

$\alpha$、$\beta$、$\gamma$——晶胞轴间夹角；

*Z*——属于单个晶胞的原子数；

Ref.——第四部分资料来源。

第五部分：物相的光学性质数据。

$\varepsilon\alpha$、$n\omega\beta$、$\varepsilon\gamma$——折射率；

Sign——光性正负；

2V——光轴间夹角；

*D*——密度（用 X 射线法测量的密度标以 $D_X$）；

*mp*——熔点；

Color——颜色；

Ref.——第五部分资料来源。

第六部分：化学分析、试样来源、分解温度（D. F）、转变点（T. P），热处理、摄照温度等。

第七部分：物相的化学式和名称。

第八部分：矿物学通用名称，有机物结构式。右上角标号★表示数据具有高度可靠性；符号 i 表示已指数化和强度估计，但其数据的可靠性不如标有★的卡片；符号 C 表示计算花样；符号 O 表示数据的可靠性低。

第九部分：所观察到的衍射线条的晶面间距、衍射线相对强度和干涉指数。

第十部分：卡片的顺序号。例如 22-1445，表示第 22 集中的第 1445 号卡片。

2.5.1.3　X 射线定性物相分析

材料或物质是由元素组成的，对材料组成元素的测定可以通过化学分析、光谱分析、

X射线荧光分析等方法来实现，这些工作统称为成分分析。材料中的元素多数以一定的基团或结构存在，这些特定结构的物质，有时也被称为物相。物相分析也可称为结构分析。化学分析能给出材料的成分；金相分析能揭示材料的显微形貌；而X射线衍射分析可得到材料中物相的结构信息（结构和相含量）。在实际的材料分析中，需要上述多种方法联合使用，才能从不同角度解释材料的不同固有特质。

例如，对于钢铁材料（Fe-C合金），成分分析可以测定合金元素和杂质元素的含量，但这些元素的存在状态有多种方式，如碳以石墨的形式存在，形成灰口铸铁；若以元素形式存在于固溶体或化合物中，则形成铁素体或渗碳体，究竟Fe-C合金中存在哪些物相，需要用X射线物相分析来确定。

如碳钢的主要化学成分是铁和碳，但X射线衍射并不指出铁和碳含量为多少，而是指出在各种不同处理工艺条件下，该材料是由哪些具有周期性结构的物相所组成，是铁素体、奥氏体还是碳化物，并能够分析出各相的结构参数及含量。

X射线物相分析能区分同素异构体，如具有不同结构的$Al_2O_3$有20多种，它们用其他方法很难区分开，此外，X射线物相分析还有试样用量少和不破坏样品原始状态的特点（无损检测）。

X射线物相分析是通过比较衍射花样来进行分析的。对于晶体物质来说，各种物相都有自己特定的结构参数（点阵类型、晶胞大小、晶胞中原子或分子的数目、位置等），结构参数不同，则X射线衍射花样也就各不相同，所以，通过比较X射线衍射花样可区分出不同的物相。

当材料中同时存在多个物相时，其衍射花样是各物相衍射花样的机械叠加，它们互不干扰，相互独立。因此，与标准花样逐一比较，就可以在众多衍射花样中剥离出各自的衍射花样，分析标定后，即可鉴别出各自的结构。

衍射定性分析的基本方法是：

（1）对所有已知的具有周期性结构的物质进行X射线衍射，获得它们的标准X射线衍射花样，建立成数据库。

（2）进行物相分析时，只要将实验结果与数据库中的标准衍射花样进行比对，就可以确定材料的物相。

X射线衍射物相分析工作就变成了简单的图谱对照工作。

计算机出现之前，物相分析方法是利用实验得到的基本数据来和已经编辑成册的PDF卡比对。实验得到的基本数据是指所观察到的衍射线条的晶面间距和衍射线相对强度。数据可以由X射线衍射仪得到，也可用德拜照相法得到，但照相法不能给出准确的相对强度值，由于商品X射线衍射仪探测衍射线条的晶面间距和衍射线相对强度快速准确，所以它是常用的方法。卡片上对应物相的其他特征（如折射率、颜色和熔点等）作为未知物相判定的辅助。为了从上百万张卡片中快速找到待测物相的对应卡片，还编辑出版了PDF索引。

目前借助各衍射仪厂家的随机附带的软件，可以不再使用纸质的索引和卡片。查询工作变得很方便，尤其是当已知材料的组成元素范围时，只要把这些元素可以能形成物相的所有组合一一比对，再结合其他信息，就可简单地确定物相。材料科学研究工作遇到的多数是属于这种情况。

通常用 $d$（晶面间距）和 $I$（衍射线相对强度）的数据代表衍射花样。用 $d$-$I$ 数据作为定性物相分析的基本判据。

当材料未知时，也就是所属物相的可能组成元素未知时，分析工作要烦琐一些。计算机会通过比较筛选可能的物相，并根据数据的接近程度排序，需要指出的是，计算机可以缩小筛选范围，最后还需要人工认定。要求实验得到的衍射线条的晶面间距、衍射线相对强度全部与卡片中数据一致（晶面间距的绝对误差小于 $\pm 0.002$ nm）。

实际分析时，还要考虑元素固溶引起的晶格畸变及织构的影响。制成粉末可以有效地避免织构的影响。定性物相分析的基本步骤为：

（1）获得衍射花样，现在多用衍射仪法。

（2）计算机将实验得到的 $2\theta$ 及相对强度 $I/I_1$ 值（$I_1$ 为最强线的强度）与数据库对比，查找到可能的卡片，一般使用带有最新数据库的 pcpdfwin 或 jade 软件。

（3）结合组成元素、物相的其他信息及文献，从可能的数据卡中确定唯一的一组数据。

（4）根据标准衍射卡，标出各衍射峰对应的晶面指数。

（5）多物相共存时，对比确定一组后，再对比剩余所有数据，将可能的物相报告都给出，需要结合元素组成和文献等信息做出判定。

下面的物相定性分析举例（表 2-3 ～ 表 2-6），是用传统的方法，也就是先确定三强线，再确定八强线，最后全部比较，逐一鉴定出物相的方法，使用计算机工作时，基本思路一样，只是计算机直接给出了所有可能结果。

**表 2-3　待测相的衍射数据**

| $d$/Å | $I/I_1$ | $d$/Å | $I/I_1$ | $d$/Å | $I/I_1$ |
|---|---|---|---|---|---|
| 3.01 | 5 | 1.50 | 20 | 1.04 | 3 |
| 2.47 | 72 | 1.29 | 9 | 0.98 | 5 |
| 2.13 | 28 | 1.28 | 18 | 0.91 | 4 |
| 2.09 | 100 | 1.22 | 5 | 0.83 | 8 |
| 1.80 | 52 | 1.08 | 20 | 0.81 | 10 |

**表 2-4　与待测试样中三强线晶面间距符合较好的物相**

| 物质 | 卡片号 | $d$/Å | | | 相对强度 $I/I_1$ | | |
|---|---|---|---|---|---|---|---|
| 实测数据 | | 2.09 | 1.81 | 1.28 | 100 | 50 | 20 |
| Cu-Be(2.4%) | 9-213 | 2.10 | 1.83 | 1.28 | 100 | 80 | 80 |
| Cu | 4-836 | 2.09 | 1.81 | 1.28 | 100 | 46 | 20 |
| Cu-Ni | 9-206 | 2.08 | 1.80 | 1.27 | 100 | 80 | 80 |
| $Ni_3$(AlTi)C | 19-35 | 2.08 | 1.80 | 1.27 | 100 | 35 | 20 |
| $Ni_3$Al | 9-97 | 2.07 | 1.80 | 1.27 | 100 | 70 | 50 |

表 2-5　4-836 卡片 Cu 的衍射数据

| d/Å | I/I₁ | d/Å | I/I₁ |
|---|---|---|---|
| 2.088 | 100 | 1.0436 | 5 |
| 1.808 | 46 | 0.9038 | 3 |
| 1.278 | 20 | 0.8293 | 9 |
| 1.090 | 17 | 0.8083 | 8 |

表 2-6　剩余线条与 $Cu_2O$ 的衍射数据的比较

| 待测试样剩余线条 | 观测值 | 归一值 | 5-667 号 $Cu_2O$ 衍射数据 | |
|---|---|---|---|---|
| 3.01 | 5 | 7 | 3.020 | 9 |
| 2.47 | 70 | 100 | 2.465 | 100 |
| 2.13 | 30 | 40 | 2.135 | 37 |
| 1.50 | 20 | 30 | 1.510 | 27 |
| 1.29 | 10 | 15 | 1.287 | 17 |
| 1.22 | 5 | 7 | 1.233 | 4 |
| | | | 1.0674 | 2 |
| 0.98 | 5 | 7 | 0.9795 | 4 |
| | | | 0.9548 | 3 |
| | | | 0.8715 | 3 |
| | | | 0.8216 | 3 |

　　计算机并不能自动消除衍射花样或原始卡片带来的误差，如果物相为 3 种以上时，计算机根据操作者所选择的 Δd 的不同，所选出的具有可能性的花样可能超过 50 种，甚至更多。所以使用者必须充分利用有关未知试样的化学成分和处理工艺条件等相关信息对可能存在的物相进行甄别。

　　理论上讲，只要 PDF 卡片足够全，任何未知物质都可以标定。但是实际上会出现很多困难。主要是试样衍射花样的误差和卡片的误差。例如，晶体存在择优取向时，某根线条的强度会异常强或弱；强度异常还会来自表面氧化物和硫化物的影响等。

　　粉末衍射卡片确实是一部很完备的衍射数据资料，可以作为物相鉴定的依据，但由于资料来源不一，而且并不是所有资料都经过核对，因此存在不少错误。

　　实际分析时，d 比 I 重要，大 d 比小 d 重要；强线比弱线重要。

　　复杂的相分析工作往往需要进行多次尝试，并与其他分析方法（如 EDS 等）配合，方能取得圆满结果。

　　多相混合物的衍射线条有可能有重叠现象，但低角线条与高角线条相比，其重叠机会较少。若一种相的某根衍射线条与另一相的某根衍射线重叠，而且重叠的线条又恰恰是两相的三强线之一，则分析工作就更为复杂。

当混合物中某相的含量很少时，或某相各晶面反射能力很弱时，它的衍射线条可能难以显现，因此，X 射线衍射分析工作只能确定某相存在，而不能确定某相不存在。

任何方法都有局限性，因此 X 射线衍射分析时往往要与其他方法配合才能得出正确结论。例如，合金钢中常常碰到的 TiC、VC、ZrC、NbC 及 TiN，它们都具有 NaCl 结构，点阵常数也比较接近，同时它们的点阵常数又因固溶其他合金元素而变化，在此情况下，单纯用 X 射线分析可能得出错误的结论，应与化学分析和电子探针分析等方法相配合。

图 2-32 为 X 射线物相分析软件的分析界面。

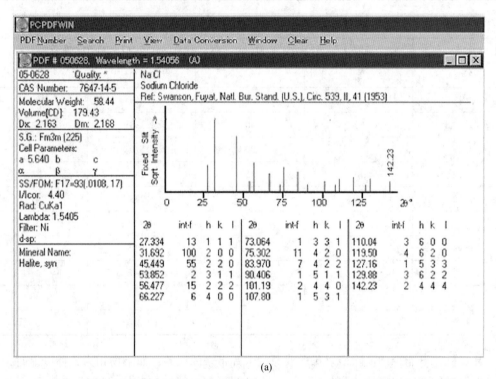

(a)

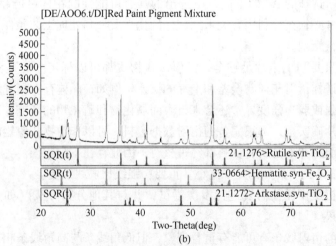

(b)

图 2-32　X 射线物相分析软件的分析界面

（a）物相定性分析时软件给出的数据；（b）软件分析对比结果

2.5.1.4 X射线定量物相分析

每种物质都有自己特定的衍射线条，这是由晶胞的大小和形状决定的。而衍射线的相对强度与物相的含量有关，这在粉末多晶体积分强度表达式中有所体现。定量分析的方法是比较混合物中同一物相的同一位置的衍射线的相对强度。我们知道粉末多晶体衍射的积分强度由五个因子决定，当用衍射仪测定衍射强度时，单相粉末试样的衍射强度方程式为：

$$I = \frac{1}{32\pi r}I_0\left(\frac{e^2}{mc^2}\right)^2 N^2 \lambda^3 VP \mid F \mid^2 \frac{1+\cos^2 2\theta}{\sin^2\theta\cos\theta} \frac{e^{-2M}}{2\mu} \qquad (2\text{-}77)$$

当需要测定 a + b 两相混合物中 a 的体积分数时，只要将上述衍射强度公式的右侧乘以 a 相的体积分数 $C_a$，再用混合物的吸收系数 $\mu$ 来代替 a 相的吸收系数，即可得出 a 相的衍射强度表达式。在这个新方程式中，除去 $C_a$ 和 $\mu$ 以外，其他所有因子由于实验条件与试样相同，可以认为是常数，因此 a 相的衍射强度表达式可以简化成以下形式：

$$I_a = K_1 \frac{C_a}{\mu} \qquad (2\text{-}78)$$

式中，$K_1$ 为未知常数，在同一实验测量中不变。

为使用方便起见，常用 a 相的质量分数 $w_a$。若混合物的密度为 $\rho$，则在混合物单位体积中 a 相的质量为 $w_a\rho$。于是，a 相的体积分数为：

$$C_a = \frac{w_a\rho}{\rho_a} \qquad (2\text{-}79)$$

式中，$\rho_a$ 为 a 相的密度。混合物的质量吸收系数 $\mu/\rho$ 是组成相的质量吸收系数的加权平均值：

$$\frac{\mu}{\rho} = w_a\frac{\mu_a}{\rho_a} + w_b\frac{\mu_b}{\rho_b} \qquad (2\text{-}80)$$

将式（2-79）和式（2-80）代入式（2-78）得：

$$I_a = \frac{K_1 w_a}{\rho_a\left[w_a\left(\dfrac{\mu_a}{\rho_a} - \dfrac{\mu_b}{\rho_b}\right) + \dfrac{\mu_b}{\rho_b}\right]} \qquad (2\text{-}81)$$

式中，$\rho_a$、$\rho_b$、$\mu_a$、$\mu_b$ 为 a、b 两相的密度与线吸收系数。

由式（2-81）可知，待测相的衍射强度随着其含量的增加而增强；并且衍射强度还与混合物的总吸收系数（含在式（2-81）中）有关，而总吸收系数又随浓度而变。因此，强度和相对含量之间的关系并非线性关系。只有在待测试样是由同素异形体组成的特殊情况下（此时 $\mu_a/\rho_a = \mu_b/\rho_b$），待测相的衍射强度才与该相的相对含量呈线性关系。

实际分析时，由于方程式中含有未知常数 $K_1$，即使是最简单的情况（待测试样为两相），也难以直接计算出待测物相的质量分数 $w_a$，必须通过与标样强度对比，消掉 $K_1$。最常用的是外标法（单线条法）和内标法（掺和法）。

A　外标法（单线条法）

外标法是将待测相的纯物质另外单独标定，然后与多相混合物中待测相衍射线强度比较。假设待测相为 a + b 两相混合物。其中，a 相的衍射线强度由式（2-81）给出，由式（2-78）可以得出，纯 a 相标样的衍射强度可以表示为：

$$(I_a)_0 = \frac{K_1}{\mu_a} \tag{2-82}$$

将式（2-81）除以式（2-82）得：

$$\frac{I_a}{(I_a)_0} = \frac{w_a \dfrac{\mu_a}{\rho_a}}{w_a \left( \dfrac{\mu_a}{\rho_a} - \dfrac{\mu_b}{\rho_b} \right) + \dfrac{\mu_b}{\rho_b}} \tag{2-83}$$

式（2-83）就是单线条定量分析（外标法）的基本公式。

利用这个关系式，先测出 $I_a$ 和 $(I_a)_0$，查出各种相的质量吸收系数，理论上就可计算出 a 相的质量分数 $w_a$。若各相的质量吸收系数未知，可以先把纯 a 相样品的某根衍射线条强度 $(I_a)_0$ 测量出来，然后在实验条件完全相同的情况下，测出含量已知标样的同一根衍射线的 $I_a/(I_a)_0$，绘制如图 2-33 的定标曲线，在定标曲线中根据待测相的 $I_a/(I_a)_0$ 得到纵坐标值，即为待测 a 相的质量分数 $w_a$。

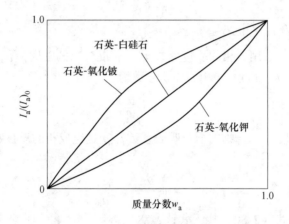

图 2-33　混合物定标曲线示意图
（石英的衍射强度来自 $d = 0.334$ nm 的衍射线）

B　内标法（掺和法）

掺和法是把试样中待测相的某根衍射线强度与掺入试样中含量已知的内标物质的同一衍射线强度比较，从而获得待测相含量的方法。掺和法仅限于粉末试样。若待测试样是由 A、B、C 等相所组成，待测相为 A，则可在原始试样中少量掺入已知量标准物质 S，一般用 α-Al$_2$O$_3$（刚玉）粉作内标物质，然后构成待测试样与内标物质的复合试样。设 $C_A$ 和 $C_A^*$ 为 A 相在原始试样和复合试样中的体积分数，$C_S$ 为标准物质在复合试样中的体积分数。根据式（2-78），在复合试样中 A 相和刚玉的某根衍射线的强度应为：

$$I_A = \frac{K_2 C_A^*}{\mu} \tag{2-84}$$

$$I_S = \frac{K_3 C_S}{\mu} \tag{2-85}$$

其中，$\mu$ 为复合试样的线吸收系数，将式（2-84）除以式（2-85）得：

$$\frac{I_A}{I_S} = \frac{K_2 C_A^*}{K_3 C_S} \tag{2-86}$$

将体积分数化为质量分数：

$$C_A^* = \frac{w_A^* \rho}{\rho_A} \tag{2-87}$$

$$C_S = \frac{w_S \rho}{\rho_S} \tag{2-88}$$

将式（2-87）和式（2-88）代入式（2-86），同时使所有复合试样中的标样物质的质量分数 $w_S$ 保持不变，得到：

$$\frac{I_A}{I_S} = \frac{K_2}{K_3} \cdot \frac{w_A^* \rho_S}{w_S \rho_A} \tag{2-89}$$

待测相 A 在原始试样中的质量分数 $w_A$ 与 A 在复合试样中的质量分数 $w_A^*$ 满足以下关系：

$$w_A^* = w_A(1 - w_S) \tag{2-90}$$

将式（2-90）代入式（2-89），合并系数后，得：

$$\frac{I_A}{I_S} = K_S w_A \tag{2-91}$$

式（2-91）即为内标法（掺和法）物相定量分析的基本关系式。

从上式可以看出，待测相在复合试样中某根衍射线的衍射强度与复合试样中内标物质的某根衍射线的衍射强度之比，与 A 相在原始试样中的质量分数成正比。只要知道比例系数 $K_S$，就可以通过测量待测相在复合试样中某根衍射线的衍射强度与复合试样中内标物质的某根衍射线的衍射强度的比值，求出 A 在原始试样中的质量分数。

求比例系数 $K_S$ 的方法还是测绘定标直线。作定标曲线的方法是：配制一系列（三个以上）待测相（A 相）含量已知的试样，在每个试样中掺入含量恒定的内标物质（$w_S$ 为常数），混合均匀后制成一系列复合试样。测量各复合试样的 $I_A/I_S$ 值。便可绘制出定标直线。

最后，讲一下 XRD 的检出限。XRD 的检出限是多少，如何检测含量极低的物质？

XRD 是表征物相的重要手段，严格地说，它能确定某物相存在，却不能确定某物相不存在，那么，它的检出限是多少呢？

首先，必须强调的是，XRD 做含量分析非常不准，如果非要说检出限是多少，主要是由什么决定的，那就是由仪器的功率和管电流决定的，如果要表征元素的含量，最好用化学方法或者原子吸收来测。

另外，XRD 的检测限是不能简单地用% 来表示的，这和被检测物质的分散度有很大关系，也就是结晶度，与物质种类也有很大关系，样品的质量吸收系数大，检出限会高很多。如果非要确定出一个检出限，一般说是5% 左右。但是，不同的物相，对 X 射线的吸收不同，则检出限会有较大出入。如单质硅，一般在1% 左右可以检出，而另一些相，可能10% 都难以检出。当然，在样品相同的情况下，使用较高的衍射功率，使用较长的扫描时间效果会更好，不过，如果要延长扫描时间，延长一两倍是见不到效果的。

经验表明，如果使用常规的扫描速度能看到某种物相存在的迹象，再采用 1(°)/min 或更慢的速度来扫描。如果使用常规扫描速度根本都看不到痕迹，就没有必要再费力了。

进行半定量分析确实是很不准确，而且结果确实与晶粒大小相关。晶粒小的析出相，连检出都困难，更别说做定量分析了。晶粒小的物相会使其 RIR 值（RIR 值是半定量分析时使用的量，是 ICDD 给出的数据，它是样品与刚玉按 1∶1 比例混合后，样品最高峰的积分强度与刚玉最高峰的积分强度的比值，见半定量分析的介绍）增大，曾做过 $CeO_2$ 的 RIR 值，在不同的温度下的产物，其 RIR 值相差 10 倍。

接下来，以两个实例来说明。

实例 1：一个金刚石样品被银污染了，用 XRD 测出的谱中出现了银的峰，而且非常明显，通过定量计算，发现样品中存在 0.04%（质量分数）的银。为了进一步证实，用光谱分析，结果银含量是 0.038%。

实例 2：钢材样品中含有少量残余奥氏体，经拉伸断裂后测量奥氏体向马氏体转变的情况，发现样品中含有奥氏体和马氏体两相。拉伸前样品中残留的奥氏体约为 2%（体积分数），经拉伸试验后，试样中只留有 0.2% ~ 0.5% 的奥氏体。按常规扫描速度（8(°)/min），扫描出来的图谱中不能发现奥氏体峰的存在。后改用步进扫描：步长 0.02°，计数时间 1.5 s。结果相当好。

残余奥氏体的计算结果：使用大功率衍射仪，完全可以测量出含量小于 1% 的物相，但是，应当适当延长扫描时间，即应使用较低的扫描速度，使用步进扫描可以得到理想的结果。

通过上面的分析，不妨给检出限加几个定语：一定的仪器（主要是功率大小和靶材种类）；一定的实验条件，这主要是指扫描速度；另外，还有狭缝大小，一定的样品。不同的物质对 X 射线的吸收能力存在很大的区别，微量相的分布状态，取向性和应力等都会影响结果。

如何利用 XRD 检测含量较低的物质？办法是先用较快的速度进行扫描，当谱中出现一些似是而非的微量相的峰的"影子"时，改用慢速度扫描。根据经验，如果用 8°/min 能看到某相的"影子"，用 4(°)/min 的速度没有多少改观。非得改用 1°/min 或更慢的速度才会有效。有一点经常被忽略的，就是样品的大小。特别是块体样品，应当使样品尽可能填满样品框，以增加照射体积，其作用相当于延长扫描时间。能做成粉体的样品，尽可能做成粉体，并尽可能压实。

### 2.5.2　点阵常数的精确测定

#### 2.5.2.1　点阵常数的精确测定原理

点阵常数是晶体物质的重要参数。它随物质的化学成分和外界条件（温度和压力）而发生变化。在金属与合金材料的研究过程中所涉及的许多理论和实际应用问题，比如晶体物质的键合能、密度、热膨胀、固溶体类型、固溶度、固态相变、宏观应力等，均与点阵常数变化密切相关，所以可通过点阵常数的变化揭示上述问题的物理本质及变化规律。但是，在这些过程中，点阵常数的变化一般都是很小的（约为 $10^{-5}$ nm 数量级），因此必须对点阵常数进行精确测定。此外，在近年来活跃的、用 X 射线衍射方法研究长周期结构及超点阵方面，也需要对点阵常数进行精确的测定。

用 X 射线衍射法测定点阵常数的依据是衍射线的位置，即 $2\theta$ 角；在衍射花样已经指数化的基础上，可通过布拉格方程和晶面间距公式计算点阵常数。以立方系为例，点阵常数的计算公式为：

$$a = \frac{\lambda}{2\sin\theta}\sqrt{H^2 + K^2 + L^2} \tag{2-92}$$

可见，在衍射花样中，通过每一条衍射线都可以计算出一个点阵常数值。虽然从理论上讲，每个晶体的点阵常数只能有一个固定值，但是通常各条衍射线的计算结果之间都会有微小的差别，这是由于测量误差所造成的。从式（2-92）看，干涉指数是整数，波长在衍射测量中是固定不变的，而且可以给出 $5 \times 10^{-6}$ nm 的精度值，故不必考虑它的误差。所以，点阵常数测量的精确度主要取决于 $\sin\theta$ 值。当衍射角的测量误差 $\Delta\theta$ 相同时，则高 $\theta$ 角（接近90°）所对应的 $\sin\theta$ 误差比低 $\theta$ 角对应的 $\sin\theta$ 误差小得多。下面只介绍图解外推法，除此之外，还有最小二乘法、线对法以及非立方晶系晶体点阵常数的测定方法等。从使用的仪器上分，有衍射仪法、德拜-谢勒法。

### 2.5.2.2　图解外推法精确测定点阵常数

无论是德拜-谢勒法，还是衍射仪法，系统误差都与衍射角呈一定的函数关系。所谓外推法消除系统误差，就是将由若干条衍射线测得的点阵常数，按照一定的外报函数 $f(\theta)$ 外推到 $\theta = 90°$，这时系统误差为零，即得精确的点阵常数。

图解外推法包括衍射角 $\theta$ 外推法、$\cos^2\theta$ 外推法、$\left(\dfrac{1}{\sin\theta} + \dfrac{1}{\theta}\right)\cos^2\theta$ 函数外推法。

外推函数 $\cos^2\theta$ 只适用于 $\theta \geqslant 60°$ 的衍射线，其中至少要有一条 $\theta > 80°$ 的衍射线。利用这种外推函数可获得 $2 \times 10^{-6}$ 精度的点阵常数。外推函数 $\cos^2\theta$ 主要是消除相机半径、底片伸缩和试样偏心误差，而对试样吸收误差并没有作细致的计算。如果德拜-谢勒法的系统误差中试样吸收误差是主要的，或者 $\theta > 60°$ 的衍射线较少，最好选用 $\left(\dfrac{1}{\sin\theta} + \dfrac{1}{\theta}\right)\cos^2\theta$ 函数外推法。因为这种外推函数可以利用较低角度（$\theta > 30°$）的衍射线得到较好的外推直线。

对衍射仪法，如果试样透明度是主要的系统误差来源，应选用 $\cos^2\theta$ 作为外推函数。如果平板试样与水平发散度是系统误差的主要来源，应选 $\cot^2\theta$ 作为外推函数。如果试样表面离轴是主要的系统误差来源，则要选 $\cos\theta\cot\theta$ 作为外推函数。

下面以多晶硅粉末试样为例，介绍图解外推法精确测定点阵常数的主要过程。在衍射测量前，首先要对衍射仪的机械零点（$2\theta = 0°$）进行精确地调节，并用标样校准 $2\theta$ 角。

原始数据测量用步进扫描测量方法，选用合适的辐射波长，可以得到尽可能多的 $\theta > 60°$ 的衍射线。尽量使用单色性好的 $K_{\alpha1}$ 辐射。

对原始数据用计算机程序进行衍射峰数据的平滑处理，扣除背底，二阶导数寻峰或单峰精化等处理。在确定衍射峰位角时，根据衍射峰形的不同，可选用“弦中点法”“切线法”和“抛物线法”。

外推函数分别选用 $\cos^2\theta$、$\cot^2\theta$ 和 $\cos\theta\cot\theta$ 三种。经数据处理后的 $\theta$ 角，由式（2-92）计算的点阵常数 $a$，三种外推函数值列于表 2-7 中。

表 2-7　原始数据测量结果和外推函数处理

| $n$ | $(HKL)_{\alpha 1}$ | $\theta/(°)$ | $a_i/nm$ | $\cos^2\theta$ | $\cot^2\theta$ | $\cos\theta\cot\theta$ |
|---|---|---|---|---|---|---|
| 1 | 333 | 47.4705 | 0.543144 | 0.45694 | 0.84140 | 0.62005 |
| 2 | 440 | 53.3475 | 0.543142 | 0.35636 | 0.55367 | 0.44419 |
| 3 | 531 | 57.0409 | 0.543126 | 0.29598 | 0.42041 | 0.35275 |
| 4 | 620 | 63.7670 | 0.543119 | 0.19538 | 0.24283 | 0.21782 |
| 5 | 533 | 68.4440 | 0.543104 | 0.13499 | 0.15606 | 0.14514 |
| 6 | 444 | 79.3174 | 0.543091 | 0.03436 | 0.03558 | 0.03497 |

然后，利用线性回归法求直线方程式（2-93）的截距 $a_0$ 和斜率 $b$，$a_0$ 即为点阵常数的精确值。

$$a = a_0 \pm \Delta b f(\theta) \tag{2-93}$$

借助 SPSS 等专业的数学软件可以使具体数据处理简化，并可分析外推函数与点阵参数 $a$ 间的线性相关程度。结果列于表 2-8 中。其中，$r$ 为相关系数，$s$ 为标准差。

表 2-8　选用三种外推函数求得的点阵常数 $a_0$ 值

| $f(\theta)$ | $a_0$ | $b$ | $r$ | $s$ |
|---|---|---|---|---|
| $\cos^2\theta$ | 0.543088 | 0.0013 | 0.97 | ±0.000053 |
| $\cot^2\theta$ | 0.543096 | 0.00068 | 0.94 | ±0.000077 |
| $\cos\theta\cot\theta$ | 0.543092 | 0.00094 | 0.96 | ±0.000065 |

### 2.5.3　宏观内应力测定

宏观内应力是指当产生应力的因素去除后，在物体内部相当大的范围内均匀分布的残余内应力。它对机械构件的疲劳强度、抗应力腐蚀性能、尺寸稳定性和使用寿命等都有直接的影响。宏观内应力的影响有时是有利的，例如表面淬火、喷丸、渗碳、渗氮等表面强化处理；但多数时候是不利的，例如，由于工艺条件选择不当，使部件淬火时产生过大的宏观内应力，它使部件开裂、性能不稳定和尺寸改变。通过测定宏观内应力，可以寻求部件处理的最佳工艺条件，检查强化效果和分析失效原因，因此，测定宏观内应力具有重要的实际应用意义。

宏观内应力的测定方法很多，有电阻应变片法、机械引伸仪法和 X 射线法等。所有这些方法实际上都是测定其应变，再通过弹性力学定律由应变计算出应力的数值。电阻应变片法和机械引伸仪法所测出的应变值虽然精确度较高，但是它们测出的应变是弹性应变和塑性应变的总和，无法将两者分开，并且它们都需要破坏被测工件，达不到无损检测的目的。而 X 射线测定宏观内应力是根据晶面间距的变化，即在固定波长的 X 射线照射下，根据衍射线条的位移来分析应变，因此它具有以下优点：（1）它是唯一的无损检验法。（2）它所检验的仅仅是弹性应变，而不含塑性应变。因为工件塑性变形本质上是晶面的滑移和攀移，面间距并不改变，不会引起衍射线条位移。（3）X 射线照射被测工件的截

面可小到 $1\sim2~\text{mm}$ 的直径，因而它能够研究特定小区域的局部应变和陡峭的应力梯度，而其他方法所测定的通常都是 $20\sim30~\text{mm}$ 范围内的平均应变。

　　X射线测定宏观内应力也有不足之处：（1）只能测量二维平面应变。用于衍射的 X 射线的贯穿能力有限，一般大约为 $10~\mu\text{m}$，它所能记录的仅仅是工件表面的应力，即二维应力。如果需要研究深入工件内部的三维应力，则必须对工件进行切割，研磨或腐蚀才能实现，而切割可能改变试样的原始应力状态。（2）测量精度随材料不同而变化。对于能给出清晰明锐衍射峰的材料，即退火后的细晶粒材料，X射线法能够达到 $\pm2~\text{kg/mm}^2$ 的精度。但是，对于淬火硬化或冷加工材料，其衍射峰十分漫散，测量误差可增大数倍。

### 2.5.3.1　基本原理

　　最简单的受力状态是单轴拉伸，如图 2-34 所示。假如，有一根横截面积为 $A$ 的试棒，在 $z$ 轴向施加拉力 $F$，它的长度将由受力前的 $L_0$ 变为拉伸后的 $L_\text{f}$，所产生的应变 $\varepsilon_z$ 为：

$$\varepsilon_z = \frac{L_\text{f} - L_0}{L_0} \tag{2-94}$$

其弹性应力为：

$$\sigma_z = E\varepsilon_z \tag{2-95}$$

式中，$E$ 为弹性模量。

　　在拉伸过程中，试样的直径将由拉伸前的 $D_0$ 变为拉伸后的 $D_\text{f}$，径向应变 $\varepsilon_x$ 和 $\varepsilon_y$ 为：

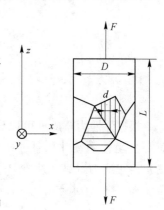

图 2-34　多晶材料轴向拉伸

$$\varepsilon_x = \varepsilon_y = \frac{D_\text{f} - D_0}{D_0} \tag{2-96}$$

　　此时，试样各晶粒中与轴向平行晶面的面间距 $d$ 实际在变小，因此，可用晶面间距的相对变化来表达径向应变：

$$\varepsilon_x = \varepsilon_y = \frac{d - d_0}{d_0} = \frac{\Delta d}{d_0} \tag{2-97}$$

　　如果试样是各向同性的，$\varepsilon_x$、$\varepsilon_y$ 和 $\varepsilon_z$ 的关系为：

$$-\varepsilon_x = -\varepsilon_y = \nu\varepsilon_z \tag{2-98}$$

式中，$\nu$ 为泊松比，负号表示收缩。于是有

$$\sigma_z = -\frac{E}{\nu}\frac{\Delta d}{d} \tag{2-99}$$

　　由布拉格方程微分，得：

$$\Delta d/d = -\cot\theta\Delta\theta \tag{2-100}$$

所以：

$$\sigma_z = \frac{E}{\nu}\cot\theta \cdot \Delta\theta \tag{2-101}$$

　　式（2-101）是测定单轴应力的基本公式。该式表明：当试样中存在宏观内应力时，会使衍射线产生位移。这就为用 X 射线衍射方法测定宏观内应力提供了理论依据，即可以通过测定衍射线位移，来测定宏观内应力。这里还应注意到，X 射线衍射方法测定的实际上是残余应变，而宏观内应力是通过弹性模量由残余应变计算出来的。

在实际应用时，X射线衍射法常用于测定沿试样表面某一方向上的宏观内应力 $\sigma_\Phi$，为此，要利用弹性力学理论求出 $\sigma_\Phi$ 的表达式，并将其与晶面间距或衍射角的相对变化联系起来，得到测定宏观内应力的基本公式。

由弹性力学原理得知，在一个受应力作用的物体内，不论其应力系统如何变化，在变形区内取一点或取一个无限小的单元六面体，总可以找到一个单元六面体各面上切应力 $\tau$ 为零的正交坐标系统。在这种情况下，沿 $x$、$y$、$z$ 轴向的正应力 $\sigma_x$、$\sigma_y$、$\sigma_z$ 分别用 $\sigma_1$、$\sigma_2$、$\sigma_3$ 表示，称为主应力。与其相对应的 $\varepsilon_1$、$\varepsilon_2$ 和 $\varepsilon_3$ 称为主应变。利用"力的独立作用原理"（叠加原理）可以得到用广义胡克定律描述的主应力和主应变的关系。

$$\begin{cases} \varepsilon_1 = \dfrac{1}{E}\big[\sigma_1 - \nu(\sigma_2 + \sigma_3)\big] \\[2mm] \varepsilon_2 = \dfrac{1}{E}\big[\sigma_2 - \nu(\sigma_1 + \sigma_3)\big] \\[2mm] \varepsilon_3 = \dfrac{1}{E}\big[\sigma_3 - \nu(\sigma_1 + \sigma_2)\big] \end{cases} \tag{2-102}$$

根据弹性力学原理可以导出，在主应力（或主应变）坐标系统中，任一方向上正应力（或正应变）与主应力（或主应变）之间的关系为：

$$\begin{cases} \sigma_\psi = a_1\sigma_1^2 + a_2\sigma_2^2 + a_3\sigma_3^2 \\[1mm] \varepsilon_\psi = a_1\varepsilon_1^2 + a_2\varepsilon_2^2 + a_3\varepsilon_3^2 \end{cases} \tag{2-103}$$

$$a_1 = \sin\psi\cos\Phi; \quad a_2 = \sin\psi\sin\Phi; \quad a_3 = \cos\psi \tag{2-104}$$

式中，$a_1$、$a_2$ 和 $a_3$ 为 $\sigma_\psi$ 与主应力（或主应变）的方向余弦；$\psi$ 为 $\sigma_\psi$ 与试样表面（$xy$ 平面）法向的夹角，如图2-35所示。

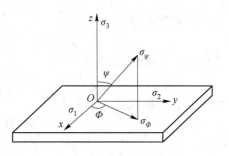

图2-35　主应力（或主应变）与
分量的关系

由图2-35可以看出，$\sigma_\psi$ 在 $xy$ 平面（试样表面）上的投影即为 $\sigma_\Phi$，当 $\psi = 90°$ 时，由式（2-103）和式（2-104）可得：

$$\sigma_\Phi = \cos^2\Phi \cdot \sigma_1 + \sin^2\Phi \cdot \sigma_2 \tag{2-105}$$

由于 X 射线对试样的穿透能力有限，所以只能测量试样的表层应力。在这种情况下，可近似地把试样表面的应力分布看成二维应力状态，即 $\sigma_3 = 0$（注意 $\varepsilon_3 \neq 0$）。因此，式（2-102）可简化为：

$$\begin{cases} \varepsilon_1 = \dfrac{1}{E}(\sigma_1 - \nu\sigma_2) \\[2mm] \varepsilon_2 = \dfrac{1}{E}(\sigma_2 - \nu\sigma_1) \\[2mm] \varepsilon_3 = -\dfrac{\nu}{E}(\sigma_1 + \sigma_2) \end{cases} \tag{2-106}$$

将式（2-104）~式（2-106）代入式（2-103），得：

$$\varepsilon_\psi = \frac{1+\nu}{E}\sigma_\Phi\sin^2\psi - \frac{\nu}{E}(\sigma_1 + \sigma_2) \tag{2-107}$$

将式（2-107）对 $\sin^2\psi$ 求导：

$$\sigma_\Phi = \frac{E}{1+\nu} \cdot \frac{\partial \varepsilon_\Phi}{\partial \sin^2 \psi} \tag{2-108}$$

用晶面间距的相对变化$(\Delta d/d)_\psi$或$2\theta_\psi$角位移$\Delta 2\theta_\psi$表达应变$\varepsilon_\psi$，于是有：

$$\varepsilon_\psi = \left(\frac{\Delta d}{d}\right)_\psi = -\cot\theta_0 \cdot \Delta\theta_\psi = -\cot\theta_0(\theta_\psi - \theta_0) \tag{2-109}$$

式中，$\theta_0$为无应力时的布拉格角；$\theta_\psi$为有应力时的布拉格角。

将式（2-109）代入式（2-108）得：

$$\sigma_\Phi = -\frac{E}{1+\nu}\cot\theta_0 \frac{\partial(2\theta)_\psi}{\partial \sin^2 \psi} \tag{2-110}$$

在实际应用计算时，要将式（2-110）中的$(2\theta)_\psi$由弧度换算成角度，因此，要乘上系数$(\pi/180)$，于是将式（2-110）写成：

$$\sigma_\Phi = -\frac{E}{1+\nu}\cot\theta_0 \frac{\pi}{180} \frac{\partial(2\theta)_\psi}{\partial \sin^2 \psi} \tag{2-111}$$

令$K = -\frac{E}{1+\nu}\cot\theta_0 \frac{\pi}{180}[\mathrm{kg}/(\mathrm{cm}^2 \cdot (°))]$，对同一部件，当选定了$HKL$反射面和波长时，$K$为常数，称为应力常数。这时式（2-111）可以简化为：

$$\frac{\partial(2\theta)_\psi}{\partial \sin^2 \psi} = \frac{\sigma_\Phi}{K} = M \tag{2-112}$$

式（2-112）表明：$(2\theta)_\psi$与$\sin^2 \psi$呈线性关系，其斜率为$M = \sigma_\Phi/K$。如果在不同的$\psi$角下测量$(2\theta)_\psi$，然后将$(2\theta)_\psi$对$\sin^2 \psi$作图，称为$(2\theta)_\psi$-$\sin^2 \psi$关系图。得到直线斜率$M$后，便可求得$\sigma_\Phi$。当$M<0$时，为拉应力；当$M>0$时，为压应力，$M=0$时，无应力存在。

实际应用中，通常采用$\sin^2 \psi$法和$0° \sim 45°$法。

（1）$\sin^2 \psi$法：取$\psi = 0°$、$15°$、$30°$和$45°$，测量各$\psi$角所对应的$(2\theta)_\psi$角，绘制$(2\theta)_\psi$-$\sin^2 \psi$关系图。然后，运用最小二乘法原理，将各数据点回归成直线方程，求出直线的斜率$M$，再由$M = \sigma_\Phi/K$求得$\sigma_\Phi$。回归和计算可以用计算软件来完成，例如SPSS。

（2）$0° \sim 45°$法：如果$(2\theta)_\psi$与$\sin^2 \psi$的线性关系较好，可以只取$(2\theta)_\psi$-$\sin^2 \psi$关系直线首尾两点，即$\psi = 0°$和$45°$。可见，$0° \sim 45°$法是$\sin^2 \psi$法的简化方法。但一定要注意，在使用$0° \sim 45°$法时，如果$(2\theta)_\psi$-$\sin^2 \psi$偏离线性关系，会产生很大的误差，这时不能使用这种方法。

### 2.5.3.2　X射线宏观应力测试技术

X射线应力测定仪适用于较大的整体部件和现场设备构件的应力测定，因此它正向着轻便紧凑、快速、高精度和自动化方向发展。新型X射线应力测定仪已装备有高强度X射线源、快速测量的位敏计数器和电子计算机自动测量部分。整台设备质量只有一百几十千克，测角头可做到几千克到十几千克。

图2-36是X射线应力测定仪的衍射几何示意图。$\psi_0$为入射线与试样表面法线的夹角，$\psi$为$\varepsilon_\psi$与试样表面法线的夹角。测角台可以使入射线在$\psi_0 = 0° \sim 45°$范围内入射。探测器的扫描范围一般为$145° \sim 165°$。$\psi$与$\psi_0$之间的关系为：

$$\psi = \psi_0 + \left(\frac{\pi}{2} - \theta\right) \tag{2-113}$$

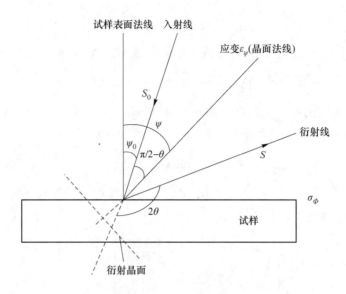

图 2-36　X 射线应力测定仪的衍射几何示意图

根据试样的要求和实际情况，可以用 $\sin^2\psi$ 法，也可以用 $0°\sim45°$ 法进行应力测定。

此外，还有常规衍射仪法、Theta-Theta 测角仪法、试样侧倾法和平行光束法。在常规衍射仪上测定宏观应力时，要在测角仪上另装一个能绕测角仪的轴独立转动的试样架，它可使试样表面转到所需要的 $\psi_0$ 角位置。Theta-Theta 测角仪是一种特殊结构的测角仪，它的试样架永远保持固定不动的水平位置，可用于较大部件的应力测定。后两种方法适合形状复杂的试样。

### 2.5.4　晶体取向的测定

我们知道单晶的 X 射线衍射花样是由一些有规律的斑点组成的，当使用透射法时，所得到的斑点分布在一个个以中心透射斑点为中心的椭圆上；使用背射法时，所得到的斑点分布在一对对以中心透射斑点为中心的双曲线上。得到衍射花样后，首先必须对衍射花样进行指数化。衍射花样指数化就是确定各个斑点对应晶面指数及晶带轴的指数。这里介绍用德拜照相的方法测定单晶取向的方法。

因为晶体取向是根据底片上劳厄斑点的位置测得的，所以在实验时必须首先将试样和底片的相对取向固定。如果所用的晶体有一定的几何外形，则可让晶体的某一个棱边平行于底片的一个边，使包括该棱边的某一平面与底片平行，这样就可以使晶体与底片间的位置关系固定。但是一般的金属单晶，或多晶试样中的大晶粒并没有一定的几何外形，它们往往被制成丝、棒、板或片状。如果试样是丝状或棒状，一般可使试样的轴与矩形底片的一个边平行，并在试样的某处（最好是距底片最近的一侧）作个直线记号，量出记号到底片的距离，这样便可将试样与底片的相对位置固定，如果是板状或片状试样，可使板或片的表面与底片平行，使试样的一边与底片的某边平行，以固定试样与底片的相对位置。不论哪种情况都要将底片的一个角剪去或在底片上作一个文字标记，借此标明底片与试样的向背方位。

用"劳厄法"测定晶体取向时，晶体取向与外观坐标之间的关系是通过极射赤面投影来描述的，所以在摄照好衍射花样之后，必须做出衍射花样的极射赤面投影。在一般的晶体定向工作中，并不要求做出所有劳厄斑点的极射赤面投影，而只要作几个主要晶带轴的极射赤面投影，并进行指数化就可以了。

在极射赤面投影图上标出几个主要晶带轴指数，如〈100〉、〈110〉、〈111〉的极点指数之后，在吴氏网的帮助下，测量出它们与试样外观坐标的夹角，晶体取向测定工作就算完成了。

例如，图2-37(b)所示的极射赤面投影图，就是图2-37(a)所示的铝单晶背射劳厄法衍射花样对应的晶体取向的完整描述，从中可以很方便地测量出各主要晶体学取向与试样外观坐标之间的角距离。

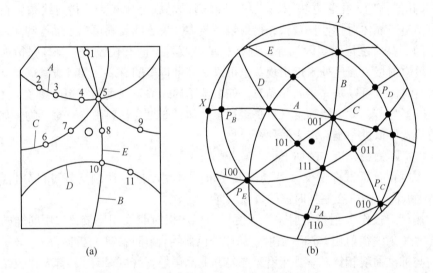

图2-37　铝单晶背射劳厄法衍射花样(a)及极射赤面投影(b)

### 2.5.5　聚合物材料 X 射线分析

蛋白质及核酸等聚合物在进行 X 射线研究前必须进行结晶，以制得合格的试样。结晶试样的制备方法见《晶态聚合物结构和 X 射线衍射》(莫志深、张宏放编著，科学出版社，2003) 一书。

聚合物物相分析同小分子物相分析一样也是为了确定待测试样的结构状态，确定是晶态还是非晶态，是单相还是多相共存。当确定是哪种物质结构时，为定性分析；当多相共存时，组成相的含量各是多少，为定量分析。

由于聚合物试样在通常情况下往往晶态和非晶态共存，而且晶相的晶区小，有序性差（缺陷严重），使 X 射线的衍射线条宽化严重；又常常由于聚合物成分（主要是轻元素）、结构状态（晶胞较大，有序性差）等，使 X 射线衍射线条只在低角度有少数线条存在，许多情况只有一两条线；所以在聚合物定性物相分析时，不仅要考虑 $d$ 值（晶体点阵面间距）和衍射强度，而且还要考虑整个衍射曲线（包括非晶）的线形，非晶态衍射曲线（晕环）形状和极大强度所在位置。

聚合物物相分析时，应该考虑整个 X 射线衍射曲线。因为聚合物 X 射线衍射曲线的非晶衍射晕环（漫散峰）极大处位置、峰的形状区也反映了聚合物材料结构特征的信息，用这个峰位 2θ 角所求出的 d 值，通常对应着结构中的分子链（原子或原子团）的统计平均间距。

因此，聚合物物相分析时，不仅要考虑晶面间距和强度，更重要的是要对整个衍射曲线、晶态和非晶态衍射线形进行分析。在分析时还应考虑生成条件、加工工艺、热处理条件等影响结构状态的因素。为此，只有 d 值和强度数据是不够的。

一般说来，拿到一个未知的材料，通过 X 射线衍射很快就可以判断材料是晶态还是非晶态。非晶态衍射是很宽的衍射峰（对照相法是漫散的"晕环"）；晶态为有确定 d 值的明锐衍射峰（对照相法是环）。如果是晶态，也可以初步判断一下是有机类还是无机类（可以结合其他物理、化学方法），一般有机材料的晶胞都比较大，衍射线条多在低衍射角区出现，由于晶体对称性比较低，衍射线条较多。聚合物材料可以是晶态和非晶态共存（两相模型），如聚乙烯、聚丙烯等，既有非晶漫散射，也有较锐衍射峰，强衍射峰总在邻近非晶漫散射极大强度处附近出现；也可以是某种程度的有序，如纤维素。具有一定锐度的漫散射时，也可以是完全的非晶态，如聚苯乙烯，散射强度分布相当漫散。

根据以上分析，就可以确定材料是否是聚合物，或复合材料中含有聚合物，如果判断是肯定的，就可以进一步确定为何种聚合物。

聚合物实际物相分析方法如下：

（1）根据待分析试样情况（片、丝或粉末）采用不同方法制备好可供分析的样品。如果有择优取向，最好在制样时消除择优取向。

（2）用衍射仪作 X 射线衍射。为了便于和标准衍射曲线相比较，选用同样的辐射波长，聚合物 X 射线衍射用 Cu K$_\alpha$ 辐射，晶体单色器结合脉冲高度分析器。

（3）与标准曲线相比较。如果有结晶峰和非晶漫散宽峰（晕环），首先比较结晶峰和漫散峰位置和形状。如果材料是非晶态，只有漫散峰，就只比较漫散峰位置和形状，如果未知试样衍射曲线与标准衍射曲线相符，就可以确定未知试样物相。有时需要结合红外光谱分析作最后确认。

### 2.5.6 非晶材料的 X 射线散射分析

非晶态包括玻璃、沥青、塑料、松香、凝胶、非晶态半导体等物质。非晶态结构是长程无序、短程有序，其衍射图是由一个或两个弥散峰组成，X 射线衍射分析在非晶态中的应用主要是进行晶化情况的研究、晶相的鉴定等。

非晶态中相邻分子或原子间的平均间距可由其衍射图中弥散峰的峰位近似求得，即由非晶衍射的准布拉格方程给出：

$$2d\sin\theta = 1.23\lambda \tag{2-114}$$

非晶态短程有序区间 $r_s$ 由其弥散峰的半高宽近似获得，即由谢勒（Schrrer）方程求出：

$$r_s = \frac{0.89\lambda}{\beta\cos\dfrac{\theta_\beta}{2}} \tag{2-115}$$

用式（2-115）可求出石英玻璃的短程有序范围约为 1.3 nm。

非晶物质结构的研究需借助径向分布函数（RDF）进行分析。一般用 X 射线、电子或中子的散射强度测量结果求出径向分布函数。径向分布函数是以某原子为中心，在球面坐标系中讨论距中心距离为 $r$ 的球面处的密度 $\rho(r)$ 沿径向的分布函数。近年来，还用 X 射线吸收精细结构分析（EXAFS 用）技术研究非晶物质的结构。

当玻璃组成不在玻璃形成区范围内或将原始玻璃进行热处理，均可出现析晶现象。如果玻璃中出现晶化（析晶），则 XRD 谱中晶相明锐的衍射峰、玻璃相的弥散峰和背底将叠加在一起。对玻璃中析出晶相的鉴定可按与 X 射线物相鉴定相同的方法进行。玻璃中晶相含量的测定是利用晶相和非晶相衍射强度进行计算，非晶相衍射强度与其含量成正比关系，同时受基体效应的影响。

### 2.5.6.1　非晶态结构的原子分布函数

原子分布函数表达的是非晶态结构中以参考原子为中心，周围原子的球对称径向分布状态，即非晶态结构中原子分布的短程有序度。

根据埃瓦尔德图解法，假如非晶态材料中出现大量的短程有序的微晶，而这些微晶的取向是任意的，对其中某一特定晶面而言，其对应的衍射线将构成一个球面，又由于非晶中的短程有序微晶其晶面不是一个严格的定值，而是在一定范围之内变化，所以非晶态物质对应的衍射花样（选择反射区）有较宽的角度范围。当用衍射仪法沿径向测量其衍射强度时，显示为漫散峰。这些漫散峰的强度越高，说明短程有序微晶的颗粒越多，即有序化程度越高。这由参与衍射的晶面数决定。所以原子分布函数本质上表达的是非晶材料的近程有序程度，其出现的角位置范围是由衍射晶面间距的大小和数值范围决定的。此外，原子分布函数还可以评估液态结构中的能量起伏所形成的瞬间有序，而这一现象是液态结晶时形核的原因之一。

A　原子分布函数的表达式

（1）径向分布函数（简称 RDF）：$RDF(r) = 4\pi r^2 \rho_m(r)$；

（2）约化径向分布函数：$G(r) = 4\pi r[\rho(r) - \rho_a]$；

（3）双体分布函数：$g(r) = \rho(r)/\rho_a$，$\rho(r)$ 为原子径向分布的数密度；$r$ 为原子的径向分布半径；$\rho_a$ 为系统中的平均原子数密度。

B　衍射强度与原子分布函数的关系

原子分布函数是通过衍射强度测算得到的。通过衍射强度理论及其傅里叶变换推导出的原子分布函数的表达式如下：

$$RDF(r) = 4\pi r^2 \rho_a + \frac{2r}{\pi}\int_0^\infty s[I(s)-1]\sin sr ds \tag{2-116}$$

$$G(r) = \frac{2}{\pi}\int_0^\infty s[I(s)-1]\sin sr ds \tag{2-117}$$

$$g(r) = 1 + \frac{1}{2\pi^2 r\rho_a}\int_0^\infty s[I(s)-1]\sin sr dr \tag{2-118}$$

$I(s)$ 和 $s[I(s)-1]$ 分别为干涉函数和约化干涉函数，它们的表达式分别为：

$$I(s) = \frac{I_a(s) - [\langle f^2 \rangle - \langle f \rangle^2]}{\langle f \rangle^2} \tag{2-119}$$

$$s[I(s)-1] = s\frac{I_a(s)-\langle f^2\rangle}{\langle f\rangle^2}\tag{2-120}$$

式中，$\langle f^2\rangle = \sum_i c_i f_i^2$；$\langle f\rangle^2 = \left(\sum_i c_i f_i\right)^2$；$c_i$ 和 $f_i$ 分别为各类原子的分数和原子散射因子；$I_a(s)$ 为一个原子的相干散射强度；$s = 4\pi\sin\theta/\lambda$。

由式（2-116）~式（2-118）可以看出，通过实测的干涉函数 $I(s)$ 计算约化径向分布函数最简便，所以，在实际测算时一般先计算约化径向分布函数 $G(r)$，然后再由约化径向分布函数 $G(r)$ 计算原子分布函数 $\mathrm{RDF}(r)$ 和双体分布函 $g(r)$。三个原子分布函数的相互关系为：

$$\mathrm{RDF}(r) = 4\pi r^2\rho_a + rG(r)\tag{2-121}$$

$$g(r) = 1 + \frac{G(r)}{4\pi r\rho_a}\tag{2-122}$$

C　原子分布函数图

将原子分布函数的测算数据绘制成以原子分布函数值为纵坐标、径向分布半径为横坐标的关系图，称为原子分布函数图。图 2-38 为 $\mathrm{RDF}(r)$、$G(r)$ 和 $g(r)$ 的原子分布函数图。它直观地表示出原子数密度的径向振荡分布情况。原子分布函数图中的峰值、峰面积和峰宽分别给出非晶态的结构参数。

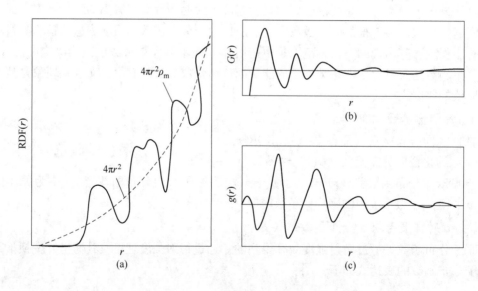

图 2-38　$\mathrm{RDF}(r)$、$G(r)$ 和 $g(r)$ 的原子分布函数
(a) $\mathrm{RDF}(r)$；(b) $G(r)$；(c) $g(r)$

2.5.6.2　非晶态的结构参数

非晶态结构的主要特点是在任意原子周围几个原子间距范围内原子排列存在一定的短程有序。其中最重要的是最近邻原子的平均距离、原子的实际间距偏离平均距离的程度、最近邻原子的品种和数目，以及最大有序范围。通常引用四个结构参数来表述非晶态的结构特征。

（1）最近邻原子的平均距离。将原子径向分布的第一壳层的数密度最大值处到中心原子的距离定义为最近邻原子的平均距离。在实验测量中，双体分布函数 $g(r)$ 的第一个峰的峰位值就等于最近邻原子的平均距离。

（2）原子的平均位移。用原子径向分布第一壳层内原子的实际位置 $r_i$ 偏离平均位置 $r_a$ 的均方根值表征原子的平均位移。

$$\sigma = \sqrt{\overline{(r_i - r_a)^2}} \tag{2-123}$$

非晶材料中的原子偏移平均位置越严重，则材料的无序性越高。根据相关的研究，平均位移 $\sigma$ 的大小等于 $RDF(r)$ 第一峰半高宽的 $1/2.36$。但是，现有的 $RDF(r)$ 测定方法对 $RDF(r)$ 第一峰有影响，所以求出的 $\sigma$ 不能代表真实的原子位移。

（3）最近邻原子的配位数。用原子径向分布第一壳层内原子数目表征最近邻原子的配位数 $n$。径向分布函数 $RDF(r)$ 的第一个峰的面积所包含的原子数。目前关于配位数的计算方法还没有达成共识，研究者认为 $r^2 g(r)$ 曲线中的第一峰是对称的，$n$ 等于 $RDF(r)$ 的第一个半峰面积的 2 倍。即 $n = 2\int_{r_0}^{r_p} 4\pi r^2 \rho(r) \mathrm{d}r$，为左侧零值 $r_0$ 处积分至右侧曲线第一极大值 $r_p$ 处积分的面积，如图 2-38（b）所示。

（4）有序畴尺寸。有序畴指的是短程有序范围，在原子分布函数图中，它对应于原子数密度分布的振荡区域，一般不到 10 个原子间距。从理论上讲，$G(r) = 1$ 处即为有序畴边界。考虑到实验误差，通常规定 $G(r) = 1.02$ 处的 $r$ 值为有序畴尺寸。

### 2.5.6.3　非晶材料结晶度测量

在非晶态材料（例如金属玻璃、高分子聚合物等）的晶化转变过程或制备过程中，非晶态物质和晶态物质之间的相对数量对材料的性能有很大的影响。因此结晶度（或非晶度）是一个重要的性能参数。测定结晶度的方法很多，但应用较多的是 X 射线衍射方法。用 X 射线测定结晶度的方法也有好几种，其中鲁兰德法和计算机分峰法是较为精确的方法，但计算过程相当复杂。下面简单介绍一下分段累积计数法，这是一个相对来说较为简易的方法，因而为许多研究人员采用。

结晶度是指材料中晶态部分的质量占总质量的百分数，即结晶度 $X_c$ 为：

$$X_c = \frac{w_c(\text{材料中晶态部分的质量})}{w_c + w(\text{材料中非晶态部分的质量})} \times 100\% \tag{2-124}$$

以上定义忽略了材料中或许存在的处于晶态物质与非晶态物质之间的过渡物相。

测量结晶度（非晶度）是通过衍射积分强度完成的。先获得非晶的衍射谱，得到一定角宽度内的非晶积分强度，然后使其部分晶化，测得部分晶化后的衍射谱，通过计算，求得结晶度 $X_c$。

$$X_c = \frac{\sum_i Ic_i}{\sum_i Ic_i + KI_A} \times 100\% \tag{2-125}$$

式中，$Ic_i$、$I_A$ 分别为非晶峰及部分晶化结晶峰的积分强度；$K$ 为材料中晶态部分和非晶态部分单位质量物质的相对散射系数，它的数值接近于 1，一般取 $K = 0.9$。详细的计算测量方法见《晶态聚合物结构和 X 射线衍射》（莫志深、张宏放编著，科学出版社，2003）。

### 2.5.7　薄膜材料的 X 射线散射分析

#### 2.5.7.1　二维 X 射线衍射技术基础

**A　方位角方程**

布拉格方程仅给出衍射线（反射线）、入射线和晶面间的相互关系，而没有给出待测晶面的方位与试样表面和入射线间的关系。为此，需要引进另一个角度 $\alpha$，并根据不对称布拉格反射几何关系导出方位角方程。图 2-39 中的虚线构成的实体代表试样的位置，设 X 射线以 $\alpha$ 角入射到试样表面，经一组晶面衍射以后，又以 $\beta$ 角出射。一般说来，$\alpha \neq \beta$。根据三线（入射线、衍射线和衍射晶面法线）共面原则以及布拉格定律，得到关系式：$\alpha + \psi = \theta$，式中左端的 $\alpha + \psi$ 表示入射线和反射晶面的夹角，而右端的 $\theta$ 角表示给定反射的布拉格角，于是，得到被观测晶面相对试样表面的夹角 $\psi$，并将其定义为方位角。

$$\psi = \theta - \alpha \tag{2-126}$$

由方位角方程（2-126）得知，对于给定反射，若 $0° < \alpha < 2\theta$，则可观测方位角被限制在 $-\theta < \psi < \theta$ 范围内。这是对表面反射而言，此时反射角为 $\beta = 2\theta - \alpha$。

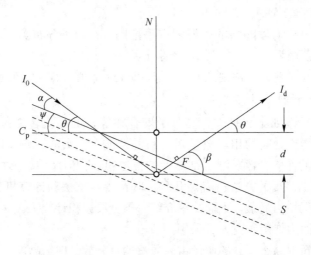

图 2-39　方位角的定义与布拉格反射

**B　对称布拉格反射几何**

当 $\theta/2\theta$ 以 1/2 的速率比作耦合扫描，即 $\beta = \alpha \equiv \theta$ 时，被观测晶面总是平行于试样表面。这就是对称布拉格反射几何学原理。通常的 Bragg-Brentano（布拉格-布伦塔诺）X 射线衍射仪（CBD）就是根据这个原理设计的。

**C　不对称布拉格反射几何**

根据方位角方程，当 $\beta \neq \alpha$ 时，X 射线衍射服从不对称布拉格反射几何学原则，被观测晶面不再与试样表面平行而是成某一角度，即 $\psi \neq 0$。这里 "$\neq$" 表示一般情况下不相等，偶尔也会相等。$\psi$ 角定义为方位角，其值由方位角方程（2-126）确定（对应于表面反射）。

从几何学的观点来看，方位角方程规定了被观测晶面与试样表面的相对位置。这事实上是二维衍射技术和设备的问题，故与此有关的多晶X射线衍射方法称为二维X射线衍射技术，相应的设备称为二维衍射设备。方位角方程具有代数和几何学两方面的意义。代数意义在于对于给定的一组晶面，它对于试样表面的位置由该组晶面的布拉格角（$\theta$）和试样的摆放角（$\alpha$）唯一地确定；几何意义在于可用作图法表现出各线面间的相互关系。对称布拉格反射几何是不对称布拉格反射几何的一种特殊形式。

D　扫描模式分类

通常的Bragg-Brentano衍射，$\alpha = \beta \equiv \theta$，即运行$\theta/2\theta$对称耦合扫描，它属于对称布拉格衍射设备，这就是通常所说的二圆（一维）X射线衍射技术。对于同样的Bragg-Brentano衍射几何，当$\alpha \neq \beta$，即运行对称布拉格耦合扫描以外的其他任何扫描模式时，它属于不对称布拉格衍射设备。欲描述这些设备的扫描模式，必须采用两个角度变量，相应地，称这些设备为二维X射线衍射设备。对同一台衍射设备，如果运行对称耦合扫描模式时，只有一个独立的角度变量，故称为一维X射线衍射设备。

按照对称情况，将扫描模式分为通常的CBD耦合模式（$\theta$-$2\theta$模式）和STD、ADA非耦合模式，其中在STD（sample tilting diffraction）非耦合模式时，相当于当探测器$2\theta$扫描时，$\alpha$圆（内圆）固定在$\alpha_0$的位置，即试样表面与入射线的夹角保持在$\alpha_0$，这里$\alpha_0$是一个可调节的角度参数。根据$\alpha_0$的取值，又可细分为二：$\alpha$满足$0° < \alpha_0 < 2\theta$时，为STD模式（相当于表面发射）；$2\theta < \alpha_0 < 180° - \theta$时，属于透过反射模式，记为TSTD模式。若试样偏转角$\alpha$小，X射线有效穿透深度浅。通过调节$\alpha$角度可以控制X射线的有效穿透深度，所以，该STD模式适用于物相的纵向分析。同时，当$\alpha_0$角度值改变时，所观测的晶面的方位角随着变化；而对于同一个$\alpha_0$，在同一次扫描中观测不同反射（$\theta$角不同），其方位角也不同。因而STD模式又可用于有择优取向的试样的物相分析。

ADA（angular dispersion analysis）是另一种非耦合模式，叫角发散分析，此时，探测器固定在$2\theta$（这里$2\theta$为给定$hkl$反射的衍射角），使$\alpha$圆（内圆）扫描，在表面反射时，$\alpha$同样满足$0° < \alpha < 2\theta$。通常称这种探测器固定、试样转动模式下所记录曲线为摇摆曲线，这种模式可对某特定反射进行取向分析。

E　二维X射线衍射技术的特点

二维X射线衍射技术有两方面的特点：其一，X射线的穿透深度连续可调；其二，可观察任意取向的晶面的信息，这两个特点是常规的方法所不具备的。

### 2.5.7.2　薄膜厚度的测定

薄膜厚度是一个重要的物理参数，但是薄膜厚度的测定是X射线衍射分析的难题之一。原因在于X射线衍射强度除与膜厚有关外，还与被观测晶面的取向有关。然而，薄膜材料又不能像粉末试样那样，用研磨的方法以消除取向效应，也不能像定量分析那样，采用参考强度比的方法来消去比例系数。薄膜厚度的测定属于二维X射线衍射理论的范畴。薄膜测定思路是：（1）衍射线强度方程中保留吸收因子（该因子中包含膜厚因子$t$）；（2）对于给定的膜厚，可以改变$\alpha$角度参数得到较多的强度数据；（3）通用扫描模式的开发，使得不同扫描模式之间在衍射线强度、薄膜厚度等方面有一定的关联，可以联立求解。

另外，在X射线强度精确测量中，常常需要考虑或估计X射线吸收对强度的影响，物质吸收效应是与 X 射线的有效穿透深度紧密相关的。本节简单介绍膜厚测定原理。

A　有效 X 射线穿透深度

设某薄膜试样是均匀无取向的，又设当膜为有限厚度 $t$ 和无限厚度（$t \to \infty$）时，对应的衍射强度分别为 $I^t$ 和 $I^\infty$，对于给定反射，在同样实验条件下，通过两个强度的比，X 射线有效穿透深度的表达式为：

$$t = L\sin\alpha\sin\beta/\mu(\sin\alpha + \sin\beta) \tag{2-127}$$

其中

$$L = -\ln(1 - I^t/I^\infty)$$

上式给出了 X 射线有效穿透深度 $t$ 与入射角 $\alpha$、反射角 $\beta$ 以及试样吸收系数 $\mu$ 的关系。需要指出的是，式（2-127）没有限定哪种特定扫描模式，就是说对于均匀试样，不论运行哪种模式，只要 $\alpha$ 和 $\beta$ 满足上述条件，式（2-127）都成立。换句话说，式（2-127）对各种扫描模式通用。

对于 STD（sample tilting diffraction）非耦合模式，设 $\alpha = \alpha_0$，当 $\alpha_0$ 很小而且满足 $\sin\alpha_0 \ll \sin\beta$（$\beta = 2\theta - \alpha_0$）时，可认为 $\sin\alpha_0 \approx 0$，于是式（2-127）简化成：

$$t \approx L\sin\alpha_0/\mu \tag{2-128}$$

式（2-128）有如下意义：（1）有效 X 射线穿透深度随 $\alpha_0$ 的减小而变浅；（2）当 $\alpha_0$ 小时，有效 X 射线穿透深度几乎不随反射线变化，即对于不同反射线（$2\theta$ 不同），穿透深度近似等于常数。

B　ADA 模式和 STD 模式的关联

理论可以证明，如果给定试样是均匀分布的，有效 X 射线穿透深度仅与 $\alpha$ 和 $\beta$ 以及试样线吸收系数 $\mu$ 有关。这一点不难理解，因为 ADA 和 STD 是两种不对称扫描模式，它们检测的强度值对同一试样来说，仅仅是 $\alpha$ 和 $2\theta$ 的函数，就是说，当这两个角度值相同时，它们的强度值以及其他一些参量应该相同。这一点已经被实验事实证实。

C　膜层厚度测定的近似公式

对强度方程近似处理，可以得到膜层厚度测定的近似公式。

STD 模式下：

$$t \approx 0.13\sin\alpha_0/\mu \tag{2-129}$$

式（2-129）有两个用处：（1）不管试样是否择优取向，可根据试样材料的性质（$\mu$），由实验条件（$\alpha_0$）来估计 X 射线有效穿透深度或膜层厚度，并且强度最大误差小于 1%。（2）可以根据材料的性质以及所要观测的深度，估计 $\alpha_0$ 的取值范围。

实际应用时，材料的线吸收系数 $\mu$ 越小，满足该式的 $\alpha$（或写成 $\alpha_0$）值的上限越大。例如，对于 TiN 膜，$\mu = 8.78 \times 10^4 \ \mathrm{m}^{-1}$，$\alpha_0$ 要求小于 $3.0°$；而对钢铁试样，$\mu_{Fe} = 2.42 \times 10^3 \ \mathrm{m}^{-1}$，则 $\alpha_0$ 允许的角度上限还要大。

X 射线穿透深度随 $\alpha_0$ 的增大而加深，但是对于厚膜材料，当选用较大的 $\alpha_0$ 角时，不能用式（2-129）来估计膜厚。对于均匀、连续膜的厚膜材料，可以采用计算机模拟方法求得 X 射线的穿透深度。计算的具体方法见《小角 X 射线散射》（朱育平编著，化学工业出版社，2008）。

### 2.5.8　计算机在 X 射线结构分析与材料设计中的应用

计算机在 X 射线结构分析中的应用开始于 1978 年。1978 年"粉末衍射标准联合会"改名为 JCPDS-International Centre for Diffraction Data（ICDD）后，发现计算机在本领域的工作中有应用前景，于是对所有数据再重新检查，尤其是面间距（d-spacings）和对称性（symmetry）的基础上，经过六年的时间，于 1984 年将所有现存数据输入计算机，从此，PDF 卡不再是一本一本的厚书，而是可以以数据的形式存储于电脑中，不但如此，数据库的建立，为检索工作带来了极大的方便。后来各衍射仪厂商推出的配套随机软件，主要就是用实验得到的面间距和数据库中的数据对比，来进行初步的物相分析。但对复杂相，尤其是结构相近的相的分析工作，还是需要研究者来完成。

在非晶材料的 X 射线研究中，表征非晶材料晶化程度的结构参数和三种径向分布函数（径向分布函数、约化径向分布函数和双体分布函数）均可以通过计算机程序实现数据的快速分析。

对于均匀、连续膜的厚膜材料，也是采用计算机模拟方法求得 X 射线的穿透深度。

此外，在衍射峰的拟合以及三维立体 XRD 谱分析等方面，计算机大大地拓展了现有 X 射线衍射仪的应用。

### 2.5.9　案例分析

#### 2.5.9.1　X 射线衍射分析在 FeCoCrNi 高熵合金研究中的应用

高熵合金（HEAs）由于其独特的微观结构和优异的力学性能，引起了越来越多的关注。特别是，FeCoCrNiMn 和 FeCoCrNi 等 fcc HEAs，在大气和低温下表现出优异的强度-塑性协同作用。然而，这些单相 fcc HEAs 在高温下性能相对较差，其强度不满足高温工程应用的要求。近年来，不同硬化方法的研究致力于强化 HEAs。

沉淀强化已被证明是在室温和高温下加强 HEAs 的最有效方法之一。特别地，在 fcc HEAs 中的有序 $L1_2$ 共格纳米沉淀引起了很多关注，这导致形成与用于高温应用的 $\gamma/\gamma'$ 高温合金相似的共格沉淀的微观结构。图 2-40 中 FeCoCrNi 合金主要以面心立方（fcc）形式存在。

在 Y. Ding 和 B. X. Cao 的研究论文"Al 和 Ti 对 $L1_2$ 强化 FeCoCrNi 高熵合金氧化行为和力学性能的协同效应"中，作者使用扫描电镜表征了主相 $L1_2$ 的晶粒细化，以及 $L2_1$ 和 $\eta$-$N_3$Ti 两种晶界沉淀相，它们显然能够显著地优化力学性能，作者使用 X 射线物相分析表征了主相 $L1_2$、$L2_1$ 和 $\eta$-$N_3$Ti 两种晶界沉淀相，其中图 2-40(f) 的 X 射线衍射谱显示，在基体组织中，以 $L1_2$ 为主，存在少量的 $L2_1$ 和 $\eta$-$N_3$Ti 相。

为了研究合金的耐高温性能，使合金经 20 天高温处理，图 2-41 的 X 射线物相定性分析结果显示，表面氧化层主要为耐高温的氧化物 $Al_2O_3$、$Cr_2O_3$、尖晶石和 $TiO_2$，这些耐高温氧化层可以增强合金的耐高温氧化性能，$L2_1$ 和 $\eta$-$N_3$Ti 两种晶界沉淀相沉淀强化，以及 $Al_2O_3$、$Cr_2O_3$、尖晶石和 $TiO_2$ 的抗氧化层形成。它们的协同作用可以显著提高这种高熵合金高温下的强度——塑性。

在这个案例中，高温氧化前后 X 射线衍射结果的对比，表征了耐高温氧化层的形成。X 射线衍射结果还显示，700 ℃、800 ℃和900 ℃保温时间 480 h，不同铝钛添加量样品的

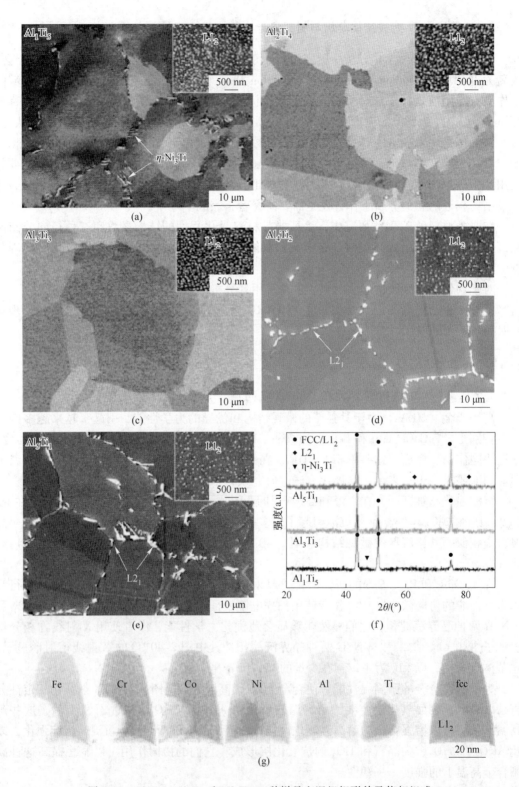

图 2-40   $Al_1Ti_5$、$Al_3Ti_3$ 和 $Al_5Ti_1$ 三种样品室温组织形貌及物相组成

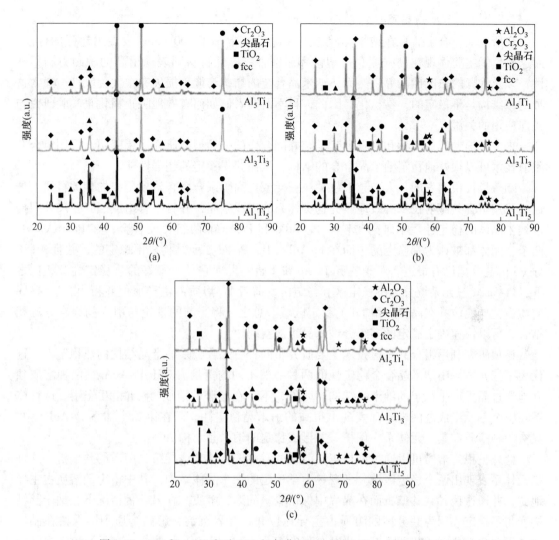

图 2-41　700 ℃、800 ℃ 和 900 ℃ 氧化 480 h 后 $Al_1Ti_5$、$Al_3Ti_3$ 和 $Al_5Ti_1$
三种合金样品的 X 射线衍射（XRD）图
（a）700 ℃；（b）800 ℃；（c）900 ℃

表面氧化产物的差异，对 $Al_1Ti_5$ 样品三个保温温度处理后的样品表面均生成了大量的 $Cr_2O_3$，而 $Al_3Ti_3$ 和 $Al_5Ti_1$ 样品经三个温度高温氧化后，样品表面均没有产生大量的 $Cr_2O_3$。比较 $Al_3Ti_3$ 和 $Al_5Ti_1$，会发现尖晶石在表面成为主相，显然，$Al_3Ti_3$ 和 $Al_5Ti_1$ 的添加可以形成更耐高温的尖晶石，因而提高了合金的耐高温腐蚀性能。

图 2-40 中的扫描电镜照片显示，沉淀相在晶界析出。X 射线衍射仪和扫描电镜的配合使用，不但解析了高温氧化层的物相组成，还指出了沉淀相的位置。

本案例所选论文为 2022 年的高影响因子研究论文，整个分析过程使用了多种分析测试技术，为了便于读者详细了解学习，给出了原文的英文文献名称——Synergistic effects of Al and Ti on the oxidation behaviour and mechanical properties of $L1_2$-strengthened FeCoCrNi high-entropy alloys。

### 2.5.9.2　三元热稳定性纳米晶组合研究

众所周知，合金通常在纳米晶状态下（晶粒通常小于 100 nm）表现出超强的性能，而这些性能主要体现在高强度、可塑性和耐磨性，磁性材料则表现出高的矫顽力和柔软性，以及优异的热电性能等。然而，纳米晶合金的结构与能量损失有很大关联性。通常这种纳米结构是不稳定的，易粗化，因此，科学研究者们如何有效地阻止粗化是实验研究与快速应用的关键。

来自美国的耶鲁大学和麻省理工学院共同合作的一项最新研究成果表明，采用组合共溅射技术可以很好地稳定纳米晶合金的结构，从而获得稳定的超强性能。

随着科技快速发展，人们越来越关注三元或更高阶系合金，该项研究的相关科研人员通过采用组合共溅射技术有效地研究这类体系的组成空间，并且结合组成-晶粒-尺寸图揭示纳米晶体的稳定性。本研究比较了 Pt-AuPd 和 Pt-AuAg 两组三元合金，在 Pt-AuAg 中，两个二元体都被认为是稳定的。而在 Pt-AuPd 中，Pt-Pd 二元结构是不稳定的，并且 Au 诱导 Pd 的共分离已有报道。对于三元 Pt-AuAg，始终发现它具有很好的热稳定性。相比之下，Pt-AuPd 三元系统分为不稳定区和稳定区，前者 Pd 溶质占主导地位并析出，后者 Au 溶质占主导地位并在晶界保留 Pd 的稳定区域。总之，将当前的理论与引入的组合方法相结合，可以快速确定稳定的多组分纳米晶组成空间。

该项研究利用组合共溅射技术主要研究了两种三元合金系纳米晶结构的热稳定性。这代表了三元体系中纳米晶合金稳定性的两种截然不同的情景。对于 Pt-AuAg，两种溶质独立地通过晶界产生稳定的纳米晶结构。此外，不存在显著的溶质-溶质相互作用。这种体系在整个三元组成范围内，都表现出很高的纳米晶稳定性，而在第二个体系 Pt-AuPd 中，只有一种溶质在其二元体系中偏析，并形成稳定的纳米晶结构。

此外，稳定溶质可以通过增加第二溶质的有效偏析焓来诱导第二溶质的共偏析。这种三元体系表现出两个稳定区域。发现热力学稳定的纳米晶体结构，其中稳定的溶质占主导地位，并通过诱导其共偏析而在晶界中保留少量的第二溶质。在另一种情况下，纳米晶结构变得不稳定，因为共分离的溶质占主导地位并在晶界沉淀，解离溶质不能保留在晶界中，而解离溶质占优势并沉淀。由共分离的溶质-溶质相互作用诱导。这两种稳定机制的程度取决于共偏析相互作用的程度，即对于溶质之间具有更强共偏析趋势的系统，预期稳定的纳米晶体结构区域将跨越更宽的组成范围。

本研究很好地利用了 X 射线衍射定性分析和定量分析，配合三元相图和扫描电镜，表征了三元 Pt-AuAg 和 Pt-AuPd 纳米晶合金，因为纳米晶仍然是晶体，所以，显示为晶体的特征峰，又由于出现纳米化，因而表现出衍射峰明显的宽化。根据布拉格方程，衍射峰的宽化显示晶面间距（或晶格常数）存在一个正态分布，不再像晶体一样显示为明锐的衍射峰（对应单一晶面间距或晶格常数）。

本案例论文中的试样为三元纳米晶，图 2-42 为 5 种纳米晶在不同工艺条件下的 X 射线衍射谱，为便于比较，作者使用 Oragin 软件做出了 X 射线衍射谱的三维立体图，图中显示溅射试样的纳米晶衍射峰，经 400 ℃ 退火后仍能稳定存在。所选论文为 2021 年的前沿高影响因子研究论文，整个分析过程使用了多种测试分析技术。为了便于学习给出了原文的英文文献名称——Combinatorial study of thermal stability in ternary nanocrystalline alloys Sebastian。

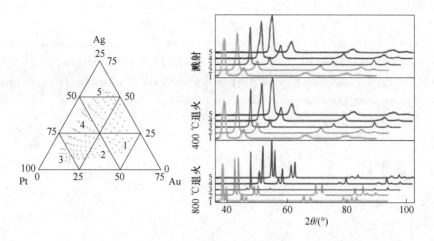

图 2-42　Pt-AuAg 系统中五种代表性成分的 X 射线衍射图

2-1　在材料科学领域，X 射线衍射仪有哪些应用？

2-2　简述连续 X 射线谱与特征 X 射线谱产生的机理。

2-3　比较光电效应，俄歇效应与特征 X 射线的产生机理。

2-4　简述 X 射线相干散射的机理。

2-5　从产生机理看，光电效应与相干散射有何区别？

2-6　名词解释：反射球、倒易球、埃瓦尔德图解法、倒易矢量基本性质、布拉格方程。

2-7　晶带定律计算题。已知两晶面指数 $(h_1 k_1 l_1)$ 和 $(h_2 k_2 l_2)$，求晶带轴指数 $[uvw]$。

2-8　课堂讨论：怎样理解倒易矢量与晶体衍射的关系？

2-9　衍射线空间分布规律和衍射线强度分别与晶体结构的哪些方面对应？

2-10　当波长为 $\lambda$ 的 X 射线照到晶体并满足衍射关系时，两个相邻 $(hkl)$ 晶面衍射线的光程差是多少？两个相邻 $(HKL)$ 晶面衍射线的光程差是多少？

2-11　衍射峰位置从低到高，其相应晶面间距大小是否有规律？

2-12　决定粉末多晶体衍射强度的五个因子及其物理意义是什么？

2-13　什么叫作粉末相指数化？介绍立方晶系粉末相指数化方法。

2-14　多晶、单晶和非晶衍射花样是什么？

2-15　粉末相的成像原理是什么？

2-16　系统消光规律是什么？产生衍射的充要条件是什么？

2-17　简述定性物相分析方法。

2-18　简述宏观应力测定的基本原理。

2-19　简述织构测定的基本原理。

## 参 考 文 献

[1] 左演声，陈文哲，梁伟. 材料现代分析方法 [M]. 北京：北京工业大学出版社，2000.

[2] 常铁军，祁欣. 材料近代分析测试方法 [M]. 哈尔滨：哈尔滨工业大学出版社，2005.

[3] 黄新民，解挺. 材料分析测试方法 [M]. 北京：国防工业出版社，2006.

［4］ 张锐. 现代材料分析方法 ［M］. 北京：化学工业出版社，2007.

［5］ 周玉. 材料分析方法 ［M］. 4 版. 北京：机械工业出版社，2020.

［6］ Ding Z Y, Cao B X, Luan J H. Synergistic effects of Al and Ti on the oxidation behavior and mechanical properties of L12-strengthened FeCoCrNi high-entropy alloys ［J］. Corrosion Science, 2021 （184）：109365

［7］ Kube S A, Xing W T, Kalidindi A, et al. Combinatorial study of thermal stability in ternary nanocrystalline alloys ［J］. Sebastian. Acta Materialia, 2020 （188）：40-48

# 3 扩展 X 射线吸收精细结构谱

X 射线吸收精细结构谱（X-ray absorption fine structure spectroscopy，XAFS）通常被分成两个区域，即"吸收边"能量为 30 eV 内的 X 射线吸收近边结构谱（X-ray absorption near-edge spectroscopy，XANES）和"吸收边"能量高于 30 eV 的扩展 X 射线吸收精细结构谱（extended X-ray absorption fine spectroscopy，EXAFS）。不同的原子具有不同的吸收边，因此，"吸收边能"被用于标定材料中原子的种类。尽管早在 20 世纪 30 年代，K 边 X 射线吸收精细结构谱已经被观测到，但是由于对 X 射线吸收精细结构谱的起源缺乏深刻的认识，长程有序理论和短程有序理论被同时用于解释 X 射线吸收精细结构谱，造成了理论上的混淆。直到 1971 年，Sayers 等人根据短程有序理论，将傅里叶（Fourier）变换引入 EXAFS，结束了分析的混乱状态，使其成为分析材料结构特征的重要工具。EXAFS 是以散射现象——近邻原子对中心吸收原子出射光电子的散射为基础，反映的仅仅是物质内部吸收原子周围短程有序的结构状态。不同于 X 射线衍射谱，X 射线吸收精细测量除了能够分析晶体结构外，还能用于分析纳米晶体、玻璃态和液体系统。通过 EXAFS 分析，能够获得原子间的距离及配位数等结构信息。这种方法测量时只需要少量样品，不需要分离提纯，还可以做到无损检测，或在气氛保护下分析，这对于催化剂、金属蛋白酶、生物大分子等领域的研究者无疑是非常便利的。

## 3.1 基 本 原 理

### 3.1.1 XAFS 现象

当一束能量为 $E$ 的 X 射线穿透物质时，它的强度会因为物质的吸收而有所衰减，其透射强度 $I$ 与入射强度 $I_0$ 的关系满足下式：

$$I = I_0 e^{-\mu(E)d} \tag{3-1}$$

式中，$d$ 为物质厚度；$\mu(E)$ 为吸收系数，其大小反映物质吸收 X 射线的能力，是 X 射线光子能量的函数。

图 3-1 为 Mo 的吸收系数随能量的变化，即 X 射线吸收谱。从图 3-1 可见，当 X 射线光子能量增加到 5.99 keV 附近时，吸收系数 $\mu$ 会产生跳变，这些跳变被称为吸收边。"吸收边"产生的原因是原子内层电子激发所需要的能量与 X 射线光子能量相当，导致吸收突然增强。由 K 壳层电子被激发而形成的"吸收边"称为 K 吸收边，L 壳层电子被激发而形成的吸收边称为 L 吸收边。由于 L 层电子又可以分为 3 种能量态，所以 L 边又分为 $L_I$、$L_{II}$ 和 $L_{III}$ 边（2s 电子跃迁形成 $L_I$ 边，2p 对应的 $2p_{1/2}$ 和 $2p_{3/2}$ 两种组态的跃迁形成 $L_{III}$ 和 $L_{II}$ 边）。

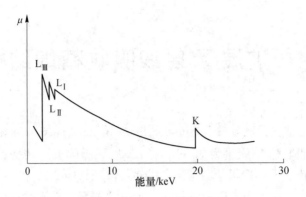

图 3-1　Mo 的 K 吸收边和 L 吸收边绝对能量位置示意图

### 3.1.2　EXAFS 现象

　　XAFS 谱（X 射线吸收精细谱）示意于图 3-2。图中已经注明 XANES 和 EXAFS 两个区。EXAFS 是由于出射电子波被近邻原子散射造成的。也就是说，如果没有近邻，孤立原子的 EXAFS 只会近似地呈一条直线，由于有了近邻，出射光电子波受到近邻原子的影响发生散射，散射波又与原来的出射波相互干涉，反映在吸收系数上的变化即为叠加在平滑背底上的振荡（oscillation）结构，这就是 EXAFS。

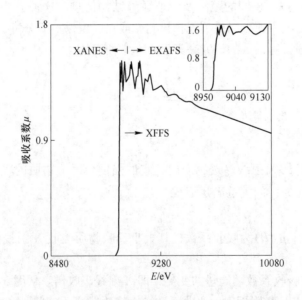

图 3-2　XAFS 实验谱图及 XANES-EXAFS 分区

　　实验得到的某"吸收边"的 EXAFS 振荡表示为：

$$x(k) = \frac{\mu(E) - \mu_0(E)}{\mu_0(E)} \tag{3-2}$$

式中，$\mu_0(E)$ 为孤立原子情况下的吸收系数，即不考虑散射影响的光谱吸收背景；$\mu(E)$ 为实验测得的有近邻原子存在时的吸收系数。

要获得 EXAFS 的振荡信号 $\chi(k)$，必须先求得 $\mu_0(E)$。因为 $\mu_0(E)$ 无法通过实验得到，所以采用拟合方法确定。

在理论描述中，EXAFS 振荡被表示为光电子波矢的正弦函数，通过式（3-3）可以把光电子能量 $E(\mathrm{eV})$ 转化为波矢 $k(\mathrm{nm}^{-1})$。

$$k = \sqrt{\frac{2m_e}{h^2}(E - E_0)} = \sqrt{0.2625(E - E_0)} \tag{3-3}$$

式中，$E_0$ 为离子化阈能，一般选取近边区一阶导数谱的第一个极大值作为 $E_0$。

### 3.1.3 波的傅里叶变换

一般认为，使 EXAFS 走向成熟的三大贡献是傅里叶变换的提出、同步辐射的应用和理论振幅等参数计算上的重大进展。

傅里叶变换是把复合波分解为不同频率正弦波之和的一种数学物理方法。所谓 EXAFS 实际上是叠加在平滑背底 $\mu_0$ 上的振荡结构。20 世纪 70 年代初，Sayers 等人创造性地提出 EXAFS 的这种振荡结构起因于近邻壳层对中心出射光电子的散射，是多壳层正弦波的叠加，即

$$\chi(k) = \sum \chi_i(k) \tag{3-4}$$

因为是正弦波的叠加，他们提出可经傅里叶变换将 $\chi(k)$ 分解得到每一壳层（第 $i$ 壳层）独立的正弦波 $\chi_i(k)$，解出相关的结构信息（壳层半径、配位数等），从而开创了 EXAFS 测定物质结构的先河。根据这一原理，他们提出了后来被广泛接受的表达式：

$$\chi_i(k) = \frac{1}{kR_i^2} \cdot N_i \cdot F_i(k) \cdot \exp(-2R_i/\lambda) \cdot \exp(-2\sigma_i^2 k^2) \cdot S_0^2 \cdot \sin[2kR_i + \varphi_i(k)]$$

$$\tag{3-5}$$

式（3-5）实际上是振幅与正弦函数的乘积。也就是说，单独壳层的 EXAFS 振荡可表达为：

$$\chi_i(k) = A_{m_i} \sin[2kR_i + \varphi_i(k)]$$

$$A_{m_i} = \frac{1}{kR_i^2} \cdot N_i \cdot F_i(k) \cdot \exp(-2R_i/\lambda) \cdot \exp(-2\sigma_i^2 k^2) \cdot S_0^2 \tag{3-6}$$

式（3-6）就是正弦波的理论描述。式中，$\varphi_i(k)$ 为相位移动；$A_{m_i}$ 为振幅项，通常被表达为振幅函数与一系列修正项的乘积；$N_i$ 为第 $i$ 壳层近邻配位数；$R_i$ 为壳层间距；$F_i(k)$ 为散射振幅；$\lambda$ 为平均自由程；$\exp(-2R_i/\lambda)$ 为光电子对振幅造成的衰减；$\sigma_i^2$ 为 Debye-Waller 因子；$\exp(-2\sigma_i^2 k^2)$ 为热振动造成的振幅衰减；$S_0^2$ 为拟合技术上的衰减因子。

式（3-5）和式（3-6）中振幅函数 $F_i(k)$ 可以认为是已知项，光电子衰减项 $\exp(-2R_i/\lambda)$ 和 $S_0^2$ 也可以认为是已知项，只不过需要根据标准样品校正。

如何从实验得到的 $\chi(k)$（式（3-2））中分离出单壳层的信息？Sayers 等人提出的思路是对 EXAFS 振荡作傅里叶变换，可得径向结构函数：

$$\rho(R) = \int k^n \chi(k) \mathrm{e}^{2ikR} \mathrm{d}k \tag{3-7}$$

### 3.1.4 径向分布函数和径向结构函数

中心吸收原子的概念在 XAFS（XANES 和 EXAFS）中是重要的。它改变了人们习惯

上认识物质结构的着眼点。中心吸收原子是相对于近邻原子而言的，它们都是粒子，在一个三维粒子系统内，任一个粒子的近邻粒子数量及其分布可用体积为 $4\pi R^2 \mathrm{d}R$ 的壳层来表征：

$$P(R) = 4\pi N R^2 \tag{3-8}$$

式中，$P(R)$ 为径向分布函数；$R$ 为壳层半径；$N$ 为粒子密度。

$P(R)$ 的物理意义，以有序体系中 fcc 结构（面心立方）为例，每个粒子在 $R = R_1$（第一壳层）处可找到 12 个近邻粒子，即配位数 $N=12$；在 $R=R_2$ 处可找到 6 个近邻粒子，配位数 $N=6$；$R=R_3$ 时，配位数 $N=24$；$R=R_4$ 时，配位数 $N=12$ 等等。理论上讲，当 $R=R_7$ 时，有配位数 $N=48$；当 $R=R_{13}$ 时，有配位数 $N=72$。注意，这里的壳层不是原子外层电子的壳层，而是指晶体、非晶体或液体中心原子周围的壳层。

由于粒子的热运动，在径向分布函数（RDF）图上 $R_i$（第 $i$ 壳层）处观察到的应是从中心原子散射到 $i$ 壳层原子后形成的高斯峰，其峰面积与配位数 $N$ 成正比。在 EXAFS 中，受到出射光电子平均自由程的限制，随 $R$ 不断增大，分布函数上的近邻壳层散射峰依次快速衰减。此时实际得到的只是径向结构函数（RSF）$\rho(R)$，其物理意义与 $P(R)$ 相似。要注意的是，由于有散射相位的移动（简称相移，式（3-5）中 $\varphi_i(k)$），在径向结构函数 $\rho(R)$ 上观察到的 $R$ 值比真实值略小。

对径向结构函数图上 $R_i$ 处观察到的中心居于 $R_i$ 的高斯峰作傅里叶反变换（一般称为傅里叶反滤波），就得到了单壳层的 $\chi_i(k)$，代入式（3-5）中即可求解配位数 $N$，壳层间距 $R$ 和 Debye-Waller 因子 $\sigma^2$。

图 3-3 的例子可直观地说明上述原理，实验得到的 EXAFS 谱示于图 3-3(a)，经过前期处理使其满足式（3-2）和式（3-3）的条件，得到图 3-3(b)。式（3-2）和式

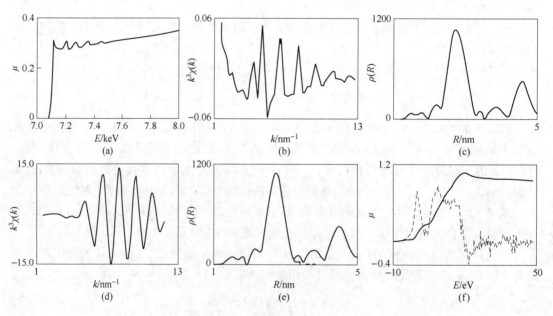

图 3-3   EXAFS 数据处理过程

（a）原始数据；（b）$k^3\chi(k)$；（c）傅里叶变换得到 $r$ 空间的径向结构函数 $\rho(R)$；（d）第一壳层的 $k^3\chi(k)$；
（e）滤波和反傅里叶变换后的径向结构函数 $\rho(R)$；（f）单壳层 EXAFS 振荡的拟合谱

（3-3）的条件是：（1）确定能量的相对零点 $E_0$，将 EXAFS 转换到 $\Delta k$ 为区间的波矢 $k$ 空间；（2）扣除背底，包括扣除实验背底和平滑背底 $\mu_0$。插值后的图 3-3（b）依据式（3-7）作傅里叶变换得到 $r$ 空间的径向结构函数 $\rho(R)$，即图 3-3（c）。从图 3-3（c）清楚地看到近邻壳层并了解其大致的径向间距，选定 $\Delta R$，经傅里叶反变换得到第一壳层的 EXAFS 振荡 $\chi_i(k)$，示于图 3-3（d）。图 3-3（f）上的虚线是对滤波后得到的单壳层 EXAFS 振荡的拟合谱，该拟合谱依照式（3-5）得到，在 $r$ 空间的拟合谱（虚线）可参照图 3-3（e）。

# 3.2　扩展 X 射线吸收精细结构谱实验方法

## 3.2.1　XAFS 数据采集

目前，几乎所有 XAFS 实验都是利用同步辐射获得 X 射线。所谓同步辐射就是高速电子流在磁场作用下在环状真空管道储存环内流动，管道平面上沿高速电子流环线的切线方向产生 X 射线，这就是同步辐射 X 射线源的原理。实验中，为获得强度稳定的和单色性好的 X 射线，XAFS 实验和所有以同步辐射为 X 射线源的实验技术（如形貌、小角散射等）一样，都要求储存环内电子流的束流密度相对稳定，并且在真空管道储存环内做匀速流动。由于电子束流的能量损耗不可避免，从而导致电子束流密度不断下降，X 射线强度也随时间不断减弱，为了恢复束流，在束流下降到一定程度时，需暂时中止实验，重新"注入"电子。

X 射线强度由探测器-计数器测定，一束 X 射线进入探测器，计数器上就显示出每秒钟测的 X 射线光子数，样品前后的两个探测器-计数器同时测出样品"吸收"X 射线光子数的多少，其中样品前的为 $I_0$，样品后的为 $I$，吸收系数 $\ln(I_0/I)$ 成为 XAFS 谱的纵坐标。XAFS 谱的横坐标是 X 射线的光子能量，上面提到的某一点实际上是能量点，为得到单一能量的光子，储存环引出的 X 射线在到达样品前要先经单色器分光。单色器多用晶体 Si 的（311）或（111）等晶面，依据布拉格公式，通过连续变换衍射角，即可得到能量连续的单色光。

根据这样的原理，测定样品时要做到以下几个步骤：

（1）确定 X 射线光斑的大小和位置，同时将样品制成薄片，空气敏感或液体样品封装在高聚物薄膜内。

（2）先通过快速扫描，找到样品中指定元素的"吸收边"，即吸收系数有突然变化的能量位置。

（3）以"吸收边"为能量零点 $E_0$，在控制光路参数的计算机上设定 $\Delta E$。如对 3d 金属 K 边，设定为自边前 20 eV 至边后 50 eV 范围，$\Delta E = 0.5$ eV，而 $50 \sim 850$ eV 范围，$\Delta E = 4$ eV，由此可知完成该样品 XAFS 谱采集，需测定约 340 个数据点。

（4）在计算机上设定每一点的采集时间，如 1 s、2 s 和 4 s，以减少测定中的涨落，若设为 4 s，则可知完成上述样品测定需 22 min 40 s。所以高通量的同步辐射实验装置数据采集时间可大大缩短。

（5）调整样品厚度，使吸收边的跃升（即边和前边后吸收系数 $\mu$ 的变化量）约为 1.0，检查样品，并将两个探测器紧贴样品放置并固定好。

（6）更精细的实验需要在每次测定样品前重新核实边的能量位置，以防止无法预见的漂移。

## 3.2.2　EXAFS 数据拟合

### 3.2.2.1　多参数拟合的问题——独立点数 $N_{idp}$

依照式（3-5），每一个独立壳层至少要求解 3 个未知数，即 $N$、$R$ 和 $\sigma^2$，实际上由于各壳层相位不同，通常还要求出另一个未知数 $\Delta E$，即相对 $E_0$ 的能量移动。

每个壳层 4 个未知量意味着两壳层拟合即有 8 个未知量，三壳层拟合有 12 个未知量……未知量的个数被称为独立点数 $N_{idp}$。

国际上统一规定为：

$$N_{idp} \leqslant 2\Delta k \Delta R / \pi \tag{3-9}$$

举例说明，若 $\Delta k = 90$ nm$^{-1}$（如 35 ~ 125 nm$^{-1}$），$\Delta R = 0.1$ nm（如 0.115 ~ 0.215 nm），求得 $N_{idp} = 5.7$，即在这个范围内的 $x(k)$ 只能以一个壳层 4 个未知数拟合，牵强地以两壳层拟合（8 个独立点数）是不可靠的。

### 3.2.2.2　多参数拟合的问题——参数相关性

多参数拟合中，有些参数间有很强的相关性，使得到的拟合值可靠性下降。相关性越强，可靠性越低。EXAFS 拟合中，同壳层 $R$ 和 $\Delta E$、$N$ 和 $\sigma^2$ 一般相关性较强，不同壳层参数间理应相关性较弱。若发现相关性强，应该认为有可疑之处。规定 $N_{idp}$ 的目的，也是解决相关性问题的一部分。

表 3-1 是一个相关性分析的例子。表 3-1 显示，各壳层的配位数（CN）都与 Debye-Waller 因子（DW）相关性较强，约在 ±0.7，而同壳层 CN 与壳层间距 $R$ 相关性很小，在 ±0.1 以内。一般地说，两参数间相关性越强，意味着互相影响的程度越高，数据可靠性越差，当然精度也低。如表 3-1 中，$R_3$ 和 $R_4$ 相关性（0.273）已接近到值得注意的程度，如果达到 0.4 左右，则拟合数据不可用，需要重新检验。

**表 3-1　$Fe_3(CO)_{12}$ 以 $k^3$ 为权重得到的各壳层参数的相关性分析**

| | $CN_1$ | $R_1$ | $DW_1$ | $CN_2$ | $R_2$ | $DW_2$ | $CN_3$ | $R_3$ | $DW_3$ | $CN_4$ | $R_4$ | $DW_4$ |
|---|---|---|---|---|---|---|---|---|---|---|---|---|
| $R_1$ | -0.062 | | | | | | | | | | | |
| $DW_1$ | -0.761 | 0.033 | | | | | | | | | | |
| $CN_2$ | -0.354 | -0.288 | -0.071 | | | | | | | | | |
| $R_2$ | 0.450 | 0.122 | -0.097 | -0.071 | | | | | | | | |
| $DW_2$ | -0.100 | 0.049 | 0.365 | -0.744 | 0.041 | | | | | | | |
| $CN_3$ | -0.032 | -0.015 | -0.011 | 0.127 | 0.099 | 0.008 | | | | | | |
| $R_3$ | 0.031 | 0.008 | -0.010 | -0.127 | -0.016 | 0.069 | -0.077 | | | | | |
| $DW_3$ | -0.020 | 0.009 | 0.007 | 0.010 | -0.080 | -0.078 | -0.909 | 0.069 | | | | |
| $CN_4$ | 0.027 | -0.016 | 0.010 | 0.021 | 0.064 | -0.027 | 0.216 | -0.284 | -0.309 | | | |
| $R_4$ | 0.023 | 0.051 | -0.011 | -0.033 | 0.036 | 0.024 | 0.216 | 0.273 | -0.034 | -0.049 | | |
| $DW_4$ | 0.011 | -0.026 | -0.047 | -0.020 | -0.067 | 0.024 | -0.186 | 0.045 | 0.194 | -0.746 | 0.024 | |
| $E_0$ | 0.095 | 0.042 | -0.009 | -0.121 | 0.007 | 0.020 | 0.426 | 0.207 | -0.180 | -0.064 | 0.761 | 0.049 |

### 3.2.2.3 $R$ 因子

拟合曲线 $\chi_T(k)$ 与实验曲线 $\chi_E(k)$ 的贴近程度以 $R$ 因子衡量。

$$R = \left| \frac{\sum (\chi_T - \chi_E)^2}{\sum (\chi_E)^2} \right|^{\frac{1}{2}} \qquad (3\text{-}10)$$

$R$ 因子越小，贴近程度越高。一般来说，$R$ 因子应为 0.1 上下。

在没有清楚有关拟合问题之前，不应该匆匆进入真正的拟合阶段，以免造成虚幻的化学联想。

### 3.2.2.4 振幅函数 $F_i(k)$ 和 FEFF 程度

在了解式（3-6）后，现在可以把它们写成式（3-5），即

$$\chi_i(k) = \frac{1}{kR_i^2} \cdot N_i \cdot F_i(k) \cdot \exp(-2R_i/\lambda) \cdot \exp(-2\sigma_i^2 k^2) \cdot S_0^2 \cdot \sin[2kR_i + \varphi_i(k)]$$

式（3-5）中振幅函数 $F_i(k)$ 可以认为是已知项。1978 年 Teo 等人就已经完成了几乎覆盖整个周期表的中心和近邻原子理论相移、理论振幅的计算。他们发现，轻元素近邻，其振幅函数包络线的极大值位于低 $k$ 空间，$k < 50 \text{ nm}^{-1}$；以 3d 金属为代表的中等质量元素近邻，其包络线极大值位于中 $k$ 空间，$50 \text{ nm}^{-1} < k < 130 \text{ nm}^{-1}$；而重元素，其振幅函数包络线极大值出现在高 $k$ 空间，$k > 130 \text{ nm}^{-1}$。这一发现的意义在于，通过振幅分析，EXAFS 拟合可区别出不同近邻的大致种类。作为例子，Mn 近邻和 W 近邻的实验振幅如图 3-4 所示。由图 3-4 可知，Mn 近邻背散射振幅的包络线极大值出现在 $k \approx 70 \text{ nm}^{-1}$ 处，而 W 近邻的包络线极大值出现在 $k \approx 100 \text{ nm}^{-1}$ 处，区别非常明显。因而可以有把握地区分这两种近邻，或者说提供了不同种类近邻原子分布的直接证据，这是 EXAFS 一个很有用的特色。

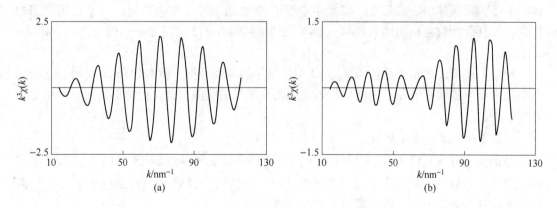

图 3-4　由实验得到的近邻原子振幅
（a）Mn；（b）W

经过多年的改进，早期采用平面波计算的理论振幅等参数，目前已废止不用。当前国际上推荐的理论振幅、理论相移的计算程序是由 Rehr 等人以球面波完成的，它被称为 FEFF 软件包（谱学多重散射计算软件）。FEFF 的来源是 $f_{\text{eff}}$，即有效矫正波散射振幅（effective cured wave scattering amplitude）。给定中心原子和近邻原子的原子序数、配位数和壳层间距后，FEFF 即可算出相应的理论参数备用，实验抽提振幅的方法此处从略。

#### 3.2.2.5　拟合

在人机对话中，将 FEFF 算出的理论参数文件依次输入，再输入估计的结构参数 $N$、$R$、$\sigma^2$ 和 $\Delta E$，拟合即可由计算机执行。

A　标样的拟合

拟合总是先从标样开始，所谓标样是指其结构参数已经被单晶衍射完全确定的样品，标样与待测样品结构上近似程度越高，待测样品的 EXAFS 拟合结果就越可靠。

标样的意义还在于：（1）根据标样的结果，$E_0$、$E_{max}$、$k_{min}$、$k_{max}$、$R_{min}$、$R_{max}$ 等即认为已确定下来；（2）由标样拟合结果与单晶结构数据对比，确定衰减因子 $S_0^2$，$S_0^2$ 一般可取 $0.7 \sim 1.1$，具体数值要依据拟合配位数与理论配位数间的差别确定。

总结 3.2.2.1 节和 3.2.2.2 节，限定条件为：（1）多参数拟合时独立点数 $N_{idp}$ 按式（3-9）估算；（2）多参数限定条件，标样拟合一般可达到 $R$ 因子小于 0.1。与晶体数据相比，第一壳层的壳层间距 $R$ 约有 $\pm 0.001$ nm 的涨落，配位数经 $S_0^2$ 调整后应与晶体数据相同，精度误差小于 $\pm 20\%$。远一些的后续壳层精度依次减弱，如第三壳层 $R$ 一般误差为 $\pm 0.003$ nm，配位数误差大于 $\pm 50\%$。

如果出现数据完全不合理或 $R$ 因子始终徘徊在 0.15 以上即应考虑从 $\mu_0$ 选取开始重新进行拟合。

B　未知样品的拟合

对于与标样相同的中心原子，当其近邻配位原子种类和中心对称性与标样相似时，依据标样确定的边界条件，即可较容易地得到拟合参数。在 $k$ 空间和 $r$ 空间得到的拟合谱示于图 3-3(d)(e)。问题在于与未知样品化学环境基本相同的标样从实验上是很难找到的。

下列情况都可使未知样品的拟合变得扑朔迷离：（1）中心对称性变化，例如由四面体中心变为八面体中心或反之；（2）中心原子和/或近邻原子价态变化；（3）聚集状态的变化，如从大颗粒变化为纳米微粒；（4）元素的掺杂；（5）三原子共线排布（collinear array）。

确定上述情况的发生往往需要除 EXAFS 以外的实验证据。就 EXAFS 本身而言，振幅分析通常可以证明近邻原子的变化与否，如图 3-4 所表明的那样，但这仍需要更加精细的数据分析。

#### 3.2.2.6　数据精度分析

数据精度分析是将实验谱（如得到的 EXAFS 振荡 $X_{obs}$）与拟合谱（$X_{cal}$）比较，确定得到的结构参数 $N$、$R$、$\sigma^2$ 和 $\Delta E$ 的误差范围，即精度。误差范围是通过如下方法得到的：保持其余参数不变，改变某一个参数的值，当

$$Q = \sum (X_{obs} - X_{cal})^2 \tag{3-11}$$

增加一倍时，该变化范围即为该参数的误差范围，数据分析中将拟合后的数值输入指定程序，计算机就能够自动给出精度评估。

一般来说，第一壳层 $R$ 有 $\pm 0.001 \sim \pm 0.003$ nm 的误差，而配位数 $N$ 有 $\pm 10\% \sim \pm 20\%$ 的误差，取决于实验数据质量、最近邻峰的对称程度（有序程度）和分析方法。系统误差包括背景消除和傅里叶变换中截断效应所带来的误差，在总误差中的贡献较小，对 $R$ 的贡献约为 $1\%$，对 $\sigma^2$ 的贡献约为 $10\%$。

# 3.3 X 射线吸收精细结构谱的应用

## 3.3.1 扩展 X 射线吸收精细结构谱分析在催化剂研究中的应用

催化剂的 EXAFS 分析，最重要的是做好傅里叶变换谱上近邻的第二、三个峰的分析。第一峰是最近邻的贡献，与标样对比，直接提示的是中心原子在体系中的短程有序状态及变化。一般地讲，如果中心原子的点对称性、氧化态和配位环境没有变化，催化剂样品的最近邻原子间距不会太大，即变化量在 ±0.003 nm 以内，配位数有可能变化较大，但催化剂样品（因为它可能是高分散的，掺杂的，配位不饱和的，结构有畸变的等等）配位数的数据精度一般较差，仅有 20% ~ 25%，配位数相差 1 ~ 2 并不能说明什么，除非有 XAFS 以外的证据。

第二峰是次近邻，第三峰是次次近邻的贡献。与标样对比，它们直接揭示中心原子的聚集状态——长程有序的变化。由于标样一般是晶体，而实测样品中通常会发现第二峰和第三峰明显减弱，有时第二、三峰峰尖的位置也会有很大移动甚至达 0.05 ~ 0.10 nm，这都是鲜明的非晶化和无定形相生成的信号，贸然地指认这些次近邻和次次近邻是不可取的。推荐的方法是将待确定的峰经傅里叶反变换，重新回到 K 空间做振幅分析，所谓振幅分析，就是将未知的背散射振幅与已知的（如从标样取得的）背散射振幅作对比，以确定次近邻、次次近邻原子的种类，图 3-4 为一个成功的例子。

EXAFS 的一个优点就是可以同时观察催化剂中每一个金属中心在催化剂整体中的分散情况。Sinfelt 在早期的双金属催化剂研究中曾大量采用这种方法。一个关于 $FeZrO_2/Al_2O_3$ 的例子如图 3-5 所示。在图 3-5 中，EXAFS 振荡经过傅里叶变换得到的径向结构函

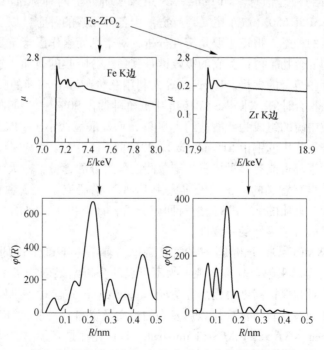

图 3-5  $FeZrO_2/Al_2O_3$ 中 Fe 和 Zr 中心的径向结构图

数可以使我们容易地"看到"环绕每个金属中心（此处是 Fe 或 Zr），其近邻在 0.5 nm 左右分布的情况。这种情况虽然只是粗略的，即便经过拟合仍有些不确定，但却是迄今为止能够得到的唯一的直接图像。

传统的催化剂结构研究中很多定性的分析是靠 XRD，这种依赖于晶格的长程有序的衍射技术看不到非晶，甚至看不到 5 nm 以下的微晶。不过，仅仅依靠看到的部分就对整体下结论显然不全面，例如在 Cu-ZnO 和 Cu-ZnO/Al$_2$O$_3$ 催化剂中，还原后 Cu-Cu 近邻配位数只有 6~7 个（金属中为 12），而这种极小的 Cu 颗粒或无定形 Cu 显然 XRD 不能检测。

一个更典型的例子为 ZrO$_2$/Al$_2$O$_3$，在质量分数为 14% 的 ZrO$_2$/Al$_2$O$_3$ 体系的 XRD 图谱上可以看到四方 ZrO$_2$ 的微弱信号，但在傅里叶变换图上，质量分数为 12% 的 ZrO$_2$/Al$_2$O$_3$ 根本没有 Zr-Zr 近邻，显示出完全的长程无序。拟合表明每个 Zr 中心出现在单斜相似的 ZrO$_7$ 单元中（而非四方相似的 ZrO$_8$ 单元），所以依照四方结构考虑催化剂改性，没有达到预期的效果。

### 3.3.2　用扩展 X 射线吸收精细结构谱分析研究大气颗粒物中铁的种态

EXAFS 是一种研究种态的优良方法，这种方法采用测量不同 X 射线能量下样品的吸收系数并得到吸收谱，谱形与元素的化学种态有关，该法不破坏样品，保持了样品中元素原有的种态，所以得到的信息比较可靠。不同的元素有不同的吸收边能量，所以元素间干扰较小。现在 EXAFS 的测量都是用同步辐射作为光源。同步辐射具有亮度高和频谱宽等优点，大大提高了实验精度，所以适用于大气颗粒物这种低元素浓度样品的研究。

用 EXAFS 方法研究种态，目前主要是将未知样品的 EXAFS 谱作为指纹，与已知参考物质的谱比较，得到种态信息。Huggins 等人用该法研究了两种标准参考物质 SRM1689（城市颗粒物）和 SRM1650（汽车尾气颗粒物）中各种元素的种态，以及燃灰和燃烧产生的细颗粒物中元素的种态。报道主要是定性分析，对个别元素作了半定量的估计。大气颗粒物是一种复杂的混合物，可认为它的吸收谱是其各组分吸收的叠加，这样的体系可用最小二乘法拟合计算各组分的含量。Huggins 等人利用三价砷和五价砷的吸收谱中峰位的差别，用最小二乘法拟合计算，求得 SRM1648 中五价砷约占 90%，三价砷约占 10%，还得到该标准参考物质中硫的组成为硫酸盐约占 90%，而硫酸氢盐小于 10%。Hsiao 等人用类似方法，求得燃烧飞灰中的铜由 51% 的 CuO，39% 的 Cu(OH)$_2$ 和 9% 的 CuCO$_3$ 组成。大气颗粒物中各种元素都可能有多种成分，定量测定各组分的含量，对大气颗粒物的污染来源和机理研究等是很有意义的。王荫淞等人用 EXAFS 谱研究了大气颗粒物中铁的种态，将颗粒物样品和参考物质的 EXAFS 谱进行回归分析，计算出了样品的主要化学成分，回归曲线与实验曲线取得了很好的一致性。

综上所述，EXAFS 数据分析是一项看似简单，有一定不确定性的计算工作。由于 EXAFS 数据采集变得越来越容易，客观上为不可靠的分析结果创造了条件。从事 EXAFS 分析的研究者都应对此保持高度警惕。在参阅有关 EXAFS 文献时，建议选择国际权威期刊的最新文献（球面波计算方法应用以后发表的论文及资料），同时，EXAFS 以外的确凿证据（如 IR、Raman、XANES、XPS 和 Mossbauer 等）往往是必须的，特别对结构上的新发现更是如此。

作为一项有广泛用途的结构检测技术，EXAFS 也有其缺点。即它只能提供平均的结构信息。从催化剂研究的角度说，EXAFS 不能区分表面和体相的结构异同。当然这样说也是相对的，因为分散度比较高的体系应该只有少量体相。从化学角度说，是指 EXAFS 不能提供关于化学键的方向的任何信息。例如，配位数为 4 时，EXAFS 并不确定是平面四边形、四面体或三棱锥。但这一缺点可依靠其他的手段如 XANES 得到解决。

EXAFS 技术目前已相当成熟，像所有的物理检测技术一样，不尽如人意之处也在所难免。人们仍然希望未来 EXAFS 在以下方面有所发展：

（1）要尽快找到以实验精确修订热无序的办法，从而实现较高温度乃至反应条件下的原位 EXAFS。有人曾提出以 Raman 谱的斯托克斯线展宽修订 Debye-Waller 因子，但目前仍不成熟。

（2）目前 XAFS 测定仍是靠单色器，依据能量色散原理实现的。参照红外光谱技术的发展历程，预计未来可实现全谱的瞬间采集，由此实现 XAFS 的动态检测或时间分辨。

### 3.3.3　案例分析

本案例中的试样为铁镓合金，铁镓合金是磁致伸缩材料，在镓含量为 11% ~ 29%（原子数分数）范围内显示出磁致伸缩性能，铁镓合金平衡组织是在铁的体心立方结构基础上演变而来的 $A_2$ 型无序固溶体，是体心立方晶胞中的铁原子被镓原子随机置换而形成的晶体。由于镓的随机置换，导致了无序化的产生。这种材料的磁致伸缩是由构成晶体的铁元素的轨道磁矩和电子自旋磁矩在磁场转动引起的。为了解释形成原因，A. E. Clark 提出了镓-镓原子对模型，他认为，小团簇内定向的（〈100〉方向）的镓-镓原子对是引起磁致伸缩现象的原因。Sato 使用扩展 X 射线吸收精细结构和 X 射线吸收近边结构研究了快淬 $Fe_{85}Ga_{15}$ 薄带的电子层结构，为铁镓磁致伸缩材料的研究开辟了新的研究视角。

先介绍下主要结论。使用 EXAFS 和 XANES 数据的分析，研究了快淬 $Fe_{85}Ga_{15}$ 薄带（宽约 3 mm，厚约 60 μm）的局部结构，得到以下结果：除了形成 Ga 原子团簇的趋势外，未检测到 Ga—Ga 键；Ga 替代 Fe，在第一层 Fe—Ga 键上产生约 +1% 的局部应变，而在第二层 Fe—Ga 键上，应变迅速松弛至 +0.3%；XANES 光谱与 Ga 原子随机置换 Fe 原子形成的 $A_2$ 结构相一致。这一实验现象否定了镓-镓原子对模型的假说。

采用电弧熔炼法制备了高纯度（大于 99.9%）的 $Fe_{85}Ga_{15}$ 合金锭。将熔体喷射到旋转的铜轮上，产生厚度为 50 μm、宽度为 3 mm 的快速淬火带（简称快淬薄带）。能量谱显示，快淬薄带与铸锭成分相近。EXAFS 光谱测量在欧洲同步辐射设施（ESRF）上进行，Fe 和 Ga K 边缘。使用 4 μm 厚的高纯度铁箔（来自 Goodfello）作为标准。

X 射线吸收精细结构（XAFS）光谱特别适合探测吸收原子的局部环境。Sato 独立分析了光谱的扩展精细结构区域（或 EXAFS）和近边（或 XANES）区域。前者以相对较大的光电子能（大于 50 eV）和相对较低的平均自由程为特征，一次散射时，由此发射的光电子波被相邻原子的电子势散射一次。后者的光电子能量低，平均自由程大，产生复杂的多次散射过程，对其解释很困难，因为电位和描述中的细节不能像 EXAFS 区域中那样容易忽略。

因此，EXAFS 对第一近邻壳层非常敏感，可以获得关于最近邻壳层的化学性质、数量、与吸收原子的距离以及相对于吸收原子的热无序和静态无序的信息。另外，硅氧烷对局部键的几何结构和电子结构非常敏感。Sato 基于结晶学数据获得的结构模型进行 EXAFS 分析，发现 $Fe_{85}Ga_{15}$ 薄带为晶格参数 $a_0 = 0.29$ nm 的 $A_2$ 相（bcc）。基于这些输入结构参数，他构建了用于 EXAFS 模拟的原子簇（一个以 Fe 为中心，一个以 Ga 为中心）。由于 EXAFS 探针的短程灵敏度，Sato 只考虑了从吸收体延伸到约 0.3 nm 的 $R$ 空间区域，即 bcc 晶格的前两个配位壳层。软件包 FEFF8.2 被用于使用上述定义的原子簇计算 Fe 和 Ga 吸收体的散射相位和振幅，并使用高阶路径展开模拟 EXAFS 信号。

对于 Fe K 边，Sato 考虑了以下几点：（1）第一配位壳层由 $N_{Fe} + N_{Ga} = 8$ 个原子组成，具有未知的 $x = N_{Ga}/(N_{Fe} + N_{Ga})$。Fe—Fe 和 Fe—Ga 的键距和均方相对位移未知。（2）第二个壳层，在一级近似下，由 6 个 Fe 原子组成，具有未知距离（通过晶体学约束连接到第一个壳层 Fe—Fe 的距离）。作为第二步，在第二个壳层中也考虑了某些 Ga 的存在，但没有足够的灵敏度来确定该壳层中 Ga 原子的数量。

对于 Ga K 边，第一层和第二层壳层仅由距离未知的 Fe 原子（8 + 6）组成。测试了第一个外壳中是否存在 Ga，并将其排除在本分析之外。

在高达 0.3 nm 的 $R$ 范围内，产生 EXAFS 信号的唯一路径是与第一个外壳（总路径长度 $2R_1$）和第二个外壳（总路径长度 $2R_2$）相对应的两条单散射（SS）路径。图 3-6 为第一壳层 SS 路径的从头算计算结果，绘制为光电子波矢 $k$ 的函数。这些信号表明，除了较小且几乎恒定的相移外，Ga 和 Fe 的散射振幅主要在低 $k$ 区域。

图 3-7 为分别在 $Fe_{85}Ga_{15}$ 薄带 Fe 和 Ga K 边上获得的归一化 EXAFS 光谱。图中还显示了标准纯铁箔上的铁 K 边 EXAFS。

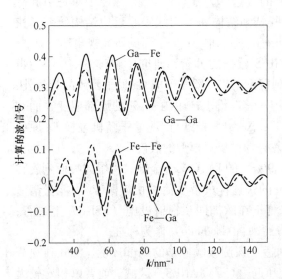

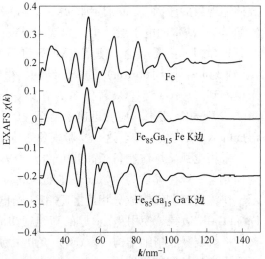

图 3-6　第一个壳层 SS 路径的从头算计算　　　图 3-7　$Fe_{85}Ga_{15}$ 薄带上 Fe 和
　　　　　　　　　　　　　　　　　　　　　　　　Ga K 边的归一化 EXAFS 光谱

通过比较含 Ga 样品和纯 Fe 箔的 Fe K 边 EXAFS 振荡，除了振幅减小外，在 $k$ 值为 30～40 $nm^{-1}$ 时，第一次振荡的形状也有一个小的变化。如图 3-7 所示，在低 $k$ 值下，样品和纯铁之间的 Fe K 边 EXAFS 形状的差异可能归因于第一配位壳中检测到 Ga。

为了提取局部结构参数（键距 $R$、MSRD、$\Delta\sigma^2$ 和 Ga/Fe 散射体之间的比例 $x$），在 EXAFS 信号中对傅里叶变换（FT）的第一个峰值进行了最小二乘拟合，FT 在 26 nm$^{-1}$ ≤ $k$ ≤ 150 nm$^{-1}$ 范围内执行。使用计算的波函数（相位和振幅），将 EXAFS 信号模型构造为两条 SS 路径（第一个和第二个外壳）的总和。对于能量偏移、两个壳层的键距 $R$ 和 MSRD 以及第一个壳层的化学成分，采用可变拟合参数。同时拟合了 Fe 和 Ga K 边数据。拟合的更详细说明见其他地方。

图 3-8 为 $Fe_{85}Ga_{15}$ 薄带和标准 Fe 箔在 Fe 和 Ga K 边的最佳拟合结果。从最佳拟合中获得的结构参数与 Ga 随机替代 Fe 原子产生局部应变的图片一致。获得的 Fe—Ga 键值约为 0.252 nm，而 Fe—Fe 键值约为 0.250 nm，意味着 +1% 的膨胀。在第二个壳层上，应变迅速松弛到 +0.3%，因为 Sato 发现 Fe—Ga 键值为 0.289～0.290 nm，Fe—Fe 键值为 0.288～0.289 nm。从 Ga K 边数据可以得出结论，由于在第一个壳层没有检测到任何 Ga—Ga 键，因此没有发现 Ga—Ga 团簇。Sato 还用第二个壳层在 Fe 的 K 边进行拟合。但是，这些附加参数并未改变拟合结果。

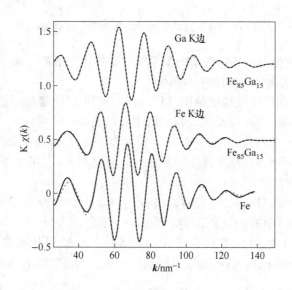

图 3-8 $Fe_{85}Ga_{15}$ 的 Ga K 边和 Fe K 边数据以及纯铁箔上的 Fe K 边数据（底部）

为了模拟 Fe 和 Ga K 边区域附近的 X 射线吸收，Sato 再次使用 FEFF8.2，但这一次是执行完整的多次散射计算。使用 Hedin-Lundvquist 复势从头计算散射振幅和相位，在距离吸收体 0.55 nm 半径内自洽计算电子密度。同一原子簇（约 60 个原子）内的所有散射路径都被累加到无限级。

电势的虚部没有得到优化，Sato 的模拟低估了吸收边缘的阻尼。此外，在计算中没有引入无序因子，因此与实验数据相比，高能精细结构在模拟中也处于欠阻尼状态。

图 3-9 为 Ga K 边数据的从头算全多重散射模拟。以下模型用于 Ga 的局部环境，从上到下：$DO_3$ 相、第一壳层（Ga 簇）中只有 Ga 包围 Ga 的 $A_2$ 相、Ga 周围的第一壳层由 Fe 原子组成的 $A_2$ 相和一些随机分布的 Ga（$x \sim 0.15$），以及 Ga 只被 Fe 原子包围的 $A_2$ 相（$x > 0$）。底部曲线为实验数据。

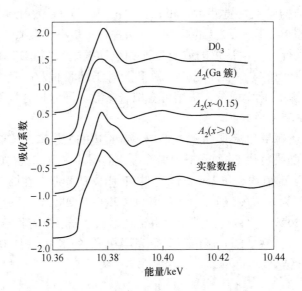

图 3-9　Ga K 边数据的从头算全多重散射模拟

Sato 的 XANES 数据与从头算实验数据模拟的定性比较表明，$A_2$ 模型再现了所有观察到的特征，因此可以排除 $DO_3$ 相和 Ga 的团聚。

Sato 使用扩展 X 射线吸收精细结构（EXAFS）和 X 射线吸收近边结构（XANES）研究了快淬 $Fe_{85}Ga_{15}$ 薄带的电子层结构，得到的主要结论为：

（1）EXAFS。1）未检测到 Ga—Ga 键，没有发现形成 Ga 原子团簇的趋势；2）镓替代铁，在第一壳层 Fe—Ga 壳层上产生约 +1% 的局部应变。在第二个 Fe—Ga 壳层上，应变迅速松弛至 +0.3%。

（2）XANES。1）XANES 光谱与 $A_2$ 结构中的 Ga 原子对 Fe 原子的随机取代相容；2）已经测试并排除了 Ga 团簇或 Ga 周围 $DO_3$ 结构的存在。

（3）原子力显微镜。1）在薄带表面（轮侧），观察到晶粒沿薄带拉长（宽度约 3 μm，长度 5~10 μm）；2）这些晶粒由细晶粒构成，细晶粒垂直于薄带表面拉长，平均宽度约为 200 nm。

上述案例说明，扩展 X 射线吸收精细结构和 X 射线吸收近边结构结合晶体场计算可以对原子组态进行分析，进而对早期磁致伸缩机理假说提出了质疑。这个案例显示了扩展 X 射线吸收精细结构和 X 射线吸收近边结构分析对于无机功能材料研究的独特作用。

习　题

3-1　简要叙述扩展 X 射线精细结构谱的工作原理。
3-2　扩展 X 射线精细结构谱测量在材料微观结构表征方面的优缺点是什么？
3-3　名词解释：吸收边 EXAFS。
3-4　通过查阅最新文献，进一步了解扩展 X 射线精细结构谱的工作原理和应用。

参 考 文 献

[1] 杨修春，刘维学，Dubiel M，等. X 射线吸收精修结构谱在材料科学中的应用 [J]. 功能材料，2002,

36（8）：1146-1150.

［2］ 王荫淞，李爱国，张元勋，等. 用扩展的 X 射线吸收精细结构谱研究大气颗粒物中铁的种态［J］. 科学通报，2006，51（12）：1474-1478.

［3］ Huggins E F, Huffman P G, Robertson J S. Speciation of elements in NIST particulate matter SRMs 1684 and 1650［J］. Hazard Mater, 2000, 74：1-23.

［4］ Huggins E F, Shah N, Hutffman P G, et al. XAFS spectroscopic characterization of elements in combustion ash and fine particulate matter［J］. Fuel Processing Techn, 2000, 65/66：203-218.

［5］ Hsiao M C, Wang H P, Wei Y L, et al. Speciation of copper in the incineration flyash of a municipal solid waste［J］. Hazard Mater, 2002, 91：301-307.

［6］ Turtelli R S, Pascarelli S, Ruffoni M. Extend X-ray absorption fine structure（EXAFS）and X-ray absorption near-edge structure（XANES）study of melt-spun $Fe_{85}Ga_{15}$ ribbons［J］. Journal of Magnetism and Magnetic Materials, 2008（320）：578-582.

# **4** 透射电子显微分析

透射电子显微镜（以下简称透射电镜）是采用高速运动的电子作照明光源，其空间分辨率可以达到亚纳米尺寸，最近发展起来的球差校正技术可使透射电镜分辨率达到皮米尺寸；结合其他电镜附件和技术，可以同时获得材料微观区域的形貌、晶体结构、化学成分和元素化学特性等信息，已经成为材料科学研究中不可或缺的分析手段之一。本章介绍透射电镜的相关基础知识，包括工作原理、构造、电子衍射、衍衬分析理论以及在材料科学研究中的一些应用。

## 4.1 透射电镜构造及工作原理

### 4.1.1 透射电镜成像原理

透射电镜电子光学系统的工作原理可以用普通光学中的阿贝成像原理进行描述。阿贝成像是指当一束平行光照射到一个光栅或周期试样上时会产生各级衍射，在透镜的后焦面上出现各级衍射分布，得到与光栅或周期试样结构密切相关的衍射谱。这些衍射又作为次级波源，产生的次级波在高斯像面上发生干涉叠加，得到光栅或周期试样倒立的实像。图4-1为阿贝成像原理，显示了平行光照射到光栅后在衍射角为 $\theta$ 方向发生的衍射以及透射光线的光路。如果没有透镜，则这些平行的衍射光和透射光将在无穷远处出现夫琅禾费衍射花样，形成衍射斑 $D$ 和透射斑 $T$。插入透镜的作用就是把无穷远处的夫琅禾费衍射花样前移到透镜的后焦面上。后焦面上的衍射斑（透射斑视为零级衍射斑）作为光源产生次波干涉，在透镜的像平面上出现一个倒立的实像。如果在像平面放置一个屏幕，则可以看到光栅倒立的实像。

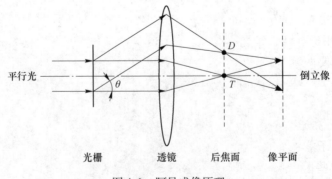

图 4-1 阿贝成像原理

### 4.1.2 透射电镜结构

图4-2为日本电子公司生产的JEM-2100F透射电镜外观照片。透射电镜主要是由电子

光学系统、真空系统、电源及控制系统以及其他附属设备等四大部分组成。

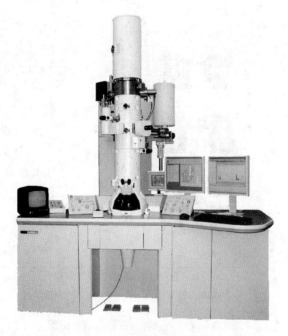

图 4-2　JEM-2100F 透射电镜外观照片

　　从可见光的阿贝成像原理来看，整个成像过程需要一个光源、一个透镜、一个显示实像的接收屏。透射电镜也有类似的结构，这一部分构成了透射电镜的主体，即电子光学系统，也称为镜筒。图 4-3 为光学显微镜与透射电镜的光路图。两者的成像原理相同，只是所用的照明光源不同，光学显微镜使用可见光，而透射电镜使用电子束。由于光源的差异，使照明光会聚、成像的透镜也不同。光学显微镜一般使用光学透镜，而透射电镜必须使用电磁透镜。

　　电子束传播时需要有很大的自由程，这样才可以保证电子束在整个传播过程中只与试样发生相互作用，而与空气分子发生碰撞的概率则需要忽略，因此电子枪内必须处于高真空状态。自场发射电子枪出现后，透射电镜光学系统对真空度的要求越来越高（优于 $10^{-7}$ Pa），常采用机械泵、分子泵（扩散泵）和离子泵来获得高的真空度。

　　透射电镜需要两部分电源，一是供给电子枪的高压部分（材料科学研究所需要的加速电压一般为 200~300 kV），二是供给电磁透镜的低压稳流部分。电源的稳定性是透射电镜性能好坏的一个重要标志，所以供电系统需要提供稳定可控的加速电压和激磁电流。目前，透射电镜的功能越来越强大，操作越来越简单，数字化程度越来越高。结合能谱仪、电子能量损失谱仪等附件，透射电镜已发展成为材料微观组织结构的综合测试平台。这些附件可以看作透射电镜的第四个组成部分，即透射电镜附属设备系统。

　　通过前面的介绍，我们知道电镜的真空系统、电源及控制系统和附件都是围绕电镜的电子光学系统来工作，因此要想熟悉透射电镜的结构，有必要对镜筒部分的组成和工作原理进行分析和了解。

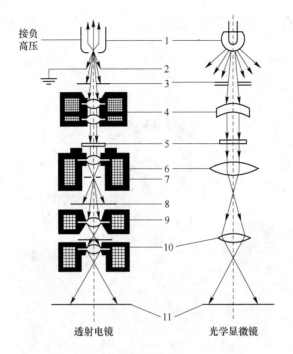

接负
高压

1—照明源
2—阳极
3—光阑
4—聚光镜
5—样品
6—物镜
7—物镜光阑
8—选区光阑
9—中间镜
10—投影镜
11—荧光屏或底片

透射电镜　　　　　　光学显微镜

图 4-3　光学显微镜与透射电镜光路图

1—照明源；2—阳极；3—光阑；4—聚光镜；5—样品；6—物镜；7—物镜光阑；
8—选区光阑；9—中间镜；10—投影镜；11—荧光屏或底片

### 4.1.3　透射电镜电子光学系统

电子光学系统是电镜的核心部分，其他系统都是为电子光学系统服务或在此基础上发展起来的辅助设备。图 4-4 为 JEM-2100F 透射电镜电子光学系统简图。从上往下依次为场发射电子枪（电子枪室隔离阀以上部分）、双聚光镜、聚光镜光阑、样品室、物镜、物镜光阑、选区光阑、中间镜、投影镜、观察室、荧光屏和照相室。根据光学成像过程，也可以把透射电镜电子光学系统分为照明系统、成像与放大系统以及观察记录系统三个部分。JEM-2100F 透射电镜可通过两个隔离阀把这三个区域彼此分开。虽然透射电镜产品更新升级较快，成像分辨率越来越高，但就电子光学系统而言，基本结构仍没有太大的变化。近些年，透射电镜性能提升主要体现在：高亮度场发射电子枪、单色器、球差校正器以及电子直读像素点探测器（相机）等。

#### 4.1.3.1　照明系统

光源质量的好坏直接影响透射电镜的成像质量。获得高稳定性、高亮度、高相干性、单色性好以及小束斑直径的光源一直是透射电镜追求的目标。照明系统主要由电子枪、加速管和聚光镜组成。

图 4-5 为热阴极发射电子枪和场发射电子枪的结构。热阴极发射电子枪包括发夹形钨灯丝阴极、栅极帽和阳极，其中灯丝接负高压，通过灯丝通电加热可使灯丝在高温（2500~2700 K）下发射热电子。灯丝的电子发射率对工作温度 $T$ 非常敏感（与 $T^2$ 成正比），因此增大灯丝电流可明显改善照明亮度，但要注意的是灯丝的寿命也对温度非常敏

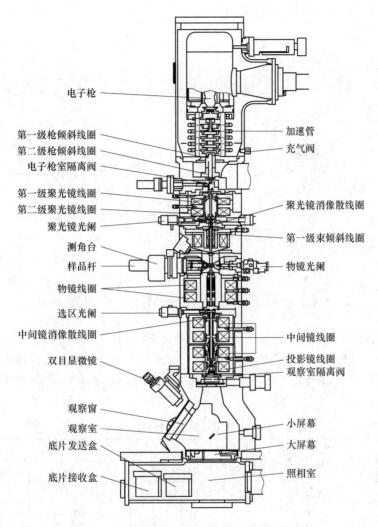

图 4-4  JEM-2100F 透射电镜电子光学系统简图

感，温度高于饱和点时，寿命急剧下降。Wehnelt 栅极对阴极发射电子束流的稳定性至关重要，通过在栅极上加一个比灯丝电压还低几百伏的负高压来抑制灯丝局部区域发射电子。当阴极电位和位置确定后，电子枪中的电场分布主要取决于栅极电位，其主要作用是控制灯丝尖端发射电子的范围。如果电子束流发生扰动，则可通过自偏压电路自动调整栅极偏压，进而调整灯丝尖端发射电子区域的大小，使电子束流趋于稳定的饱和值。为了安全起见，电子枪的阳极接地。另外，栅极也是一个静电透镜，对灯丝发射的电子束起聚焦作用，在阳极孔附近形成一个很小的交叉点，即电子源。在肖特基热场发射电子枪中，灯丝工作温度较低，约为 1800 K，电子虽然获得了较高的能量，但还不足以从灯丝中逸出，而是在两个阳极的静电场作用下被强行从灯丝中拔出，这也是场发射电子枪名字的由来。场发射电子枪灯丝下面也有一个栅极，其电压也比灯丝低（-300 V），作用与热阴极发射电子枪的栅极类似。通常情况下，第一阳极为约 3 kV 的正偏压，而第二阳极为约 7 kV 的正偏压。这两个阳极同时还组成了一个静电透镜，对从灯丝中发射出来的电子进行会聚，并在第二阳极下方形成交叉点（电子源）。

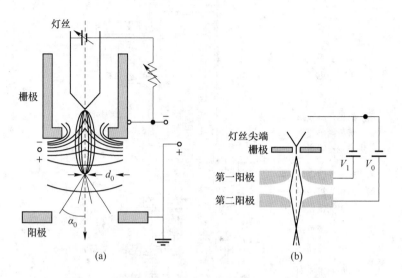

图 4-5 热阴极发射电子枪(a)和场发射电子枪(b)结构

电子枪灯丝新材料的出现往往会引起电镜技术的革命，从最初热阴极发射的 W 灯丝，到后来的 $LaB_6$ 灯丝，再到现在的场发射灯丝，已经使电子枪的发射电流密度提高了 3 ~ 4 个数量级。表 4-1 为常见几种灯丝的主要特点和性能。图 4-6 为几种常用灯丝的外观形状。

表 4-1 常见灯丝主要特点和性能

| 灯丝材料 | | 热电子发射 | | 场 发 射 | | |
|---|---|---|---|---|---|---|
| | | W | $LaB_6$ | 肖特基 ZrO/W | 热场发射 W(100) | 冷场发射 W(310) |
| 亮度/A·(cm² · str)$^{-1}$① | | 约 $5 \times 10^5$ | 约 $5 \times 10^6$ | 约 $5 \times 10^8$ | 约 $5 \times 10^8$ | 约 $5 \times 10^8$ |
| 电子源尺寸 | | 50 μm | 10 μm | 0.1 ~ 1 μm | 10 ~ 100 nm | 10 ~ 100 nm |
| 电子能量涨落/eV | | 2.3 | 1.5 | 0.6 ~ 0.8 | 0.6 ~ 0.8 | 0.5 ~ 0.7 |
| 工作条件 | 真空度/Pa | $10^{-3}$ | $10^{-6}$ | $10^{-7}$ | $10^{-7}$ | $10^{-8}$ |
| | 温度/K | 2800 | 1800 | 1800 | 1600 | 300 |
| 发射 | 电流/μA | 约 100 | 约 20 | 约 100 | 20 ~ 100 | 20 ~ 100 |
| | 长期稳定性 | 1%/h | 3%/h | 1%/h | 6%/h | 5%/15 min |
| | 短期稳定性/% | 1 | 1 | 1 | 7 | 5 |

① 加速电压为 200 kV。

从电子枪发射出来的电子，必须经过后续的加速管进行加速。在后续的介绍中可以知道，加速电压越高，电子波波长越短，电子束的穿透能力和电镜分辨率也会明显提升。对于 200 kV 的透射电镜，常采用 6 级加速管。

透射电镜一般有两个聚光镜。第一聚光镜为强磁透镜，对电子束进行强磁会聚，以缩小其后焦面上的光斑尺寸。改变透射电镜束斑尺寸就是通过调节第一聚光镜的电流来实现的。第二聚光镜主要用来改变电子束的照明孔径角，获得近似平行的照明电子束。电镜操

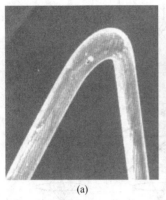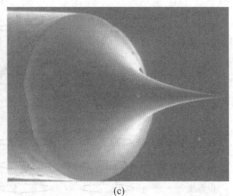

（a）　　　　　　　（b）　　　　　　　（c）

图 4-6　灯丝形状

（a）W 灯丝；（b）LaB$_6$ 灯丝；（c）场发射灯丝

作过程中改变照明孔径角 $\alpha$ 就是通过调节该透镜的电流来实现的。在第二聚光镜的下方配有可调的聚光镜光阑，主要用来限制照明孔径角。聚光镜消像散线圈主要用来改变束斑的形状，获得近似圆形的束斑。调节聚光镜的像散是通过改变这些线圈电流来实现的。

电子枪和加速管套装在由绝缘材料制作的枪套里，在枪套与电子枪之间充满高压绝缘气体。早期的透射电镜采用氟利昂作绝缘气体，为环保所需，现代透射电镜均使用 SF$_6$ 作绝缘气体。

### 4.1.3.2　成像与放大系统

成像与放大系统主要由样品室、物镜、中间镜、投影镜以及物镜光阑和选区光阑组成。其中，标准的物镜光阑应处在物镜的后焦面上，其主要作用是选择后续成像的电子光束，获得不同衬度的图像，因此物镜光阑也称衬度光阑；而选区光阑则位于物镜的像平面上，其主要作用是根据图像选择研究者感兴趣的区域，实现选区电子衍射功能。通过物镜、中间镜、投影镜的不同组合可改变透射电镜的放大倍数。在成像系统中，物镜是透射电镜最关键的部件，透射电镜的性能指标主要由这个部件决定。物镜是一个强励磁、短焦距透镜，具有像差小的特点。物镜主要有两方面作用：一是将来自试样不同区域、同相位的平行光会聚在其后焦面上，构成含有试样结构信息的衍射花样；二是将来自试样同一点但沿不同方向传播的散射束会聚于其像平面上，构成与试样组织相对应的显微像。在现代分析型透射电镜中，使用的物镜都是由双物镜和辅助透镜构成，试样置于上下物镜之间，上物镜起强聚光作用，下物镜起成像、放大作用，辅助透镜可进一步改善磁场的对称性。

中间镜的作用主要有：（1）通过改变中间镜的电流或关闭某个中间镜，从而改变透射电镜的放大倍数；（2）通过改变中间镜电流，从而改变中间镜物平面的位置，使电镜处于衍射模式或成像模式。当中间镜的物平面与物镜后焦面一致时，将处于衍射模式，即把物镜后焦面上的衍射谱进行放大，在荧光屏上得到衍射像；而当中间镜的物平面与物镜像平面重合时，电镜处于成像模式，将把物镜像平面上的实像进行放大，在荧光屏上得到试样的显微像。图 4-7 为不同放大倍数及选区衍射模式下的光路图。从图 4-7 可以看出，电镜处于不同工作模式或不同放大倍数时，激发的透镜是不一样的。

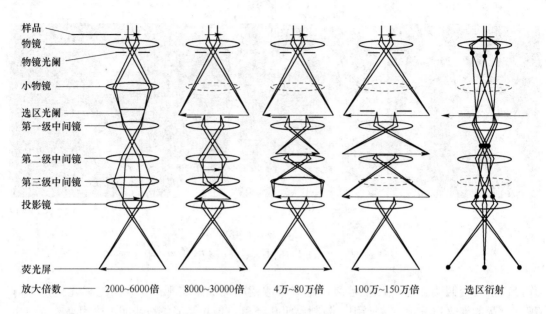

样品
物镜
物镜光阑
小物镜
选区光阑
第一级中间镜
第二级中间镜
第三级中间镜
投影镜
荧光屏

放大倍数 ———— 2000~6000倍　　8000~30000倍　　4万~80万倍　　100万~150万倍　　选区衍射

图 4-7　透射电镜光路图
（虚线表示透镜没有参与成像）

　　投影镜一般具有固定的放大倍数，其孔径较小，电子束进入投影镜的孔径角也较小，这种设计使得透射电镜具有大的景深和长的焦深。所谓景深是指在保持图像清晰的前提下，允许试样沿电镜轴向移动的距离范围；而焦深是指在保持图像清晰的条件下，允许荧光屏、图像记录系统（照相底片或相机等）沿电镜轴向移动的距离范围。图 4-8 为电磁透镜的景深和焦深示意图，$O$ 为物平面，$I$ 为像平面，距投影镜中心的距离分别为 $L_0$ 和 $L_I$，景深和焦深分别为 $D_f$ 和 $D_L$。当移动试样时，可以认为 $\alpha$ 角不变。移动过程中，当光锥截斑的直径大小不超过分辨率 $d$ 的两倍时，可以认为图像是清楚的。由于 $\alpha$ 很小，近似地有：$\tan\alpha = \alpha$，由图 4-8 所表示的几何关系，可计算出透镜的景深 $D_f$ 和焦深 $D_L$ 分别为：

$$D_f = \frac{2d}{\alpha} \tag{4-1}$$

$$D_L = \frac{2Md}{\alpha_I} \tag{4-2}$$

式中，$D_f$ 为焦深，nm；$D_L$ 为景深，nm；$M$ 为放大倍数，且 $M = L_I/L_0 = \alpha/\alpha_I$；$d$ 为电镜分辨率，nm；$\alpha$ 为照明孔径半角，rad。

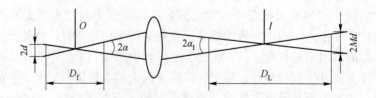

图 4-8　电磁透镜的景深和焦深示意图

将 $M = L_1 / L_0 = \alpha / \alpha_1$ 代入式（4-2）可得：

$$D_L = \frac{2Md}{\alpha_1} = \frac{2d}{\alpha}M^2 \tag{4-3}$$

假设 $d = 0.2$ nm，$\alpha = 10^{-2}$，$M = 10000$，由式（4-1）和式（4-3）可计算出 $D_f = 20$ nm、$D_L = 4$ m。由此可以说明，在很大范围内移动透射电镜的图像记录系统都能得到清晰的图像。

光学成像一般都要求图像记录系统正好安装在投影镜的像平面，以获得清晰的图像。但投影镜大的焦深可以放宽电镜荧光屏和图像记录系统的安装范围，降低对安装位置的苛刻要求，这为仪器的制造和使用带来极大的方便。在透射电镜中，尽管荧光屏、底片或相机不在同一平面，但都能得到清晰的图像。

### 4.1.3.3 观察和记录系统

观察和记录系统主要包括双目显微镜、观察室、荧光屏、照相室。老式透射电镜都使用照相底片记录图像，但目前透射电镜大多使用相机代替底片，直接获得数字图像，不仅提高了电镜的效率，而且为透射电镜图像的数字化处理提供了方便。

## 4.1.4 加速电压与电子波的波长

电子波的波长 $\lambda$ 与电子运动速度 $v$ 之间存在如下关系：

$$\lambda = \frac{h}{mv} \tag{4-4}$$

式中，$\lambda$ 为电子波波长，nm；$h$ 为普朗克常数，其值为 $6.63 \times 10^{-34}$ J·s；$m$ 为电子的质量，kg；$v$ 为电子运动速度，m/s。

电子运动速度 $v$ 由电子经历的加速电压 $U$ 决定，两者之间满足以下关系：

$$\frac{1}{2}mv^2 = eU \tag{4-5}$$

式中，$e$ 为电子所带的电荷，其值为 $1.6 \times 10^{-19}$ C；$U$ 为加速电压，V。

电子的静止质量 $m_0$ 为 $9.1 \times 10^{-31}$ kg。考虑高速运动电子质量的相对论修正，有：

$$m = \frac{m_0}{\sqrt{1 - (U/c)^2}} \tag{4-6}$$

$$eU = mc^2 - m_0c^2 \tag{4-7}$$

式中，$c$ 为光速，其值为 $3.0 \times 10^8$ m/s。

由式（4-5）~式（4-7）可得：

$$\lambda = \frac{h}{\sqrt{2em_0U\left(1 + \frac{eU}{2m_0c^2}\right)}} = \sqrt{\frac{150}{U(1 + 0.9788 \times 10^{-6}U)}} \tag{4-8}$$

式中，$\lambda$ 为电子波波长，nm；$U$ 为加速电压，V。

利用式（4-7）可计算出一些常用加速电压所对应电子波的波长，结果列于表4-2中。

**表4-2　部分常用加速电压与相应电子波的波长**

| 加速电压/kV | 60 | 80 | 100 | 120 | 200 | 300 | 500 | 1000 |
|---|---|---|---|---|---|---|---|---|
| 电子波波长/nm | 0.00487 | 0.00418 | 0.0037 | 0.00334 | 0.0025 | 0.00197 | 0.0014 | 0.000187 |

### 4.1.5　电子束倾斜、平移原理

电子束倾斜和平移机构由两组偏转线圈组成，其工作原理如图4-9所示。如果上、下偏转线圈对电子束偏转角的大小相等、方向相反，则只引起电子束平移，平移距离为$h_1\theta$，如图4-9（a）所示；如果下偏转线圈对电子束的偏转角比上偏转线圈大，如$\theta+\beta$，且方向相反，则使电子束轴心倾斜$\beta$角，如图4-9（b）所示。当$\beta=h_1\theta/h_2$时，照明中心保持不变。

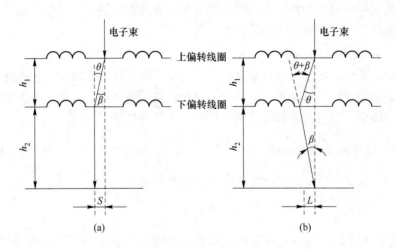

图4-9　电子束平移和倾斜原理

（a）平移；（b）倾斜

### 4.1.6　电磁透镜对电子束的会聚作用及焦距

在透射电镜中，除电子枪中有一个静电透镜外，大部分都是电磁透镜。静电透镜对电子束的会聚作用与光学透镜对可见光的会聚作用相似，图4-10为双圆筒静电透镜会聚电子束的原理图，图中的曲线为静电透镜中的等电位线，当静电透镜主轴上某物点发射出来的电子束沿直线轨迹向电场运动时，将受到电场的作用而沿最大电场梯度方向发生偏转，最后会聚在静电透镜主轴上的一点。与可见光不同的是，电子束在静电场中的运动是曲线运动，而不是直线运动。

图4-11为电磁透镜对电子束会聚作用的原理图。从电磁透镜轴线上$O$点发出的电子束经过电磁透镜形成的轴对称磁场时，电子束将受到磁场的作用。假设在$A$点处电子瞬时速度为$v$，磁场强度为$B$，则电子在磁场中受到的洛伦兹力为：

$$F = -e(v \times B) \tag{4-9}$$

假设电子运动速度$v$与$A$点磁场强度的夹角为$\gamma$，则洛伦兹力的大小为：

$$F = evB\sin\gamma \tag{4-10}$$

为简单起见，设速度$v$、磁场强度$B$和磁透镜轴线$OO'$在同一个平面内，则可以把$v$、$B$沿轴向$z$和径向$r$进行矢量分解，有

$$\boldsymbol{F}_1 = -e(\boldsymbol{v}_r \times \boldsymbol{B}_z) \tag{4-11}$$

$$\boldsymbol{F}_2 = -e(\boldsymbol{v}_z \times \boldsymbol{B}_r) \tag{4-12}$$

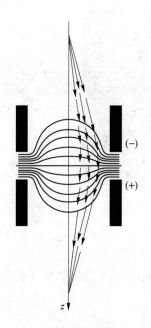

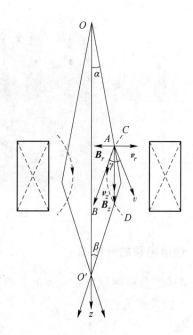

图 4-10　双圆筒静电透镜会聚电子束原理图　　图 4-11　电子束在电磁透镜中的运动轨迹

值得注意的是，$F_1$ 和 $F_2$ 的作用方向均沿着点 $A$ 的切向垂直纸面，其综合作用的效果是使电子束受到一个沿周向的作用力，产生切向速度 $v_c$，从而产生指向中心的向心作用力 $F_r$。

$$F_r = -e(v_c \times B_z) \tag{4-13}$$

可见，在向心力作用下，电子束将逐渐向轴线靠拢，最后会聚于 $O$ 的像点 $O'$。

设电子束加速电压为 $U$，电磁透镜中的励磁电流为 $I$，线圈匝数为 $N$，则其焦距 $f$ 和放大倍数 $M$ 可用下式来表示：

$$f \approx KU_r/(IN)^2 \tag{4-14}$$

$$M = (L_2/f) - 1 \tag{4-15}$$

式中，$K$ 为常数；$U_r$ 为经过相对论校正后的电子加速电压，其值为 $U_r = U(1 + 0.9788 \times 10^{-6}U)$；$IN$ 为电磁透镜励磁安匝数；$L_2$ 为电磁透镜的像距。

由式（4-14）可知，无论励磁方向如何，电磁透镜的焦距总是正的，这表明电磁透镜总是会聚透镜。因此，可以通过调节励磁电流改变电磁透镜的焦距和放大倍数。

### 4.1.7　光阑的限场作用

所谓光阑就是带有小孔的金属片，外观如图 4-12 所示。受加工工艺和电子束衍射的影响，孔径不能太小。通过光阑孔的电子束可以参与后续的成像过程，而光阑孔以外的电子束则被金属片遮挡，不再参与后续成像过程。在透射电镜中，有三个重要的可移动光阑，即位于聚光镜后焦面附近的聚光镜光阑、位于物镜后焦面的物镜光阑和位于物镜像平面的选区光阑。

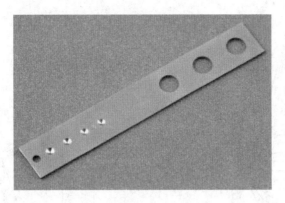

图 4-12　光阑外观照片

### 4.1.8　透射电镜的分辨率

显微镜的分辨率取决于物镜的分辨率，透镜的分辨率用最小分辨距离 $d$ 表示，其与光源波长 $\lambda$ 的关系为：

$$d = \frac{0.61\lambda}{n\sin\alpha} \tag{4-16}$$

式中，$d$ 为分辨率，nm；$\lambda$ 为光的波长，nm；$n$ 为透镜周围介质的折射系数；$\alpha$ 为透镜对物点张角的一半，常称为孔径半角，rad。

透镜的分辨率取决于透镜本身的球差和照明光源的衍射效应。对于透射电镜，$n = 1$，$\alpha = 10^{-3} \sim 10^{-2}$，则式（4-16）可简化为：

$$d = 0.61\frac{\lambda}{\alpha} \tag{4-17}$$

将球差导致的发散光斑半径折算成物平面上对应区域的大小，有

$$d_{\mathrm{S}} = \frac{1}{4}C_{\mathrm{S}}\alpha^3 \tag{4-18}$$

可见，要提高透射电镜分辨率，必须增大照明孔径半角 $\alpha$，但伴随的结果是相应的球差增大，使光斑发散。当 $d = d_{\mathrm{S}}$ 时，可得最佳孔径半角 $\alpha_0$：

$$\alpha_0 = 1.25\left(\frac{\lambda}{C_{\mathrm{S}}}\right)^{\frac{1}{4}} \tag{4-19}$$

所以，考虑球差后的理论分辨率 $\delta$ 为：

$$\delta = d = 0.49C_{\mathrm{S}}^{\frac{1}{4}}\lambda^{\frac{3}{4}} \tag{4-20}$$

由于假设条件和计算方法不同，以上两式中的常数项有所不同，通常可表示为：

$$\alpha_0 = A\left(\frac{\lambda}{C_{\mathrm{S}}}\right)^{\frac{1}{4}} \tag{4-21}$$

$$\delta = d = BC_{\mathrm{S}}^{\frac{1}{4}}\lambda^{\frac{3}{4}} \tag{4-22}$$

式中，$A$ 为常数，$A = 1.13 \sim 1.40$；$B$ 为常数，$B = 0.40 \sim 0.55$；$C_{\mathrm{S}}$ 为球差系数，nm；$\lambda$ 为电子波波长，nm。

透射电镜分辨率常用一些贵金属或合金制备的薄膜样品测定，如铂、铂-铱、铂-钯

等，通过拍摄高分辨图像找出可分辨的最小像点之间的距离，再除以放大倍数即为电镜的点分辨率。如果拍摄的是样品的条纹像，则找出两条可以分辨的条纹之间的距离，再除以放大倍数即为透射电镜的晶格分辨率。目前，溅射沉积在碳支持膜上的金颗粒（面心立方结构，晶格常数为 0.407 nm，（200）晶面的面间距为 0.2035 nm）常被用来测试电镜的分辨率。

### 4.1.9 电磁透镜的像差

在透射电镜中，加速电压越高，对应的电子波波长越短。由式（4-8）和式（4-16）可知，若加速电压为 200 kV，其波长约为 0.0025 nm，分辨率 $d$ 应该小于 0.0015 nm。遗憾的是，到目前为止，透射电镜所能达到的最高分辨率仅为 0.05 nm 左右，远远没有达到理论值。其原因是透射电镜也和光学显微镜一样，都存在像差。透射电镜的像差与光学显微镜一样，主要有球差、色差和像散。图 4-13 为电磁透镜的三种像差示意图。

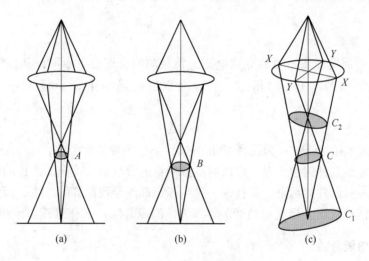

图 4-13　电磁透镜的三种像差示意图
(a) 球差；(b) 色差；(c) 像散

#### 4.1.9.1 球差

球差是电磁透镜近轴区域和远轴区域对电子束的会聚能力不同而引起的。从图 4-13(a) 可以看出，电磁透镜对远轴电子的会聚能力要高于近轴电子。因此，从一个理想点发出的光线经过电磁透镜后不会会聚成一个理想的像点，而是出现发散现象。假设会聚后的最小束斑半径为 $r_S$，$r_S$ 可表示为：

$$r_S = C_S \alpha^3 \tag{4-23}$$

式中，$r_S$ 为束斑半径，nm；$C_S$ 为球差系数，nm；$\alpha$ 为孔径半角，rad。

为减小球差，要求降低孔径半角，这与式（4-18）的要求矛盾。考虑到这两个因素的影响，$\alpha$ 一般取：

$$\alpha = A \left( \frac{\lambda}{C_S} \right)^{\frac{1}{4}} \tag{4-24}$$

式中，$A$ 为常数；$\lambda$ 为电子波波长，nm。

因此，考虑球差后的理论分辨率 $\delta$ 可写为：

$$\delta = K_1 C_S^{\frac{1}{4}} \lambda^{\frac{3}{4}} \tag{4-25}$$

式中，$K_1$ 为常数，$K_1 = 0.6 \sim 0.8$；$C_S$ 为球差系数，nm；$\lambda$ 为电子波波长，nm。

### 4.1.9.2  色差

电子枪发射出来电子波的波长存在微小差异，电磁透镜对不同波长电子波的会聚能力不同，从而使像点发散，这种现象称为色差，如图 4-13(b)所示，电磁透镜对不同波长电子波具有不同会聚能力的现象类似于白光通过三棱镜被分成七色光的现象。在透射电镜中，色差主要受两个因素影响。一是加速电压的稳定性，二是电磁透镜励磁电流的波动性。假设会聚后的最小束斑半径为 $r_c$，则色差可表示为：

$$r_c = C_c \alpha \left( \frac{\Delta U}{U} - \frac{\Delta I}{I} \right) \tag{4-26}$$

式中，$r_c$ 为束斑半径，nm；$C_c$ 为色差系数，nm；$\alpha$ 为孔径半角，rad；$U$ 为加速电压，V；$I$ 为励磁电流，A。

### 4.1.9.3  像散

电磁透镜的周向磁场不对称导致电磁透镜径向的会聚能力不同，从而使像点发散的现象称为像散，如图 4-13(c)所示。假设会聚后的最小束斑半径为 $r_f$，则像散可表示为：

$$r_f = \alpha \cdot \Delta f_A \tag{4-27}$$

式中，$r_f$ 为束斑半径，nm；$\alpha$ 为孔径半角，rad；$\Delta f_A$ 为像散焦距差，nm。

从引起像差的三种因素来看，像散对成像质量的影响最为关键，严重的像散将导致图像变形。电镜一些部件的污染，如极靴、光阑等，都能导致像散的产生。因此，一般透射电镜都配备了消像散器（聚光镜消像散器和物镜消像散器），以便获得清晰的图像。

## 4.1.10  透射电镜合轴

透射电镜合轴是指通过机械和电气参数的调整，使电子光学系统的电子枪、各组透镜、荧光屏的中心线都在一个轴线上。机械合轴一般是由电镜厂家工程师在安装或维护时进行，一般的电镜工作者所进行的合轴是指改变电镜倾斜或平移线圈的电气参数（调整可动光阑的位置除外），使电镜电子光学系统各部分的光轴重合在一起。使用电镜之前，首先要检查电镜的工作状态是否正常，电子光学系统是否合轴良好。熟练掌握电镜的合轴程序，了解每一个合轴操作的内在意义，正确判断未合轴产生的现象以及有针对性地进行调整，是电镜操作人员必须掌握的基本技能。具体的合轴过程与电镜型号相关，可参照电镜的操作手册进行。

# 4.2  样 品 制 备

电子进入样品后将发生弹性散射和非弹性散射，散射电子偏离光轴，使穿透样品电子束的强度减弱。物质对电子的散射主要是原子核的散射，原子核对电子的散射能力很强，约为 X 射线的一万倍，这样就会降低电子束的穿透能力。对于透射电镜而言，电子束必须穿过样品到达像平面，才能对试样进行观察分析。因此，对样品的基本要求是必须保证电子束能穿透样品。

每种样品都有一个电子束穿透厚度极限，只有制备成小于这一极限厚度的样品，才能在电镜中进行观察。加速电压越高，电子的穿透能力越强。在 1000 kV 加速电压下，铝晶体样品电子束可穿透厚度为 6 μm，铁晶体为 2 μm，铜晶体为 1 ~ 2 μm，硅晶体为 9 μm。如果要获得足够的亮度和清晰的组织结构照片，仅仅薄于临界厚度还远远不够。对于拍摄晶格像的样品，一般要求厚度在 100 nm 以下，而对于观察原子结构像的样品，其厚度则需要在 10 nm 以下。那么电子束的穿透能力与哪些因素有关呢？

首先，电子束的穿透能力取决于电镜的加速电压，加速电压越高，电子束的穿透深度越大。图 4-14(a) 为电镜加速电压与电子在不锈钢中穿透深度的关系。可见，当加速电压低于 300 kV 时，电子束的穿透深度不超过 50 nm。

其次，在一定加速电压下，电子束的穿透深度还与样品的组成和结晶状态有关。一般情况下，电子束在轻元素材料中的穿透深度比在重元素材料中高，在晶体材料中的穿透深度比在非晶材料中高，如图 4-14(b) 所示。

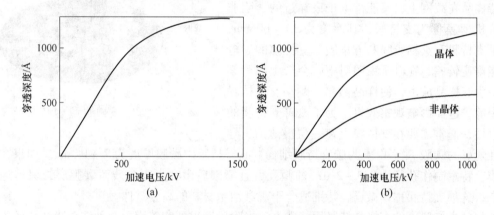

图 4-14　加速电压(a)及结晶状态(b)对电子束穿透深度的影响

值得注意的是，在样品制备过程中，各种减薄手段都可能会对材料的组织结构造成影响。因此，制备好的样品必须能真实全面反映原始材料的微结构、微成分特征，必须能真实全面提供原始材料的微观信息，避免任何人为的假象。透射电镜样品制备是一项技巧性非常高的工作，必须引起足够的重视。可以说样品质量的好坏直接决定了透射电镜分析结果的好坏和可信度。

常见透射电镜样品包括复型样品、粉末样品、切片样品以及薄膜样品。各种样品有相对独立的制备方法和流程。本节以材料科学中常见的粉末样品和薄膜样品制备为例，介绍透射电镜样品的制备过程和注意事项。

### 4.2.1　粉末样品的制备

#### 4.2.1.1　载网简介及选择

透射电镜要求样品的直径为 φ3 mm，粉末样品是不能直接用于透射电镜观察的，必须先将其附着在带有支持膜的载网上。常见载网是具有不同孔径的圆形网状物，载网类型不同，其孔径的大小和形状也不同。目前，常用载网的网孔尺寸有 270 μm、150 μm、106 μm、75 μm（62 μm）、48 μm、38 μm、13 μm 和 6.5 μm；孔的形状有方形、圆形、椭圆形和平行格等，如图 4-15 所示。载网材质有铜、镍、铝、钼等，可根据需要进行选择。

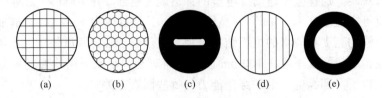

图 4-15　常见载网形状

（a）方形孔；（b）圆形孔；（c）椭圆形孔；（d）平行格；（e）单孔环

对于纳米材料或粉末样品而言，载网的孔径过大，不能支持样品，还需要在载网上覆上一层"透明"的薄膜来对样品进行支持。这种既能够维持样品在载网上，又能被电子束穿过的透明非晶有机薄膜称为支持膜，其厚度为 30 ~ 60 nm，常见支持膜有火棉胶膜和方华膜。支持膜的导电性能都比较差，在电子束照射下，会产生电荷累积，引起样品放电，使样品漂移、跳动、支持膜破裂等，进而影响观察效果。为了改善支持膜的导电性，通常需要在支持膜上镀一层很薄的、导

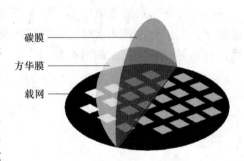

图 4-16　碳支持膜结构

电性能好的碳膜。图 4-16 为碳支持膜结构。碳支持膜中碳膜厚度为 7 ~ 10 nm。如果在支持膜上特意制作孔径为 0.3 ~ 2 μm 的微孔，且喷碳后微孔上不含残留碳膜层，保持通透状态，这种支持膜称作微栅，特别适合于观察纳米材料的高分辨像。

将碳支持膜中的有机支持膜用特殊方法去除后即得到纯碳膜。这种纯碳膜要比碳支持膜上的碳膜厚，其厚度为 15 ~ 20 nm。碳颗粒较粗，在高倍下观察样品时，可能会观察到纯碳膜背底的颗粒。超薄碳膜是在微栅的微孔或多孔碳支持膜上再镀一层厚度为 3 ~ 5 nm 的超薄碳层而得，适合于一些分散性很好的纳米材料。

生物材料的透射电镜试样，可用 75 μm 或 106 μm 铜网碳支持膜以获得较大的视野。但纳米材料分析往往需要在高放大倍数下进行，为了确保支持膜的牢固性和稳定性，选用 48 μm 或 38 μm 铜网碳支持膜较为适宜；如果做粉末纳米材料（100 nm 以下）、纳米管，而且要观察高分辨图像，最好选择微栅，特别是观察纳米管时，微栅是最佳选择。如果纳米材料（10 nm 以下）分散性很好，宜选用超薄碳支持膜。

#### 4.2.1.2　粉末透射电镜样品制备方法

（1）取少量粉末置于盛有分散液的离心管中，常用的分散液有乙醇、甲醇、叔丁醇、丙酮、环己烷、水等一些低沸点的溶剂，保证不与样品发生反应且容易挥发即可。

（2）将装有粉末样品的离心管放在超声波清洗机中进行超声分散，分散 10 ~ 20 min 即可，然后静置 1 ~ 3 min 让粗大的颗粒沉淀下来。

（3）根据粉末样品粒径和拍摄要求，选择合适的载网（常用载网材质以铜为主，常用

的支持膜有普通碳膜、超薄碳膜和微栅），用镊子取出载网，将膜面朝上，平放在滤纸上。

（4）用移液枪吸取 30 ~ 60 μL 分散液，然后滴到载网上，值得注意的是，一定要吸取中上部液体，不要吸取底部液体，因为底部悬浮液中颗粒粒径大，不利于电镜分析，同时，滴的液体量要适度（过多时，颗粒容易聚集，分散效果不好；过少，则颗粒太少，不易找到理想的观察视野）。

（5）采用自然晾干或适度烘烤的方法充分干燥试样。

（6）把制备好的试样装入试样盒中备用。

### 4.2.2 薄膜样品的制备

材料研究人员大量接触的是块体材料，如金属材料、陶瓷材料等，其厚度远远大于透射电镜电子束的穿透深度。因此，在利用透射电镜对块体材料进行组织结构分析时，必须采用各种机械、物理或化学方法把试样减薄到电子束能穿透的厚度。无论是金属材料还是陶瓷材料，其制备过程可分为两个阶段，即初始制样阶段和最终减薄阶段。初始制样阶段包括三个过程：（1）把拟观察的块体材料切割成薄片；（2）把切割下来的薄片试样研磨至一定厚度并两面抛光；（3）在预减薄后的薄片试样上进行凹坑。最终减薄是指把初始制样后的样品减薄至对电子束透明厚度的过程。可采用双喷电解减薄或离子减薄等手段来完成对试样的最终减薄。

由于金属材料和陶瓷材料性质上的差异，制备透射电镜样品的具体过程也略有不同。金属样品常采用双喷电解方法制备，陶瓷样品常采用离子减薄方法制备。近些年，聚焦离子束在薄膜样品制备领域也得到了广泛应用，聚焦离子束减薄对材料性质没有特殊要求，适用性较广。下面分别介绍金属和陶瓷薄膜样品制备过程，并重点介绍双喷电解减薄、离子减薄和聚焦离子束减薄技术的原理与注意事项。

#### 4.2.2.1 金属薄膜样品的制备

A 切片

采用线切割或如图 4-17 所示的低速切割机把块体材料切割成厚度为 0.3 mm 左右的薄片，切割过程中要对样品进行充分冷却，以免切割过程中产生的高温破坏原始材料的组织结构。

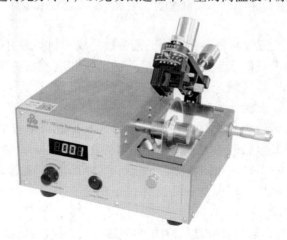

图 4-17 低速切割机

**B　机械研磨**

把薄片粘在表面平滑的样品托或载玻片上，利用砂纸进行研磨，研磨过程与金相试样制备过程相同。要求把薄片磨到 40~60 μm 即可，且试样两面都要抛光。在研磨过程中，试样不能扭曲变形。具体方法是：在保证试样一面粗糙度达到要求的前提下，研磨厚度尽量要小一些，以免薄片太薄而在翻转时弯曲变形。然后再把试样翻转过来研磨另外一面，直到满足试样厚度要求为止。

**C　冲片**

利用透射电镜专用冲样器把磨薄的金属片冲成 φ3 mm 的圆片。

**D　双喷电解减薄**

双喷电解减薄是金属试样常用的最终减薄工艺，也是最为关键的环节。常用的设备为双喷电解减薄仪，其实物照片及工作原理如图 4-18 所示。把直径为 φ3 mm 的金属薄片试样装在样品夹中，在试样上加一个适当的电压（阳极），负极加在电解液槽中，通过耐酸泵的作用将电解液从槽中抽出流向喷嘴，并通过喷嘴喷射到样品中心使试样发生电解减薄，中心区域穿孔后由光敏元件接收信号，然后报警，提醒并使设备自动停止。

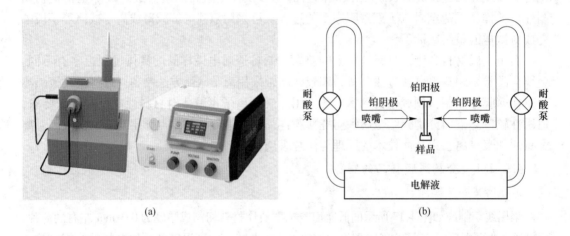

图 4-18　双喷电解减薄仪(a)及双喷电解减薄原理图(b)

选择合适的电解减薄液和制定合适的工艺参数是成功制备透射电镜样品的关键，这需要参考相关资料和大量的实验摸索。在最佳的电压和电流条件下，所制备的试样应该是中间位置穿孔，边缘区域光亮且均匀减薄。如果电流过大，试样会发生局部早期穿孔；如果电流过低，表面会发生腐蚀发乌。图 4-19 为双喷电解减薄的电压-电流曲线。低电压Ⅰ区发生腐蚀现象，高电压Ⅲ区边缘容易穿孔，薄膜质量不佳，只有在合适电压Ⅱ区才能得到大面积平整的薄膜试样。值得注意的是，双喷电解减薄的电压-电流曲线不会出现类似图 4-19 中的电解抛光平台，实际的电压-电流曲线与图 4-20 相似。这主要与电解液喷射使样品表面的黏滞流体膜不稳定有关，减薄时可根据样品抛光效果调节电压。

试样穿孔后，应立即取出试样进行清洗。清洗时应使试样在清洗液中上下穿插，利用清洗液的表面张力去除试样表面腐蚀产物，最后进行干燥。

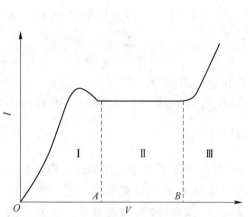

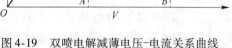

图 4-19　双喷电解减薄电压-电流关系曲线

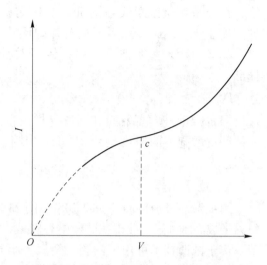

图 4-20　双喷电解减薄实际电压-电流关系曲线

　　双喷电解减薄的主要影响因素包括：（1）电解液，电解液选择不当会造成样品表面氧化（发乌）、侵蚀，出现凹坑或单面抛光；（2）电解液流速，流速过快会破坏样品表面黏滞膜，使样品表面不抛光，同时强烈喷射会破坏薄区，使样品穿孔大而无薄区；（3）温度，温度高时样品表面易侵蚀、氧化，温度越低越好，抛光速度虽慢，但表面无污染，黏滞膜稳定，抛光效果好；（4）电解条件，电压太低样品表面侵蚀不抛光，电压太高样品表面出现麻点或样品边缘快速减薄，一般可选择图 4-20 中曲线拐点 $c$ 对应的电压进行减薄。

　　为保证在试样中心位置穿孔，可在电解减薄之前对试样进行凹坑处理；电解减薄后，如果试样薄区不理想，或试样表面有腐蚀产物，也可选择离子减薄方法进一步扩大试样的薄区或进行表面清洁处理。

### 4.2.2.2　陶瓷薄膜样品的制备

#### A　试样切取

　　利用如图 4-21 所示的超声波切割机从块体陶瓷中切取直径约为 $\phi 2$ mm 的小圆柱体。

#### B　包埋和切片

　　利用环氧胶把陶瓷小圆柱体镶嵌在外径为 $\phi 3$ mm 的金属管里，待环氧胶充分固化后，利用金刚石线切割机把镶有陶瓷的金属管切割成 $100 \sim 200$ μm 厚的薄片。

#### C　机械研磨

　　把薄片粘在表面平滑的样品托或磨片器上，用砂纸进行研磨，试样两面都要进行抛光，直到厚度小于 50 μm 为止。

　　如果没有超声波切割机和镶嵌用的金属

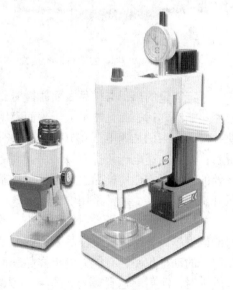

图 4-21　超声波切割机

管，可以采用金刚石线切割机从块体陶瓷材料上切取薄片，直接进行机械研磨，直到厚度小于 50 μm。然后根据薄片的尺寸大小，选择如图 4-15(e) 所示的适当内径的单孔钼环，用环氧胶把薄片粘在钼环上，再使用后续的离子减薄方法制备透射电镜样品。

D　凹坑

把 φ3 mm 薄样品粘接在凹坑仪样品台的中心位置，开启磨轮对其进行凹坑，一般保持凹坑后剩下的厚度约为 10 μm，其目的是减少最终减薄过程的时间，提高减薄效率。

E　离子减薄

图 4-22 是 Fischione Model 1051 离子减薄仪外观照片及离子减薄工作原理。电离后的氩离子被高压加速，轰击在试样中心区域，使试样中心区域的材料被溅射，进而实现减薄。离子减薄技术可用于陶瓷、金属、半导体以及多层膜截面试样的制备。将直径为 φ3 mm 的圆片安装在离子减薄仪的样品夹中，根据试样材料的特性，选择合适的离子减薄参数进行减薄。两个重要的参数是离子入射角和加速电压。

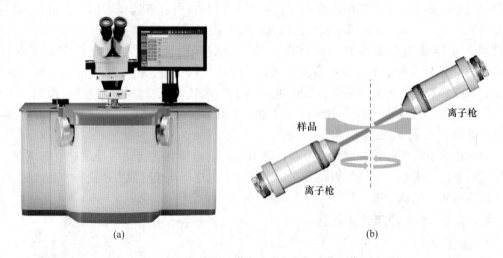

(a)　　　　　　　　　　　　　　　(b)

图 4-22　Fischione 离子减薄仪(a) 及离子减薄工作原理(b)

一定能量的离子与样品表面碰撞时，能量会传递给样品原子，并发生串级碰撞。样品中那些能够到达表面且能量大于表面束缚能的原子会脱离样品，从而发生溅射现象。一般地，当离子束的加速电压在 10 kV 以下时，溅射率随着加速电压的升高而增加，如图 4-23 所示；但当加速电压超过 10 kV 后，高能粒子会进入样品深处，其大部分能量传递给样品深处的原子，不能使样品表面原子脱离基体，因此对溅射率没有贡献，溅射率随着加速电压升高反而下降。通常采用的电压为 3～6 kV。

一般情况下，离子入射倾角越小，发生串级碰撞的样品层越浅，表面层附近的原子获得的能量越高，可以脱离样品表面的原子增多，溅射率上升；但是倾角小，离子传递给样品原子的动量也小，有能力跑出样品表面的原子减少。综合两种效应，离子束倾角在某一范围内时，溅射率达到最大。图 4-24 为减薄速率与离子束倾角之间的关系图。倾角一般在 15°～25°范围内溅射率最佳，具体角度的选择与样品材料有关。开始减薄时，可用较大的离子束倾角，一般为 15°～20°；当样品即将穿孔或已经出现微孔时，应立即降低倾角，一般以 10°～15°为宜；如果用离子束对样品表面进行抛光清洁处理，其倾角选用 5°～10°比较合适。

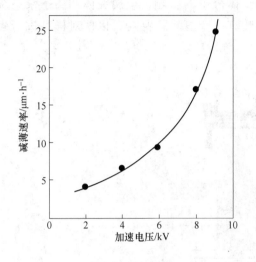

图 4-23　减薄速率与加速电压的关系　　　　图 4-24　减薄速率与离子束倾角的关系

离子减薄技术减薄速率较低，耗时较长。制备一个陶瓷透射电镜样品，往往需要 2～3 天时间。另外，离子束还可能对样品表面造成损伤而在试样中引入假象，因此不宜使用太大的加速电压和太高的离子束倾角。

### 4.2.2.3　聚焦离子束制备薄膜样品

聚焦离子束加工系统是利用高强度聚焦离子束对材料进行纳米加工，配合扫描电镜实时观察，开辟了纳米加工的新途径。图 4-25 为赛默飞 Scois-2 双束（电子束/离子束）扫描电镜外观照片。聚焦离子束与常规离子束对材料的加工机理相同，都是通过离子束轰击样品表面来实现加工，所以二者的应用领域也基本相同。常规离子束加工系统是将从离子源抽取的离子束直接轰击样品，尽管有些系统添加了对离子束进行质量分析和聚焦的装置，但相对比较简单，离子束斑直径比较大，一般为几毫米到几十厘米，束流密度较低，加工时必须采用掩模处理。在聚焦离子束加工系统中，来自离子源的离子束经过加速、质量分析、整形等处理后，聚焦在样品表面的离子束斑直径目前已可达到几个纳米。其加工方式为将高能离子束聚焦在样品表面逐点轰击，并可通过计算机控制扫描器和消隐组件来加工特定的图案。

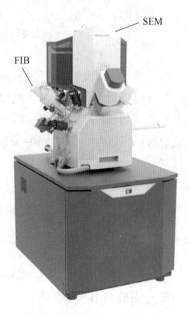

图 4-25　赛默飞 Scois-2 双束
扫描电镜外观照片

图 4-26 为聚焦离子束系统的结构示意图。在离子柱顶端的液态离子源上加一强电场来抽取带正电荷的离子，通过位于柱体中的静电透镜、可控的四极/八极偏转装置，将离子束聚焦并在样品上扫描收集离子束轰击样品产生的二次电子和二次离子，获得聚焦离子束显微图像。为避免离子束受周围气体分子的影响，金属腔体和离子泵系统保证离子柱在高真空条件下工作。样品室中装有一个五轴样品台，以便对样品进行多方位的分析加工。

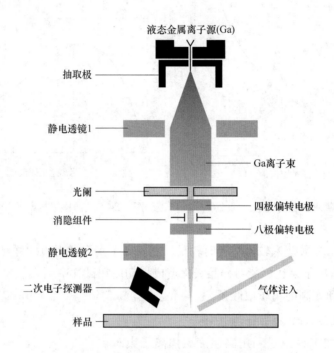

图 4-26   聚焦离子束系统结构示意图

透射电镜样品要求观察区域的厚度低于 100 nm。双喷电解和离子减薄制备透射电镜样品都需要进行切割和研磨，费时费力，且成功率低，难以对样品进行精确定位。聚焦离子束系统成功解决了透射电镜精确定位样品的制备问题，可以从纳米或微米尺度的试样中直接切取可供透射电镜观察的薄膜样品。试样可以为金属块体、陶瓷块体、IC 芯片、纳米材料、颗粒或表面改性后的包覆颗粒，对于纤维状试样，既可以切取横截面薄膜也可以切取纵截面薄膜。对含有界面的试样或纳米多层膜，该技术可以制备界面结构的透射电镜样品。图 4-27 为锆合金透射电镜样品的聚焦离子束制样过程。

聚焦离子束制样流程具体如下：

（1）找到目标位置（定位非常重要），表面镀 C 或 Pt 进行保护；

（2）将目标位置前后两侧的样品挖空，剩下目标区域；

（3）用机械纳米手将薄片取出，并用离子束减薄；

（4）减薄到理想厚度后停止；

（5）将样品焊到铜网上的样品柱上，标注好样品位置。

图 4-27 聚焦离子束制样过程照片

# 4.3 透射电镜中的电子衍射技术

当电子束相对于晶体样品原子面的特定角度（通常沿晶带轴方向）入射时，会产生强烈的弹性散射，并相互干涉形成与晶体结构相关的电子衍射谱。在透射电子显微术中，获取样品结构、取向信息的基本过程是通过电子衍射得到与不同晶面直接对应的菊池花样。由于菊池花样对晶体的取向敏感，因此可以利用菊池花样指导晶体的倾转，从而获得双光束条件或对称衍射谱。

### 4.3.1 菊池花样

如果电子衍射来自样品的单晶区（一个晶粒），只要样品厚度适当、缺陷密度低，就会出现菊池花样。图 4-28 为具有面心立方结构 Al 晶体的菊池花样。菊池花样是由多个交叉的菊池带组成，菊池带在透射电镜荧光屏上是一对亮暗的平行线。

图 4-29 为菊池带的形成原理示意图。当电子波入射到薄样品晶体内时，会发生非弹性散射而向各个方向传播，散射波的强度随散射角的分布呈液滴状，如图 4-29（a）所示。向各个方向散射的电子波总会存在一些方向的电子波满足某个晶面的衍射布拉格角，这些电子波经过弹性散射产生加强的电子波。在三维空间里，满足布拉格角的电子衍射出现在

各个方向，形成一个衍射锥形环，该锥形环与 ($hkl$) 反射面法线成半角 $90° - \theta$。同样在 ($\bar{h}\bar{k}\bar{l}$) 面也会发生上述衍射，对应产生一个锥体中心轴线偏向水平面以下的衍射锥。即形成的两个放射状锥体分别来自 ($hkl$) 和 ($\bar{h}\bar{k}\bar{l}$) 晶面，如图 4-29(b) 所示。菊池带的亮暗平行线是由 ($hkl$) 晶面和 ($\bar{h}\bar{k}\bar{l}$) 晶面形成的。代入典型的电子波长和晶面间距，可算出布拉格角非常小。衍射锥的顶角接近 180°，锥体几乎是一个平面。若使用荧光屏观察，荧光屏就可以截到一对亮暗平行线，即一个菊池带。其两条线间的角距离对应于 $2\theta$，它与衍射晶面的面间距成正比。真正的 ($hkl$) 晶面的延伸面处在菊池带两条亮暗平行线的中间位置，在 ($\bar{h}\bar{k}\bar{l}$)

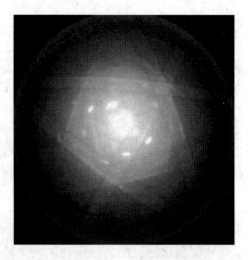

图 4-28　Al 晶体的菊池花样

面衍射的散射电子波的强度要低于 ($hkl$) 面衍射的散射电子波强度，因此，($\bar{h}\bar{k}\bar{l}$) 面对应的菊池线的强度要低于 ($hkl$) 面对应的菊池线的强度。若 ($hkl$) 面恰好与投影面垂直，则两条菊池线的强度相等。($hkl$) 面与投影面夹角越小，两条菊池线的强度之差也越大，该带离投影面中心的距离也越远。整个菊池花样由不同的成对的菊池线组成。两条带相交对应一个晶带，菊池花样包含了所有晶面间的夹角关系。既有菊池极之间，也有面之间夹角，它们反映了晶体的对称性。简言之，菊池带就是放大了的各个晶面与投影面的截痕，从菊池带可以想象出样品中对应的取向。当样品较薄时，只能看到斑点花样；样品稍厚一些，便由斑点变成斑点和菊池线同时出现的花样；样品较厚，则变成只有菊池带的菊池花样；样品过厚，则花样全部消失。

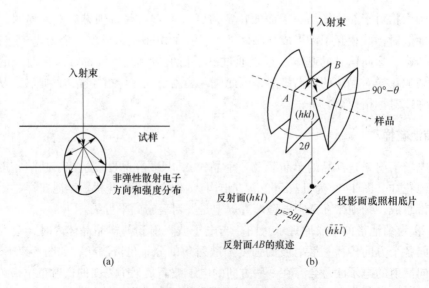

(a)　　　　　　　　　　　　(b)

图 4-29　菊池带形成原理示意图

　　在透射电镜中，通过荧光屏仅能看到一小片菊池花样。当倾转样品时，衍射斑的强度总是在原有位置上出现或消失，而透射斑总是在荧光屏中心位置。菊池线会随着样品倾转移动，因此，菊池线的移动可用于控制样品的倾转。如果知道哪根菊池线位于荧光屏上，则可以利用菊池线作为路径来倾转样品，使其由一个菊池极（晶带轴）到另外一个菊池极。图4-30（a）中的菊池花样可用来将面心立方晶体 Al 由［001］晶带轴倾转到［013］或［112］晶带轴。当样品接近一个对称的倾转条件时，衍射花样中包含一组交叉的菊池线。图4-30（b）为一个高精度晶带轴取向的对称图样。在样品倾转过程中，仅允许一个倒易点阵与埃瓦尔德球相截，故仅存在一条衍射光束，这种只包含一条衍射光束和一条透射光束的条件称为双光束条件。双光束是对晶体缺陷图像进行分析的最佳方法。

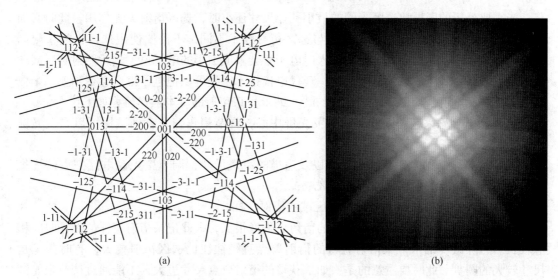

(a)　　　　　　　　　　　　　(b)

图4-30　面心立方晶体的菊池花样

## 4.3.2　电子衍射技术

### 4.3.2.1　选区电子衍射技术

　　所谓选区电子衍射就是选择感兴趣的区域进行电子衍射的方法。该技术是通过在物镜像平面上插入选区光阑来限制参加成像和衍射的区域，进而实现选区电子衍射。图4-31为选区衍射的光路图。选择区域的大小由选区光阑孔径的大小决定，只有选区光阑孔径限定范围内的电子可通过光阑进入后续的放大系统到达荧光屏。由于像和衍射花样均来自光阑孔限定的范围，因此可实现选区像的观察和选区电子衍射结构分析，特别适用于确定微小相的结构、取向、惯析面以及各种晶体缺陷分析。在电镜合轴良好的基础上，选区衍射的基本操作流程是：

　　（1）把试样感兴趣的区域（晶粒）移动到荧光屏中心；

　　（2）缩小光斑，并将光斑移至荧光屏中心位置，使其正好照射在感兴趣的晶粒内；

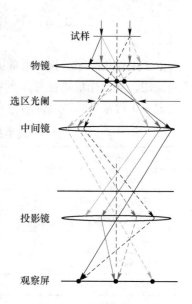

图4-31　选区衍射光路图

（3）按下衍射按钮，荧光屏上出现对应晶粒的菊池花样；

（4）通过倾转试样，将感兴趣的菊池极（晶带轴）移至荧光屏中心位置，试样倾转过程中需要不断调节 $X$、$Y$ 和 $Z$，使感兴趣的区域一直处于荧光屏中心位置；

（5）按衍射按钮，使其复位并切换至成像模式，调节聚焦钮，直到试样在荧光屏上可以清晰成像，拍照记录感兴趣区域的形貌；

（6）插入选区光阑套住感兴趣的区域，按下衍射按钮得到选区衍射花样；

（7）调节中间镜电流使中心透射斑最小、最圆，此时可获得清晰的选区衍射花样，并采用底片或相机记录衍射花样。

#### 4.3.2.2 微（纳米）束衍射技术

当需要分析的区域比选区光阑的最小孔径尺寸还小时，选区衍射失去作用，此时必须采用微（纳米）束衍射技术。该技术与选区衍射技术不同，不需要使用选区光阑来限制试样的成像范围，而是通过聚光镜把入射电子束会聚成细小的电子束，然后照射到感兴趣的区域上，获得对应区域的衍射花样。现代电镜技术已经可以把电子束斑会聚到亚纳米数量级大小。在电镜合轴良好的基础上，微（纳米）束衍射的基本操作流程如下：

（1）把试样感兴趣的区域移动到荧光屏中心，调节聚焦钮，直到试样可以在荧光屏上清晰成像；

（2）选择微（纳米）束衍射模式以及适当的束斑尺寸，调节聚光镜电流把束斑聚集到最小，然后把束斑平移到感兴趣的区域；

（3）选择衍射模式即可获得相应区域的衍射花样。

由于入射电子束束斑较小，获得的衍射斑强度很低，因此记录衍射花样的曝光时间相应较长。另外微（纳米）束衍射获得的衍射斑点直径往往比选区衍射要大，有时甚至是尺寸较大的圆盘。此时要注意的是：如果获得的衍射斑点尺寸过大，不能通过调节聚光镜电流来聚焦衍射斑点，而应通过调节电子束的会聚角或改变聚光镜光阑孔径大小来调节。

## 4.4 透射电镜中电子衍射谱的标定

电子束作用到原子核后形成的弹性散射完全满足布拉格方程，也可以用埃瓦尔德作图法来描述，其消光规律也与 X 射线衍射理论中讲述的相同。

表 4-3 为常见晶体结构的消光条件。

**表 4-3 常见晶体结构的衍射消光条件**

| 晶体结构 | 衍射斑点的消光条件 |
|---|---|
| 简单立方 | 对指数没有限制，都能产生衍射 |
| 体心立方（bcc） | $h+k+l=$ 奇数 |
| 面心立方（fcc） | $h$、$k$、$l$ 奇偶混合 |
| 密排六方（hcp） | $h+2k=3n$，并且 $l$ 为奇数 |
| NaCl 结构 | $h$、$k$、$l$ 奇偶混合 |
| 体心四方（bct） | $h+k+l=$ 奇数 |
| 金刚石结构 | $h$、$k$、$l$ 全为偶数且 $h+k+l$ 不能被 4 整除或 $h$、$k$、$l$ 奇偶混合 |

图4-32为电子衍射谱形成过程的几何关系，其中，$R$ 为衍射斑到透射斑之间的距离，$g$ 为埃瓦尔德反射球相交的倒易矢量，$L$ 为相机长度，$\theta$ 为电子束的掠射角，则由该图的几何关系可知：

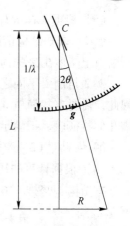

$$\tan 2\theta = R/L \tag{4-28}$$

$$\sin 2\theta = g/(1/\lambda) = g\lambda = \lambda/d \tag{4-29}$$

式中，$d$ 为晶面间距，nm；$\lambda$ 为电子波波长，nm。

由于 $\theta$ 很小，则有

$$\tan 2\theta = \sin 2\theta /\cos^2\theta \approx \sin 2\theta \tag{4-30}$$

所以

$$L\lambda = Rd \tag{4-31}$$

图4-32 衍射谱几何
关系示意图

其中，$L\lambda$ 也称相机常数，现代透射电镜均已给出该参数，所拍摄的电子衍射照片均含有标尺（单位通常为 1/nm），在衍射斑点测量过程中，可以直接使用。

### 4.4.1 立方和密排六方晶体衍射谱的标定

先用两个例子来说明如何标定电子衍射谱。

**例1** 已知结构衍射谱的标定。图4-33(a)为某面心立方结构沿某晶带轴的电子衍射谱示意图，已知 $L\lambda = 2.48\ \text{mm}\cdot\text{nm}$，试标定该衍射谱并确定晶格常数和晶带轴。

**解**：(1) 以透射斑为原点，以衍射斑为矢量端点，选取最短矢量 $r_1$ 和次短矢量 $r_2$，使 $r_1$ 和 $r_2$ 之间的夹角 $\theta$ 不超过 90°。

(2) 测量 $r_1$ 和 $r_2$ 的长度以及夹角 $\theta$ 的大小，可得 $r_1 = 10.0\ \text{mm}$，$r_2 = 25.2\ \text{mm}$，$\theta = 83°$。

(3) 计算比值 $R = r_2/r_1 = 2.52$。

(4) 根据计算的比值 $r_2/r_1$ 和测量的夹角 $\theta$ 值，查面心立方衍射谱的几何特征表，表4-4为面心立方晶体衍射谱几何特征的部分内容，这些数据在一般的透射电子显微学专著中均已给出。从表4-4可知，相应的 $(h_1k_1l_1)$、$(h_2k_2l_2)$ 分别为 $(1,1,-1)$、$(-3,3,-1)$，

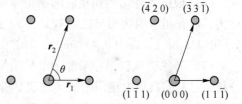

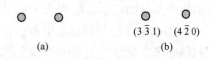

图4-33 面心立方结构沿某晶带轴的
衍射谱(a)及其标定谱(b)示意图

把这两个指数标于衍射谱中，利用矢量加和原理以及衍射谱中心对称的特点，可以把其他斑点指数确定下来，如图4-33(b)所示；该衍射谱对应的晶带轴为 [123]，且 $d_1/a = 0.577$。

表4-4 面心立方晶体衍射谱几何特征

| $r_2/r_1$ | $\theta/(°)$ | $d_1/a$ | $(h_1k_1l_1)$ | $(h_2k_2l_2)$ | $[uvw]$ |
|---|---|---|---|---|---|
| 2.517 | 82.39 | 0.577 | 1,1,-1 | -3,3,-1 | 123 |
| 2.525 | 90.00 | 0.354 | 0,-2,2 | 7,-1,-1 | 277 |

（5）根据 $L\lambda = Rd$，可得 $d_1 = 0.248$ nm，所以 $a = d_1/0.577 = 0.248/0.577 = 0.43$ nm。

**例 2**　未知结构衍射谱的标定。仍以图 4-33 为例，图 4-33（a）为从电炉冶炼的钒钢脆断断口上萃取出来的薄片相的电子衍射谱，试确定该相的结构。

例 2 与例 1 不同之处是产生该衍射谱的相结构未知，是需要通过分析确定的未知相。因此，需要查找简单立方结构、体心立方结构、面心立方结构、密排六方结构的电子衍射谱几何特征表，把满足条件的所有结构找出来，然后通过具体材料的组成进行排除。

**解：**（1）、（2）、（3）与例 1 的分析过程一样。

（4）根据计算的比值 $r_2/r_1$ 和测量的夹角 $\theta$ 值查找简单立方结构、体心立方结构、面心立方结构、密排六方结构的电子衍射谱几何特征表，结果见表 4-5。

**表 4-5　根据比值 $r_2/r_1$ 和夹角 $\theta$ 查表所得的相关结构特征参数**

| 晶体结构 | $r_2/r_1$ | $\theta/(°)$ | $d/a$ | $(h_1k_1l_1)$ | $(h_2k_2l_2)$ | $a/\text{nm}$ |
|---|---|---|---|---|---|---|
| 简单立方 | 无 | | | | | |
| 体心立方 | 2.49 | 85.4 | 0.316 | $-3,0,1$ | $1,-6,5,$ | 0.785 |
| 面心立方 | 2.52 | 82.4 | 0.577 | $1,1,-1$ | $-3,3,-1$ | 0.43 |
| 密排六方 | 2.52 | 81.9 | 0.594 | $0,1,-2$ | $-3,0,-4$ | 0.418 |

（5）由 $L\lambda = Rd$ 可得 $d = 0.248$ nm，根据 $d/a$ 值可计算出相应的晶格常数 $a$，见表 4-5 最后一列。

（6）根据晶体结构和相应的晶格常数，查找可能的物相，对于体心立方和密排六方结构，没有相应的物相与之对应；而对于面心立方结构，可查找到如下物相与之对应：VN（0.428 nm），FeO（0.431 nm），TiC（0.432 nm），SiC（0.435 nm）。

（7）考虑到该析出相来源于电炉冶炼的钒钢，因此可能含有元素 V（可以在做结构分析时，利用透射电镜附带的能谱仪对析出相的成分进行分析），同时考虑电炉冶炼易于溶氮的特点，可以推断该析出相为 VN，结合 VN 析出相可以引起脆断的报道，可以确定该析出相为具有面心立方结构的 VN。

（8）根据上面的分析标定衍射谱，如图 4-33（b）所示。

归结起来，标定衍射谱的过程为：

（1）在衍射谱中测量透射斑到衍射斑的最小距离 $r_1$ 和次小距离 $r_2$ 以及它们之间的夹角 $\theta$；选择 $r_1$ 和 $r_2$ 时，要使它们之间的夹角 $\theta$ 不超过 90°。习惯上常选择透射斑作为原点，在测量 $r_1$ 和 $r_2$ 时，为了减小误差，常测量 $r_1$ 或 $r_2$ 方向上多个斑点之间的距离，然后取平均值。

（2）根据比值 $r_2/r_1$ 和夹角 $\theta$ 查表。如标定已知结构某晶带轴的电子衍射谱，只需查找相应结构的电子衍射谱几何特征表，找出满足要求的特征值，即可对衍射谱进行标定（如例 1）；如果标定未知结构的衍射谱，则按简单立方、体心立方、面心立方、密排六方结构逐个查找，核实这四种晶体结构存在的各种可能性，然后通过具体材料的组成进行排除，确定未知相的结构（如例 2）。利用比值 $R = r_2/r_1$ 和夹角 $\theta$ 查找衍射谱几何特征表时，往往不能从表中得到完全吻合的 $R$ 和 $\theta$ 值，这里涉及一个吻合的公差标准。只要满足如下条件，即可认为是吻合的。

$$\frac{\Delta R}{R} \leqslant 0.04$$

$$\Delta\theta \leqslant 2° \tag{4-32}$$

### 4.4.2 多晶衍射谱的标定

多晶衍射谱是由一些同心的衍射环组成。由多晶衍射谱也可以确定多晶的晶体结构。设 $R$ 为某多晶衍射环的半径，对应的晶面指数为 $(hkl)$，$L$ 为透射电镜的相机长度，$\lambda$ 为电子波波长。对于立方晶系，有

$$R^2 = (L\lambda)^2 (h^2 + k^2 + l^2) \tag{4-33}$$

考虑点阵消光，不同晶体结构的多晶衍射环 $R^2$ 的比值 $R_1^2 : R_2^2 : R_3^2 : R_4^2 : R_5^2 : \cdots$ 具有不同的特点：

简单立方，$1:2:3:4:5:6:8:9:10:11:\cdots$

体心立方，$1:2:3:4:5:6:7:8:9:\cdots$

面心立方，$3:4:8:11:12:16:19:20:24:\cdots$

金刚石结构，$3:8:11:16:19:24:27:\cdots$

对于其他晶体结构，如四方晶系、六方晶系，$R^2$ 的比值关系比较复杂，有兴趣的同学可参读相关书籍。

**例3** 图4-34为某多晶材料衍射谱示意图，试确定该多晶材料的晶体结构并标定衍射谱。

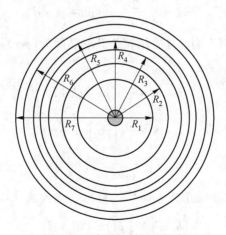

图 4-34　多晶衍射环的标定

**解：**（1）测量各环的半径 $R$，并计算各环半径的平方 $R^2$ 以及 $R_i^2/R_1^2$，结果列于表4-6。

表4-6　多晶衍射环测量及计算结果

| 环序号 | 1 | 2 | 3 | 4 | 5 | 6 | 7 |
|---|---|---|---|---|---|---|---|
| $R$/mm | 11.0 | 16.0 | 18.5 | 22.5 | 25.0 | 27.0 | 28.5 |
| $R^2$/mm² | 121.0 | 256.0 | 342.3 | 506.3 | 625.0 | 729 | 812.3 |
| $R_i^2/R_1^2$ | 1 | 2.1 | 2.83 | 4.18 | 5.16 | 6.02 | 6.72 |
| $(hkl)$ | 110 | 112 | 200 | 220 | 031 | 222 | 123 |

（2）参照不同晶体结构多晶衍射环 $R_i^2/R_1^2$ 的比值规律，可知表4-6中最后一行的比值接近体心立方多晶衍射环对应的比值，因此可以判断该多晶具有体心立方的晶体结构，表中还列出了各衍射环对应反射面的晶面指数。

### 4.4.3　孪晶电子衍射谱的标定

孪晶是由不同位向的两部分晶体（基体和孪晶）组成，因此其衍射谱是由两套不同晶带轴的单晶衍射谱叠加而成。由于两部分晶体互为孪晶，没有必要区分哪一套斑点是孪晶，哪一套斑点是基体。

假设孪晶面的面指数为 $(pqr)$，其法向指数为 $[uvw]$，孪晶衍射斑在基体坐标中的指数为 $(hkl)$，对应的孪晶衍射斑点指数为 $(h^t k^t l^t)$，则有

$$\begin{bmatrix} h^t \\ k^t \\ l^t \end{bmatrix} = \begin{bmatrix} \bar{h} \\ \bar{k} \\ \bar{l} \end{bmatrix} + \frac{2}{pu+qv+rw} \begin{bmatrix} pu & pv & pw \\ qu & qv & qw \\ ru & rv & rw \end{bmatrix} \begin{bmatrix} h \\ k \\ l \end{bmatrix} \tag{4-34}$$

对于立方晶系，$p$、$q$、$r$ 与 $u$、$v$、$w$ 对应相等，则上式可简化为：

$$\begin{cases} h^t = \bar{h} + \dfrac{2p}{p^2+q^2+r^2}(ph+qk+rl) \\[2mm] k^t = \bar{k} + \dfrac{2q}{p^2+q^2+r^2}(ph+qk+rl) \\[2mm] l^t = \bar{l} + \dfrac{2r}{p^2+q^2+r^2}(ph+qk+rl) \end{cases} \tag{4-35}$$

由晶体学知识可知，对于面心立方结构，其孪晶面为 $(pqr) = \{111\}$，代入式（4-35）可得：

$$\begin{cases} h^t = \bar{h} + \dfrac{2}{3}p(ph+qk+rl) \\[2mm] k^t = \bar{k} + \dfrac{2}{3}q(ph+qk+rl) \\[2mm] l^t = \bar{l} + \dfrac{2}{3}r(ph+qk+rl) \end{cases} \tag{4-36}$$

对于体心立方结构，其孪晶面为 $(pqr) = \{112\}$，代入式（4-35）可得：

$$\begin{cases} h^t = \bar{h} + \dfrac{1}{3}p(ph+qk+rl) \\[2mm] k^t = \bar{k} + \dfrac{1}{3}q(ph+qk+rl) \\[2mm] l^t = \bar{l} + \dfrac{1}{3}r(ph+qk+rl) \end{cases} \tag{4-37}$$

由式（4-36）和式（4-37）可知，当 $ph+qk+rl=3n$ 时，指数为 $(hkl)$ 的孪晶斑点在基体倒易点阵中的位置是从基体斑点 $(-l, -k, -h)$ 位移 $2n\langle 111\rangle$ 距离（指面心立方）或 $n\langle 112\rangle$ 距离（指体心立方）而与另一基体斑点重合。因此，在面心立方与体心立方晶体中，如果孪晶斑点与基体斑点重合，则孪晶斑点指数 $(hkl)$ 与孪晶面指数 $(pqr)$ 满足 $ph+qk+rl=3n$ 的关系。下面分两种情况讨论孪晶电子衍射谱的标定过程。

**4.4.3.1 当入射电子束与孪晶面平行时孪晶衍射谱的标定**

这种衍射谱具有一个很明显的特征，即孪晶衍射谱和基体衍射谱有一列共有的衍射斑点，并且具有两套明显的衍射谱，可把其中一套定为基体的衍射谱，相应地，另外一套即为孪晶的衍射谱。图4-35为面心立方结构 $M_{23}C_6$ 孪晶电子衍射谱的示意图，下面详细分析这类孪晶衍射谱的标定方法。

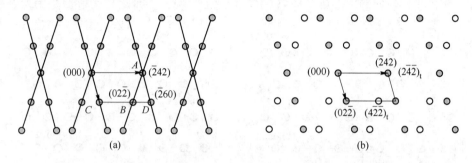

图4-35   $M_{23}C_6$ 孪晶的电子衍射谱(a)及其标定谱(b)示意图

（1）首先确定其中一套为基体衍射斑点，如图4-35中平行四边形所示，另一套为孪晶衍射斑点。为了区分，把孪晶衍射斑点用空心圆圈表示，共有斑点仍用实心圆圈表示，如图4-35(b)所示。

（2）按本节前述方法标定基体衍射谱，标定结果如图4-35(b)所示。

（3）确定孪晶参数。对于立方晶系而言，重合斑点指数与孪晶面指数存在 $ph+qk+rl=3n$ 的关系，而面心立方的孪晶面指数只存在四种可能，即 (111)、(-1,1,1)、(1,-1,1)、(1,1,-1)。对于重合斑点 (-2,4,2)，依次与孪晶面指数相乘（积为：4、8、-4、0），所以符合条件的孪晶面指数为 (1,1,-1)。

（4）根据孪晶斑点在基体坐标中的位置 $(hkl)$，求出孪晶斑点指数 $(h'k'l')$。

以图4-35中 $A$ 斑点为例，已知该斑点在基体坐标中的指数为 (-2,4,2)，且 $ph+qk+rl=3n=0$，根据式（4-36）可得：

$$\begin{cases} h' = \bar{h} + \dfrac{2}{3}p(ph+qk+rl) = 2 \\[2mm] k' = \bar{k} + \dfrac{2}{3}q(ph+qk+rl) = -4 \\[2mm] l' = \bar{l} + \dfrac{2}{3}r(ph+qk+rl) = -2 \end{cases} \qquad (4\text{-}38)$$

由于 $B$ 斑点位于 $C$、$D$ 斑点之间的 1/3 处，由此可计算出 $B$ 斑点在基体坐标中的指数为 (-4/3,14/3,-2/3)，同样道理，可得 $B$ 斑点孪晶指数 (4,-2,-2)。

（5）根据矢量加和法则，可标定出其他孪晶斑点指数。

**4.4.3.2 当入射电子束与孪晶面不平行时孪晶衍射谱的标定**

这类孪晶谱的标定比较复杂，特别是发生二次衍射时会出现一些附加斑点，更容易使人迷惑而得出错误的结论，标定时一定要谨慎。

图4-36为 $\alpha$-Fe 孪晶电子衍射谱及其标定结果。仅从图4-36(a)来看，可以画出一些

由 $r_1$ 和 $r_2$ 构成的规则的平行四边形，通过测量可知，$r_1 = 6.25$ mm，$r_2 = 10.83$ mm，其夹角为 73°，$R = r_2/r_1 = 1.732$。通过查找电子衍射谱特征表，符合体心立方（bcc）和面心立方（fcc）结构 ⟨113⟩ 晶带轴的衍射谱特征。通过计算可得相应的晶格常数分别为 0.498 nm 和 0.996 nm。后者正好符合 $FeCr_2S_4$ 析出相的结构特点。但通过形貌观察，未发现任何析出相，而只有孪晶条纹，所以认为是析出相 $FeCr_2S_4$ 的衍射谱，这显然是一个错误的结论。

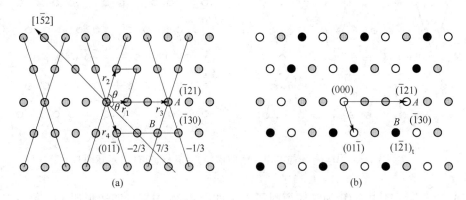

图 4-36   α-Fe 孪晶电子衍射谱(a) 及其标定谱(b)示意图

仔细分析该衍射谱，发现可以将其划分为两套平行的四边形网格，如图 4-36(a) 所示，把其中一套定义为基体衍射谱，并用空心圆圈表示；另一套为孪晶衍射斑点，用黑色实心圆圈表示；剩下的斑点为二次衍射附加斑点，用灰色实心圆圈表示，则有：$r_3 = 18.75$ mm，$r_4 = 6.25$ mm，其夹角为 73°，通过计算可知其晶格常数为 0.287 nm，因此为 α-Fe 沿晶带轴 [311] 的电子衍射谱。

（1）根据 bcc 结构 [311] 晶带轴衍射谱特征，标定基体衍射谱，如图 4-36(b) 所示。

（2）确定孪晶参数。同理对于立方晶系而言，重合斑点指数与孪晶面指数存在 $ph + qk + rl = 3n$ 的关系；对于重合斑点 $A(-1,2,1)$，有 $-p + 2q + r = 3n$。而体心立方的孪晶面指数为 {112}，列出所有可能的晶面指数依次代入 $ph + qk + rl = 3n$ 中，可知有 (112)、(-1,2,1)、(-2,1,-1) 等多个晶面符合条件。此时必须要用迹线来确定孪晶面指数。

把孪晶迹线画于衍射谱中，可测出其方向为 [1,-5,2]。由孪晶面和倒易面的交线可求出只有 (112) 面与该倒易面的交线为 [1,-5,2]，因此孪晶面为 (112)。

（3）根据孪晶斑点在基体坐标中的位置 $(hkl)$，求出孪晶斑点指数 $(h'k'l')$。计算方法与上例相同，这里不再赘述。标定结果如图 4-36(b) 所示。

## 4.5   电子显微学衍衬成像理论

透射电子显微图像的衬度主要包括质量厚度衬度（质厚衬度）、衍射衬度、相位衬度和 $Z$ 衬度。质厚衬度是样品中不同区域的平均原子序数或厚度存在差异引起的，衍射衬度则是样品内不同区域的晶体学特征存在差异引起的，而相位衬度则是穿透样品调制后的电子波存在相位差异引起的。$Z$ 衬度跟样品微区的平均原子序数相关，是目前非常热门的一种成像模式。

第4.4节中介绍的电子衍射分析理论和方法主要用来确定试样中已知或未知相的相结构、晶体或物相之间的取向关系等，而本节介绍的衍衬理论和分析方法则主要用来解释显微图像中不同衬度的来源，结合必要的衍射分析，分析试样中不同缺陷的特点等。

目前，解释电子显微图像衍射衬度的理论主要有衍衬运动学理论和动力学理论，在讨论衍衬理论之前，有几个非常重要的概念必须明确。无论是衍衬运动学理论还是动力学理论，均包含两个基本近似处理，即柱体近似和双光束条件。另外，还必须掌握衍衬理论中常见的两个概念：消光距离 $\xi_g$ 和偏离参量 $s$。

### 4.5.1 基本概念

#### 4.5.1.1 柱体近似

假设晶体可以分割成平行于电子波传播方向的许多彼此独立的小柱体，电子波在每一个柱体的传播都是封闭的，也就是说入射到某一个小柱体内的电子波在传播过程中不会被散射到周围的其他柱体里，在周围小柱体内传播的电子波也不会被散射到这个小柱体里。柱体下表面处的衍射波振幅不受周围小柱体的影响，而只与该柱体的结构、试样厚度以及衍射条件有关，这就是柱体近似。图4-37为柱体近似的示意图。

图4-38为采用柱体近似计算样品下表面处衍射波振幅的示意图。其基本思路是：沿衍射波方向把晶体划分成平行于样品表面的若干薄层，以衍射束与每一个平面的交点 $O$ 作为中心，考虑每一个平面对 $P$ 点衍射波振幅的贡献。根据菲涅耳带作图法可知，每个平面的贡献绝大部分来自 $O$ 点附近的几个带。当加速电压为 200 kV，样品厚度为 100 nm 时，第一个菲涅耳带的半径约为 $(\lambda t)^{1/2} = 0.5$ nm，因此可以以衍射波的传播方向为轴向，取一个半径不大于 2 nm 的柱体，并认为对 $P$ 点振幅的贡献全部来自这个狭窄的柱体内，而不考虑柱体以外其他因素的影响，这就是运动学衍射衬度理论中的柱体近似模型。当图像分辨率要求不高时（高于 1 nm），柱体近似是一个很好的近似，且可以认为一个柱体对应于图像中的一个像素。

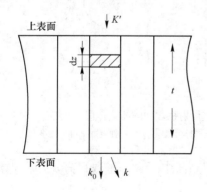

图 4-37　柱体近似示意图

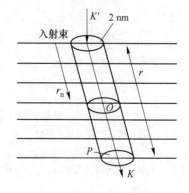

图 4-38　运动学理论柱体近似示意图

#### 4.5.1.2 双光束条件

双光束条件是指通过转动样品使晶体中只有某一组晶面接近布拉格衍射条件，除透射束外，只激发一支强衍射束。在薄晶体的电子衍射中，绝对的双光束条件是不可能得到的，只能是一种近似的双光束条件。当晶体中只有某一族晶面处于或接近于严格的布拉格衍射条件时，可获得一个强度较高的衍射束，而其他衍射束的强度都比较低，此时即可认为处于双光束条件。如在运动学理论中，为了满足衍射波强度远远低于透射波强度的要求，往往需要使产生强衍射束的晶面偏离布拉格衍射条件，但只要该衍射束强度远比其他衍射束强度高，就可认为近似处于双光束条件。

### 4.5.1.3　消光距离 $\xi_g$

消光距离的概念已经属于动力学理论范畴。图 4-39 为柱体近似下透射束与衍射束之间的相互作用。当晶体中某一族晶面（$hkl$）满足布拉格衍射条件时，入射波 $K'$ 将在晶体中被激发为一支透射波 $k_0$ 和一支衍射波 $k$。对于晶面（$\bar{h}\,\bar{k}\,\bar{l}$）来说，衍射束 $k$ 又可以成为入射束而沿透射波 $k_0$ 方向散射，从而使柱体内透射波振幅增加而衍射波振幅减弱，此过程沿柱体方向不断进行，从而使得柱体中某些地方，如 $A$ 点处的衍射波振幅和强度达到最大（相应的透射波振幅和强度最小），而 $B$ 点处透射波振幅和强度最大（相应的衍射波振幅和强度最小），从而使透射波和衍射波的强度在晶体深度方向发生周期性的变化。定义这种强度变化周期所对应的试样厚度为消光距离，常以 $\xi_g$ 表示。图 4-39（b）和图 4-39（c）分别为晶体中沿柱体方向透射波和衍射波振幅和强度的变化规律，下角标 0、g 分别表示透射波和衍射波。

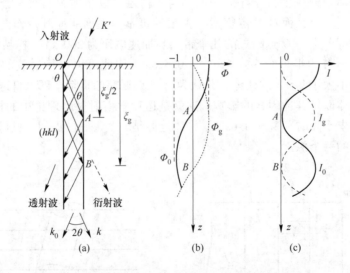

图 4-39　柱体近似下透射束与衍射束之间的相互作用
(a) 透射波、衍射波相互转化；(b) 振幅随试样厚度变化；(c) 强度随试样厚度变化

设平行于表面的晶面间距为 $d$，且单位面积晶面中所含晶胞数目为 $n$，可计算出消光距离 $\xi_g$ 的表达式为：

$$\xi_g = \frac{\pi V_c \cos\theta}{\lambda F_g} \tag{4-39}$$

式中，$V_c$ 为晶体单胞体积；$\theta$ 为入射角；$\lambda$ 为电子波波长；$F_g$ 为晶胞的散射振幅。

#### 4.5.1.4　偏离参量 s

偏离参量 s 是描述晶面偏离布拉格衍射条件或晶面倒易矢量偏离埃瓦尔德反射球程度的参量。如图 4-40 所示，以透射波波矢 $k_0$ 与埃瓦尔德反射球的交点 O 为原点，当某晶面对应的倒易矢量 $g$ 的端点 B 落在埃瓦尔德反射球上时，$s=0$。如果反射面旋转 $\Delta\theta$，则相应的倒易矢量 $g$ 也旋转 $\Delta\theta$ 而成为 $g'$，连接 $g'$、$g$ 的端点 $B'$、$B$，则线段 $B'B$ 近似平行于电子束的传播方向。定义 $s=B'B$ 为偏离参量。规定矢量 $B'B$ 与电子束传播方向一致（或者说由球内指向埃瓦尔德反射球球面）时，$s>0$；相反（由球外指向埃瓦尔德反射球球面）时，$s<0$。其大小可以通过衍射斑点到对应亮菊池线之间的距离 x 经过简单计算而得，$s$ 与 $x$ 之间的关系如图 4-41 所示。

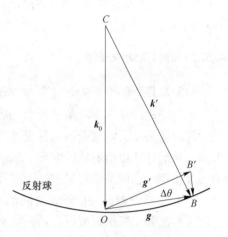

图 4-40　偏离参量示意图

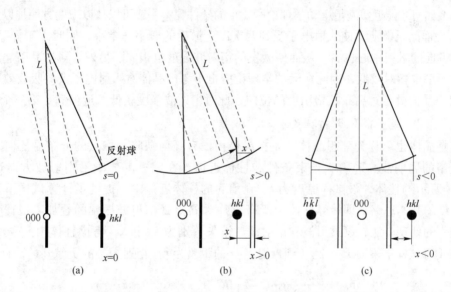

图 4-41　菊池线与衍射斑的相对位置及其与偏离参量 s 符号的关系

(a) $s=0$；(b) $s>0$；(c) $s<0$

由图 4-40 所示的几何关系，可得：

$$s = g \times \Delta\theta = \frac{\Delta\theta}{d} \tag{4-40}$$

从图 4-41 中可得：

$$x \approx L \times \Delta\theta \tag{4-41}$$

所以：

$$s = \frac{x}{d \times L} \tag{4-42}$$

式中，L 为电镜的相机长度；d 为衍射面的面间距。

可见，$s$ 的符号取决于 $x$ 的符号。以透射斑为中心，当菊池线在衍射斑外侧时，规定 $x$ 为正，$s$ 也为正；反之为负，这样就可以使两者的符号一致。

### 4.5.2　衍衬运动学理论

#### 4.5.2.1　运动学理论的基本假设

电子衍衬运动学理论是一种简化的处理晶体中电子波传播的方法，无论是电子衍衬运动学理论还是动力学理论，都是先计算出电子波经过晶体调制后，在晶体下表面的衍射波振幅，从而计算出衍射波的强度。运动学理论的基本特点是不考虑晶体中透射波和衍射波的相互作用，也就是说衍射波被激发后，不再转化为透射波。其基本假设有：

（1）忽略透射波与衍射波之间的相互作用，也就是说入射电子波一旦被样品激发成一束透射波和一束衍射波后，透射波和衍射波之间就不再存在相互转换；

（2）入射电子波在样品内只发生不多于一次的散射；

（3）忽略电子的非弹性散射，且衍射波的强度总是远远小于透射波的强度，因此可近似认为在传播过程中，衍射波的强度不变，且约等于入射波的强度。

那么如何才能近似满足运动学理论所要求的条件呢？一般可以从以下两方面加以考虑：

（1）样品足够薄，使入射电子受到两次以上散射的概率非常小，同时由于样品很薄，沿入射方向的散射中心也少，从而使激发的衍射波强度也很弱。另外，薄样品引起的非弹性散射概率也相对较低，因此在运动学理论中也不考虑晶体对入射电子波的吸收效应。

（2）晶面处于远离布拉格衍射的位向，此时衍射波强度较低，近似满足第三个假设。

#### 4.5.2.2　完整晶体衍衬理论运动学方程

完整晶体也可称为理想晶体，是指晶体内没有任何缺陷，格点的分布沿任何方向都存在严格的周期性。采用双光束条件和柱体近似，在完整晶体中沿衍射波方向选取如图 4-38 所示的柱体，设试样厚度为 $t$。在前面的柱体近似中，提到了计算试样下表面衍射波强度的基本思路，即计算柱体中所有薄片对 $P$ 点处衍射波振幅的叠加。根据菲涅耳半周期带的处理方法，设透射波和衍射波的波矢分别为 $k_0$ 和 $k$，考虑柱体中 $r_n$ 处的散射原子层 $A$ 对试样下表面 $P$ 点处（到入射点 $O$ 的距离为 $r$）衍射振幅的贡献 $\mathrm{d}\varPhi_g$，有

$$\mathrm{d}\varPhi_g = \frac{\mathrm{i}n\lambda F_g}{\cos\theta}\exp(-2\pi\mathrm{i}K\cdot r_n)\cdot\exp(2\pi\mathrm{i}k\cdot r) \tag{4-43}$$

其中，$K = k - k_0$，$\exp(2\pi\mathrm{i}k\cdot r)$ 为传播因子，由于 $k$ 和 $r$ 不变，与薄片的位置无关，所以传播因子为常量，对衬度没有影响，计算时不需要考虑。

由于 $k - k_0 = g + s$，$r_n$ 必为点阵矢量的整数倍，而 $g = ha^* + kb^* + lc^*$，所以 $g\cdot r_n$ 为整数，因此 $\exp(2\pi\mathrm{i}g\cdot r_n) = 1$；另外 $r_n$ 近似平行于 $z$，$s$ 平行于 $z$，所以 $s\cdot r_n \approx s\cdot z = sz$，因此式（4-43）可简化为：

$$\begin{aligned}
\exp(-2\pi\mathrm{i}K\cdot r_n) &= \exp[2\pi\mathrm{i}(g+s)\cdot r_n] \\
&= \exp(-2\pi\mathrm{i}g\cdot r_n)\exp(-2\pi\mathrm{i}s\cdot r_n) \\
&= \exp(-2\pi\mathrm{i}sz)
\end{aligned} \tag{4-44}$$

设 $A$ 处的薄片厚度为 $\mathrm{d}z$，则包含的散射原子层数为 $\mathrm{d}z/d$，因此薄片 $\mathrm{d}z$ 对 $P$ 点处衍射振幅的贡献为：

$$\mathrm{d}\Phi_{\mathrm{g}} = \frac{in\lambda F_{\mathrm{g}}}{\cos\theta}\exp(-2\pi isz)\frac{\mathrm{d}z}{d}$$

$$= \frac{i\lambda F_{\mathrm{g}}}{V_{\mathrm{c}}\cos\theta}\exp(-2\pi isz)\mathrm{d}z$$

$$= \frac{i\pi}{\xi_{\mathrm{g}}}\exp(-2\pi isz)\mathrm{d}z \tag{4-45}$$

$$\Phi_{\mathrm{g}} = \sum_{z}\frac{i\pi}{\xi_{\mathrm{g}}}\exp(-2\pi isz)\mathrm{d}z$$

$$= \frac{i\pi}{\xi_{\mathrm{g}}}\int_{0}^{t}\exp(-2\pi isz)\mathrm{d}z$$

$$= \frac{i\pi}{\xi_{\mathrm{g}}}\frac{\sin(\pi st)}{\pi s}\exp(-\pi ist) \tag{4-46}$$

所以，$P$ 点处的衍射波强度 $I_{\mathrm{g}}$ 为：

$$I_{\mathrm{g}} = \Phi_{\mathrm{g}} \times \Phi_{\mathrm{g}}^{*} = \left(\frac{\pi}{\xi_{\mathrm{g}}}\right)^{2}\frac{\sin^{2}(\pi st)}{(\pi s)^{2}} \tag{4-47}$$

这就是完整晶体衍射强度的运动学方程。可见，对于给定的操作矢量 $\boldsymbol{g}$，衍射波的强度受试样厚度 $t$ 和偏离参量 $s$ 的影响，利用这个公式可以定性地解释电子衍衬实验中观察到的许多现象。

### 4.5.2.3 完整晶体衍衬运动学理论的应用

#### A 等厚消光条纹

假设 $s$ 不变，即保持晶体的取向不变，考察衍射波强度 $I_{\mathrm{g}}$ 随试样厚度 $t$ 的变化规律。把式（4-47）进行简单变形，可得：

$$I_{\mathrm{g}} = \frac{1}{(s\xi_{\mathrm{g}})^{2}}\sin^{2}(\pi st) \tag{4-48}$$

由式（4-48）可知，当 $\sin^{2}(\pi st)$ 为 1 时，衍射波强度最大，透射波强度最小，此时在显微图像中出现消光条纹。由于同一条纹对应的试样厚度相等，因此称为等厚消光条纹。根据式（4-48）绘出 $I_{\mathrm{g}}$-$t$ 的关系曲线，如图 4-42 所示。可见，保持 $s$ 不变时，衍射波强度 $I_{\mathrm{g}}$ 随试样厚度 $t$ 的变化而周期性地振荡，振荡周期 $t_{\mathrm{g}}$ 为：

$$t_{\mathrm{g}} = \frac{1}{s} \tag{4-49}$$

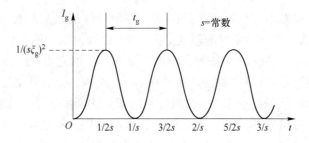

图 4-42 衍射波强度 $I_{\mathrm{g}}$ 与试样厚度 $t$ 的关系曲线

从图 4-42 可以看出，在运动学条件下，等厚消光条纹的强度相等。设试样厚度为

$t$，根据式（4-49）可知条纹数目 $N = ts$。图4-43为透射电镜明场像中观察到的等厚消光条纹及其相应的形成机制。图像中可观察到 $5 \sim 6$ 根衬度明显的厚度消光条纹，但随后黑色条纹的衬度迅速降低，这是一种动力学效应，必须考虑到试样的吸收作用才能得到解释。

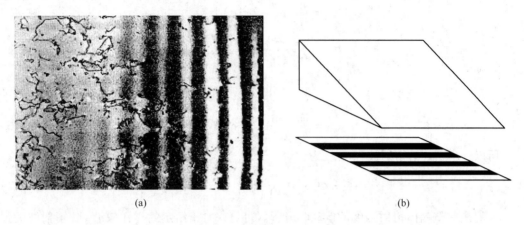

(a)　　　　　　　　　　　　　　　　(b)

图4-43　等厚消光条纹(a)及其形成机制(b)

B　等倾消光条纹

同样道理，保持试样厚度 $t$ 不变，考察衍射波强度 $I_g$ 随偏离参量 $s$ 的变化规律。把式（4-47）经过简单变形，可得：

$$I_g = \frac{\pi^2 t^2 \sin^2(\pi t s)}{\xi_g^2 (\pi t s)^2} \qquad (4\text{-}50)$$

由式（4-50）可知，当 $\sin^2(\pi s t) = 1$ 时，衍射波强度达到一个极大值，透射波强度相应降低，此时在显微图像中出现消光条纹。与等厚消光条纹不同的是，这里的消光条纹是由于晶面偏离参量 $s$ 的变化而引起的，同一条纹对应的偏离参量 $s$ 相等。晶面弯曲或倾斜同样的角度时，其偏离参量 $s$ 相等，因此这类消光条纹称为等倾消光条纹。根据式（4-50）同样可以画出衍射波强度 $I_g$ 随偏离参量 $s$ 变化的关系曲线，如图4-44所示。保持 $t$ 不变时，衍射波强度 $I_g$ 随偏离参量 $s$ 的变化同样呈周期性振荡，振荡周期 $s_g$ 为：

$$s_g = \frac{1}{t} \qquad (4\text{-}51)$$

从图4-44中可以看出，在运动学近似下，等倾条纹应该呈对称分布，且条纹很窄，次级条纹的强度远低于第一级条纹的强度。图4-45为透射电镜明场像中的等倾条纹形貌及形成机制。在 $E$、$F$ 两深黑色条纹处，偏离参量 $s = 0$，而它们之间的深色区域，偏离参量 $s < 0$，外侧的浅色区域，偏离参量 $s > 0$。在 $E$、$F$ 两侧，分别可见强度较低的前几级等倾条纹。值得注意的是，在它们之间的强度远远低于两侧的强度，而根据运动学近似，条纹衬度应以 $s = 0$ 处呈对称分布。由此可见，运动学理论不能完全解释某些衍衬现象。

4.5.2.4　缺陷晶体运动学衍衬理论

一般来说，晶体中或多或少地存在一定数量的缺陷，从缺陷的种类来分，常见的缺陷包括点缺陷、线缺陷、面缺陷和体缺陷。对于材料研究人员来说，遇到的缺陷主要为线缺

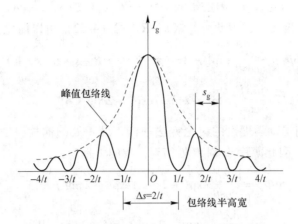

图 4-44　衍射波强度 $I_g$ 与偏离参量 $s$ 的关系曲线

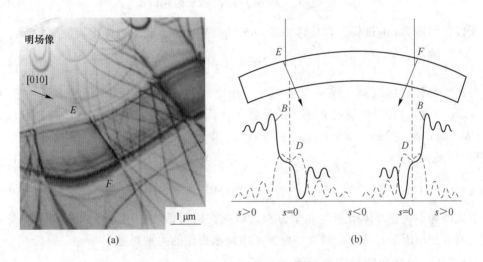

图 4-45　等倾条纹形貌(a)及形成机制(b)

陷和面缺陷。那么电子束在含缺陷薄晶体中传播时，其下表面处的衬度分布又有什么特点呢？

由于存在缺陷，使得晶体中的阵点偏离原平衡位置，其周期性排列遭到破坏。可以用一个位移矢量 $\boldsymbol{R}$ 来表征缺陷对理想晶体中阵点位置的影响，也就是说原来在 $\boldsymbol{r}$ 处的格点，由于缺陷的存在，其位置矢量变为 $\boldsymbol{r}' = \boldsymbol{r} + \boldsymbol{R}$。不同的缺陷类型有不同的 $\boldsymbol{R}$，且 $\boldsymbol{R}$ 是空间坐标 $x$、$y$、$z$ 的函数。

同样采用柱体近似和双光束条件，由式（4-43）可得 $\boldsymbol{r}'$ 处的散射面元对缺陷晶体下表面衍射波的振幅 $\mathrm{d}\boldsymbol{\Phi}_g$ 的贡献为：

$$\mathrm{d}\boldsymbol{\Phi}_g = \frac{\mathrm{i} n\lambda F_g}{\cos\theta}\exp(-2\pi\mathrm{i}\boldsymbol{K}\cdot\boldsymbol{r}')\cdot\exp(2\pi\mathrm{i}\boldsymbol{k}\cdot\boldsymbol{r})$$

$$= \frac{\mathrm{i} n\lambda F_g}{\cos\theta}\exp\left[-2\pi\mathrm{i}(\boldsymbol{g}+\boldsymbol{s})\cdot(\boldsymbol{r}+\boldsymbol{R})\right]\exp(2\pi\mathrm{i}\boldsymbol{k}\cdot\boldsymbol{r}) \tag{4-52}$$

不考虑传播因子 $\exp(2\pi i k \cdot r)$ 的影响，且 $g \cdot r$ 为整数，$s$、$z$、$r$ 彼此平行，所以 $s \cdot r = sr$，$s$、$R$ 均为原子尺度大小，因此可忽略 $s \cdot R$。式（4-52）可以简化为：

$$\mathrm{d}\Phi_\mathrm{g} = \frac{in\lambda F_\mathrm{g}}{\cos\theta}\exp\left[-2\pi i(g \cdot r + g \cdot R + s \cdot r + s \cdot R)\right]$$

$$= \frac{in\lambda F_\mathrm{g}}{\cos\theta}\exp(-2\pi isz)\exp(-2\pi ig \cdot R) \tag{4-53}$$

与完整晶体衍射运动学理论的讨论方法一样，设 $A$ 处的薄片厚度为 $\mathrm{d}z$，则所含的散射原子层数为 $\mathrm{d}z/d$，因此薄片 $\mathrm{d}z$ 对 $P$ 处衍射振幅的贡献为：

$$\mathrm{d}\Phi_\mathrm{g} = \frac{in\lambda F_\mathrm{g}}{\cos\theta}\exp(-2\pi isz)\exp(-2\pi ig \cdot R)\frac{\mathrm{d}z}{d}$$

$$= \frac{i\lambda F_\mathrm{g}}{V_\mathrm{c}\cos\theta}\exp(-2\pi isz)\exp(-2\pi ig \cdot R)\mathrm{d}z$$

$$= \frac{i\pi}{\xi_\mathrm{g}}\exp(-2\pi isz)\exp(-2\pi ig \cdot R)\mathrm{d}z \tag{4-54}$$

所以，厚度为 $t$ 的试样，在位移矢量为 $R$ 的畸变区域，其下表面衍射波振幅为：

$$\Phi_\mathrm{g} = \frac{i\pi}{\xi_\mathrm{g}}\int_0^t \exp(-2\pi isz)\exp(-2\pi ig \cdot R)\mathrm{d}z \tag{4-55}$$

与完整晶体衍射振幅（见式（4-46））相比，上式中的被积分函数多了一个因子 $\exp(-2\pi g \cdot R)$，在操作反射 $g$ 确定的条件下，该因子受畸变位移矢量 $R$ 控制。设 $\alpha = 2\pi g \cdot R$，则 $\exp(-2\pi g \cdot R) = \exp(-i\alpha)$，该因子常被称为畸变相位因子，此时，式（4-55）可简化为：

$$\Phi_\mathrm{g} = \frac{i\pi}{\xi_\mathrm{g}}\int_0^t \exp(-i\alpha)\exp(-2\pi isz)\mathrm{d}z \tag{4-56}$$

上式即为不完整晶体衍射运动学方程，可见在衍射振幅中引入了由畸变位移矢量 $R$ 决定的畸变相位因子，从而在衬度中叠加了由缺陷提供的附加衬度。

### 4.5.2.5　运动学衍衬理论的适用范围

运动学理论是一种近似的处理方法，但可以用来定性地解释许多透射电子显微分析中的衍衬现象。在运动学条件获得的明场像和暗场像衬度互补，也就是说在明场像中衬度亮的区域，在暗场像中则是暗的区域，反之亦然。但由于忽略透射束和衍射束的相互作用，使其适用范围受到限制，解释不了衍衬效应中的许多细节问题，存在一定局限性。

（1）当偏离参量 $s$ 趋近零时，由式（4-47）可知衍射波强度：

$$I_\mathrm{g} = \frac{\sin^2(\pi ts)}{(\xi_\mathrm{g}s)^2} = \left(\frac{\pi t}{\xi_\mathrm{g}}\right)^2 \tag{4-57}$$

当样品厚度 $t > \dfrac{\xi_\mathrm{g}}{\pi}$ 时，强度 $I_\mathrm{g} > 1$，也就是说衍射波强度比入射波强度还高，这显然不合理。

（2）当 $s$ 趋于零时，由式（4-49）可知等厚消光条纹的振荡周期为无穷大。

（3）衍衬运动学理论虽然定性地解释了等厚消光条纹和等倾消光条纹产生的原因，但这些条纹衬度的很多细节无法用运动学衍衬理论加以解释。如：对于等厚条纹，其衬度并非准确地随深度 N/s 作周期变化等。要克服上述运动学理论的局限性，解释更多的衍衬现象，必须用到电子衍衬动力学理论。

### 4.5.3 衍衬动力学理论

#### 4.5.3.1 完整晶体衍衬动力学理论

仍采用柱体近似和双光束条件，考虑透射波和衍射波之间的相互作用。在电子波传播过程中，透射波和衍射波之间可以互相转换。不考虑吸收效应时，透射波和衍射波的振幅可表示为：

$$\begin{cases} \mathrm{d}\Phi_0 = \left\{ \dfrac{\pi\mathrm{i}}{\xi_0}\Phi_0(z) + \dfrac{\pi\mathrm{i}}{\xi_g}\Phi_g(z)\exp\left[2\pi\mathrm{i}(\boldsymbol{k}-\boldsymbol{k}_0)\cdot\boldsymbol{r}\right] \right\}\mathrm{d}z \\[2mm] \mathrm{d}\Phi_g = \left\{ \dfrac{\pi\mathrm{i}}{\xi_0}\Phi_g(z) + \dfrac{\pi\mathrm{i}}{\xi_g}\Phi_0(z)\exp\left[2\pi\mathrm{i}(\boldsymbol{k}_0-\boldsymbol{k})\cdot\boldsymbol{r}\right] \right\}\mathrm{d}z \end{cases} \tag{4-58}$$

类似动力学理论的处理方法，$\boldsymbol{k}-\boldsymbol{k}_0 = \boldsymbol{g}+\boldsymbol{s}$，$\boldsymbol{s}/\!/\boldsymbol{z}$，上式可变为：

$$\begin{cases} \dfrac{\mathrm{d}\Phi_0(z)}{\mathrm{d}z} = \dfrac{\pi\mathrm{i}}{\xi_0}\Phi_0(z) + \dfrac{\pi\mathrm{i}}{\xi_g}\Phi_g(z)\exp(2\pi\mathrm{i}sz) \\[2mm] \dfrac{\mathrm{d}\Phi_g(z)}{\mathrm{d}z} = \dfrac{\pi\mathrm{i}}{\xi_0}\Phi_g(z) + \dfrac{\pi\mathrm{i}}{\xi_g}\Phi_0(z)\exp(-2\pi\mathrm{i}sz) \end{cases} \tag{4-59}$$

这就是动力学理论的基本方程。解这个方程组，可得：

$$\begin{cases} \Phi_0(z) = \sin^2\dfrac{\beta}{2}\exp(2\pi\mathrm{i}\gamma_1 z) + \cos^2\dfrac{\beta}{2}\exp(2\pi\mathrm{i}\gamma_2 z) \\[2mm] \Phi_g(z) = \sin\dfrac{\beta}{2}\cos\dfrac{\beta}{2}\exp(2\pi\mathrm{i}\gamma_1 z) - \sin\dfrac{\beta}{2}\cos\dfrac{\beta}{2}\exp(2\pi\mathrm{i}\gamma_2 z) \end{cases} \tag{4-60}$$

其中：

$$\begin{cases} \cot\beta = \omega = s\xi_g \\[2mm] \gamma_1 = \dfrac{1}{2}\left( s - \sqrt{s^2 + \dfrac{1}{\xi_g^2}} \right) \\[3mm] \gamma_2 = \dfrac{1}{2}\left( s + \sqrt{s^2 + \dfrac{1}{\xi_g^2}} \right) \end{cases} \tag{4-61}$$

所以衍射束的强度为：

$$I_g(t) = \Phi_g(t)\cdot\Phi_g^*(t) = \sin^2\beta\sin^2(\pi t s_{\mathrm{eff}}) = \left(\dfrac{\pi}{\xi_g}\right)^2 \dfrac{\sin^2(\pi t s_{\mathrm{eff}})}{(\pi s_{\mathrm{eff}})^2} \tag{4-62}$$

其中：

$$s_{\mathrm{eff}} = \sqrt{s^2 + \xi_g^{-2}} \tag{4-63}$$

可见，在晶体取向 $s$ 一定时，衍射波强度随晶体厚度 $t$ 发生振荡的周期为：

$$t_g = \dfrac{1}{s_{\mathrm{eff}}} = (s^2 + \xi_g^{-2})^{-\frac{1}{2}} \tag{4-64}$$

当偏离参量 $s$ 很大，满足 $s \gg \dfrac{1}{\xi_g}$ 时，动力学理论式（4-62）中可以略掉 $\dfrac{1}{\xi_g}$，即 $s = s_{\mathrm{eff}}$，此时由式（4-62）可得：

$$I_g(t) = \left(\frac{\pi}{\xi_g}\right)^2 \frac{\sin^2(\pi st)}{(\pi s)^2} \tag{4-65}$$

式（4-65）与式（4-47）完全一致，这正好是运动学理论的结果。可见，运动学理论只是动力学理论的一个特定的情形。

动力学理论克服了运动学理论的许多局限，对实验现象的解释更加合理。由运动学理论（式（4-47））计算出来的等厚消光条纹振荡周期 $t_g = \frac{1}{s}$，当 $s = 0$ 时，$t_g$ 为无穷大；而由动力学理论（式（4-62））计算，则为 $t_g = (s^2 + \xi_g^{-2})^{-\frac{1}{2}} = \xi_g$，不再是无穷大，而是 $s = 0$ 的消光距离实测值。另外，当 $s = 0$ 时，由动力学理论（（式 4-62））可得：$I_g = \sin^2\left(\frac{\pi t}{\xi_g}\right) \leqslant 1$，不再出现 $I_g > 1$ 的结果。

考虑晶体的吸收效应后，数学推导比较复杂，由于篇幅所限，本小节只列出一些主要结论，并解释等厚条纹和等倾条纹衬度的一些细节问题。

考虑晶体的吸收效应，在晶体中传播的电子波可以看成是两支布洛赫波 $\Psi_b^1$、$\Psi_b^2$ 的迭加。$\Psi_b^1$ 主要在原子面间进行传播，因此吸收较少，而 $\Psi_b^2$ 主要在原子核间传播，受散射作用较强，吸收较快。等厚消光条纹可以看成是两支振幅接近的布洛赫波发生相干作用并产生拍频效应的结果。随着电子波传播深度的增加，$\Psi_b^2$ 被吸收衰减很快，振幅减小，以致不能与 $\Psi_b^1$ 产生拍频效应，此时等厚条纹消失，而出现以 $\Psi_b^1$ 为主的背景亮度，因此只能观察到如图 4-43 所示的 4~6 条等厚条纹。

当电子波在弯曲的晶体中传播时，在偏离参量 $s > 0$ 的区域，主要以 $\Psi_b^1$ 为主，吸收很少，因而具有很大的强度，这种现象常被称为反常透射；而在 $s < 0$ 的区域，电子波以 $\Psi_b^2$ 为主，由于受到强烈的散射作用，振幅迅速衰减，穿过晶体后强度降得很低，这种现象称为反常吸收。正是由于这种反常透射和反常吸收的作用，从而在弯曲的晶体中出现如图 4-45(a) 所示的衬度分布。也正是因为这个原因，使得弯曲晶体的明场像衬度分布不对称，而暗场像衬度依然保持对称，但明、暗场像衬度不再互补。

#### 4.5.3.2　缺陷晶体衍衬动力学理论

缺陷晶体衍衬动力学理论可在完整晶体动力学理论基础上，仿照晶体运动学理论的推导方法，只需引入位移矢量 $R$，并在相位因子中加入由缺陷引起的附加相位角 $\alpha = 2\pi g \cdot R$ 即可，得到柱体近似下缺陷晶体双光束动力学方程为：

$$\begin{cases} \dfrac{\mathrm{d}\Phi_0(z)}{\mathrm{d}z} = \dfrac{\pi\mathrm{i}}{\xi_0}\Phi_0(z) + \dfrac{\pi\mathrm{i}}{\xi_g}\Phi_g(z)\exp(2\pi\mathrm{i}sz + 2\pi\mathrm{i}g\cdot R) \\[3mm] \dfrac{\mathrm{d}\Phi_g(z)}{\mathrm{d}z} = \dfrac{\pi\mathrm{i}}{\xi_0}\Phi_g(z) + \dfrac{\pi\mathrm{i}}{\xi_g}\Phi_0(z)\exp(-2\pi\mathrm{i}sz - 2\pi\mathrm{i}g\cdot R) \end{cases} \tag{4-66}$$

做变换：

$$\begin{cases} \Phi_0' = \Phi_0(z)\exp\left(\dfrac{-\pi\mathrm{i}z}{\xi_0}\right) \\[3mm] \Phi_g' = \Phi_g(z)\exp\left(\dfrac{2\pi\mathrm{i}sz - \pi\mathrm{i}z}{\xi_0}\right) \end{cases} \tag{4-67}$$

则式（4-67）可变为：

$$\begin{cases} \dfrac{\mathrm{d}\boldsymbol{\Phi}_0'}{\mathrm{d}z} = \dfrac{\pi\mathrm{i}}{\xi_\mathrm{g}}\boldsymbol{\Phi}_\mathrm{g}' \\[3mm] \dfrac{\mathrm{d}\boldsymbol{\Phi}_\mathrm{g}'}{\mathrm{d}z} = \dfrac{\pi\mathrm{i}}{\xi_\mathrm{g}}\boldsymbol{\Phi}_0' + 2\pi\mathrm{i}\left(s + \boldsymbol{g}\cdot\dfrac{\mathrm{d}\boldsymbol{R}}{\mathrm{d}z}\right)\boldsymbol{\Phi}_\mathrm{g}' \end{cases} \tag{4-68}$$

可见，对于一定的操作矢量 $\boldsymbol{g}$，晶体中的缺陷以 $\Delta s = \boldsymbol{g}\cdot\dfrac{\mathrm{d}\boldsymbol{R}}{\mathrm{d}z}$ 的形式影响透射波的强度，使散射晶面的偏移参量从 $s$ 变为 $s + \Delta s$，即反射面发生局部旋转，从而改变图像衬度分布。

### 4.5.4 常用衍衬成像分析方法

衍衬分析中常用的成像方法包括明场像技术和暗场像技术，现以孪晶薄膜试样为例说明衍衬成像的过程和方法。如图 4-46 所示，假设孪晶 A 中的某一晶面族（$hkl$）满足布拉格衍射条件，而其他所有晶面的取向都与各自的布拉格衍射条件相差很远，根据前面的分析可知，在试样中激发出一束强烈的衍射波，获得前面所讲述的双光束条件。如果只利用透射束成像，则由于孪晶 A 发生了强烈的衍射，通过孪晶 A 的透射束强度减弱，因此在图像上显示暗的衬度，而未发生强衍射的其他区域则显示亮的衬度，这就是明场像。如果只利用衍射束成像，则发生强烈衍射的 A 孪晶将显示亮的衬度，而其他区域显示暗的衬度，这就是暗场像的成像原理。

明场像操作过程具体如下：

（1）对电镜进行合轴。

（2）利用双倾样品杆旋转样品，插入选区光阑后，在衍射模式下观察衍射斑点，直至获得所需要的双光束条件，并使透射斑处于荧光屏中心。

（3）选择合适尺寸的物镜光阑套住透射斑，退出选区光阑。

（4）切换到成像模式即可获得明场像。

暗场像的操作过程略微复杂一些。为了减小球差，需要利用近轴光线成像，而发生衍射后，衍射束已经偏离成像系统的光轴，因此必须倾斜入射束并从（$hkl$）晶面的背面入射，这相当于从原来的衍射方向入射，从而使衍射束沿着原来透射束的方向传播成为近轴光线，并在中心形成主衍射束。图 4-46 为明场像和暗场像的成像原理。

暗场像操作过程具体如下：

（1）对电镜进行合轴。

（2）利用双倾样品杆旋转样品，插入选区光阑后，在衍射模式下观察衍射斑点，直至获得所需的双光束条件，并使透射斑处于荧光屏中心。

（3）通过倾斜入射束的方法把强衍射斑（$hkl$）关于透射斑中心对称的弱衍射斑（$\bar{h}\,\bar{k}\,\bar{l}$）移动到荧光屏中心位置；在移动过程中可以发现原来比较弱的衍射斑（$\bar{h}\,\bar{k}\,\bar{l}$）将逐渐变亮，而原来强的衍射斑（$hkl$）将逐渐变弱。

（4）选择合适尺寸的物镜光阑套住处于中心位置的衍射斑（$\bar{h}\,\bar{k}\,\bar{l}$），退出选区光阑。

（5）切换到成像模式即可获得暗场像。

通过这种操作获得的暗场像也称为中心暗场像，是研究缺陷的重要成像方法。操作过程中要特别注意的是一定不能把强衍射斑（$hkl$）移动到荧光屏中心，而应把弱衍射斑（$\bar{h}\,\bar{k}\,\bar{l}$）移到中心位置。

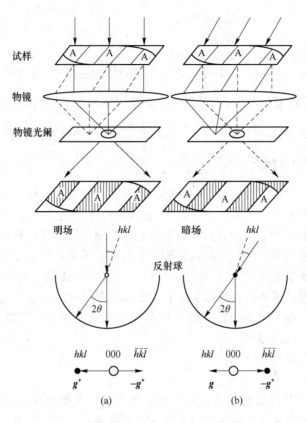

图 4-46 明场像(a)与暗场像(b)成像原理

# 4.6 高分辨电子显微镜简介

高分辨透射电镜的成像原理与普通透射电镜的衍衬成像原理不同，它是一种利用相位衬度来获得原子尺度分辨率的成像技术。随着电镜技术的发展，利用球差校正技术已把透射电镜的分辨率提高到了皮米尺寸。本节对高分辨成像技术及主要的概念作简要介绍。

### 4.6.1 相位衬度

电子波经过试样后，在原子尺度范围内的散射波相对于透射波而言，其相位将发生变化，但理想的成像模式将使这种相位差异消失。在一个非常薄的晶体中，入射电子波经过某一散射中心时被激发成一束有相位差异的散射波，如果透射电镜的成像系统可以记录下这种相位差异，那么就可以区分晶体中的散射中心和非散射中心，而这种散射中心对应的就是晶体的阵点，因此可以获得晶体点阵周期的信息。

如果晶体满足弱相位物近似条件，通过调节透镜成像系统，透射束的相位相对衍射束改变 $\pi/2$，像空间电子波的波函数振幅可表示为：

$$\psi(x) = i[1 \pm \varphi(x)] \tag{4-69}$$

则像空间散射电子波的强度为：

$$I(x) = \psi(x) \times \psi(x)^* \approx 1 \pm 2\varphi(x) \tag{4-70}$$

其中，$\varphi(x)$为弱相位物的投影势函数，描述了晶体点阵的周期信息，从而获得了一种与相位相关的衬度，即相位衬度。

高分辨电子显微学就是采用相干照明条件，利用电子显微镜成像系统的非完整性和偏离理想高斯成像的模式，使散射波改变 $\pi/2$ 的相位，从而将反映原子尺度结构细节的物波相位差异转换为可观察到的像强度分布，获得相应的相位衬度，得到晶体的高分辨图像。

### 4.6.2　相位传递函数与 Scherzer 欠焦条件

高分辨透射电子显微术通常是利用物镜的球差和调节离焦量来改变电子波的相位，可用一个函数 $\chi(u,v)$ 来描述这种相位的变化，对于一定加速电压和球差系数的成像系统，该函数具有确定的形式。定义 $\cos\chi(u,v)$ 和 $\sin\chi(u,v)$ 分别为成像系统的振幅传递函数和相位传递函数，它们综合反映了球差和离焦量对透射电镜高分辨成像质量的影响。

考虑相位物近似，一般认为相位传递函数 $\sin\chi(u,v)$ 为透射电镜分辨率的科学判据。图 4-47 为加速电压 $U$ 为 100 kV、球差系数 $C_S$ 为 2 mm、欠焦量 $\Delta f$ 分别为 0 nm、$-50$ nm、$-105$ nm、$-120$ nm 时，计算的 $\sin\chi(u)$ 与坐标 $u$ 或散射角 $\alpha$ 的关系曲线。值得注意的是，在 $\Delta f$ 取 $-105$ nm 时出现一个 $|\sin\chi(u)|\approx 1$ 的展宽平台。这说明在平台范围内成像系统对所有衍射波近似地都进行了 $-\pi/2$ 的相位调制，而对透射波没有调制作用。使 $|\sin\chi(u,v)|\approx 1$ 的平台展宽到最宽程度时的欠焦条件称作 Scherzer 欠焦条件。而在

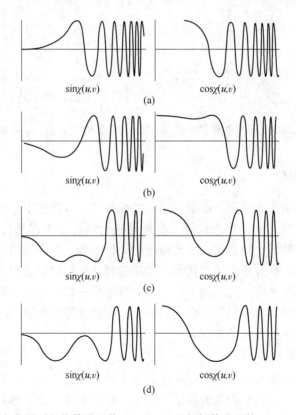

图 4-47　欠焦量对相位传递函数 $\sin\chi(u,v)$ 和振幅传递函数 $\cos\chi(u,v)$ 的影响

（a）$\Delta f = 0$ nm；（b）$\Delta f = -50$ nm；（c）$\Delta f = -105$ nm；（d）$\Delta f = -120$ nm

Scherzer 欠焦条件下，$\sin\chi(u,v)$ 曲线与横坐标的第一个交点对应的空间频率的倒数为相干条件下透射电镜的点分辨率。

通常情况下，透射电镜的 Scherzer 欠焦量 $\Delta f_0$ 和点分辨率 $d$ 可由下面的式子计算：

$$\Delta f_0 = \sqrt{\frac{3C_S\lambda}{2}} \tag{4-71}$$

$$d = 0.639 C_S^{\frac{1}{4}}\lambda^{\frac{3}{4}} \tag{4-72}$$

式中，$\Delta f_0$ 为 Scherzer 欠焦量，nm；$d$ 为点分辨率，nm；$C_S$ 为球差系数，nm，对于一定型号的透射电镜，$C_S$ 为恒定值；$\lambda$ 为电子波波长，nm。

对于 JEM-2100F 透射电镜，$C_S$ 和 $\lambda$ 分别为 $1\times10^6$ nm 和 0.0025 nm，对应的 Scherzer 欠焦量和点分辨率分别为 61 nm 和 0.23 nm。

图 4-48 为电镜加速电压 $U$ 和球差系数 $C_S$ 对相位传递函数的影响。从图 4-48 可以看出，加速电压越高，球差系数越小，在 Scherzer 欠焦条件下，相位传递函数平台越宽，也即电子显微镜的点分辨率越高。这正是发展超高压和超高分辨率透射电镜的依据。

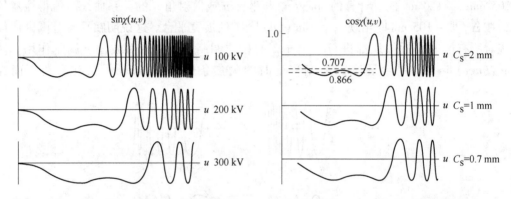

图 4-48  加速电压 $U$ 和球差系数 $C_S$ 对相位传递函数 $\sin\chi(u,v)$ 曲线的影响

### 4.6.3  高分辨显微图像

高分辨成像是多束干涉成像，根据不同的成像条件可以获得不同特征的图像。只要试样合适，成像条件合理，电镜状态良好，在现代透射电镜上很容易得到材料的高分辨图像。但对于图像的解释却比较复杂，多数情况下必须结合计算机模拟才能对图像进行准确的解析，特别是需要从高分辨图像中获得结构信息时，计算模拟显得更为重要。

从图像是否可显现单胞内的结构来看，高分辨图像一般可分为晶格像和结构像。所谓晶格像是指图像中反映了晶体周期性排列的特征，而结构像则在原子尺度上反映了晶胞内原子的排布特点，与理论计算结果吻合。

#### 4.6.3.1  一维晶格像

用物镜光阑选择后焦面上的两束波成像，由于两束波的干涉，得到一维方向上强度呈周期变化的条纹花样。这就是所谓的晶格条纹像。对于多晶试样，得到环状或排列混乱的电子衍射花样，只要有一束衍射波与透射波干涉，就能形成一维晶格像。图 4-49 是 $Fe_{73.5}CuNb_3Si_{13.5}B_9$ 非晶合金经 550 ℃/1 h 热处理后析出微晶的晶格条纹像。

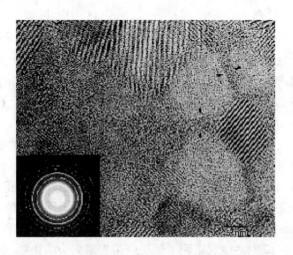

图 4-49 微晶的晶格条纹像及对应的电子衍射谱

#### 4.6.3.2 一维结构像

倾斜试样,使入射电子束严格平行于试样的某一晶面族入射,获得如图 4-50(b)所示的衍射花样,使用这种衍射花样,在最佳聚焦条件下所成的像就是一维结构像。这种像含有晶体单胞内的一维结构信息。经过计算模拟对比,可知道像的衬度与原子面排列的对应关系。这种技术可用于研究复杂多层结构不同层之间的堆积状况。从倒易空间与正空间具有互易关系的性质出发,可知晶面族应与衍射斑点垂直。

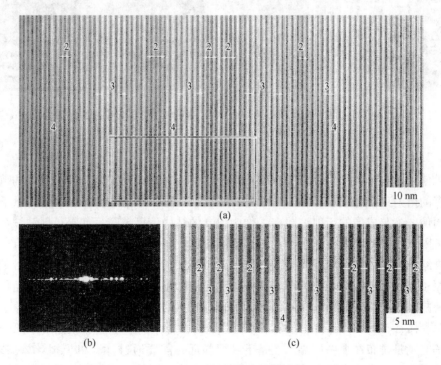

图 4-50 Bi 系超导氧化物结构像

(a) Bi 系超导氧化物一维结构像;(b) 电子衍射花样;(c) 图(a)方框区域的放大像

#### 4.6.3.3　二维晶格像

转动样品，使入射电子束平行于试样中某个晶带轴，获得对称的电子衍射花样。如果利用物镜光阑，选择透射束附近的衍射束参与成像，这种像能给出单胞尺度的周期性信息，但它不含有单胞内原子排列的信息，所以称为二维晶格像。晶格像是利用透射束附近的衍射束来成像，在比较厚（几十纳米）的区域也能得到晶格像，因此，这种像常用于研究晶格缺陷。图 4-51 为 $SrTiO_3$ 晶体的二维晶格像及刃型位错。图 4-51 中的每一个点代表的是晶体的重复阵点位置，而不代表原子的排布，因此是一种二维晶格像。

由于二维晶格像只利用了有限的衍射波，所以即使偏离 Scherzer 欠焦条件也能获得二维晶格像。同时，由于透射束周围的衍射束对应的倒易矢量较短，相应的正空间周期结构单元的周期较大，因此，一般来说这种条件下获得的高分辨图像只能反映晶体周期性的结构特征，而不能反映晶体晶胞内原子尺度上的结构信息。这也是把这种高分辨显微图像称为晶格像的原因。从图 4-52 中直接观察到了螺型位错表面露头的松弛效应。在后面的 4.7 节将要讲到，当螺型位错垂直于试样表面时，尽管满足位错衬度的消光条件，即 $\alpha = \boldsymbol{g} \cdot \boldsymbol{b} = 0$，但由于表面松弛，可以显示露头的衬度。

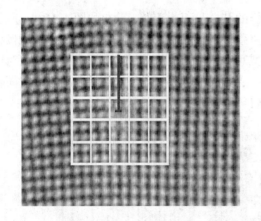

图 4-51　$SrTiO_3$ 晶体中二维晶格像及刃型位错　　　　图 4-52　螺型位错表面露头的松弛效应

#### 4.6.3.4　二维结构像

如果使入射电子束严格平行于试样中某个晶带轴入射，在仪器分辨率允许的范围内让尽可能多的衍射束参与成像，在 Scherzer 欠焦条件下就有可能得到含有单胞内原子排列信息的结构像，参与成像的衍射波越多，像中包含的结构信息越多。如果衍射波波数高于仪器分辨极限，则这些衍射波就不能参与正确结构的成像，而只能成为结构像的背底。

二维结构像与很多实验条件有关，其中样品厚度、选择的晶带轴以及与晶带轴垂直晶面上的原子排布、电镜的点分辨率等是非常重要的影响因素。严格地讲，二维结构像应能正确反映晶体中各组成原子的排布情况，而不是阵点的周期分布。对于由单个原子组成阵点的简单晶体，在 Scherzer 欠焦条件下，可以认为图像中的一个黑点就是一个原子，但某一个原子究竟是排布在上一层晶面还是下一层晶面，需要通过计算机模拟计算加以验证。对于复杂点阵，每个阵点可以代表若干个原子的集合，图像上的点究竟是代表周期性的阵点位置还是原子位置，也必须通过计算机模拟进行验证。当两个原子之间的投影距离大于电镜的点分辨极限时，获得的图像只可能是晶格像。

图 4-53 为 JEOL ARM1250 拍摄的 $SrTiO_3$ 沿不同晶带轴的结构像，可以清楚地看到 Sr、Ti、O 原子的分布。图 4-54 为 $SrTiO_3$ 晶体中 Σ3 晶界的结构像，通过对比模拟计算的结果，可以在图中确定 Sr、Ti、O 原子的排布规律。

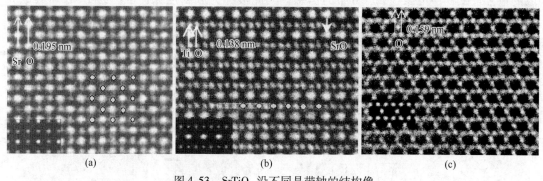

(a)                (b)                (c)

图 4-53   $SrTiO_3$ 沿不同晶带轴的结构像

(a)（100）面；(b)（110）面；(c)（111）面

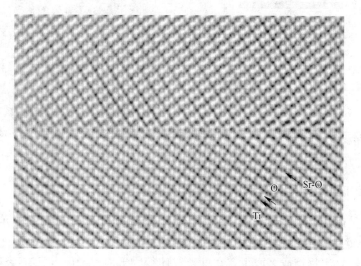

图 4-54   $SrTiO_3$ 中 Σ3（111）[110] 晶界

## 4.6.4  扫描透射技术

随着电子显微技术的不断发展，高分辨扫描透射电子显微术（HR-STEM）已经发展成为目前最为流行和广泛应用的电子显微表征手段。与传统的高分辨相位衬度成像技术相比，高分辨扫描透射电子显微镜可以提供具有更高分辨率以及可直接解释的图像，因而被广泛应用于从原子尺度研究材料的微观结构。

扫描透射电子显微镜是利用会聚电子束在样品上逐点扫描，在样品下方使用探测器同步收集散射电子成像。图 4-55 为扫描透射电子显微术成像原理。场发射电子枪发射的相干电子束经过聚光镜、物镜及光阑后，会聚成亚埃尺寸的束斑。通过控制扫描线圈，电子束斑逐点在样品上进行光栅扫描。在入射电子束与样品发生相互作用时，会使电子产生弹性散射和非弹性散射，电子束被试样散射后，在透射束附近形成以弹性散射电子为主的锥体，而在高角度范围内，则以非弹性散射为主。高角度散射电子波的强度与原子序数 $Z$ 的平方成正比。如果利用一个环形探测器收集这种高角度的散射电子，就可以获得与电子束扫描点处试样平均原子序数密切相关的电子波强度分布，利用这种高角度散射电子波所成的像含有试样中元素（$Z$）分布的信息，因此被称为 $Z$ 衬度像，也称为 HAADF（high angle annular dark field）像或扫描透射环形暗场（STEM-HAADF）像。相应地，利用探头检测透射束以及周围的电子信号，即可获得扫描透射明场（STEM-BF）像。

图 4-56 为镁合金中 AlNd 相的扫描透射环形暗场像。从图 4-56 可以看出，镁基体的衬度较暗，而 AlNd 相的衬度较亮。根据图像衬度可以清晰辨识原子占位情况，尤其是一些原子序数差较大原子组成的相，不同原子在晶格中的占位可通过衬度差异来区分。

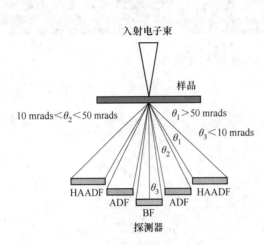

图 4-55　扫描透射成像原理

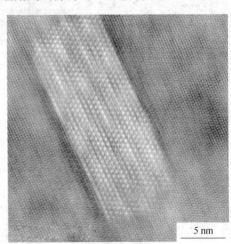

图 4-56　镁合金中 AlNd 相的 STEM-HAADF 像

## 4.6.5　球差校正技术

球差校正是近几年发展起来的一种新技术。其基本原理如图 4-57 所示。物平面的一个点 $O$ 经过物镜在其像平面上成像，对于理想的物镜系统，应该在像平面上形成一个清晰的像点，由于真实物镜或多或少存在球差，使得物平面上的像点具有一定的发散度，因而变得模糊起来。球差校正就是利用一些组合的透镜（球差校正器）使从像点 $O$ 发射出来的光线重新会聚成一点，形成一个清晰像点的技术。

图 4-58 为球差校正前后透镜相位传递函数曲线的变化，其中曲线 $a$ 和 $b$ 分别为校正前后的曲线，曲线 $c$ 为校正后相位传递函数的衰减包络曲线，其与横轴的交点对应于透镜的信息分辨率。从图中可以看出，经过球差校正后，透镜的信息分辨率提高；点分辨率 $B$ 远高于未校正时的点分辨率 $A$，趋近于信息分辨率。但要注意的是，经过校正后，展宽的平台较窄，这就意味着系统对于低频信息的损害较大。

图 4-59 为 β-$Si_3N_4$ 的高分辨图像，其中，图 4-59（a）是利用未经过球差校正的 JEOL 4000EX（400 kV，$C_S$ = 1.6 mm）透射电镜拍摄的，而图 4-59（b）是利用经过球差校正后的 TITAN 80～300（300 kV，$C_S$ = −0.4 μm）透射电镜拍摄的。在图 4-59（a）中看不到 Si-N 哑铃结构，而在图 4-59（b）中则清晰可见。

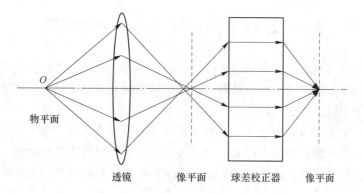

图 4-57 球差校正原理示意图

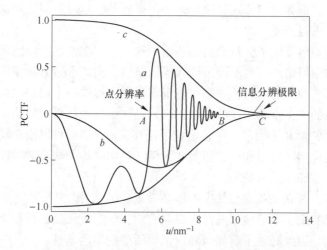

图 4-58 球差校正前后透镜相位传递函数的比较

图 4-59 β-Si$_3$N$_4$ 的高分辨图像

(a) 未经过球差校正; (b) 经过球差校正

# 4.7　透射电镜在材料科学中的应用

透射电镜在现代科技中的应用越来越广，包括生物、电子、医药、化工、材料等科学领域，人们总是希望借助透射电镜获得一些诸如微观结构方面的信息。本节主要介绍透射电镜在材料科学中的一些应用。

电子衍射和电子衍衬分析技术是透射电镜在材料科学中最重要且最常见的应用技术。前者主要用来分析和确定材料中的相结构，后者主要分析材料中各种相的分布特点、缺陷的组态等。结合能谱仪或电子能量损失谱仪，透射电镜还可以对材料的微区进行半定量甚至定量的成分分析。电子衍射分析已在前面4.4节进行了介绍，本节重点介绍电子衍衬分析技术在材料科学中的具体应用。对于具有一定透射电镜基础的科研工作者来说，获得一张衍衬像非常容易，但如何解读这些照片，如何准确地、尽可能多地从这些照片中提取有用的信息却是一项需要下功夫的工作。

衍衬理论是正确解读电子衍衬像的必备基础知识。根据前面的介绍可知，对于完整单晶体材料，衍衬像中可出现一些厚度条纹和等倾条纹，而其他地方除了质厚衬度外，不会有其他衬度差异。而缺陷的存在，则会在电子衍射波中提供一个附加相位，从而显现出附加衬度。衍衬理论的一个重要用途就是用来研究晶体中各种各样的缺陷。晶体中任何缺陷都可以用一个位移矢量 $R$ 来表示，一旦确定了位移矢量 $R$，则可以推断缺陷的类型、特点等。本节以常见的位错、层错和第二相质点为例，说明晶体中缺陷的衬度特征以及如何利用透射电镜来分析和确定晶体缺陷。

对于衍衬分析，首先要鉴别图像中由运动学效应和动力学效应引起的各种现象，对这些问题的清楚认识有助于准确地从图像中提取有用的信息，也是选择恰当的衍衬理论来解释实验现象的基础，因此必须了解如何确定试样所处的实验条件。

表4-7为利用衍射谱和厚度条纹来判断试样处于运动学条件还是动力学条件的参考依据。

表 4-7　衍衬条件简要判据

| 选区电子衍射谱特征 | | 明场像厚度条纹特征 | |
|---|---|---|---|
| 动力学条件 | 运动学条件 | 运动学条件 | 动力学条件 |
| 亮菊池线非常靠近对应的衍射斑，从而使 $\|\omega\| \leqslant 1.0$ | 亮菊池线距离对应的衍射斑较远，从而使 $\|\omega\| \geqslant 1.0$ | 厚度条纹较少，分布区域窄而且不清晰，背底模糊 | 厚度条纹较多且紧靠试样边缘的条纹衬度清晰，背底可见到较多清晰细节 |

### 4.7.1　位错衬度分析及柏氏矢量的确定

#### 4.7.1.1　倾斜位错衬度

由于位错的存在，使得位错附近晶体点阵产生畸变 $\boldsymbol{R}$（位移矢量），由式（4-66）可知，位错将对衍射波振幅产生影响。但当附加位相角 $\alpha = 2\pi\boldsymbol{g}\cdot\boldsymbol{R}=0$ 时，式（4-66）将与完整晶体衍射波振幅表达式（4-59）相同，这意味着两者图像的衬度相同，也就是说虽然存在缺陷，但在图像中不会出现附加衬度。因此要使位错成像，必要条件是 $\alpha = 2\pi\boldsymbol{g}\cdot\boldsymbol{R}\neq 0$，也即 $\boldsymbol{g}\cdot\boldsymbol{R}\neq 0$。对于确定类型和形状的位错，畸变场 $\boldsymbol{R}$ 是确定的，但操作反射 $\boldsymbol{g}$ 可以通过旋转样品来改变，从而可以使位错衬度消失或显现。图 4-60 为 Si 基片中缠绕在一起的位错。由于机械损伤

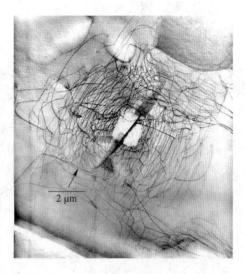

图 4-60　Si 中由裂纹尖端引起的位错缠结

（图 4-60 中白色矩形）诱发微裂纹（深黑色区域），在裂纹尖端处引起应力集中，从而在裂纹周围产生大量的位错并缠绕在一起，最终使应力得到释放。

图 4-61 为位移矢量 $\boldsymbol{R}$ 的计算模型及各参量的物理意义。假设试样为各向同性的完全弹性体，在距离试样表面 $h$ 处有一平行于试样表面的直线型位错 $AB$，其柏格斯矢量为 $\boldsymbol{b}$。在距离位错线 $x$ 处取一垂直于试样表面的小柱体 $CD$。由位错理论可知，柱体 $CD$ 中距离位错线 $r$ 处的微体积元的位移矢量 $\boldsymbol{R}$ 可表示为：

$$\boldsymbol{R} = \frac{1}{2\pi}\left\{ \boldsymbol{b}\varphi + \boldsymbol{b}_e\frac{\sin 2\varphi}{4(1-\nu)} + \boldsymbol{b}\times\boldsymbol{u}\left[ \frac{1-2\nu}{2(1-\nu)}\ln|r| + \frac{\cos 2\varphi}{4(1-\nu)} \right] \right\} \tag{4-73}$$

式中，$\boldsymbol{b}_e$ 为柏氏矢量 $\boldsymbol{b}$ 的刃型分量；$\boldsymbol{u}$ 为位错线方向的单位矢量；$r$ 为柱坐标系中位错畸变区微体积元的极径；$\varphi$ 为极角；$\nu$ 为材料的泊松比。

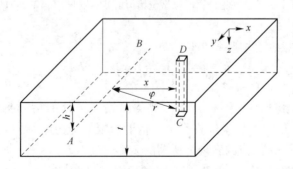

图 4-61　位移矢量 $\boldsymbol{R}$ 的计算模型及各参量的物理意义

对于螺型位错，有 $\boldsymbol{b}_e = 0$，$\boldsymbol{b}\times\boldsymbol{u}=0$，设位错 $AB$ 和微体积元距离试样上表面的距离分别为 $h$、$z$，由上式可得螺型位错的位移矢量为：

$$\boldsymbol{R} = \frac{\varphi}{2\pi}\boldsymbol{b} = \frac{\boldsymbol{b}}{2\pi}\tan^{-1}\frac{z-h}{x} \tag{4-74}$$

因此，附加相位角为：

$$\alpha = 2\pi \boldsymbol{g} \cdot \boldsymbol{R} = \boldsymbol{g} \cdot \boldsymbol{b} \tan^{-1} \frac{z-h}{x} \tag{4-75}$$

设 $\boldsymbol{g} \cdot \boldsymbol{b} = n$，则衍射波振幅为：

$$\Phi_{\mathrm{g}} = \frac{\mathrm{i}\pi}{\xi_{\mathrm{g}}} \int_0^t \exp\left(-\mathrm{i}n\tan^{-1}\frac{z-h}{x}\right) \exp(-2\pi\mathrm{i}sz) \, \mathrm{d}z \tag{4-76}$$

图 4-62 为 $n$ 取 1、2、3、4 时，计算得到螺型位错衍射强度与 $\beta = 2\pi sx$ 之间的关系曲线。位错核心位于 $\beta = 0$ 处。从图 4-62 可以看出，当 $n$ 为奇数时，强度分布不再以位错核心成对称分布（图 4-62 中 $n=3$ 的曲线）；而当 $n$ 为偶数时，强度分布以位错核心对称分布。当 $n=1$ 时，衍射强度极大值出现在 $\beta<0$ 的一侧，为一个单峰，即一根位错出现一个像；而当 $n>1$ 时出现多个极大值，预示着一根位错可产生多个位错像。无论何种情况，位错像均不出现在位错的真实位置，而是出现在位错核心位置的一侧。

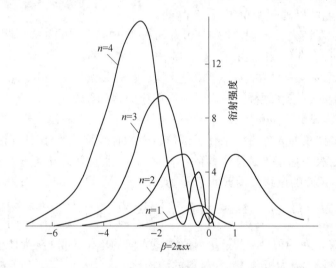

图 4-62　运动学理论计算的螺型位错衍射波强度与 $\beta(=2\pi sx)$ 的关系

当螺型位错关于试样表面倾斜 $\theta$ 时，式（4-74）变为：

$$\boldsymbol{R} = \frac{\varphi}{2\pi}\boldsymbol{b} = \frac{\boldsymbol{b}}{2\pi}\tan^{-1}\left[\frac{(z-h)\cos\theta}{x}\right] = \frac{\boldsymbol{b}}{2\pi}\tan^{-1}\frac{z-h}{x/\cos\theta} \tag{4-77}$$

对比式（4-74）和式（4-77）可知，倾斜位错在 $x$ 处的衍射振幅与未倾斜位错在 $x/\cos\theta$ 处的值相等，预示着位错像将变窄且衍射振幅值降为原有的 $\cos\theta$ 倍。随着位错在试样中深度位置的改变，位错像表现为所谓的 Z 形衬度。

由式（4-73）可知，要使 $\boldsymbol{g} \cdot \boldsymbol{R} = 0$，必须同时满足 $\boldsymbol{g} \cdot \boldsymbol{b} = 0$、$\boldsymbol{g} \cdot \boldsymbol{b}_{\mathrm{e}} = 0$、$\boldsymbol{g} \cdot \boldsymbol{b} \times \boldsymbol{u} = 0$，只要有一项不为零，位错畸变场都将提供附加衬度。表 4-8 为弹性各向同性材料中三种位错衬度消失的条件。

对于刃型位错，从理论上来说要同时满足 $\boldsymbol{g} \cdot \boldsymbol{b} = 0$ 和 $\boldsymbol{g} \cdot \boldsymbol{b} \times \boldsymbol{u} = 0$，位错衬度才能消失，但实际操作时要同时满足这两个条件是非常困难的。通常情况，如果位错的残余衬度不超过远离位错处基体衬度的 10%，即可认为位错衬度已经消失。

**表4-8 弹性各向同性材料中位错衬度消失判据**

| 刃 型 位 错 | 螺 型 位 错 | 混 合 型 位 错 |
|---|---|---|
| $g \cdot b = 0$ | $g \cdot b = 0$ | $g \cdot b = 0$ |
| $g \cdot b \times u = 0$ | | $g \cdot b_e = 0$ |
| | | $g \cdot b \times u = 0$ |

#### 4.7.1.2 位错衬度的特点

在运动学理论中，透射波振幅远大于衍射波振幅，透射波强度与衍射波强度互补，即衍衬像的明、暗场衬度互补。但实验表明这个互补关系并不出现，这是由于运动学理论忽略了透射束与衍射束之间的相互作用。位错的衬度特征取决于试样所处的状态，在试样处于动力学或运动学条件时，位错衬度的共同之处是：

（1）明场像一般都是偏离位错真实位置的一条暗线，当操作矢量或偏离参量改变符号时，位错像漂移到真实位置的另一侧；

（2）$g \cdot b = 2$ 时可能出现位错双像。

另外，试样处于动力学条件时，位错的衬度还具有如下特征：

（1）明场像与暗场像衬度不互补，有时明、暗场像中位错都显现为一条暗线；

（2）当位错倾斜严重、接近试样表面、偏离参量 $s$ 趋于零、操作矢量 $g$ 较短等情况下，易于出现 Z 形衬度位错线；

（3）动力学条件下的位错像具有较好的衬度和清晰度。

为了获得清晰的位错图像，应该注意以下几点：

（1）确定操作矢量并获得双光束条件，稍微倾斜样品，使 $s$ 略大于 0，明场像衬度中因具有反常透射而引起较高的亮度；位错线图像强度也接近强度分布的谷底，衬度较好，同时具有较大的宽度，接近 $\xi_g/3$。此时的实验条件处于 $\omega = s\xi_g \to 0$ 的动力学状态，位错像清晰且图像衬度好。

（2）选择合适的试样厚度，一般在 $(5 \sim 9)\xi_g$ 之间比较合适。如果试样太薄，位错可能自动逸出，试样已不能代表材料的真实位错状态。另外，如果试样处于运动学状态，位错衬度也不是很理想。如果试样太厚，则吸收效应严重，图像不清晰。

（3）选择低指数的操作矢量 $g$ 进行分析。$|g|$ 越小，$\xi_g$ 越小，则 $\omega = s\xi_g$ 也小，利于获得动力学条件。

#### 4.7.1.3 位错柏氏矢量的确定

先简单介绍一下通过衍衬分析确定位错柏氏矢量的原理。假如能找到两个操作矢量 $g_1$ 和 $g_2$，使柏氏矢量为 $b$ 的位错衬度消失，那么根据表4-8可得：

$$\begin{cases} g_1 \cdot b = 0 \\ g_2 \cdot b = 0 \end{cases} \tag{4-78}$$

设 $g_1 = h_1 a^* + k_1 b^* + l_1 c^*$，$g_2 = h_2 a^* + k_2 b^* + l_2 c^*$，则有

$$b = \begin{bmatrix} a & b & c \\ h_1 & k_1 & l_1 \\ h_2 & k_2 & l_2 \end{bmatrix} \tag{4-79}$$

具体的操作过程如下：

（1）选择感兴趣的区域，拍摄含有待测位错的显微图像和相应的选区电子衍射谱，最好选择低指数晶带轴的电子衍射谱。

（2）根据样品的晶体结构，估计位错类型和可能的位错反应，确定满足 $\boldsymbol{g} \cdot \boldsymbol{b} = 0$ 的操作反射 $\boldsymbol{g}$。

（3）在衍射模式下，缓慢转动样品，使对应 $\boldsymbol{g}$ 反射的衍射斑相对于其他衍射斑亮度最亮，即获得衍射束为 $\boldsymbol{g}$ 的近似双束条件。

（4）回到像模式观察待测位错是否消失，否则重复（3），直至找到两个使待测位错衬度消失的操作矢量 $\boldsymbol{g}_1$ 和 $\boldsymbol{g}_2$，并拍摄对应的显微图像和衍射谱。

（5）利用式（4-79）计算待测位错的柏格斯矢量 $\boldsymbol{b}$。

**例 4**　在双束条件下某面心立方晶体试样中位错的衬度如图 4-63 所示，从图中可以看出，位错 $C$ 存在两个衬度消失的操作反射。图 4-63 中右下角列出了相应的操作矢量，试求位错 $C$ 的柏格斯矢量。

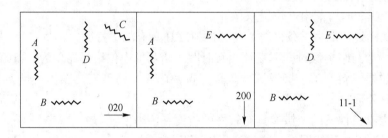

图 4-63　面心立方晶体全位错衬度示意图

**解**：从图 4-63 中可知，位错 $C$ 衬度消失的两个操作反射分别为 $\boldsymbol{g}_1 = [200]$ 和 $\boldsymbol{g}_2 = [11\bar{1}]$，根据式（4-79）可得：

$$\boldsymbol{b}' = \begin{bmatrix} a & b & c \\ 2 & 0 & 0 \\ 1 & 1 & \bar{1} \end{bmatrix} = [022] \tag{4-80}$$

根据面心立方晶体中全位错柏格斯矢量只可能为 $\dfrac{1}{2}\langle 110 \rangle$ 的特点，可以确定位错 $C$ 的柏格斯矢量 $\boldsymbol{b} = \dfrac{1}{2}[011]$。

#### 4.7.1.4　位错真实位置的确定

如图 4-64 所示，设晶体中存在一个正刃型位错，在操作矢量指向左侧且 $s > 0$ 的成像条件下，位错线所处的半原子面并不满足布拉格衍射条件。考虑位错线附近晶面的变形特点，可知在位错线的 $X$ 侧晶面逆时针旋转，使偏离参量 $s$ 减小，因此完全满足布拉格衍射条件的位置在位错线真实位置的左侧，也即位错的真实位置在位错像的右侧。

表 4-9 为常见位错类型的像与真实位置的关系。表中细

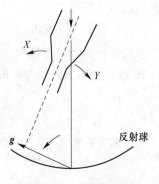

图 4-64　位错像与真实位置的关系

实线和粗实线分别代表位错的真实位置和像的位置。在确定位错真实位置之前，首先要确定位错类型、操作矢量 $g$ 和偏离参量 $s$。从表中可以看出，对于同一个位错，如果操作矢量 $g$ 变为 $-g$ 或者改变偏离参量的符号，位错像都从真实位置的一侧移动到另一侧，这一点对研究位错双像很有意义。

表 4-9　刃型位错和螺型位错像与真实位置的关系

| 刃型位错类别 | 正刃位错 ⊥ | | | | 负刃位错 ⊤ | | | |
|---|---|---|---|---|---|---|---|---|
| 位错 | + | + | + | + | − | − | − | − |
| $s$ | + | + | − | − | + | + | − | − |
| $g$ | → | ← | ← | → | → | ← | ← | → |
| 位错线 | ‖ | ‖ | ‖ | ‖ | ‖ | ‖ | ‖ | ‖ |

| 螺型位错类别 | 右螺旋 | | | | 左螺旋 | | | |
|---|---|---|---|---|---|---|---|---|
| 位错 | + | + | + | + | − | − | − | − |
| $s$ | + | + | − | − | + | + | − | − |
| $g$ | → | ← | ← | → | → | ← | ← | → |
| 位错线 | ＝ | ＝ | ＝ | ＝ | ＝ | ＝ | ＝ | ＝ |

#### 4.7.1.5　平面型位错环

设位错环所在的平面与试样表面平行，两者的法向为 $n$，位错线方向为 $u$，柏格斯矢量为 $b$。对于位错环，各处的 $u$ 不同，为该点的切线方向。当 $u$ 平行于 $b$ 时，该处的位错具有螺型位错的特征；而当 $u$ 垂直于 $b$ 时，该处的位错表现为刃型位错的特征。

（1）当 $b \perp n$ 时，即柏格斯矢量在位错环所在的平面内，则 $b \times u$ 要么为零，要么平行于 $n$，因为 $g$ 平行于膜面，所以 $g \cdot b \times u = 0$，因此式（4-73）中对衬度有贡献的只有 $g \cdot b$ 和 $g \cdot b_{\mathrm{e}}$ 两项。在 $g \cdot b = 0$ 地方，位错线隐像，而在 $g \cdot b \neq 0$ 的地方，位错线显像。一般来说，螺型位错像的宽度大约为刃型位错像宽度的一半，所以位错环像的宽度不等。

（2）当 $b \perp u$ 时，位错环为纯刃型位错，这种位错环常称为棱柱位错。当位错环平行于试样表面时，则 $g \cdot b = 0$。在式（4-73）中对衬度有贡献的只有 $b \times u$ 这一项。对于棱柱位错，$b \times u$ 在位错环面且垂直于 $u$，即沿位错环的径向。如果操作反射 $g$ 沿位错环某处的切线方向，则满足 $g \cdot b \times u = 0$ 的条件而隐像，其他地方显像，所以位错环显现不连续的环像，有时甚至看起来像位错双像。

（3）当位错环与试样表面成一定角度时，倾斜最大的地方，衬度较低；当位错环尺寸较小时，比如小于 10 nm 时，在一定条件下会出现黑白瓣衬度。这些现象具有动力学特征，需要用衍衬动力学理论才能解释。

#### 4.7.1.6　位错双像

在晶体衍衬图像中，往往可以看到成对出现的位错像。对于成对出现的位错像必须慎重对待，因为这种成对出现的像，可能是真实的，也可能是一种假像。出现成对位错假像的原因可能有：（1）激发了两个操作反射同时参与成像；（2）利用 $n>1$ 的高阶操作反射成像。如图 4-62 所示，当 $n>1$ 时，即可能出现多个位错像。对于情形（1），可通过倾转试样，获得精确的双光束条件使假像消除；对于情形（2）则可采用低指数操作反射成像避免出现假像。

出现真实位错双像的情形包括：（1）位错偶极子；（2）超点阵中的超位错；（3）偏位错或扩展位错；（4）倾斜的位错环。

假设位错双像中两根位错线的柏格斯矢量分别为 $b_1$ 和 $b_2$，则每种位错组态具有表 4-10 中的特点。

**表 4-10　不同位错双像的柏格斯矢量**

| 位错双像类型 | 位错偶极子 | 超位错 | 偏位错 | 位错环 |
|---|---|---|---|---|
| 柏格斯矢量 | $b_1 = -b_2$ | $b_1 = b_2$ | $b_1 \neq b_2$ 且夹角为 60° | $b_1 = b_2$ |

根据表 4-10 的特点，可以通过适当的操作区分图像中位错双像的真正来源。如通过 $\pm g$ 操作，观察衍衬像中位错双像之间距离的变化来区分是位错偶极子还是超位错。如距离不变则为超位错，反之为位错偶极子。图 4-65 为 $\pm g$ 操作下不锈钢中衍衬像中位错双像的变化。从双像之间的距离变化可知为位错偶极子。

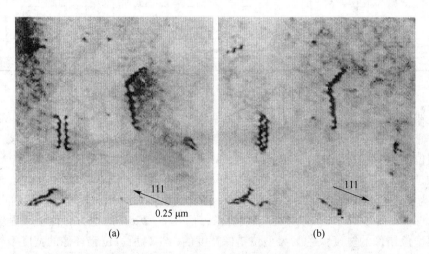

(a)　　　　　　　　　　　　　　　(b)

**图 4-65　操作矢量对位错双像距离的影响**

（a）$g = [\bar{1}\bar{1}1]$；（b）$g = [11\bar{1}]$

由于位错环某些地方的衬度消失，从而使位错环的像看起来像位错双像。由于这种位错双像对应的位错线方向相反，因而改变操作矢量或偏离参量的符号时，位错环像的变化与位错偶极子类似，即距离增加或缩短。由位错环包围的层错条纹像可以把位错环与位错偶极子分开。

通过倾转样品，获得不同操作矢量的双光束条件，观察位错线的消失情况可以用来判断位错偶极子是否为偏位错产生。对于偏位错，两条位错线可以同时出现，也可以同时消失，还可以只出现一条，而另一条消失。

### 4.7.1.7　垂直位错衬度特点

当位错线垂直试样表面时，对于螺型位错，满足 $g \cdot b = 0$，位错的衬度为零。但由于位错线与表面相交时可引起表面松弛效应，从而在位错核心处，出现一条与操作矢量 $g$ 平行的零衬度线，在该衬度线两侧衬度不等，出现亮衬度和暗衬度。图4-66为螺位错的露头图片。当位错为刃型位错时，衬度较低。

### 4.7.1.8　位错密度的确定

薄膜透射电镜照片所提供的位错密度是半定量的，只可相对比较。影响透射电镜测量位错密度准确性的因素主要有：

（1）透射电镜观察的视场通常都是微米数量级甚至更小的范围，因此透射电镜提供的图像是否具有代表意义取决于材料中位错密度的均匀性；

（2）对于透射电镜所需的薄膜试样，位错有可能获得能量逸出而消失；

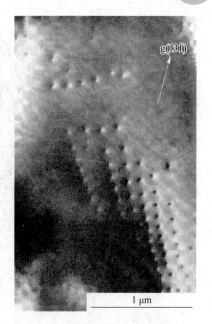

图4-66　螺位错的表面露头

（3）在电镜试样制备过程中，因塑性变形或热效应引起位错密度的变化；

（4）由于衍衬像中位错有可能不显示衬度，很难使视场中所有位错显像。

对于位错密度 $\rho$ 不是太高（$10^4 \sim 10^6 \, \mathrm{mm}^{-2}$）的试样，可以通过测量图像单位面积中位错端点的数目 $P$ 来近似估测位错密度：

$$\rho = P \tag{4-81}$$

对于位错密度较高的试样，位错线缠绕在一起，以致无法辨识位错端点时，可用以下方法进行测量。设试样厚度为 $t$，在图像上做任意长为 $L$ 的直线，直线 $L$ 与位错线的交点数目为 $N$，则位错密度 $\rho$ 为：

$$\rho = \frac{2N}{Lt} \tag{4-82}$$

一般测量时需要对多个视场、多个不同操作矢量的图像进行测量，同一视场也要进行多次测量，最后取平均值。如果位错密度较高，如 $\rho > 10^{10} \, \mathrm{mm}^{-2}$，则可采用其他方法，如电阻法等；如果位错密度 $\rho < 10^4 \, \mathrm{mm}^{-2}$ 或更低，可以考虑位错线方位的影响，逐一测量位错线的长度，再计算位错密度。

## 4.7.2　层错分析

### 4.7.2.1　层错条纹衬度特点

下面以常见的面心立方晶体为例，介绍层错衍衬特点和分析方法。

图4-67是层错的明场像和暗场像，可见层错图像与等厚条纹相似，都是一些彼此平行的条纹，但两者之间产生的机理截然不同。从衬度来看，在某些细节上也存在差异。如层错条纹中，外侧条纹衬度较深，中间渐渐变浅；而等厚条纹则是对应于样品薄边一侧衬度较深，越靠近厚的一侧越浅，直至消失。

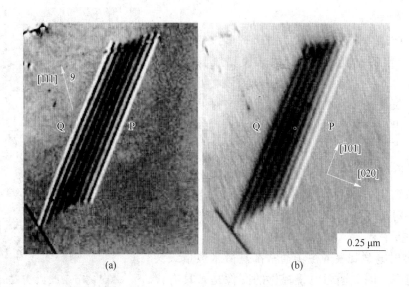

图 4-67    层错形貌
(a) 明场像；(b) 暗场像

图 4-68 为理论计算层错明、暗场像的强度分布，图 4-68(a)代表明场像的衬度分布，图 4-68(b)代表暗场像的衬度分布。可见层错的衬度具有如下特点。

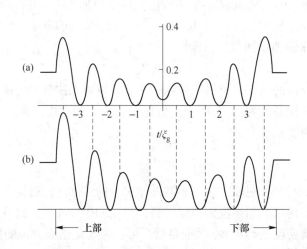

图 4-68    层错强度分布的理论计算曲线（$\alpha = 2/3\pi$，$\omega = 0.2$）
(a) 明场像；(b) 暗场像

(1) 层错明场像是中心对称的，但暗场像不对称。如图 4-67 所示。

(2) 明场像外侧条纹的衬度随附加相位角 $\alpha$ 的变化而变化，当 $\alpha = 2\pi/3$ 时，为亮条纹；当 $\alpha = -2\pi/3$ 时，为暗条纹；当 $\alpha = \pm 2n\pi$ 时，则不显示衬度；由此可判断，图 4-67 的层错附加相位角为 $\alpha = 2\pi/3$。

(3) 当层错接近上表面时，明、暗场像的衬度相似，外侧都是亮条纹或都是暗条纹；接近下表面时，明、暗场像的外侧条纹衬度互补；根据层错明、暗场像外侧条纹衬度的特点，可以判断层错与试样上下表面的交截情况。如图 4-67 中的层错，右边条纹对应试样的上表面，可见层错从左下至右上与试样表面交截。

（4）当偏离参量 $s=0$ 时，即满足严格布拉格衍射条件时，暗条纹数目 $N$ 与试样厚度 $t$ 之间存在如下关系：

$$(N-1)\xi_g = t \tag{4-83}$$

当 $s \neq 0$ 时，条纹数增加。

（5）当层错所在样品区域的厚度发生变化时，每增加一个 $\xi_g$ 的厚度，就增加一个条纹，因此在层错中心条纹处出现分叉现象。如图 4-69 所示，从右至左，层错条纹每经过一个等厚消光条纹时就会增加一个分叉，出现一条新条纹。

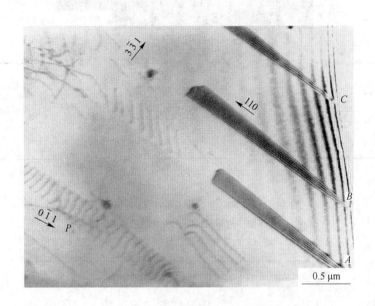

图 4-69　等厚条纹对层错条纹的影响

（6）重叠层错的衬度取决于其相位角之和。当相位角之和为零时，重叠的层错不显示衬度。图 4-70（a）左下方的浅色层错条纹显示了镍基高温合金中重叠层错的衬度，图 4-70（b）为层错重叠时的附加相位角变化及相应的衬度变化。

### 4.7.2.2　层错类型的确定

对于面心立方晶体中的层错，可以根据层错条纹衬度的特点以及操作矢量的方向来确定层错的类型。如图 4-71 所示，图中右侧两列中的粗黑线表示暗条纹，两条细线对为一条亮条纹。经过磁转角校正后，将操作矢量 $g$ 画到暗场像中心，根据 $g$ 的指向和指数，可以判断层错类型。假如 $g$ 为 B 型操作矢量（包括 111，220，400），且指向暗条纹一侧，可以断定此层错为插入型；若指向亮条纹一侧，则为抽出型层错。当 $g$ 为 A 型操作矢量（包括 222，440，200），结论正好相反。

### 4.7.2.3　层错位移矢量的确定

根据缺陷隐像的特点（附加相位角 $\alpha = 2\pi g \cdot R$ 为零时），可以通过倾转试样，获得两个使层错隐像的操作矢量，参照式（4-79）可以求出层错的位移矢量。

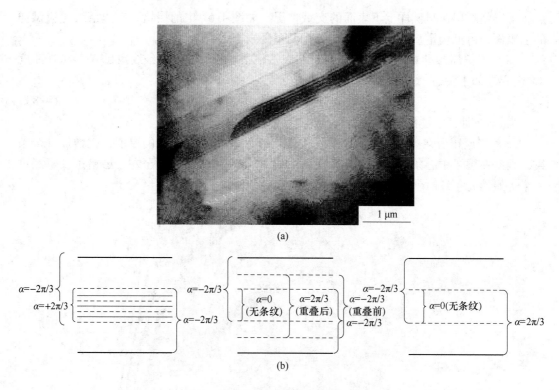

(a)

(b)

图4-70　镍基高温合金中的层错衬度及分析

（a）重叠层错形貌；（b）重叠层错衬度说明

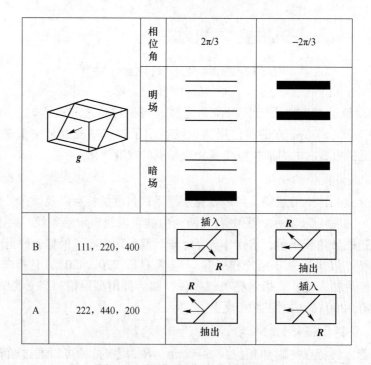

图4-71　层错两边部条纹衬度规则

#### 4.7.2.4　偏位错

偏位错常与层错一起出现，层错的边缘往往就是偏位错。对于偏位错来说，其隐像的条件是：

$$\begin{cases} \boldsymbol{g} \cdot \boldsymbol{b} = 0 \\ \boldsymbol{g} \cdot \boldsymbol{b} = \pm \dfrac{1}{3} \end{cases} \tag{4-84}$$

在 $\boldsymbol{g} \cdot \boldsymbol{b} = 0$ 条件下，偏位错及其包围的层错都隐像，而对于 $\boldsymbol{g} \cdot \boldsymbol{b} = \pm \dfrac{1}{3}$ 条件，则只有偏位错隐像，而其中间包围的层错显像。

### 4.7.3　波纹图

波纹图衬度是一种特殊类型的相位相干衬度，是分辨晶体点阵的一种间接方法。如图 4-72(a)所示，假如有两个晶体，在某一方向存在平行的晶面，但彼此的面间距不等。如果把它们叠加在一起，将出现一个条纹密集的区域，从而形成一个以相邻两个条纹密集区中心为周期的波纹花样，这种波纹图称为平行波纹图。新的周期 $D_p$ 与原来晶面间距 $d_1$、$d_2$ 之间的关系是：

$$D_p = \frac{d_1 d_2}{|d_1 - d_2|} \tag{4-85}$$

当两个晶面相对旋转一个 $\alpha$ 角后再重叠起来也可以形成波纹图，相应地称为旋转波纹图。当 $d_1 = d_2 = d$ 时，新周期 $D_{p1}$ 为：

$$D_{p1} = \frac{d}{2\sin(\alpha/2)} \tag{4-86}$$

当 $d_1 \neq d_2$ 时，新周期 $D_{p2}$ 为：

$$D_{p2} \approx \frac{d_1 d_2}{\sqrt{(d_1 - d_2)^2 + d_1 d_2 \alpha^2}} \tag{4-87}$$

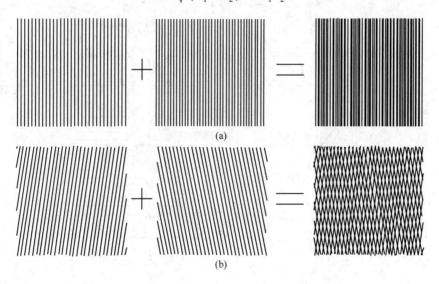

图 4-72　两组晶面重叠形成波纹图的几何解释

(a) 面间距不同，取向相同；(b) 面间距相同，取向不同

### 4.7.4　第二相应变场衬度

如果基体中存在第二相，则在第二相颗粒周围的基体中将产生晶格畸变，可以用一个位移矢量 $R$ 来表征基体的畸变特征。同样，当 $\alpha = 2\pi g \cdot R \neq 0$ 时，应力场将在基体中产生附加衬度。对于球形颗粒，引起的应变场也是球形对称的，因此总可以找到一个径向，使 $\alpha = 2\pi g \cdot R = 0$，从而不显示衬度，在图像上显示与操作矢量垂直的"零衬度线"。图 4-73 为不锈钢中析出球形含铜沉淀相的形貌，图中可见明显的"零衬度线"。图 4-74 为第二相粒子处于试样不同深度时的应变衬度分布。当第二相颗粒在晶体中心时，明场像

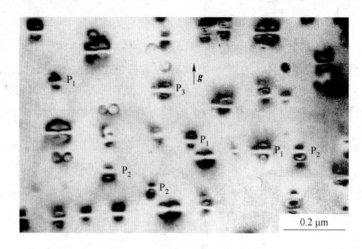

图 4-73　球形析出相中的零衬度线

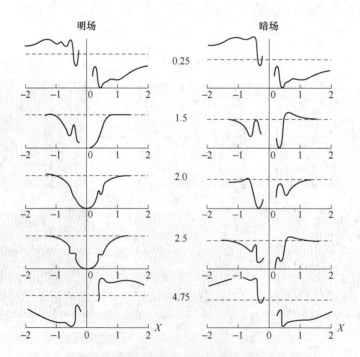

图 4-74　质点应变场像的强度轮廓随深度的变化

（图中中间的数值表示深度与消光距离 $\xi_g$ 的比值）

是对称的。当第二相颗粒靠近上表面时，明场像和暗场像几乎是相同的，而接近下表面时，明场像和暗场像是互补的。从图 4-73 可以看出，不同颗粒的蝶型衬度两翼不对称，说明这些质点分布于试样不同深度处。零衬度线似乎把颗粒分为两部分，沿操作矢量 $g$ 的方向，面积大的部分与操作矢量方向一致的颗粒接近试样的上表面，如图中 $P_1$ 颗粒，反之在试样的下表面，如图中 $P_2$ 颗粒，而对称分布时则在试样中心位置，如图中 $P_3$ 颗粒。

## 4.8 案 例 分 析

### 4.8.1 透射电子显微术最新研究进展

透射电镜使用波长为几皮米的电子束照射试样，通过探测试样中原子对电子散射的分布情况来反推原子位置，其分辨率应该由原子本身的尺寸来决定。然而，由于磁透镜像差和样品中电子的多次散射，实际分辨率比理论水平低 3～10 倍。

美国康奈尔大学 Zhen Chen 和 David A. Muller 等研究人员，通过开发反解多次散射的数学算法，实现了透射电镜由晶格振动决定的极限分辨率和亚纳米尺寸的三维空间分辨率。

透射电镜作为精确测量晶体材料中原子排列的工具，被广泛应用于物理、化学、材料和生物等学科领域。随着像差校正技术的发展，透射电镜分辨率得到了大幅提升，已可将空间分辨率提高到 50 pm。然而，在实际样品观察过程中，很难达到这个极限分辨率。限制分辨率提升的主要因素为：电子与原子之间存在强库仑相互作用，电子在样品中会发生多次散射，影响测定原子真实位置。当样品厚度超过几十个原子层时，会出现非线性甚至非单调的对比度，进而干扰相位衬度成像。

在电子散射理论刚建立时，科学家们就已经发现了多次散射效应。为了排除这种干扰，科学家通常会利用其他测试手段获取试样的基本结构信息，基于此结构假设一个结构模型进行图像模拟，再与透射电镜获得的图像进行比对，如果两者不匹配，则需要不断修正结构模型。要想直接测量透射散射电子的相位，需要解决非线性与多重散射问题。虽然科研人员借鉴布洛赫波理论对此进行了改进，但由于需要确定大量未知结构因素，这种方法在大单胞或非周期结构样品中变得极为困难。

叠层衍射是另外一种相位测量方法，最早可追溯到 20 世纪 60 年代。现代透射电镜探测器（相机）通常采用多重强度方法来检测相位（通过会聚电子束扫描样品来收集一系列衍射谱，不需要对样品结构进行周期性或对称性约束）。目前，该方法已广泛应用于可见光成像和 X 射线成像领域。在透射电镜中，电子叠层衍射一直受样品厚度和探测器性能的限制而未得到推广。

随着二维（2D）材料和电子直读像素探测器的发展，电子叠层衍射技术已经实现了 2.5 倍于磁透镜衍射极限的成像分辨率，达到了 39 pm 的分辨率。然而，这种超高分辨率成像技术只能应用于厚度小于几纳米的样品，在较厚样品中，分辨率与传统方法没有明显区别。对于块体材料来说，很难制备如此薄的样品，这也限制了该技术在一些类 2D 材料中的应用，如扭曲的双层材料等。对于一些比"光源"聚焦深度更厚的样品，研究者们采用多层切片来描述每一层的结构，通过记录所有切片的结构信息并将其叠加来提高成像分辨率。目前，可见光成像与 X 射线成像已可实现叠层衍射成像。然而，电子叠层衍射只是在原理上得到证实，由于实验条件限制，其分辨率与稳定性并未获得太多关注。

在该项研究工作中，研究人员通过实验验证了多层电子叠层重构，恢复了与厚度相关的线性相位响应，并将横向分辨率提高到原子尺寸。图 4-75（a）为电子叠层衍射原理图，图 4-75（b）为会聚电子束强度对应样品厚度的分布图。在传统的叠层衍射中，近似波函数在样品下表面为一个单一的投影势函数乘以入射波函数。对于厚样品，由于衍射束的散射，不同深度位置的样品被不同波函数的电子束入射。在整个散射过程中，被假定为从每层依次散射，然后传播到下一层。对于反解多次散射问题而言，可以在每次迭代中采用类似的多层程序。在这项工作中，没有关于样品结构的预先假设，所有层的重建都是从随机初始阶段开始的。通过透射波函数的相位分别恢复每一层的相位，如图 4-75（c）所示。

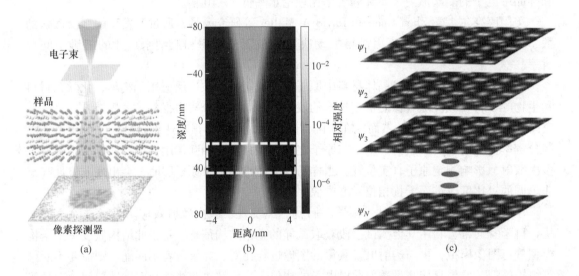

图 4-75    电子叠层衍射原理

（a）电子叠层衍射原理图；（b）会聚电子束强度对应样品厚度的分布图；（c）不同层的相位图

与传统方法相比，电子叠层衍射技术提供了一种新的实验手段，可以在三维空间中以超过两倍的分辨率定位单个掺杂原子。结合断层扫描，可以在三维空间展示缺陷的高分辨图像。

### 4.8.2    使用小角中子散射（SANS）和高分辨透射电镜分析中熵合金中的纳米析出相

具有面心立方（fcc）结构的中、高熵合金通常都具有较高的伸长率和断裂韧性，但它们在室温下的拉伸强度较低。晶界、孪晶界、溶质原子和析出相可以通过阻碍位错运动来提高合金强度，但这些"障碍"往往会降低合金的延展性。

美国橡树岭国家实验室 Ying Yang 和 Easo P. George 等人利用 Fe-Ni-Al-Ti 中熵合金的析出强化，实现了合金拉伸强度和伸长率的同步提升。

研究人员先采用两种假定合金进行说明。合金 A1 在高温下为单相 fcc-奥氏体，如图

4-76(a)所示，当淬火到室温时，发生 bcc-马氏体转变，如图 4-76(b)所示；合金 A2 在高温下具有两相组织，如图 4-76(c)所示，奥氏体基体中存在纳米析出相，其成分与合金 A1 相同。因此，在没有析出相抑制的情况下，合金 A2 基体在淬火时也应发生 bcc-马氏体转变。然而，由于析出相的空间限制，马氏体相变将被抑制，从而形成亚稳的 fcc-奥氏体基体，如图 4-76(d)所示。

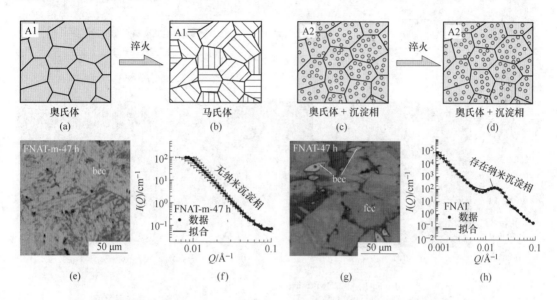

图 4-76　FNAT-m-47h 和 FNAT-47h 合金的微观组织和拉伸性能
(a) 单相 fcc-奥氏体示意图；(b) bcc-马氏体转变示意图；(c) 双相组织示意图；
(d) 亚稳态的 fcc-奥氏体示意图；(e) A1 样品 EBSD 图；(f) A1 样品中子散射图；
(g) A2 样品 EBSD 图；(h) A2 样品中子散射图

为了实现上述方案中假定的两种合金，研究者设计并制备了两种中熵合金（MEA）。其中，A2 合金的成分为 Fe-32.6Ni-6.1Al-2.9Ti（原子数分数），热力学计算表明，在 1100 ℃固溶和 700 ℃时效 47 h 后（样品标记为 FNAT-47h），合金中的平衡相为 fcc-奥氏体基体，且基体内部含有 $Ni_3Al$（$L1_2$）析出相，其成分近似为 Fe-23Ni-3.5Al-0.5Ti（原子数分数）。A1 合金在 700 ℃下与 FNAT-47h 合金基体成分相同，标记为 FNAT-m-47h。这两种合金都以相同的方式进行变形加工和热处理。正如预期设想，FNAT-m-47h 合金在室温（约 21 ℃）下淬入水中后几乎完全形成马氏体，如图 4-76(e)所示；小角中子散射（SANS）测量未发现纳米析出相，如图 4-76(f)所示。

对 A2 样品进行小角中子散射测试，如图 4-76(h)所示，证实合金中纳米析出相的含量为 24%（体积分数），平均半径为 10.4 nm，数量密度为 $4.3 \times 10^{22}$ $m^{-3}$。因此，FNAT-47h 样品主要是由于该合金中的纳米析出相阻碍了 bcc-马氏体的转变。

图 4-77(a)和(b)为 FNAT-47h 样品的 APT 图。从图 4-77(a)和(b)可以看出，球状 $L1_2$ 析出相（成分：Ni-13.8Al-6.6Fe-11.6Ti，原子数分数）均匀分布在 fcc-奥氏体基体中（成分：Fe-3.6Al-22.3Ni-0.4Ti，原子数分数）。

图 4-77(d)~(f)为 FNAT-47h 样品的透射电镜照片。从图 4-77(d)~(f)可以看出，FNAT-47h 的 fcc-奥氏体晶粒内部存在纳米级的 bcc 相。为了研究析出相的影响，研究人

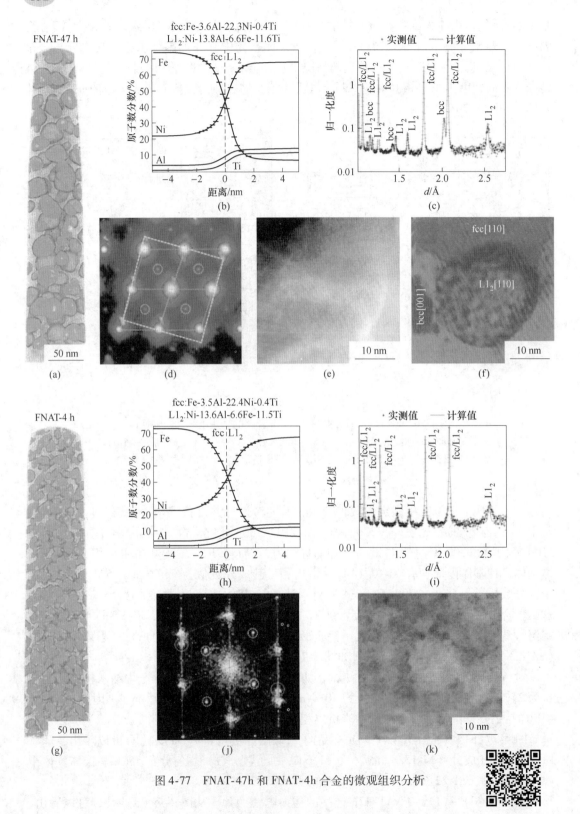

图 4-77　FNAT-47h 和 FNAT-4h 合金的微观组织分析

彩图

员对其在700℃（FNAT-4h）下进行了较短时间（4 h）的时效处理，并采用与FNAT-47h相同的热处理工艺进行淬火。APT 结果（见图 4-77(g)和(h)）显示，FNAT-4h 中 fcc-奥氏体基体的组成及 L1$_2$ 析出相的体积分数与 FNAT-47h（见图 4-77(a)和(b)）相似，说明在4 h 时已经达到化学平衡。

图 4-78 为 FNAT-47h 和 FNAT-m-47h 合金的室温拉伸性能。从图 4-78 可以看出，FNAT-47h 的屈服强度（YS）、极限抗拉强度（UTS）和伸长率（UE）分别比 FNAT-m-47h 提高了约 20%、90% 和 300%。FNAT-4h 样品的屈服强度（约 807 MPa）低于 FNAT-47h（约 868 MPa），这可能与 FNAT-4h 中无 bcc-马氏体相有关。然而，FNAT-4h 和 FNAT-47h 的主要区别在于它们的塑性变形行为。

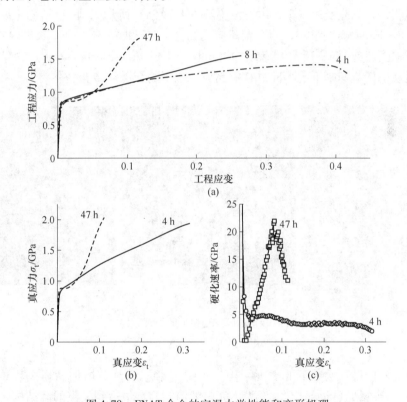

图 4-78　FNAT 合金的室温力学性能和变形机理
（a）不同热处理时间样品的工程应力-应变图；（b）不同热处理时间样品的真应力-应变图；
（c）不同热处理时间样品在真应变条件下的硬化速率图

综上，合金中的纳米析出相不仅可提高基体强度，还可抑制 fcc-奥氏体到 bcc-马氏体的相转变。在拉伸性能测试过程中，基体逐渐转变为马氏体，使强度、加工硬化和延展性得到大幅提升。

值得注意的是，研究人员在此利用析出相的特征（尺寸和间距）来控制空间约束，进而控制常规强化、马氏体相变和相变诱导塑性，这与之前的研究不同，在之前的研究中，析出相常被用来改变基体成分，从而改变层错能。该研究结果在不改变合金成分的情况下，通过调整双功能析出相的特征（尺寸和间距），为优化不同变形机制的激活顺序提供了新途径。

### 4.8.3 利用透射电镜研究高熵合金中的位错组态

CoCrFeMnNi 高熵合金在低周疲劳载荷作用下，位错结构（如位错墙，位错胞）的形成促使合金发生塑性变形，进而导致裂纹萌生。虽然已有文献报道过这些位错结构，但关于它们的形成机制还存在争议。此外，关于应变幅、循环加载次数和晶粒取向对位错结构的影响还未见报道。

德国卡尔斯鲁厄理工学院的研究人员通过开展室温下低周疲劳试验，结合透射电镜显微结构分析，阐述了两种不同晶粒尺寸 CoCrFeMnNi 高熵合金的循环变形行为及相应的微观结构变化，并系统探讨了位错结构的形成机理。

研究表明，在低应变幅（0.3%）下（如图 4-79(a) 所示），位错结构主要由平面滑移带（planar slip bands）组成，而在较高应变幅（0.5% 和 0.7%）下（如图 4-79(b)(c) 所示），位错主要形成墙、迷宫和胞结构（wall，labyrinth and cell）等。这一结果也揭示了位错的运动由低应变幅下的平面滑移向高应变幅下的交滑移转变。

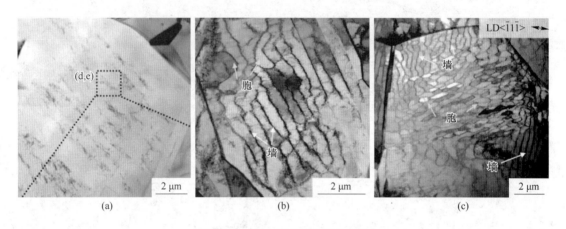

图 4-79   不同应变幅下的微观结构

(a) 0.3%；(b) 0.5%；(c) 0.7%

通过研究不同循环次数下的微观结构（见图 4-80）发现，增加循环次数导致位错结构从初始的位错缠结（tangles）演变为不完整的墙结构，最后到完整的墙结构。这种位错结构的演变与循环应力变化一致，即初始循环硬化、随后软化和接近稳态直至失效。位错的滑移模式也从最初的平面滑移变为交滑移。此外，通过对位错柏氏矢量的标定，发现位错墙、迷宫和胞结构中的位错具有不同的柏氏矢量。这表明：除了交滑移外，多重滑移也是位错墙（迷宫和胞）形成的原因之一。

通过研究不同取向晶粒的位错结构发现，在多晶 CoCrFeMnNi 高熵合金中，晶粒取向与位错结构的形成没有直接关系，如图 4-81 所示。因此，多晶材料中不同位错结构的形成主要由相邻晶粒的约束决定。此外，单个晶粒中多种位错结构的形成也与相邻晶粒的约束效应有关。

本书揭示的 CoCrFeMnNi 高熵合金在低周疲劳下的变形机理，同样适用于具有同等层错能的其他 fcc 高熵合金。同时本书对比了该合金和 316L 奥氏体不锈钢的循环变形响应，解释了高熵合金独特疲劳性能的来源，为将来高抗疲劳性能高熵合金的设计提供了支持。

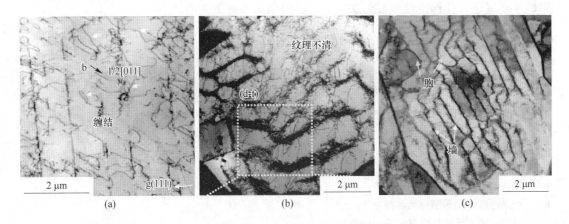

图 4-80　不同循环次数下的微观结构

(a) 循环 20 次；(b) 循环 500 次；(c) 循环终止

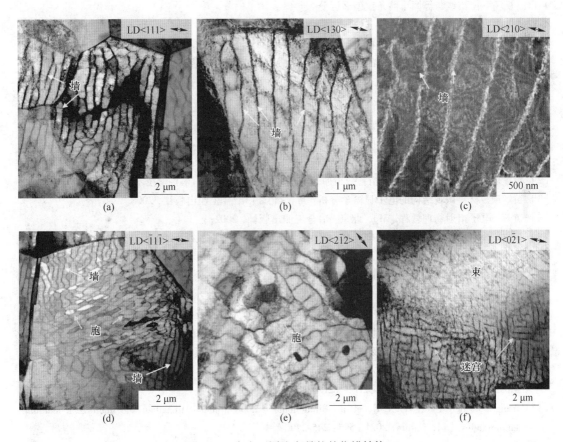

图 4-81　多个不同取向晶粒的位错结构

另外，该研究人员还对比研究了 CoCrFeMnNi 高熵合金和 CoCrNi 中熵合金。研究发现 CoCrNi 具有更好的疲劳性能，并将这种优异性能归因于 CoCrNi 较低的层错能。相较于 CoCrFeMnNi 中位错交滑移运动引起的位错墙和位错胞结构，CoCrNi 的低层错能促进了位错的平面运动，使得塑性变形更加均匀，进而提高了疲劳性能。

## 习 题

4-1 名词解释：球差，像散，色差，景深，焦深，相机常数，选区衍射。

4-2 电子衍射时晶带轴零层倒易面和操作矢量间的关系是什么？

4-3 简述电子衍射的特点。

4-4 简述电子衍射基本公式。

4-5 倒易点阵的扩展有什么规律？

4-6 简述电子衍射花样指数化方法。

4-7 简述透射电镜薄膜样品制备方法。

4-8 透射电镜薄膜样品衍衬成像原理是什么？

4-9 名词解释：消光距离，偏离矢量，明场像，暗场像，物镜光阑。

4-10 透射电镜薄晶体成像的衍衬运动学理论和动力学理论有何差别？

4-11 视场下位错线与等倾干涉条纹怎么区分？

4-12 缺陷可见的判据是什么？

4-13 简述电镜下第二相粒子像的特点。

4-14 高分辨电镜与普通透射电镜的不同点是什么？从成像、制样及图像三方面说明，并解释条纹像与晶格像。

## 参 考 文 献

[1] Hirsch P, Howie A, Nicholson R B, et al. 薄晶体电子显微学 [M]. 刘安生，李永洪，译. 北京：科学出版社，1992.

[2] 黄孝瑛，侯耀永，李理. 电子衍衬分析原理与图谱 [M]. 济南：山东科学技术出版社，2000.

[3] 黄孝瑛. 材料微观结构的电子显微学分析 [M]. 北京：冶金工业出版社，2008.

[4] 黄蓉. 电子衍射物理教程 [M]. 北京：冶金工业出版社，2002.

[5] 李方华. 电子晶体学与图像处理 [M]. 上海：上海科学技术出版社，2009.

[6] 钱临照. 晶体中的位错 [M]. 北京：北京大学出版社，2014.

[7] Fultz B, Howe J. 材料的透射电子显微学与衍射学 [M]. 吴自勤，石磊，何维，等译. 合肥：中国科学技术大学出版社，2017.

[8] 杜希文，原续波. 材料分析方法 [M]. 2 版. 天津：天津大学出版社，2020.

[9] 梁志德，王福. 现代物理测试技术 [M]. 北京：冶金工业出版社，2003.

[10] 杨平. 电子背散射衍射技术及其应用 [M]. 北京：冶金工业出版社，2007.

[11] Chen Z, Jiang Y, Shao Y T, et al. Electron ptychography achieves atomic-resolution limits set by lattice vibrations [J]. Science, 2021, 372：826-831.

[12] Yang Y, Chen T Y, Tan L Z, et al. Bifunctional nanoprecipitates strengthen and ductilize a medium-entropy alloy [J]. Nature, 2021, 595：245-249.

[13] Lu K, Chauhan A, Tirunilai A S, et al. Deformation mechanisms of CoCrFeMnNi high-entropy alloy under low-cycle-fatigue loading [J]. Acta Materialia, 2021, 215：117089.

# **5** 扫描电子显微分析

扫描电子显微镜（scanning electron microscope，SEM）简称扫描电镜，是介于光学显微镜与透射电子显微镜之间的一种大型复杂仪器设备，常用于表征固态物质表面微观形貌、断口特征等。自 20 世纪 60 年代第一台商业化扫描电子显微镜问世以来，扫描电子显微技术、表征技术得到了不断革新与发展。目前，扫描电子显微分析技术在材料、化工、生物等科学领域中受到世界各国科研人员的日益关注，扫描电子显微镜的应用范围也越发广泛。图 5-1 为场发射扫描电子显微镜实物图（型号：美国 FEI QUANTA 650）。本章主要介绍扫描电子显微镜工作原理及主要结构、扫描电镜特点、成像原理、扫描电镜在材料科学领域中的应用等，以及电子探针 X 射线显微分析（electron probe microanalysis，EPMA）、仪器构造等。

图 5-1　场发射扫描电子显微镜

## **5.1　扫描电子显微分析**

### **5.1.1　扫描电镜工作原理**

扫描电子显微镜的工作原理是由电子枪发射出的电子束，在加速电压（0.5~30 kV）的作用下经过磁透镜系统会聚成细小（1~5 nm）的电子探针，通过位于末级聚光镜和物镜之间的偏转线圈作用，电子探针在样品上做光栅状扫描，电子束与样品相互作用激发产生信号电子，这些信号电子经过探测器收集并转换成光子，再通过电信号放大器加以放大处理，最后成像在显示系统上。扫描电镜工作原理与光学显微镜或透射电镜不同，光学显微镜和透射电镜是图像的一次静态显示；而扫描电镜成像过程与电视成像过程有很多相似之处，其成像过程是把按一定时间、空间顺序逐点形成的实时信号，动态显示在镜体外的显像管上呈现出三维的图像。

### **5.1.2　扫描电镜主要结构**

传统扫描电镜主体结构如图 5-2 所示。其主体包括：电子光学系统、样品室、真空系统、检测与放大系统、信号处理和图像显示系统等。

5.1.2.1　电子光学系统

电子光学系统主要包括：电子枪、磁透镜、扫描线圈等。

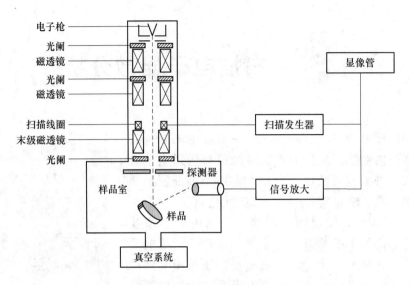

图 5-2　传统扫描电镜主体结构示意图

**A　电子枪**

其作用是作为照明源发射出连续不断的稳定的电子束。它的性能决定了扫描电子显微镜的质量，商业生产的扫描电镜的分辨率受电子枪亮度的限制，常见的几种电子枪性能的比较见表 5-1。

表 5-1　几种类型电子枪性能的比较

| 性　能 | | 热电子发射 | | 场发射 | | |
| --- | --- | --- | --- | --- | --- | --- |
| | | W | LaB$_6$ | 热阴极 | | 冷阴极 |
| | | | | ZrO/W(100) | W(100) | W(310) |
| 亮度(200 kV 时)/A·(cm$^2$·str)$^{-1}$ | | 约 $5 \times 10^5$ | 约 $5 \times 10^6$ | 约 $5 \times 10^8$ | 约 $5 \times 10^8$ | 约 $5 \times 10^8$ |
| 光源尺寸 | | 50 μm | 10 μm | 0.1~1 μm | 10~100 nm | 10~100 nm |
| 能量发散度/eV | | 2.3 | 1.5 | 0.6~0.8 | 0.6~0.8 | 0.3~0.5 |
| 使用条件 | 真空度/Pa | $10^{-3}$ | $10^{-5}$ | $10^{-7}$ | $10^{-7}$ | $10^{-8}$ |
| | 温度/K | 2800 | 1800 | 1800 | 1600 | 300 |
| 发射 | 电流/μA | 约 100 | 约 20 | 约 100 | 20~100 | 20~100 |
| | 短时间稳定度/% | 1 | 1 | 1 | 7 | 5 |
| | 长时间稳定度/% | 1%/h | 3%/h | 1%/h | 6%/h | 1%/15 min |
| | 电流效率/% | 100 | 100 | 10 | 10 | 1 |
| 维修 | | 无需 | 无需 | 安装时稍费时间 | 更换时需要安装几次 | 每隔数小时必须进行一次闪光处理 |
| 价格/操作性 | | 便宜简单 | 便宜简单 | 贵/容易 | 贵/容易 | 贵/复杂 |

目前，电子枪分为三类：直热式发射型电子枪、旁热式发射型电子枪、场发射电子

枪。直热式发射型电子枪，是用针尖式或发夹式钨丝作为阴极材料，利用电阻直接加热发射电子。旁热式发射型电子枪，是用电子逸出功小的材料作为阴极材料，如目前应用最多的 $LaB_6$ 阴极材料，它使用旁热式加热阴极发射电子。场发射电子枪（field emission electron gun，FE），是用钨单晶针尖作为阴极材料，它使用场致发射效应来发射电子。场发射电子枪是目前扫描电镜中应用最先进的电子枪。图5-3 所示的场发射电子枪是由尖端曲率半径为几百埃的钨单晶阴极、第一阳极和第二阳极构成。工作时，在阴极与第一阳极之间加一定的电压，结果在曲率半径很小的阴极表面将产生很强的电场，在强电场的作用下，电子从阴极发射出来，并在第二阳极作用下加速。场发射电子枪的亮度比热电子发射电子枪大 $100 \sim 1000$ 倍，电子源尺寸可达 3 nm 或更小，使用寿命也大大延长。采用这种电子枪可大大提高扫描电镜的分辨能力。

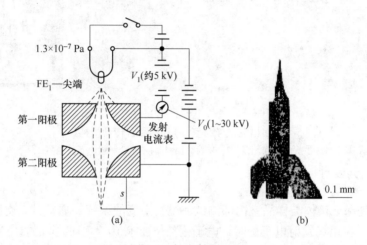

图5-3 场发射电子枪

（a）电子枪的结构；（b）FE 尖端

B 磁透镜

其作用是将电子枪发射出来的电子束会聚成足够细的电子探针。通常，扫描电镜磁透镜系统中由两个或三个磁透镜组成。图5-2 中的磁透镜系统由三个磁透镜组成，其中前两级磁透镜起到聚光镜的作用，末级磁透镜起到物镜的作用。为了降低电子束的发散程度，每级聚光镜都装有光阑。为了消除磁透镜系统产生的像差，需安装像散校正装置。

C 扫描线圈

其作用是使电子束发生偏转。在末级透镜（物镜）上部扫描线圈的作用下，可以使会聚的电子探针在样品表面做光栅状扫描，且扫描角度范围可变。扫描线圈是由上下两组偏转线圈组成，其中一对上下偏转线圈控制电子探针沿 $x$ 轴方向扫描（即行扫描），另外一对上下偏转线圈控制电子探针沿 $y$ 轴方向扫描（即帧扫描）。电子探针在样品上的扫描动作和在显像管上的扫描动作由同一扫描发生器控制，保持严格同步。

5.1.2.2 样品室

其可以为固定在样品台上的试样、探测器等提供安装场所，在该场所能实现电子探针对样品的扫描，以及利用探测器接收电子探针与样品表面相互作用产生的各种物理信号。

扫描电镜样品室空间较大，样品台除了能进行三维空间的移动，还能倾斜和转动，样品台移动范围一般可达 40 mm，倾动范围至少 ±50°，转动 360°。能够在样品台位置搭载其他测试装置，如拉伸台、加热台等，也可以在样品室腔壁处开设安装口，配合其他电子检测设备，进行综合性测试分析，这丰富了扫描电镜测试分析手段的功能。图 5-4（a）为扫描电镜样品室，里面安装有样品台及其传动机构、探测器等，图 5-4（b）为扫描电镜样品台传动机构。

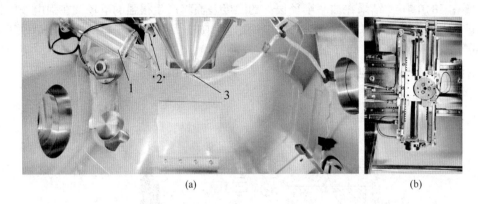

(a)　　　　　　　　　　　　　　　　　　(b)

图 5-4　扫描电镜样品室（a）和样品台传动机构（b）

1—二次电子探测器；2—X 射线探测器；3—背散射电子探测器

### 5.1.2.3　真空系统

真空系统是保证镜体与样品室内部测试环境真空度的系统。通常其真空度需要保持在 $10^{-4} \sim 10^{-2}$ Pa。在用场发射电子枪时，电子枪部位要求 $10^{-7}$ Pa 以上的真空度，当真空度达到要求后方可加高压工作。如果真空度不足，那么会导致电子束散射加大、电子枪灯丝寿命缩短、极间放电等问题。因此，需用机械泵和扩散泵进行抽真空，常用的真空系统有离子泵系统、分子泵系统和油扩散泵系统等。

### 5.1.2.4　检测与放大系统

检测与放大系统是将电子探针与样品相互作用产生的各种物理信号进行收集和放大，并转换为视频信号电压。不同的物理信号，需要不同的检测系统，它大致分为三类：电子探测器、阴极荧光探测器、X 射线探测器。下面以电子探测器为例，对其进行简要的介绍。

电子检测器性能的好坏决定了扫描图像质量的好坏。早期的扫描电镜二次电子检测器用的是光电池等元件，灵敏度低。自从波拉特（Polat）在 1945 年提出用电子倍增管低噪声的检测后，于 1952 年美国发展成闪烁体-光导管-光电倍增管系统，成为目前的定性结构，已得到普遍使用。这种检测器灵敏度高，信噪比大，信号转换率与效果转化效率高。闪烁晶体检测与放大系统组成包括：收集极、聚焦环、闪烁晶体、光导管、光电倍增管、前置放大器等。在收集极电场的作用下，从样品表面发射出的物理信号电子，通过闪烁晶体转换成光子，光子通过光导管进到光电倍增管中，并被放大转换为信号电流，再通过放大器的放大后转换成视频信号电压，从而完成了成像信息的电子学过程。

### 5.1.2.5　信号处理和图像显示系统

由检测与放大系统输出的视频信号电压再经过信号处理系统处理后输出，用来控制显像管进行亮度调制和振幅调制，从而获得一幅受视频信号电压控制的图像。如使用扫描电镜拍摄的二次电子像，其成像的物理信号是电子束与样品表面相互作用激发产生的二次电子，若对其采用亮度调制的方法来实现图像的显示，获得的扫描图像为二次电子像。

### 5.1.3 电子束与物质相互作用激发产生的物理信号

#### 5.1.3.1 散射过程

通过电磁透镜聚焦和电场加速的电子束（电子探针）入射到样品后，入射束电子与样品原子核或核外电子发生多种相互作用而被散射，引起束电子的运动方向或能量或两者同时发生变化，散射过程可大致分为弹性散射过程和非弹性散射过程两类。

（1）弹性散射过程：高能入射电子与样品原子核发生碰撞或作用，由于原子核的质量比电子大，入射电子受到原子核的散射。发生弹性散射的入射电子，其运动方向沿原来方向发生 $0° \sim 180°$ 的偏转，但能量基本保持不变。弹性背散射电子就是束电子在样品中发生弹性散射过程的产物。

（2）非弹性散射过程：高能入射电子与原子核或核外电子发生作用后，不仅其运动方向发生改变，能量也大幅减小。损失的这部分能量转移到样品原子核或核外电子中，从而产生二次电子、俄歇电子、特征 X 射线等。

弹性散射过程和非弹性散射过程是同时发生的，并且通过弹性散射过程和非弹性散射过程产生的各种信号，可以获得样品形貌、成分、晶体结构等信息。

#### 5.1.3.2 相互作用激发产生的物理信号

电子束与物质相互作用激发产生的物理信号，如图 5-5 所示。从图 5-5 中可以看出，在电子枪发射的扫描电子束轰击样品后，可以激发产生各种反映样品特征的物理信号，主要包括背散射电子、二次电子、特征 X 射线、吸收电子、透射电子、阴极荧光、俄歇电子、电子束感生效应等在内的多种信号。

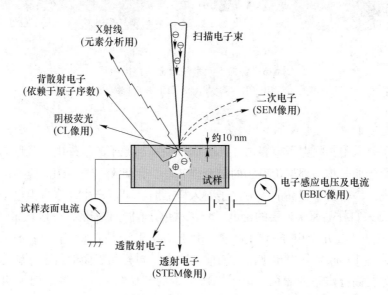

图 5-5 电子束与物质相互作用激发产生的物理信号

### A　背散射电子

背散射电子是入射电子受到固体样品中的原子核反弹回来的一部分入射电子，其中包括弹性背散射电子和非弹性背散射电子。弹性背散射电子是指被样品中原子核反弹回来的散射角大于90°的那些入射电子，其能量基本上没有损失。由于入射电子的能量很高，所以弹性背散射电子的能量能达到数千到数万电子伏。非弹性背散射电子是入射电子和样品核外电子撞击后产生的，非弹性散射不仅方向改变，能量也有不同程度的损耗。如果有些电子经多次散射后仍能反弹出样品表面，这就形成非弹性背散射电子。非弹性背散射电子的能量分布范围很宽，从数十电子伏直到数千电子伏。从能量上看，弹性背散射电子远比非弹性背散射电子所占的份额多。背散射电子来自样品表层几百纳米的深度范围。由于它的产额能随样品原子序数增大而增多，所以不仅能做形貌分析，而且可以用来显示原子序数衬度，定性地用作成分分析。

使用日本 Hitachi（日立）S-3400N 型扫描电子显微镜，对含稀土 Nd 元素 AZ91 镁合金样品中同一微区表面，分别进行了二次电子像和背散射电子像的拍摄。从图 5-6(a) 中可以看出，样品组织中的二次电子像由黑色基体 α-Mg 和灰色第二相组成，其中灰色第二相又包括岛状和片层状的 β 相，颗粒状的含稀土相。该样品同一微区拍摄的背散射电子像如图 5-6(b) 所示。相对于 β 相而言，颗粒状含稀土相的背散射电子像颜色较亮，这是由于该微区颗粒相中含有的稀土元素原子序数较大造成的。

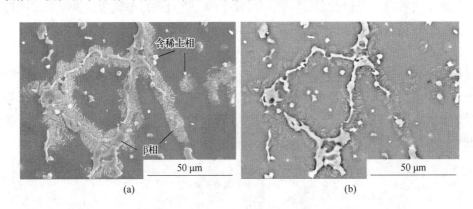

图 5-6　含稀土元素镁合金的扫描照片
(a) 二次电子像（SE）；(b) 背散射电子像（BSE）

### B　二次电子

二次电子是入射扫描电子束轰击样品表面，使样品原子的核外电子脱离而产生的一种自由电子。由于原子核与外层价电子的结合能较小，因此外层电子比较容易和原子脱离，导致原子电离。一个能量很高的入射电子射入样品时，可以产生许多自由电子，这些自由电子中90%是来自样品原子外层的价电子。二次电子的能量较低，一般在50 eV 以下，大多数二次电子只带有几个电子伏的能量。由于二次电子是在距离样品表面很近的位置（一般距表层5～10 nm）发射出来的，因此二次电子对样品表面形貌十分敏感，可以对样品表面形貌进行高分辨率的表征。由于二次电子的产额与原子序数之间无明显的依赖关系，因此二次电子不能用于成分分析。

使用美国 FEI QUANTA 650 场发射环境扫描电子显微镜（点分辨率 1 nm），在加速电压为 20.0 kV 高真空环境下拍摄的金属结构材料二次电子扫描照片，如图 5-7 所示。图 5-7(a) 中的激光增材技术用（3D 打印技术）铝合金粉末呈球状；图 5-7(b) 为含稀土元素 AZ91 轧制镁合金经 400 ℃退火后的组织，由发生完全再结晶的基体 Mg 和白色稀土相颗粒组成；图 5-7(c) 为 AZ91 镁合金在 3.5% NaCl 溶液中浸泡腐蚀后的表面形貌。

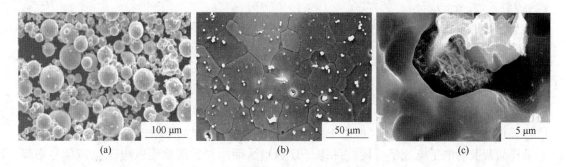

图 5-7　金属材料二次电子扫描图像

（a）3D 打印用铝合金粉末（放大倍数 1000）；（b）退火态变形镁合金（放大倍数 2000）；

（c）镁合金腐蚀形貌（放大倍数 20000）

### C　吸收电子

入射电子进入样品后，经多次非弹性散射，能量损失殆尽，最后被样品吸收。若在样品和地之间接入一个高灵敏度的电流表，就可以测得样品对地的信号。这个信号是由吸收电子提供的。如果使样品接地保持电中性，那么，入射电子激发固体样品产生的四种电子信号强度与入射电子强度之间必然满足以下关系：入射电子束和样品作用后，若逸出表面的背散射电子和二次电子数量越少，则吸收电子信号强度越大。若把吸收电子信号调制成图像，它的衬度恰好和二次电子或背散射电子信号调制的图像衬度相反。

当电子束入射一个多元素的样品表面时，由于不同原子序数部位的二次电子产额基本上是相同的，则产生背散射电子较多的部位（原子序数大），其吸收电子的数量就越少，反之亦然。因此，吸收电子能产生原子序数衬度，同样也可以用来进行定性的微区成分分析。

### D　透射电子

如果样品比较薄，其厚度比入射电子的有效穿透深度小得多，将会有相当数量的入射电子穿透样品而成为透射电子，被样品下方安装的探测器接收。入射电子穿透样品的过程中，与原子核或核外电子发生有限次数的弹性或非弹性散射，因此，透射电子中除了有能量和入射电子相当的弹性散射电子外，还有各种不同能量损失的非弹性散射电子。其中有些遭受特征能量损失的非弹性散射电子和分析区域的成分有关，因此，可以利用特征能量损失电子配合电子能量分析器来进行微区成分分析。

综上所述，如果在电子束入射样品时，使样品接地并保持中性，把样品看成是一个电流节点，进入的电流应该等于输出的电流，保持自身平衡，如图 5-8 所示。那么，入射样品的束流激发样品产生的四种电子信号电流与入射束流必然满足下式：

$$i_b + i_s + i_a + i_t = i_o \tag{5-1}$$

式中，$i_o$ 为入射电子电流；$i_b$ 为背散射电子电流；$i_s$ 为二次电子电流；$i_a$ 为吸收电子电流（或样品电流）；$i_t$ 为透射电子电流。

或把式（5-1）改写为：

$$\eta + \delta + \alpha + \tau = 1 \tag{5-2}$$

式中，$\eta$ 为背散射系数，$\eta = i_b/i_o$；$\delta$ 为二次电子系数，$\delta = i_s/i_o$；$\alpha$ 为吸收系数，$\alpha = i_a/i_o$；$\tau$ 为透射系数，$\tau = i_t/i_o$。

上述四项系数也可称为电子产率。电子产率与样品质量厚度（$\rho t$）有着直接关系。对于给定的样品材料，电子产率与样品质量厚度关系如图 5-9 所示。由图可以看出，随着样品质量厚度的增大，透射系数 $\tau$ 减小，而吸收系数 $\alpha$ 上升。当样品厚度超过电子的有效穿透深度时，透射系数 $\tau$ 为 0。对厚样品而言，吸收系数 $\alpha$ 增加，而二次电子系数 $\delta$ 与背散射系数 $\eta$ 的和基本保持不变。背散射电子电流信号、二次电子电流信号和吸收电子电流信号分别与 $\eta$、$\delta$ 和 $\alpha$ 成正比，但由于二次电子电流信号与样品原子序数关系不大，因此，如果样品背散射电子电流信号随样品原子序数增大而增加，那么吸收电子电流信号则降低，反之亦然。

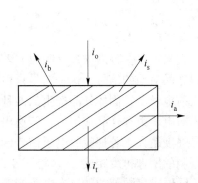

图 5-8　入射束流激发的电子电流信号
　　　　与入射束流电子信号示意图

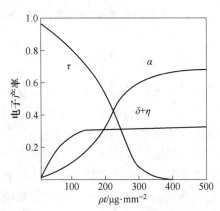

图 5-9　电子产率与样品质量厚度关系图

### E　特征 X 射线

当样品原子的内层电子被入射电子激发或电离时，原子就会处于能量较高的激发状态，此时外层电子将向内层跃迁以填补内层电子的空缺，同时释放出 X 射线。例如，入射电子把样品原子的 K 层电子打到原子之外，邻近的 L 层电子填充电离出的电子空缺，该 X 射线的能量为这两个核层的能量差（$\Delta E = E_k - E_L$），各元素原子的各个电子能级能量为确定值，所以此时放出的 X 射线称为特征 X 射线。根据 X 射线探测器测到 X 射线的波谱和能谱可以研究样品的组成元素和组成成分。

### F　俄歇电子

在入射电子激发样品的特征 X 射线过程中，如果在原子内层电子能级跃迁过程中释放出来的能量并不以 X 射线的形式发射出去，而是用这部分能量把空位层内的另一个电子发射出去，或使空位层的外层电子发射出去，这个被电离出来的电子称为俄歇电子。俄歇电子是 Auger 在 1925 年研究 X 射线发射光谱时发现的。不同元素的俄歇电子能量有不同的特征数值。俄歇电子能量很低，一般位于 50～1500 eV，且俄歇电子平均自由程很小，只有在距离样品表层 1 nm（几个原子层厚度）范围内逸出的俄歇电子才具有特征能量，因此，俄歇电子特别适用于样品表面层的成分分析。

G 阴极荧光

有些样品受电子束照射后，价电子被激发到高能级或能带中，被激发的材料同时产生了弛豫发光，这种光称为阴极荧光，其波长范围是红外光、可见光或紫外线光。阴极荧光也可以用来作为信号电子。阴极荧光可以研究矿物中的发光微粒、发光半导体材料中的晶格缺陷和荧光物质的均匀性等。

除了上述介绍的 7 种电子信号以外，还有电子束感生效应等。扫描电镜中主要信号及其用途见表 5-2。

**表 5-2　扫描电镜中主要信号及其用途**

| 用　途 | 主要电子信号 |
| --- | --- |
| 形貌观察 | 二次电子、背散射电子、透射电子 |
| 微区成分分析 | 背散射电子、特征 X 射线、俄歇电子 |
| 结晶分析 | 二次电子、背散射电子、透射电子、阴极荧光 |
| 化学态 | 特征 X 射线、俄歇电子、阴极荧光 |
| 电磁特性 | 二次电子、背散射电子、透射电子、吸收电子 |

### 5.1.4　扫描电子显微镜特点

扫描电子显微镜特点包括以下几个方面。

（1）样品制备简单，可以观察大块样品。金属、矿物、半导体等块状试样，不需制备试样复型或超薄切片，就可以直接用扫描电镜进行观察。高分子材料、植物、昆虫或医学试样等，由于不导电或含水分、黏液等原因，在观察前一般要进行清洗、固定、脱水及导电等处理。用于扫描电镜观察的样品尺寸比透射电镜试样大得多。此外，相对于光学显微镜，扫描电子显微镜大样品台能够满足大块样品的观察需求，在保证样品较好导电性的前提下，样品通用性较好，即样品在能够满足光学显微镜观察的同时，也能满足扫描电子显微镜观察。

（2）观察样品的视场大、景深大，图像富有立体感。可观察较为粗糙的样品表面和具有凹凸不平金属断面的断口形貌。入射样品的电子，由于多次与原子相互作用，其能量大部分以热量形式损失，小部分用于激发或电离样品原子。因样品原子激发或电离产生的信号有二次电子、特征 X 射线和背散射电子等，这些信号都可作为成像信号，其中二次电子信号的分辨率最高。用于探测二次电子的探测器，可将从样品向各方向发出的二次电子全部收集起来，因此扫描电镜的二次电子像具有很强的立体感。

景深是指在保持像清晰度的前提下，试样在物平面上下沿镜轴可移动的距离。也可以认为是试样超越物平面所允许的厚度。景深大小直接关系到能否对试样进行立体观察。扫描电镜的景深可表达为：

$$F_{\mathrm{f}} = \frac{d_{\mathrm{w}}}{\tan\beta} \approx \frac{d_0}{\beta} \tag{5-3}$$

式中，$d_0$ 为扫描电镜分辨率；$F_{\mathrm{f}}$ 为景深；$\beta$ 为孔径角。扫描电镜的末级透镜采用小孔径，长焦距，所以扫描电镜的景深比较大（在扫描电子显微分析中不用考虑这个参数的影响），成像富有立体感，所以它特别适用于粗糙样品表面的观察。

（3）放大倍数变化范围大，且能连续可调。扫描电子显微镜可以从几倍放大到几十万倍左右。因此，对于样品某一微区，根据需要可以进行不同放大倍数下的表征观察。同时在高放大倍数下也可获得一般透射电镜较难达到的高亮度的清晰图像。

扫描电镜的放大倍数 $M$，一般定义为像与物大小之比，即在显像管中电子束在荧光屏上最大扫描距离和在镜筒中电子束在试样上最大扫描距离之比。例如，显像管荧光屏边长为 100 mm，入射电子束在试样上扫描宽度为 10 μm，则放大倍数为：

$$M = \frac{100 \text{ mm}}{10 \text{ μm}} = 10000 \tag{5-4}$$

因显像管荧光屏尺寸一定，只要改变电子束在试样表面的扫描宽度（这通过调节扫描线圈上的电流强度来改变），就可连续地几倍、十几倍甚至十几万倍改变图像放大倍数。放大倍数范围宽是扫描电镜的一个突出优点，低倍数可用于选择视场，观察一些试样全貌，高倍数下则观察部分微区表面的精细形貌结构。

（4）分辨率高。在扫描电镜中，由电子枪形成电子束照明源，它的性能直接影响图像质量，从而限制扫描电镜的分辨率。场发射电子枪具有最高的亮度，它比钨丝电子枪亮度高，比六硼化钢电子枪亮度高。常规钨灯丝电子枪扫描电镜的分辨率最高可以达到 3.5 nm，常规场发射电子枪扫描电镜的分辨率可达 1 nm，新一代商品化大束流超高分辨率扫描电镜分辨率最高达到 0.4 nm，这为获得更微小空间尺寸的真实信息提供了支持。

分辨率通常以能够清楚地分辨客观存在的两点或两个细节之间的最短距离来表示，如图 5-10 所示。实际获得的扫描电镜分辨能力，因信号种类不同差异很大。同种信号因电子枪类型和所用试样不同，甚至工作条件不同，测定的分辨能力也不同。因为图像分析时二次电子信号的分辨率最高，所以扫描电子显微镜的分辨率用二次电子像的分辨率来表示。在其他条件相同的情况下（如信噪比、杂散碳场及机械振动等），电子束的束斑大小、检测信号的种类及检测部位的原子序数是影响扫描电子显微镜分辨率的三大因素。目前扫描电镜二次电子像分辨率已达到 4 ~ 6 nm，最佳的可达到 2 ~ 3 nm 甚至更低。如 TOPCON 公司的 OSM-720 型扫描电镜分辨率为 0.9 nm。

（5）可以有效控制和改善图像的质量。如通过电子学方法调制，可改善图像反差的宽容度，使图像各部分亮暗适中。

（6）可配合其他测试装置，进行多种功能分析。由于扫描电子显微镜样品仓空间较大，可搭载 X 射线能量色谱仪（EDS）、电子背散射衍射仪（EBSD）、拉伸台、加热台等测试装置，在扫描电子显微镜下实现不同功能的分析与测试表征。同时，样品室腔壁位置增设的大插件接口可与样品室外界检测设备、控制单元连接，实现样品结构信息采集多元化的需求。

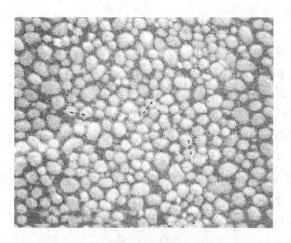

图 5-10　点分辨率测定照片
（真空蒸镀金膜表面金颗粒分布形态）

### 5.1.5　扫描电镜图像衬度

在使用扫描电镜表征样品的过程中，为了能够获取与样品性质相关的信息，首先需要了解扫描电镜图像衬度的相关知识。扫描电镜形成的图像衬度主要归功于样品表面微区（如形貌、原子序数或化学成分、晶体结构或位向等）差异所产生的不同信号强度。因此，在通过探测器收集到这些不同强度的信号后，就可以在荧光屏上获得不同亮度的区域，即扫描图像的衬度。

图像衬度 $C$ 可描述为：

$$C = (I_{max} - I_{min})/I_{max} \tag{5-5}$$

式中，$I_{max}$、$I_{max}$ 分别代表扫描区域中被检测信号强度的最大值和最小值。图像衬度值在 $0 \leqslant C \leqslant 1$ 范围内。在这里简要介绍表面形貌衬度。

表面形貌衬度是利用对样品表面形貌特别敏感的信号成像而得到的衬度。由表 5-2 可知，可以进行表面形貌观察的信号有二次电子、背散射电子和透射电子，这些电子信号均可以提供形貌衬度。其中，二次电子和背散射电子是最常用的成像信号。

#### 5.1.5.1　二次电子形貌衬度

二次电子主要来自样品表面下小于 10 nm 的浅层区域，它的强度与样品微区的形貌相关，而与样品的原子序数没有明显的依赖关系。二次电子像的分辨率高，适于显示形貌细节。在扫描电镜中，二次电子产率 $\delta_{SE}$，随微区表面倾斜程度而变化。二次电子产率（$\delta_{SE}$）可描述为：

$$\delta_{SE} \propto 1/\cos\theta \tag{5-6}$$

式中，$\theta$ 为入射电子束与样品法线的夹角。从式（5-6）中可以看出，入射电子束与样品法线的夹角越小，二次电子产率越小，反之亦然。

图 5-11 为样品微区二次电子形貌衬度像的示意图。从图中的样品表面微区可以发现，$B$ 位置表面的倾斜度最小，入射电子束与样品法线的夹角 $\theta$ 最小，对应该区域产生的二次电子产额最小，在荧光屏上呈现的二次电子图像亮度最低（表现为二次电子图像衬度暗

区）。反之，*C* 位置表面的倾斜度最大，入射电子束与样品法线的夹角 $\theta$ 最大，对应该区域产生的二次电子产额最大，在荧光屏上呈现的二次电子图像亮度最高（表现为二次电子图像衬度亮区），从而在荧光屏上显示样品表面形貌衬度像。

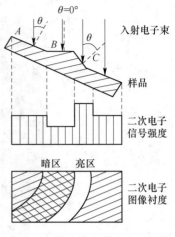

图 5-11　样品微区二次电子形貌
衬度像的示意图

图 5-12 为探测器前端样品微区表面二次电子像衬度的改善示意图。二次电子探测器通常置于样品的侧上方，二次电子探测器前端有一个金属网（见图 5-4），称为法拉第笼。值得注意的是，当法拉第笼加电压之前，只有面向探测器产生的二次电子直接被吸引，在探测器上产生强信号，如图 5-12（a）所示。在法拉第笼加 250～500 V 电压后，各个方向散射的二次电子都受到电场的吸引而改变原来的轨迹，特别是在那些背向探测器产生的二次电子中，将有相当一部分可以通过弯曲轨迹到达探测器，如图 5-12（b）所示。这有利于显示背向探测器的样品区域细节，大大减少了阴影对形貌显示的不利影响。

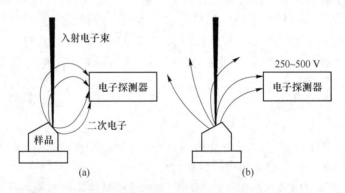

图 5-12　探测器前端样品微区表面二次电子像衬度的改善
（a）面向探测器微区；（b）背向探测器微区

图 5-13 为深度腐蚀并清洗后的镁合金表面二次电子形貌，图 5-14 为镁合金断口的二次电子形貌。从图中的明暗衬度很容易判断，探测器位于样品的左上方，面向探测器微区中的形貌较亮，例如，图 5-13 中凸起的第二相和部分基体局部表面，图 5-14 中靠近右上角位置的解理面，以及部分撕裂棱边缘。然而，背向探测器部位较暗，但细节仍清晰。

### 5.1.5.2　背散射电子形貌衬度

背散射电子虽然大部分来自样品的深度部位，但从图 5-11 可以看出，随着入射电子束与样品法线的夹角 $\theta$ 增大，相应的样品倾斜角增大，导致入射电子束与更加靠近样品表面的局部区域发生作用，激发产生的物理信号出射样品的概率也会增加。背散射电子产率也随样品倾角加大而增加，因此，背散射电子像有衬度变化，可以显示样品的微观形貌。

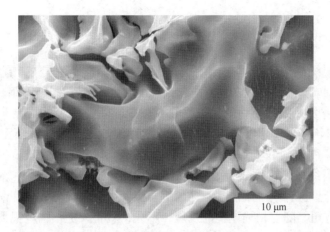

10 μm

图 5-13　深度腐蚀后的镁合金表面二次电子形貌（20 kV，10000 倍）

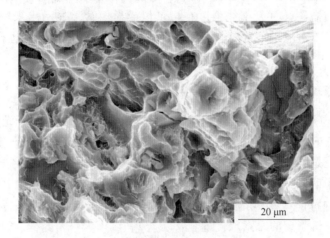

20 μm

图 5-14　镁合金断口的二次电子形貌（20 kV，5000 倍）

我们知道，背散射电子与二次电子存在的差异性体现在它对原子序数的变化是很敏感的。背散射系数随元素原子序数 $Z$ 的增大而增大。对 $Z < 40$ 的元素，背散射系数随原子序数的变化较为明显。例如在 $Z = 20$ 附近，原子序数每变化 1，引起背散射系数变化约为 5%。如果样品中两相的原子序数相差 3，那么这两相足以在背散射电子像中区别出来。由于背散射电子信号强度与原子序数成正比，样品表面平均原子序数较高的区域，产生较强的信号，在背散射电子像上显示较亮的衬度。因此，根据背散射电子像亮暗衬度可以判别对应区域平均原子序数的相对高低，有助于对材料进行显微组织的分析。对有些既要进行显微组织的观察又要进行成分分析的样品，可以采用一对探测器收集样品同一部位的背散射电子，然后将两个探测器收集到的信号输入计算机处理，通过处理可以分别得到放大的形貌信号和成分信号。

当然背散射电子与二次电子一样，其发射量与样品形貌有关。因此，利用背散射电子也能进行形貌分析，但是它的分析效果远不及二次电子。所以，在做无特殊要求的形貌分析时，都不用背散射电子信号成像。

# 5.2　电子探针显微分析

电子探针 X 射线显微分析仪习惯上简称为"电子探针"。它是在电子光学和 X 射线光谱学基础上发展起来的,主要功能是进行微区成分分析。1949 年,法国的卡斯坦(R. Castaing)在著名 X 射线衍射专家纪尼叶(A. Gulnier)教授的指导下,描述和着手制造电子探针。1951 年,卡斯坦在他的博士论文中详细地描述了这种新型仪器。他把电子光学、光学显微镜和 X 射线光谱仪有机地结合成一个整体,并在莫赛莱理论的基础上,提出了把特征 X 射线强度转化成为成分分析的理论计算方法,使这种新型仪器成为能实际使用的电子探针。这种电子束静止不动的电子探针为微区成分分析开辟了新的途径,很快得到了广泛的应用。随着扫描电镜的发展,不久,就有人把扫描电视技术和二次电子接收技术推广到探针上来,制成了当前定型的比较成熟的电子探针 X 射线显微分析仪,它不但能定点对微米范围的成分进行定量分析,还能用扫描线圈使电子束在试样表面上进行线或面扫描,把扫描各点的 X 射线强度在记录仪或显像管上显示出来。此外,扫描式电子探针还可以利用二次电子、背射电子、吸收电流、阴极发光等其他电子信息成像和进行成分分析。

## 5.2.1　电子探针的分析原理和构造

从图 5-15 的电子探针结构示意图可以看出,电子探针主要有电子光学系统(镜筒)、X 射线谱仪和信息记录、显示系统。电子探针和扫描电子显微镜在电子光学系统的构造基本相同,不同之处是电子探针多了光学显微镜。它的作用是选择和确定分析点,即经电磁透镜聚焦后的电子束打到试样(由光学显微镜预先选好的待测点)上,使这里的各种元素激发产生相应的特征 X 射线谱,经晶体展谱后由探测系统接收,从特征 X 射线的波长及强度中可以确定待测点的元素及含量。

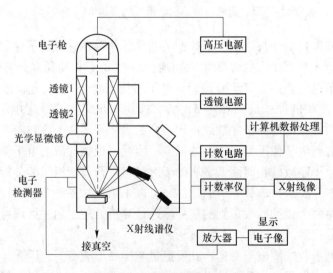

图 5-15　电子探针结构示意图

### 5.2.2 电子探针 X 射线谱仪

电子束轰击样品将产生特征 X 射线，不同的元素有不同的 X 射线特征波长和能量，通过鉴别其特征波长或特征能量就可以确定所分析的元素。利用特征波长来确定元素的仪器称为波长色散谱仪（wavelength dispersive spectroscopy，WDS）或波谱仪，利用特征能量的就称为能量色散谱仪（energy dispersive spectroscopy，EDS）或能谱仪。目前，能谱仪使用比较成熟，已经大量配置在扫描电镜和透射电镜上进行样品微区成分分析等。

#### 5.2.2.1 波谱仪结构及工作原理

电子束照射样品时，根据莫赛莱定律，在作用体积内如果含有多种元素，则可以激发出各个相应元素的特征波长 X 射线。波谱仪利用 X 射线在晶体中传播发生的布拉格衍射，可由式（5-7）描述：

$$2d\sin\theta = \lambda \tag{5-7}$$

如果晶体的衍射晶面间距是已知的，那么在样品上方水平放置一块具有适当晶面间距 $d$ 的晶体，这个特征波长的 X 射线就会发生强烈衍射，如图 5-16 所示。由图 5-16 可见，不同波长的 X 射线以不同的入射方向入射时产生各自衍射束情况。若面向衍射束安装探测器，便可记录下不同波长的 X 射线，这就是波谱仪的基本原理。图 5-17 为一张用波谱仪分析一个测量点的谱线图，横坐标代表波长，纵坐标代表强度。谱线上有许多强度峰，每个峰在坐标上的位置代表相应元素的特征 X 射线的波长，峰的高度代表这种元素的含量。

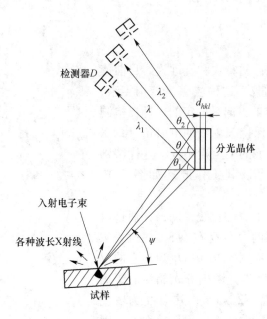

图 5-16 分光晶体

由此可见，波谱仪主要由分光晶体和 X 射线检测器等组成。

A 分光晶体及弯晶的聚焦作用

虽然平面单晶体可以把各种不同波长的 X 射线分光展开，但收集单波长 X 射线的效率是非常低的。因此这种接测 X 射线的方法需要进一步改进。为此，采取聚焦方式，也就是使 X 射线、分光晶体和探测器三者处于同一圆周上，此圆称为罗兰圆或聚焦圆（图 5-18 中的虚线圆）。这需要衍射晶面曲率半径弯成 $R$（$R$ 为罗兰圆半径）的晶体表面磨制成和聚焦圆表面相合（即晶体表面的曲率半径和 $R$ 相等），如图 5-18 所示。此时，从点光源 $S$ 发射出的呈发散状的符合布拉格条件的同一波长的 X 射线，经晶体反射后聚焦于 $D$ 点。这种聚焦方式称为约翰逊型全聚焦，是目前波谱仪普遍使用的聚焦方式。

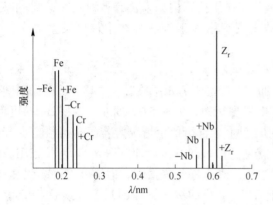

图 5-17   波谱点分析结果

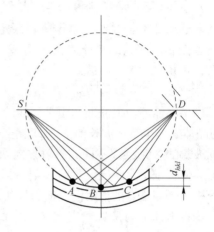

图 5-18   约翰逊型全聚焦法

### B   波谱仪的形式

波谱仪有两种形式：回转式和直进式。目前使用最多的是直进式波谱仪。这种波谱仪结构复杂，优点是 X 射线照射晶体的方向是固定的，即在检测 X 射线的过程中，始终保持 X 射线的出射角（即 X 射线出射方向与样品表面的夹角）不变，这样特别有利于元素的定量分析，其工作原理如图 5-19 所示。

晶体从光源 $S$ 向外沿着一直线移动，并通过自转来改变 $\theta$ 角。罗兰圆的中心 $O$ 在以 $S$ 为中心，$R$ 为半径的圆周上运动。以图 5-19 中 $O_1$ 为圆心的罗兰圆为例，$SC_1$ 直线长度为光源到分光晶体的距离记为 $L_1$。从图中可知 $L_1 = 2R\sin\theta_1$，其中 $R$ 为罗兰圆的半径，通过仪器上读取的 $L_1$，可以获得 $\theta_1$。因此，结合式（5-7）并通过简单的几何推导，可获得光源至分光晶体的距离 $L$ 与 X 射线特征波长 $\lambda$ 之间的关系：

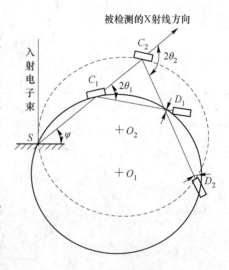

图 5-19   直进式波谱仪

$$L = 2R\sin\theta = \frac{R}{d}\lambda \tag{5-8}$$

可见，在直进式波谱仪中，晶体和光源的距离 $L$ 直接与波长成比例。因此，X 射线的波长 $\lambda$ 可直接用 $L$ 来表示。

#### 5.2.2.2　能谱仪结构和工作原理

从前面的知识可知，各种元素具有不同波长的特征 X 射线，其能量是不相同的。能谱仪是利用不同元素 X 射线光子的能量不同来进行元素分析的仪器。来自样品的 X 射线光子通过铍窗口进入锂漂移硅固态探测器。当光子进探测器后，每个 X 射线光子能量被硅晶体吸收，将能量转化为电子-空穴对。对硅晶体来说，平均每产生一对电子-空穴对约吸收 3.8 eV 的 X 射线能量，因此，特征能量为 $E$ 的 X 射线光子在硅晶体被全部吸收时能产生的电子-空穴对数目为：

$$N = E(\text{eV})/3.8 \tag{5-9}$$

可见，不同能量的 X 射线光子将产生不同的电子-空穴对数，且入射 X 射线光子的能量越高，$N$ 就越大。从上述过程可见，锂漂移硅半导体探测器的作用就是把 X 射线信号转变为电信号，产生电脉冲，电脉冲的高度取决于 $N$ 的大小。这个很小的电压脉冲经前置放大器和主放大器放大以后，进入多道脉冲分析器进行分析。脉冲高度分析器按能量大小进行分类和统计，并将结果送入存储器或输出给计算机，这样就可以描出一张特征 X 射线按能量大小分布的图谱。图 5-20 为能谱仪采集的一张铝硅合金能谱图，横坐标代表 X 射线能量（keV）或称谱峰能量，纵坐标代表 X 射线强度计数（counts）或称作谱峰强度，元素特征谱峰位于连续谱背底之上。

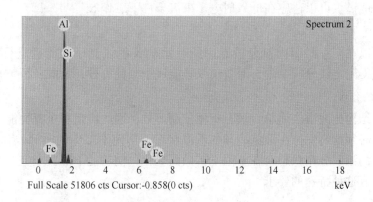

图 5-20　X 射线能谱图

#### 5.2.2.3　能谱仪和波谱仪的比较

##### A　分辨率

Si（Li）固态探测器的能量分辨率约 130 eV，而波谱仪的能量分辨率高达 5 ~ 10 eV。因此，波谱仪对元素的鉴别力比能谱仪高得多。这也可以从同种物质用能谱仪和波谱仪测量的谱线比较图看出，如图 5-21 所示。

##### B　元素分析范围

波谱仪可检测原子序数 4 ~ 92 的所有元素。而能谱仪由于受到硅锂探测器铍窗口的限制，只能分析原子序数 $Z$ 大于 5 的元素。

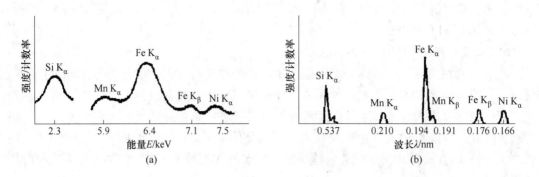

图 5-21　能谱仪和波谱仪的谱线比较图
（a）能谱仪；（b）波谱仪

C　对样品的要求

能谱仪不需要聚焦，对样品表面发射点的位置没有严格的限制，适用于比较粗糙表面的分析工作；而波谱仪由于要求入射电子束轰击点、分光晶体和探测器严格落在聚焦圆上，因此不适用粗糙表面的分析。

D　检测效率

由于硅锂固态探测器探头可放在离 X 射线源很近的地方，使 X 射线的收集立体角很大，同时无须经过晶体衍射，信号强度几乎没有损失。因此，能谱仪检测效率远远大于波谱仪，从而使能谱仪可以适应在低入射电子束流条件下工作。

E　分析速度

能谱仪可以在同一时间内对分析点内所有元素 X 射线光子的能量进行测定和计数，在几分钟内可得到定性分析结果，而波谱仪只能逐个测量每种元素的特征波长。

F　仪器的维护

能谱仪的结构比波谱仪简单，没有机械传动部分，因此稳定和重复性能都好。但能谱仪中硅锂探头必须始终保持在液氮冷却的低温状态，即使不工作的时间也片刻不能中断，否则晶体内锂的浓度分布状态会在室温下扩散而变化，使功能下降甚至完全被破坏。波谱仪在维护上没有这种特殊的要求。

G　定量分析

能谱仪的信号收集率接近于 100%，因此能谱仪定量分析结果准确率高，而波谱仪收集效率无法固定，而且效率低，无法进行准确的定量分析。

## 5.2.3　电子探针的分析方法和应用

电子探针 X 射线波谱仪及能谱仪分析有三种基本的方法，即点分析、线分析和面分析。

### 5.2.3.1　点分析

用于测定样品上某个指定点（成分未知的第二相，夹杂物或基体）的化学成分。方法是关闭扫描线圈，将电子束固定在需要分析的微区上，用波谱仪分析时可连续和缓慢地改变分光晶体和探测器的位置，就可能接收到此点内的不同元素的 X 射线，根据记录仪上出现衍射峰的波长，即可确定被分析点的化学组成。若用能谱仪分析时，几分钟内即可直接从荧光屏（或计算机）上得到微区内全部元素的谱线。

图 5-22 所示为铝钪中间合金中第二相颗粒点扫描 EDS 测试结果。从图 5-22(a) 中可以看出，铝钪中间合金中第二相颗粒尺寸约 10 μm，对图中第二相颗粒选定点进行成分分析（EDS），结果如图 5-22(b) 所示，可以看出该颗粒相主要由 Al 和 Sc 元素组成，Al 和 Sc 的原子数分数比值接近于 3∶1，因此，可以初步判断该颗粒相为 $Al_3Sc$。

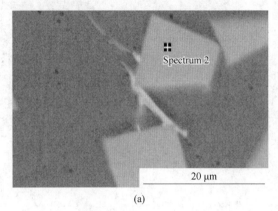

| 元素 | 质量分数/% | 原子数分数/% |
|---|---|---|
| Al K | 63.81 | 74.60 |
| Sc K | 36.19 | 25.40 |
| 总计 | 100.00 | 100.00 |

(a)　　　　　　　　　　　　　　　　(b)

图 5-22　铝钪中间合金中第二相颗粒点扫描测试结果

（a）合金 SEM 照片；（b）图（a）中选定点的 EDS 结果

### 5.2.3.2　线扫描分析

电子束沿样品表面选定的直线轨迹进行所含元素质量分数的定性或半定量分析，用于测定某种元素沿给定直线的分布情况。该方法是将谱仪（波谱仪或能谱仪）设置在测量某一指定波长的位置，使电子束沿样品上某条给定直线从左向右移动，同时用记录仪或显像管记录该元素在这条直线上的 X 射线强度变化曲线，也就是该元素的浓度曲线。

图 5-23 为轧制态镁合金中晶界处第二相线扫描能谱测试结果。图 5-23(a) 为轧态镁合金 SEM 照片及线扫描分析的位置，图中红色、绿色和蓝色曲线（见二维码彩图）分别代表 Mg、Al 和 Nd 元素在扫描线上的整体分布情况，图 5-23(b) 和(d) 分别为 Mg、Al 和 Nd 元素在扫描线距离上的单独分布情况，可知基体主要为 Mg 元素，棒状第二相主要为 Al 和 Nd 元素，沿扫描线远离晶界至基体 Mg 内部的方向上，存在少量 Al、Nd 元素较均匀的分布情况，在晶界处 Al、Nd 元素没有明显的偏聚现象。

### 5.2.3.3　面扫描分析

把 X 射线固定在某一波长的地方，然后将电子束在样品表面作光栅式面扫描，以特定元素的 X 射线的信号强度调制阴极射线管荧光屏的亮度，获得该元素质量分数分布的扫描图像。可见，图像中的亮区表示这种元素的含量较高。若把谱仪的位置固定在另一位置，则可获得另一元素的浓度分布图像。

对于面扫描能谱分析案例，仍以铝钪中间合金为例做介绍。由图 5-22 点扫描能谱结果可知，铝钪中间合金中颗粒相的化学式为 $Al_3Sc$，对图 5-24(a)铝钪中间合金 SEM 结果进行面扫描，得到 Al、Sc、Fe 元素分布情况分别如图 5-24（b）~（d）所示。从图中可知基体主要为 Al 元素，进一步观察发现基体中还固溶了少量的 Fe 元素。颗粒状第二相主要由 Al 元素和 Sc 元素组成，这与上述点扫描确定的 Al$_3$Sc 结果一致。此外，组织中还存在条状相，其主要元素为 Fe、Al 元素，该条状相应为富 Fe 化合物。

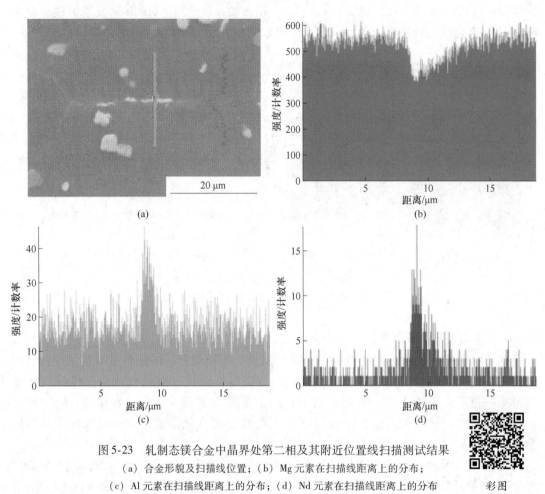

图 5-23　轧制态镁合金中晶界处第二相及其附近位置线扫描测试结果
（a）合金形貌及扫描线位置；（b）Mg 元素在扫描线距离上的分布；
（c）Al 元素在扫描线距离上的分布；（d）Nd 元素在扫描线距离上的分布　　彩图

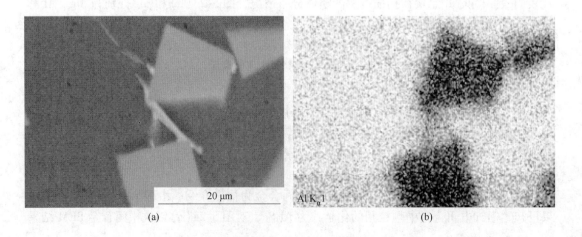

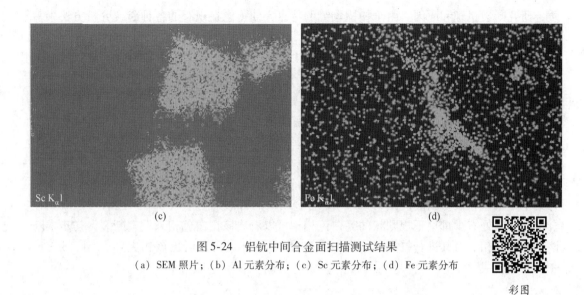

图 5-24　铝钪中间合金面扫描测试结果

（a）SEM 照片；（b）Al 元素分布；（c）Sc 元素分布；（d）Fe 元素分布

彩图

# 5.3　扫描电子显微镜在材料科学中的应用

众所周知，材料的组织结构能够影响其性能。因此，为了改善现有材料性能或研发新型高性能材料去替代原有材料，人们往往更加关注材料组织结构等方面的研究。通过探索和寻找材料微观组织演变规律的直接证据，对建立材料组织特征与性能之间的响应机制，深入揭示高性能材料内在的作用机理具有重要意义。随着科学技术的发展，特别是电子显微技术的日益进步，为实现人们从更加微观的角度，去了解、发现、揭示材料组织结构的内在特征及规律提供了有效的技术支持。目前，扫描电子显微分析技术在材料科学中的应用越来越广泛。

本章介绍了利用扫描电子显微镜可以表征材料断口形貌，采用扫描电镜配置的 X 射线能量色谱仪（EDS）还可以分析样品微区化学成分，如对样品进行点扫描、线扫描、面扫描分析，定性、定量分析样品选定位置的化学成分组成及元素分布。在扫描电子显微镜下配合拉伸台装置，可以原位获取样品在载荷作用下的微观组织演变、裂纹萌生及扩展等实时图像信息。搭载热台还可以对材料在加热过程中进行原位表征，替换特制的样品台可以进行扫描透射像（STEM）的观察。此外，使用扫描电镜联合电子背散射衍射仪（EBSD），还可以开展样品的织构分析等工作。

接下来，围绕扫描电镜及其配置的相关测试仪器，介绍扫描电镜在材料科学中的应用。

## 5.3.1　断口形貌表征

断口是断裂过程的最真实、完整的记录，从宏观到微观的断口分析可以揭示断裂过程中从裂纹的形核、长大到断裂的各个进程中主断裂面的受力情况、介质环境情况、材料的制造情况以及损伤过程等。断口分析是通过肉眼观察和借助显微分析仪器对断裂过程在断裂件上留下的痕迹进行的综合分析和检测，目的是通过分析揭示断裂的过程、断裂的性质，研究断裂机理和原因。由于扫描电镜的特点，使得它在现有的各种断裂分析方法中占有突出的地位。

通常，可以采用二次电子（SEM），或二次电子＋能谱仪（SEM＋EDS），或背散射电子＋能谱仪（BSE＋EDS）这几种方式，进行断口观察和分析。下面分别介绍这几种方式在实际工作中的应用。

将实验合金 Al-7Si-0.6Mg-0.1Er 进行室温拉伸实验之后，对其断口形貌采集。图5-25 为采集的 SEM 图及 EDS 结果。对图5-25(a)黑色框选处的呈长条状并且已经开裂的相进行打点分析，结果如图5-25(b)所示。可以看出，该相中主要含有 Al、Si、Mg、Fe和少量的 Er 元素，初步判断该相为 π-AlSiMgFe 相。由于该相的形貌呈长条状，易造成应力集中，富铁相极易断裂。图5-25(c)是合金断口的背散射衍射（BSE）图。可以看到在合金的韧窝处有少量呈不规则状的亮白色相，可以看出该亮白色相未发生断裂，初步推断该相为稀土相。对其进行打点，结果如图5-25(d)所示，可以看出该相主要由 Al、Si、Er三种元素构成。

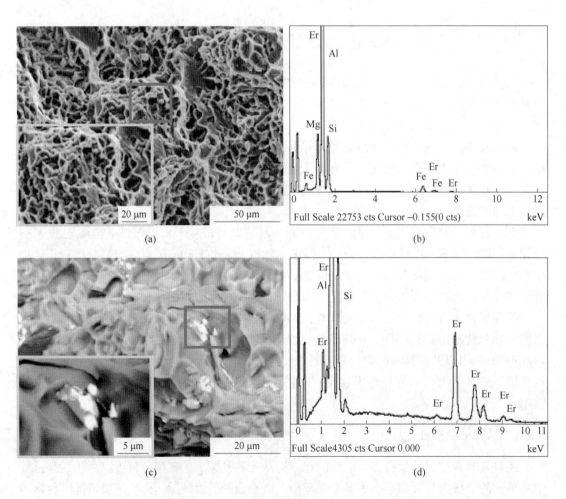

图 5-25　Al-7Si-0.6Mg-0.1Er 合金断口 SEM 照片及 EDS 结果

(a) SEM 图；(b) 富铁相 EDS 结果；(c) BSE 图；(d) $Er_2AlSi_2$ 相 EDS 结果

合金在外界载荷的作用下，组织中粗大的第二相可以作为裂纹源，优先萌生微裂纹，为了获得断口中裂纹源位置处第二相成分的定性及定量信息，可以采用扫描电镜及其配置的能谱仪（SEM + EDS）进行联合测试表征，在观察断口形貌二次电子像的同时，还能够完成断口形貌中选定位置的元素成分分析。图 5-26(a)是镁合金拉伸断口形貌的二次电子衬度像（SEM），对图 5-26(a)断口形貌中"Spectrum1"第二相颗粒选定点，进行能谱分析（EDS），结果如图 5-26(b)所示，可以看出该选定点主要元素包括 Mg、Al、Zn、Ca，同时得到这四种元素的质量分数和原子数分数。

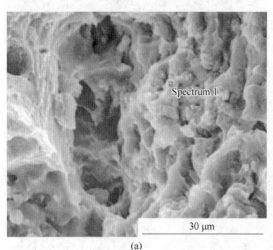

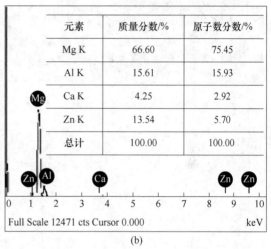

| 元素 | 质量分数/% | 原子数分数/% |
| --- | --- | --- |
| Mg K | 66.60 | 75.45 |
| Al K | 15.61 | 15.93 |
| Ca K | 4.25 | 2.92 |
| Zn K | 13.54 | 5.70 |
| 总计 | 100.00 | 100.00 |

Full Scale 12471 cts Cursor 0.000     keV

(a)                    (b)

图 5-26  镁合金断口 SEM 照片(a)及 EDS(b)结果

若合金断口中第二相的组成元素包含原子序数较大的元素，在分析这类第二相对金属断裂行为的影响时，可以使用背散射电子成像和能谱分析（BSE + EDS）的测试手段，对试样断口形貌及第二相选定点进行联合表征。

图 5-27 为含稀土元素镁合金断口形貌及能谱分析结果。图 5-27(a)为断口形貌的二次电子像，图 5-27(b)为同一断口位置的背散射电子像。从图 5-27(a)中可以看出，合金断口中存在呈河流花样状的解离面、二次微裂纹以及少量的韧窝等特征信息，由于在镁合金中添加了稀土 Nd 元素，组织中形成了含稀土元素的化合物，从图 5-27(a)中很难分辨含稀土化合物的形貌特征，以及稀土化合物在金属试样断裂时的作用。因此，为了能够获得断口中稀土化合物的位置信息，弄清稀土化合物对试样断裂过程的作用，需要对断口进行背散射电子成像，结果如图 5-27(b)所示。从断口背散射电子像可以清晰地观察到一些衬度发亮的第二相，这是稀土化合物中包含的稀土元素原子序数较大造成的。对图 5-27(b)中白色颗粒第二相选定点（视场中心位置白色棒状颗粒）进行能谱分析，其结果如图 5-27(c)(d)所示。图 5-27(c)为选定点组成元素的定性分析结果，能够定性获得该稀土化合物主要含有 Mg、Al、Nd 元素，如果忽略基体 Mg 对电子信号的影响，可以判断该化合物为 Al-Nd 化合物。图 5-27(d)为选定点的定量分析结果，根据原子数分数结果可以初步得到，该 Al-Nd 化合物的分子式为 $Al_2Nd$。为了能进一步确定该化合物的结构，通常还需要借助透射电子显微镜对该化合物进行表征。进一步观察图 5-27(b)中含稀土化合物发

现，部分稀土化合物发生了断裂，这表明稀土化合物能够作为裂纹源形成微裂纹，并且发生断裂的稀土化合物周围存在微裂纹的扩展，形成了二次裂纹痕迹。

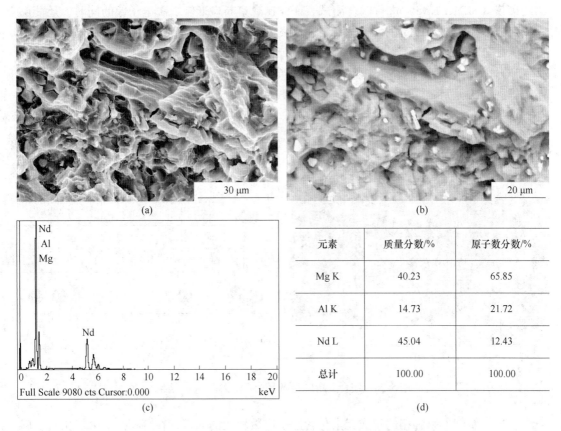

图 5-27　含稀土元素镁合金断口形貌及 EDS 结果

(a) SEM；(b) BSE；(c)(d) EDS

| 元素 | 质量分数/% | 原子数分数/% |
|---|---|---|
| Mg K | 40.23 | 65.85 |
| Al K | 14.73 | 21.72 |
| Nd L | 45.04 | 12.43 |
| 总计 | 100.00 | 100.00 |

### 5.3.2　断裂过程的原位动态表征

为了深入理解金属试样在拉伸过程中的断裂行为，可以进行金属原位拉伸过程的动态表征。通过扫描电镜下的拉伸台可以实现室温下或给定温度下的原位加载，同时配合能谱仪、电子背散射衍射仪等，可以获得裂纹萌生与扩展的实时信息，以及试样微观组织结构特征等。

下面，简要介绍下镁合金室温原位拉伸过程。图 5-28(a) 为 Gatan DEBEN 2000N 原位动态拉伸实验台及其安装的拉伸试样。扫描电镜下拉伸台上试样预制口处的 SEM 照片，如图 5-28(b) 所示。拉伸台上试样加载后得到的力-位移曲线信息输出显示在计算机端上，通过计算机端操作界面可以控制拉伸台的加载过程，借助扫描电镜观察试样在拉伸载荷作用下的实时图像。

众所周知，微观组织特征对裂纹萌生及扩展有着重要影响。采用拉伸台和扫描电子显微镜（SEM）测试方法，原位动态研究了拉伸载荷下铸造镁合金裂纹萌生及扩展行为，如图 5-29 所示。图 5-29(a) 为主裂纹刚刚进入晶粒 G1 的 SEM 图，可以看出在主裂纹前沿

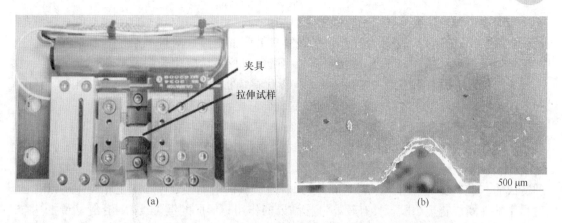

图 5-28　拉伸台(a)及其上面装夹试样预制口处的 SEM 照片(b)

有微孔 $V_1$、$V_2$ 和 $V_3$ 形成，这是由于 $Mg_{17}Al_{12}$ 相破碎导致的（图 5-29(a)中微孔 $V_3$ 放大图）。此外，还可以看出晶粒 G2 中存在滑移带和孪晶形貌，滑移带和孪晶的形成可以协调部分外界应变。随着应变的增加，主裂纹扩展至晶粒 G3 晶界处（见图 5-29(b)），发现晶粒 G3 沿拉伸方向伸长，晶粒内部失稳出现褶皱。主裂纹扩展路径穿过了微孔 $V_1$、$V_2$ 和 $V_3$，说明微孔能够为主裂纹扩展提供通道。

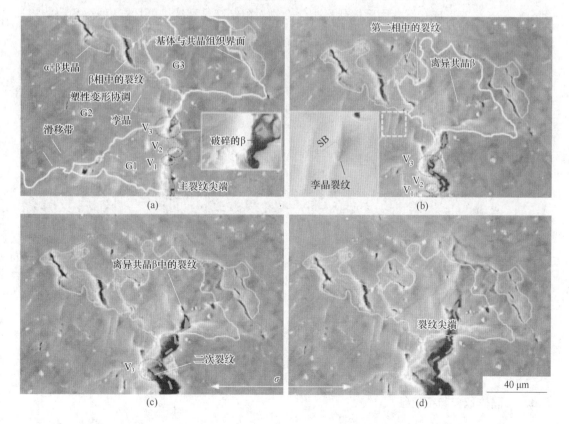

图 5-29　铸造 Mg-Al-Zn-Nd 合金裂纹扩展行为原位测试结果
（a）主裂纹抵达微孔前沿；（b）主裂纹抵达晶粒 G3 晶界处；（c）主裂纹穿过 G3 晶粒；（d）主裂纹扩展方向偏转

当继续增大外界载荷时，主裂纹发生穿晶扩展，如图 5-29(c)(d)所示。值得注意的是，主裂纹没有沿着 $V_3$ 微孔及共晶组织裂纹扩展，说明裂纹对扩展路径具有选择性。主裂纹尖端抵达 $V_3$ 微孔内部后，晶粒内第二相微裂纹形核后发生长大及宽化，并且主裂纹扩展方向偏离，没有沿着第二相微裂纹方向继续向前扩展，而是沿着离异第二相与基体之间界面扩展，说明存在微裂纹的第二相对主裂纹钝化后改变了裂纹扩展方向。穿晶裂纹导致形成解理断裂过程如图 5-30 所示。当主裂纹尖端即将抵达晶粒时，如图 5-30(a)所示。裂纹尖端晶粒内部离异共晶 β 相萌生的微裂纹宽化，并在晶粒内部局部区域内形成塌陷区（GCZ）而消耗部分应变能，抑制了主裂纹扩展，塌陷区的形成是由于局部晶粒表层解理造成的。进一步观察图 5-30(a)可以看出，主裂纹前沿晶界处棒状稀土相在阻碍滑移的过程中被剪断成若干小段，具有较好钉扎晶界的作用，形成的微裂纹 C1 沿滑移带抵达前端离异共晶 β 相后钝化，C2 裂纹穿过滑移带重叠区（图 5-30(b)蓝线与绿线所夹区域），与滑移带重叠区边界剪切形成上部剪切脊，C3 裂纹沿着塌陷区边界向前扩展，与滑移带重叠区边界剪切形成下部剪切脊，抵达前端微孔后钝化。伴随着 C1、C2、C3 裂纹的扩展，局部表层晶粒形成解离台阶和河流花样，即发生初期解离。当应变继续增加，如图 5-30(b)所示。主裂纹穿过晶界沿着晶粒内解理面扩展，晶粒内离异共晶 β 相继续破碎形成的微孔裂纹与主裂纹连接，导致主裂纹穿晶扩展而发生解离断裂，主裂纹尖端棒状稀土化合物沿长度方向发生多段断裂，可以协调部分应变，并且断裂后的稀土化合物与基体结合较好，没有形成孔洞，因此棒状稀土化合物对限制穿晶裂纹扩展具有积极作用。

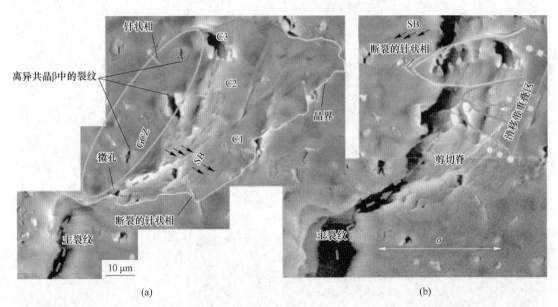

(a)　　　　　　　　　　　　　　　　(b)

图 5-30　穿晶裂纹导致形成解理断裂过程

(a) 主裂纹抵达晶粒前沿；(b) 主裂纹穿过晶粒

### 5.3.3　晶体取向特征表征

利用扫描电子显微镜和电子背散射衍射技术（EBSD），可进行试样微观组织、晶体取向、应力分布等表征，如图 5-31 所示。

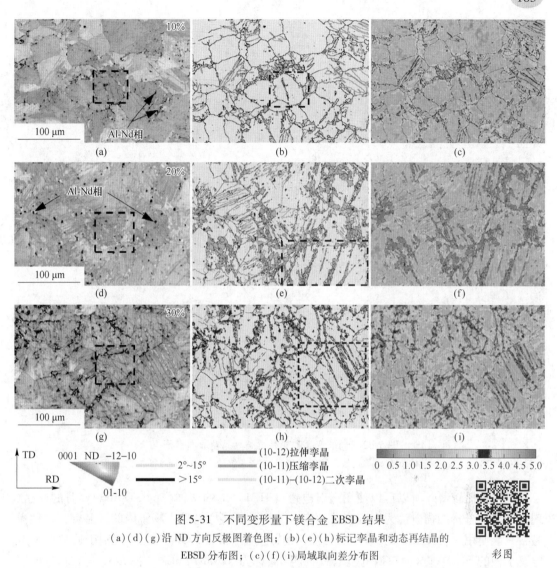

图 5-31　不同变形量下镁合金 EBSD 结果

(a)(d)(g)沿 ND 方向反极图着色图；(b)(e)(h)标记孪晶和动态再结晶的
EBSD 分布图；(c)(f)(i)局域取向差分布图

彩图

　　图 5-32(a)(d)(g)分别对应图 5-31(a)(d)(g)不同变形量合金中黑色虚线方框选定的局部孪晶和孪晶再结晶晶粒取向表征，可以看出晶粒内形成的再结晶晶粒主要来源于二次孪晶位置形核。

### 5.3.4　扫描透射像的表征

　　利用扫描电子显微镜及其配置的扫描透射成像样品台，可以实现试样扫描透射像（STEM 像）的表征。如果试样比较薄，当入射电子束照射试样时，会有一部分电子透过试样，其中既有弹性散射电子，也有非弹性散射电子，其能量大小取决于试样的性质和厚度。这部分透射电子可以用来成像，也就是通常所说的扫描透射像。STEM 像基本不受色差的影响，像的质量要比一般透射电镜像好。若用电子能量分析器选择某个能量的弹性散射，电子成像的质量更佳。由于能量损失与试样成分有关，所以非弹性散射电子像，即特征能量损失电子像，也可用来显示试样中不同元素的分布。在扫描电镜下获得 STEM 像所

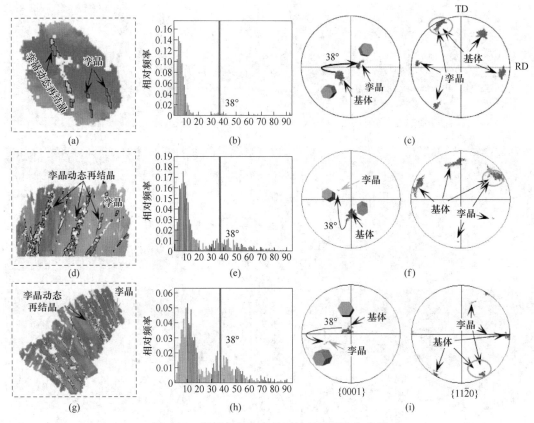

图 5-32　局部孪晶和孪晶再结晶晶粒取向表征

(a)(d)(g)取向量；(b)(e)(h)取向差角统计；(c)(f)(i)极图

要求的样品比较薄，所以可以使用透射电镜（TEM）上的试样作为 STEM 观察时的样品。现在的超高分辨扫描电镜为了提高分辨率，采用了可将样品放入物镜内的样品台，这种样品台只能使用厚度几毫米的薄样品，这种扫描电镜可以做 STEM。为了区别于通常在透射电镜上做的 STEM，这种扫描电镜上做的 STEM 称为 STEM-in-SEM。图 5-33 是在扫描电镜上表征的试样 STEM 像结果，图 5-33(a) 和 (b) 分别是 BF 像和 HAADF 像。

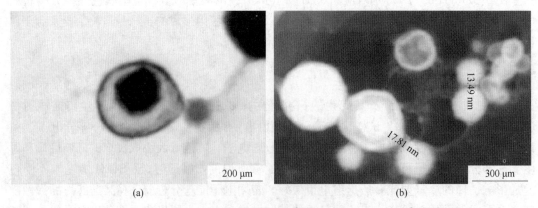

图 5-33　扫描电镜下表征的试样 STEM 像

(a) BF 像；(b) HAADF 像

当然，扫描电镜除了能够实现上述几种应用外，还可以实现材料在加载或加热条件下的 SEM + EBSD 原位动态表征等，这在材料微观组织结构研究方面，极大地丰富了研究技术与测试表征手段。

# 5.4 案 例 分 析

## 5.4.1 添加 Ca、Nd、Er 元素 AZ91 镁合金微观组织演变 SEM 表征

本案例选取商用 AZ91 镁合金为原材料，Nd、Er 和 Ca 等元素以中间合金的形式加入，采用真空电磁感应炉熔炼，浇注使用金属型铸造成形，实验合金的化学成分见表 5-3。

表 5-3　实验合金的化学成分

| 试样编号 | 名义成分(质量分数)/% | 实际成分(质量分数)/% | | | | | |
|---|---|---|---|---|---|---|---|
| | | Al | Zn | Ca | Nd | Er | Mg |
| AZ91 | AZ91 | 9 | 1 | — | — | — | 余量 |
| AZC1 | AZ91 + 0.5Ca | 8.56 | 0.54 | 0.7 | — | — | |
| AZC2 | AZ91 + 1.0Ca | 8.25 | 0.42 | 1.25 | — | — | |
| AZC3 | AZ91 + 1.5Ca | 8.03 | 0.67 | 1.74 | — | — | |
| AZC4 | AZ91 + 2.5Ca | 8.32 | 0.34 | 2.53 | — | — | |
| AZN1 | AZ91 + 0.3Nd | 8.34 | 0.62 | — | 0.27 | — | |
| AZN2 | AZ91 + 0.5Nd | 8.00 | 0.58 | — | 0.64 | — | |
| AZN3 | AZ91 + 1.0Nd | 8.15 | 0.58 | — | 0.87 | — | |
| AZN4 | AZ91 + 1.5Nd | 8.07 | 0.53 | — | 1.36 | — | |
| AZE1 | AZ91 + 0.5Er | 9.82 | 0.78 | — | — | 0.58 | |
| AZE2 | AZ91 + 1.0Er | 8.92 | 0.72 | — | — | 1.14 | |
| AZE3 | AZ91 + 1.5Er | 9.02 | 0.74 | — | — | 1.81 | |
| AZNC1 | AZ91 + 1Nd1Ca | 9 | 0.93 | 1 | 1.1 | — | |
| AZNC2 | AZ91 + 1.5Nd1Ca | 9 | 0.9 | 1 | 1.4 | — | |
| AZNC3 | AZ91 + 2Nd1Ca | 9 | 0.88 | 1 | 1.9 | — | |

5.4.1.1　不同 Ca 含量 AZ91 镁合金微观组织演变 SEM 表征

图 5-34 为不同 Ca 含量 AZ91 镁合金 SEM 照片。图 5-34(a)为压铸 AZ91 镁合金 SEM 形貌，可以清楚地看出合金由基体 $\alpha$-Mg、岛屿状 $\beta$-$Mg_{17}Al_{12}$ 相和不连续网状 $\alpha$-Mg + $\beta$-$Mg_{17}Al_{12}$ 共晶相组成，其中 $\beta$-$Mg_{17}Al_{12}$ 有两种存在形式：一种是呈不连续网状，主要分布在晶界处，有少量分布在晶粒内部；另一种呈片层状，主要分布在共晶组织中。图 5-34 (b)为金属型铸造 AZ91 镁合金 SEM 形貌，可以看出合金呈典型的树枝状晶组织，不连续分布的 $\alpha + \beta$ 共晶组织主要分布在晶界处，枝晶间距较小，这主要由金属型铸造冷却凝固过程导致的。较大的过冷度，一方面使得合金液内形核率数量增多，获得的晶粒细小，枝晶臂变窄，另一方面合金元素扩散过程受到阻碍，容易产生成分偏析。随着温度的降低，基体 Mg 首先形核，以树枝晶方式长大成先共晶 $\alpha$-Mg，少量 Al 元素固溶于基体中，多余的 Al 元素被先结晶 $\alpha$-Mg 推挤到固液界面前沿，当合金达到共晶温度时，处于固液界面

前沿的 Al 与 Mg 结合形成共晶 β-Mg$_{17}$Al$_{12}$，共晶组织主要依附于先共晶 α-Mg 形核长大，逐渐长大的共晶组织阻隔了先共晶 α-Mg 基体中合金元素的扩散过程，相互连接的共晶组织将基体围住形成局部孤立区域。值得注意的是在 AZ91 镁合金中添加不同含量 Ca 元素后第二相大小、形状发生明显变化，图 5-34（c）～（f）中 A、B、C、D 相分别为对应合金含量第二相放大图。随着 Ca 含量的增加，片层状 β-Mg$_{17}$Al$_{12}$ 逐渐减少，这说明 Ca 添加量

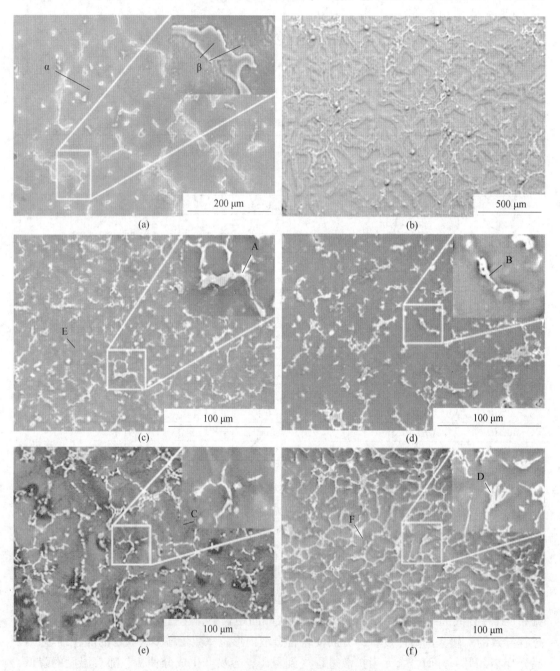

图 5-34　含 Ca 实验合金扫描照片

（a）AZ91（压铸）；（b）AZ91（金属型铸造）；（c）AZC1；（d）AZC2；（e）AZC3；（f）AZC4

的增加抑制了片层状 β-$Mg_{17}Al_{12}$ 相析出。当 Ca 含量小于 1.74% 时，随着 Ca 含量的增加，组织中第二相的形状细小，当 Ca 含量达到 2.53% 时，第二相增多并长大且相互连接呈不连续网状结构。当 Ca 含量较少时，Ca 元素主要固溶在 $Mg_{17}Al_{12}$ 相中形成 Mg-Al-Ca 固溶体，随着 Ca 含量增加，Ca 元素在合金冷却凝固过程中首先会与 Al 元素结合形成 $Al_2Ca$ 化合物（主要是因为 Al 与 Ca 电负差值较大），$Al_2Ca$ 结构稳定性较好，将保留在室温组织中，$Al_2Ca$ 相的形成消耗了合金中部分 Al 元素，使得 $Mg_{17}Al_{12}$ 相变得细小。

图 5-34 中 A、B、C、D、E、F 相的 EDS 结果见表 5-4，可以看出当 Ca 含量小于 2.53% 时，第二相中主要由 Mg、Al、Zn、Ca 四种元素组成，且随着 Ca 元素添加量的增加，第二相中固溶的 Ca 也增加。当 Ca 含量为 2.53% 时，第二相中主要的合金元素为 Mg、Al、Ca。从 E、F 处的 EDS 结果可以看出，基体中选定点的位置分别存在 Al 和 Ca 元素。

表 5-4 含 Ca 镁合金中各选定点 EDS 分析结果

| 相 | 质量分数/% | | | | 原子数分数/% | | | |
|---|---|---|---|---|---|---|---|---|
| | Mg | Al | Zn | Ca | Mg | Al | Zn | Ca |
| A | 73.47 | 22.22 | 3.24 | 1.08 | 77.05 | 20.99 | 1.26 | 0.69 |
| B | 64.44 | 29.44 | 3.91 | 2.22 | 68.73 | 28.29 | 1.43 | 1.55 |
| C | 56.91 | 32.71 | 4.51 | 5.87 | 62.11 | 32.17 | 1.83 | 3.89 |
| D | 76.06 | 19.12 | | 4.83 | 79.05 | 17.91 | | 3.04 |
| E | 95.13 | 4.87 | | | 95.59 | 4.41 | | |
| F | 96.43 | | | 3.57 | 97.80 | | | 2.20 |

图 5-35 为压铸镁合金 SEM 图片及选定点能谱分析（EDS），可以看出压铸组织中 $Mg_{17}Al_{12}$ 离异共晶相尺寸粗大，其周围层片状共晶 $Mg_{17}Al_{12}$ 清晰可见。对图中选定点进行能谱分析发现该块状相为 Al-Mn 化合物，Al 和 Mn 原子数分数比值为 1.57，接近于分子式 $Al_8Mn_5$。

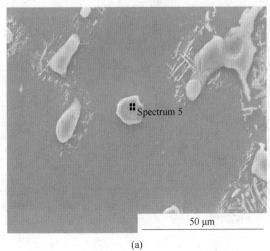

(a)

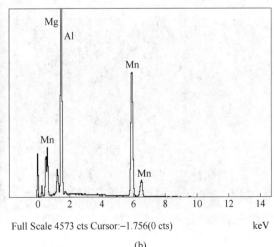

Full Scale 4573 cts Cursor:−1.756(0 cts)          keV

(b)

图 5-35 压铸 AZ91 镁合金中 $Al_8Mn_5$ 相 SEM 照片及 EDS 分析结果

(a) SEM 照片；(b) EDS 分析

　　图 5-36 为 AZ91 + 1.74% Ca 合金（AZC3）面扫描照片，对合金中的 Mg、Al、Ca、Zn、Mn 元素进行了面扫描分析，对应元素扫描图片中颜色越浅的位置说明该元素含量越

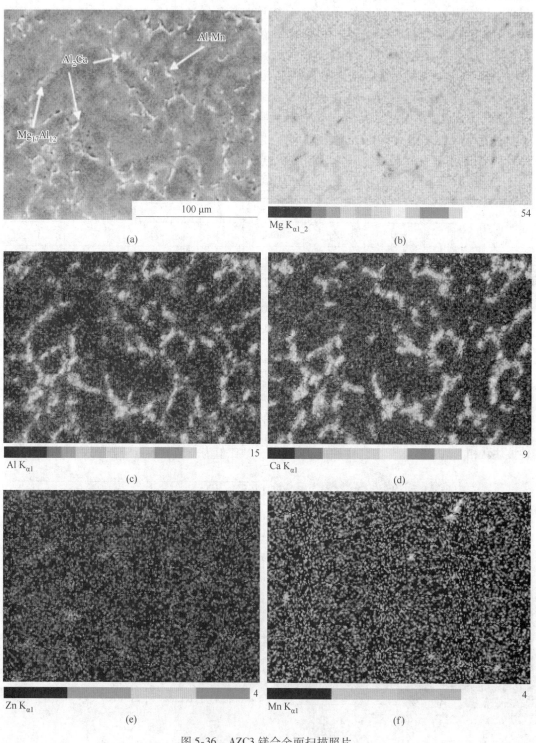

图 5-36　AZC3 镁合金面扫描照片

（a）SEM 图；（b）~（f）元素面分布图

高，可以看出，基体主要以 Mg 为主，距离基体中心越远，Al、Ca 元素分布密度越高，Al、Ca 元素容易在晶界处形成偏析，沿晶界分布的颗粒状第二相 Al、Ca 元素含量较高，结合 XRD、EDS 结果分析为 $Al_2Ca$ 相，细小的岛状相主要为 Mg、Al 元素，也含有 Ca 元素，说明该相应为 $Mg_{17}Al_{12}$ 且固溶了少量的 Ca。Zn、Mn 元素在扫描范围内分布较均匀，其中 Zn 元素主要集中在共晶组织中，Mn 元素有成分偏析与 Al 结合形成的少量 Al-Mn 化合物。

图 5-37 为 AZ91 + 2.53% Ca 镁合金（AZC4）面扫描照片，同样可以看出距离基体中心越远 Al、Ca 元素分布越集中，值得注意的是 AZ91 + 2.53% Ca 镁合金晶界处形成数量增多的长条状相主要为 Al、Ca 元素的富集，这些相应为 $Al_2Ca$，这说明随着 Ca 含量的增加，晶界处的 $Al_2Ca$ 由颗粒状长大变为长条状。晶界处网状相主要富集的元素为 Mg、Al、Ca，有文献表明这些 Mg-Al-Ca 三元相结构为 C36 型 $(Mg,Al)_2Ca$。随着合金液冷却凝固的进行，基体 Mg 形核长大，合金液中优先析出的 $Al_2Ca$ 被基体初晶组织推挤到固液界面前沿，溶质元素 Al 和 Ca 在固液界面前沿富集，伴随 Al 和 Ca 原子进一步扩散，$Al_2Ca$ 逐

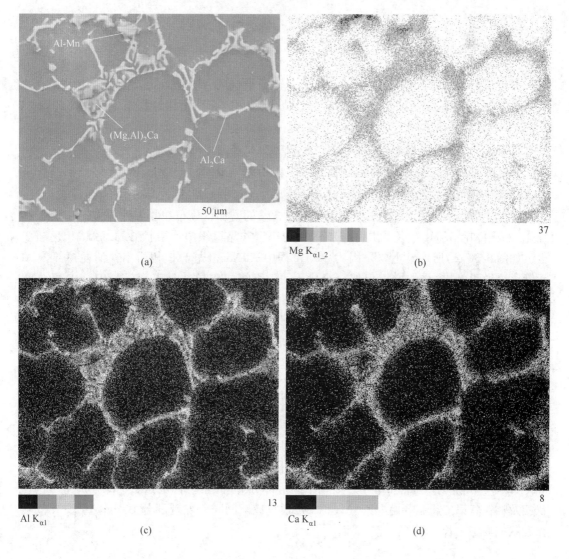

(a)

Mg K$_{\alpha1\_2}$

(b)

Al K$_{\alpha1}$

(c)

Ca K$_{\alpha1}$

(d)

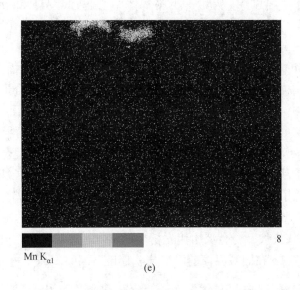

图 5-37　AZC4 镁合金面扫描照片

(a) SEM 图；(b) ~ (e) 元素面分布图

渐长大呈长条状。由于 Ca 元素含量较高，一方面形成的 $Al_2Ca$ 消耗掉了合金中大部分的 Al 元素，另一方面，剩余的 Ca 与 Mg、Al 形成 Mg-Al-Ca 三元化合物，也消耗掉部分 Al 元素，这导致合金液的化学成分不能形成 $Mg_{17}Al_{12}$。

### 5.4.1.2　不同 Nd 含量 AZ91 镁合金微观组织演变 SEM 表征

通过图 5-38 可以看出，实验合金组织主要由基体 $\alpha$-Mg，$\beta$-$Mg_{17}Al_{12}$ 相以及沿晶界呈半连续网状分布的 $\alpha + \beta$ 共晶相及 Al-Nd 相组成。其中，$\beta$-$Mg_{17}Al_{12}$ 相由两种形态组成：一种呈孤立岛状，另一种呈片层状。随着 Nd 含量的增加，分布在晶界处粗大的岛状 $\beta$ 相细化，依附初晶 $\alpha$-Mg 生长的共晶组织区域变小，共晶组织中片层状 $\beta$-$Mg_{17}Al_{12}$ 相逐渐变少，如图 5-38(c) 所示，主要是因为冷却过程中 Al-Nd 相先于 $\beta$ 相析出，消耗掉部分 Al 元素，这说明 Nd 含量的增加促使合金中 $\alpha + \beta$ 组织向离异共晶转变。AZ91 + 0.27% Nd SEM 组织如图 5-38(a) 所示，结合 XRD 结果可以确定 Al-Nd 相为主要沿晶界分布的针状 $Al_{11}Nd_3$ 相。继续增加 Nd 含量，合金组织中没有发现 $Al_{11}Nd_3$ 针状相，$Al_2Nd$ 颗粒相逐渐增多，如图 5-38(b) 所示，当 Nd 含量为 1.36% 时（见图 5-38(d)），组织中又重新形成少量的 $Al_{11}Nd_3$ 针状相，这是因为在非平衡冷却条件下，固液界面前沿富集的 Al、Nd 元素以高熔点 $Al_2Nd$ 相优先析出，导致该区域 Al、Nd 元素浓度降低，由于固溶在 Mg 基体中的 Nd 溶质原子半径加大，向固液界面扩散进程受阻，较快的冷却速度进一步阻碍了 Nd 原子扩散程度，使得 Nd 与 Al 形成 $Al_{11}Nd_3$ 相。

图 5-39 为 AZ91 + 0.27% Nd 合金 SEM 图片，图中各相原子平均质量分数见表 5-5。可以看出标定点 A 处主要为 $\alpha$-Mg，同时基体中固溶少量 Al 元素。标定点 B 主要合金元素为 Mg、Al 等，确定为 $\beta$-$Mg_{17}Al_{12}$ 相，该相中固溶部分 Zn 元素。标定点 C、D 分别为白色针状相及颗粒状第二相主要由 Mg、Al、Nd 元素组成。同时，发现部分 $\beta$-$Mg_{17}Al_{12}$ 主要依附在针状相周围生长。

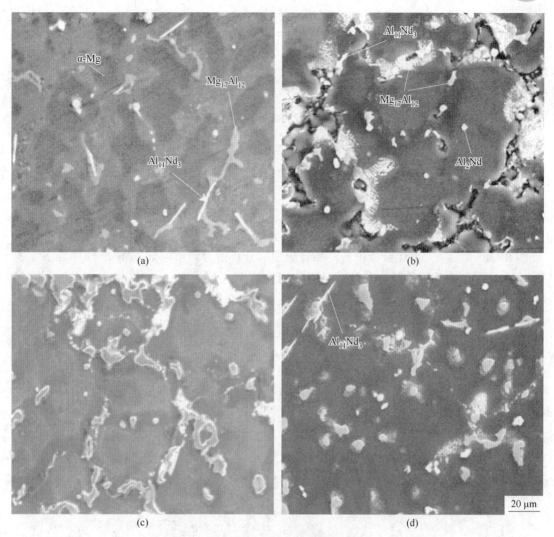

图 5-38　不同 Nd 含量镁合金 SEM 图片

（a）AZN1；（b）AZN2；（c）AZN3；（d）AZN4

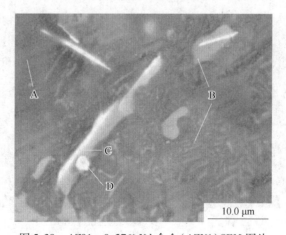

图 5-39　AZ91 +0. 27% Nd 合金（AZN1）SEM 图片

表 5-5   AZ91 + 0.27%Nd 合金中各选定点 EDS 结果

| 相 | 质量分数/% | | | | 原子数分数/% | | | |
|---|---|---|---|---|---|---|---|---|
| | Mg | Al | Zn | Nd | Mg | Al | Zn | Nd |
| A | 95.90 | 4.10 | — | — | 96.29 | 3.71 | — | — |
| B | 66.82 | 29.78 | 3.39 | — | 70.40 | 28.27 | 1.33 | — |
| C | 60.01 | 16.85 | 2.04 | 21.09 | 75.48 | 19.10 | 0.96 | 4.47 |
| D | 29.73 | 29.85 | — | 40.43 | 46.86 | 42.39 | — | 10.74 |

    图 5-40 为 AZ91 + 0.64% Nd 镁合金中 Mg、Al、Zn、Nd、Mn 元素面扫描照片，可以看出基体中主要分布着 Mg 元素，且 Mg 元素在基体中分布较均匀，此外基体中存在少量的 Al、Zn 元素。对半连续网状结构而言，主要分布着 Al、Zn 和少量 Mg 元素，大部分颗粒状第二相中主要集中存在 Al 和 Nd 元素。少量颗粒相主要分布 Mn 与 Al 元素，形成少量的 Al-Mn 化合物。对比合金中各主要合金元素分布情况结果可知，Mg 基体中固溶了少量的 Al、Zn，主要沿晶界分布且呈半连续网状结构，为 α-Mg + β-Mg$_{17}$Al$_{12}$ 共晶组织，且大部分 Zn 固溶在共晶组织中，主要沿晶界分布的颗粒相为 Al-Nd 相，结合该相 XRD、EDS 初步确定为 Al$_2$Nd 相。

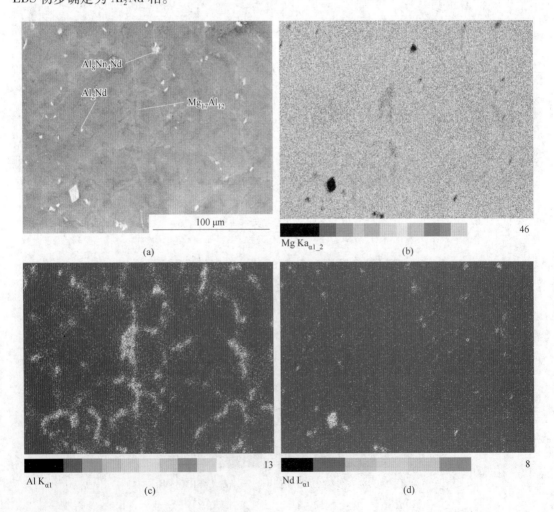

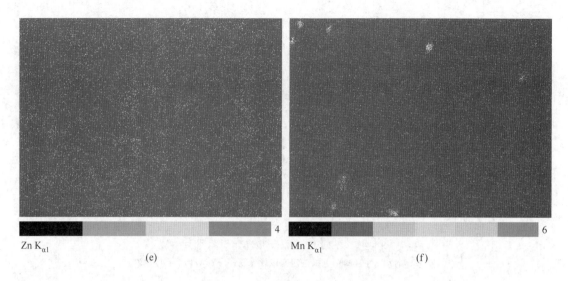

Zn K$_{\alpha 1}$ 　　　　　　　　　　　　　　　　Mn K$_{\alpha 1}$

(e)　　　　　　　　　　　　　　　　(f)

图 5-40　AZ91 + 0.64% Nd 镁合金(AZN2)面扫描照片

(a) SEM 图;(b)~(f) 元素面分布图

### 5.4.1.3　不同 Er 含量 AZ91 镁合金微观组织演变 SEM 表征

图 5-41 为不同 Er 含量 AZ91 合金 SEM 照片,当 Er 含量小于 1.14% 时,随着 Er 含量的增加(见图 5-41(a)和(c)),β(Mg$_{17}$Al$_{12}$)相数量逐渐减少,且趋向以离异共晶形式存在,当 Er 含量为 1.81% 时(见图 5-41(d)),合金组织中沿晶界呈片层状 β(Mg$_{17}$Al$_{12}$)共晶相和白色颗粒状第二相有所增加。图 5-41(b)为图 5-41(a)中方块区域放大 SEM 图,可以看出颗粒状第二相发生团聚偏析,团聚范围在 20 μm × 20 μm 以内。这些团聚第二相 SEM 及 EDS 分析结果如图 5-42 所示,可以看出第二相中主要的合金元素为 Mg、Al、Mn、Er,去除基体 Mg 的影响,从图 5-42(a)中位置 1 的 EDS 结果可以看出,Al、Er 元素所占比例较大(见图 5-42(b)),所以该团聚相应为 Al-Er 化合物。此外对合金组织 SEM 观察(见图 5-42(c))后发现,合金中还存在少量的六边形第二相,从六边形第二相(见图 5-42(c)中位置 2)EDS 分析结果(见图 5-42(d))可以看出,该相的合金元素包括 Mg、Al、Mn、Er 元素,其中 Al∶Mn∶Er 的原子数分数之比接近 8∶4∶1,确定该相为 Al$_8$Mn$_4$Er。

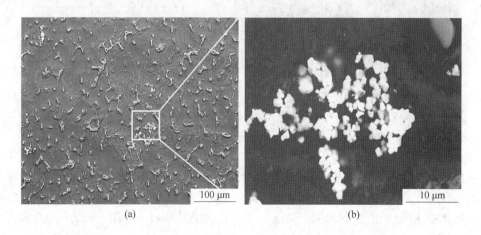

100 μm 　　　　　　　　　　　　　　10 μm

(a)　　　　　　　　　　　　　　　　(b)

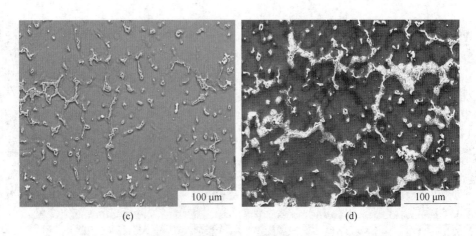

(c)　　　　　　　　　　　　　　　　(d)

图 5-41　不同 Er 含量实验合金 SEM 照片

（a）AZE1；（b）图（a）中方框选定区域放大图；（c）AZE2；（d）AZE3

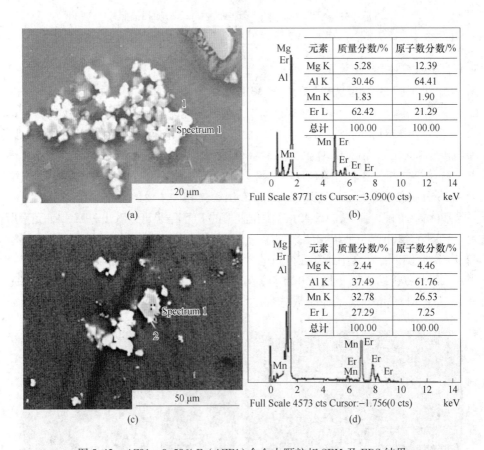

| 元素 | 质量分数/% | 原子数分数/% |
|------|-----------|-------------|
| Mg K | 5.28 | 12.39 |
| Al K | 30.46 | 64.41 |
| Mn K | 1.83 | 1.90 |
| Er L | 62.42 | 21.29 |
| 总计 | 100.00 | 100.00 |

Full Scale 8771 cts Cursor:−3.090(0 cts)　　keV

(a)　　　　　　　　　　　　　　　　(b)

| 元素 | 质量分数/% | 原子数分数/% |
|------|-----------|-------------|
| Mg K | 2.44 | 4.46 |
| Al K | 37.49 | 61.76 |
| Mn K | 32.78 | 26.53 |
| Er L | 27.29 | 7.25 |
| 总计 | 100.00 | 100.00 |

Full Scale 4573 cts Cursor:−1.756(0 cts)　　keV

(c)　　　　　　　　　　　　　　　　(d)

图 5-42　AZ91 + 0.58% Er（AZE1）合金中颗粒相 SEM 及 EDS 结果

对比单独添加 Ca、Nd、Er 后的实验合金组织发现，Er 对 $Mg_{17}Al_{12}$ 相大小、形貌的影响最大，合金中 $Mg_{17}Al_{12}$ 相离异共晶倾向大，主要是由于 Er 在基体 Mg 中的溶解度较大，阻碍了基体中 Al 原子的扩散程度，从而形成细小弥散的 $Mg_{17}Al_{12}$ 相，但 Er 元素容易产生成分偏析，表现为 $Al_2Er$ 相团聚。

  图 5-43 为 AZ91 + 0.58% Er 合金中 Mg、Al、Er、Zn、Mn 等主要合金元素面扫描图片，可以看出基体以 Mg 元素为主，晶界处 Mg 元素含量相对降低，同时基体中弥散分布着 Zn 元素。主要沿晶界分布的 Al 元素能够与 Mg 形成 β（$Mg_{17}Al_{12}$）相，部分 Al 元素分布在基体中，且沿着远离基体中心方向的 Al 浓度逐渐增加。Er、Mn 元素主要集中在发生团聚的颗粒相中，形成 Al-Er 和 Al-Mn-Er 化合物，少量的 Er、Mn 元素固溶在基体中。

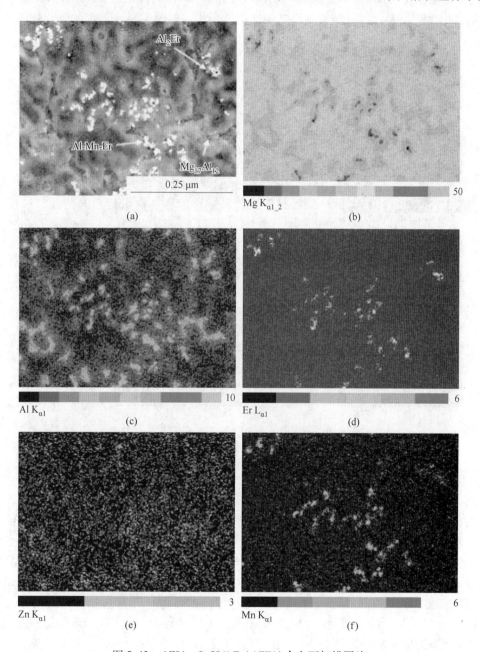

图 5-43 AZ91 + 0.58% Er( AZE1 )合金面扫描图片

（a）AZ91 + 0.58% Er 合金 BSE 图；（b）~（f）分别为图（a）中 Mg、Al、Er、Zn、Mn 元素的面扫描结果

**5.4.1.4　Nd/Ca 复合 AZ91 镁合金微观组织演变 SEM 表征**

图 5-44 为不同 Nd/Ca 含量的合金 SEM 组织，从图中可以看出，AZ91 镁合金复合添加 Nd/Ca 合金元素后，合金组织得到细化，沿晶界呈不连续网状分布的 $Mg_{17}Al_{12}$ 相变细小，片层状 $Mg_{17}Al_{12}$ 相明显减少，合金中出现 $Al_2Nd$ 和 $Al_2Ca$ 颗粒相，当 Nd/Ca 质量分数比小于 1.4 时，随着 Nd/Ca 质量分数比增加，合金中 $Mg_{17}Al_{12}$ 相逐渐减少，颗粒状 $Al_2Nd$ 和 $Al_2Ca$ 逐渐增多，如图 5-44(b)(c) 所示。当 Nd/Ca 质量分数比为 1.9 时，合金中晶界处的第二相逐渐长大，部分颗粒状第二相连接呈岛状，如图 5-44(d) 所示。

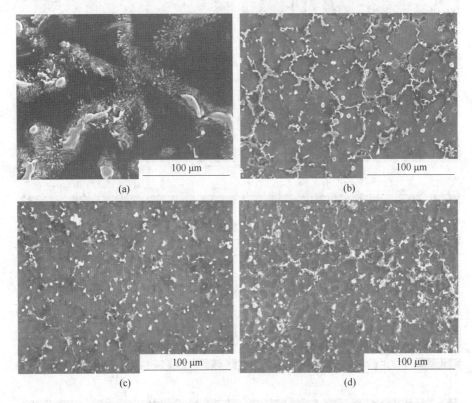

图 5-44　不同 Nd/Ca 含量的实验合金 SEM 组织
(a) AZ91；(b) AZNC1；(c) AZNC2；(d) AZNC3

图 5-45(a) 为 Nd/Ca 质量分数比为 1.4 时 AZ91 镁合金的 BSE 组织照片，可以看出白色颗粒相主要沿晶界析出，有少量的在晶内存在。图 5-45(b) 为图 5-45(a) 中方形区域放大图，对组织中各选定点分别进行 EDS 测试，结果见表 5-6，从表中可以看出各合金元素的分布情况，1 点为镁基体，同时固溶 3.5%（质量分数）的 Al 元素；2 点为靠近晶界处的共晶区域，此处主要合金元素为 Mg、Al、Ca，其中 Ca 的质量分数较高，说明 Ca 元素在该区域富集；3 点为晶界处尺寸较大的岛状相，主要合金元素包括 Mg、Al、Zn、Ca，该相应该为 $Mg_{17}Al_{12}$；4 点颗粒状相和 5 点短条状相主要由 Mg、Al、Ca、Nd 元素组成，其中 Nd 元素的原子数分数是 Ca 的 5 倍以上，该相应为 $Al_2(Nd,Ca)$。从实验合金中添加的 Nd 和 Ca 物质的量来看，Ca 的物质的量大于 Nd，组织中应该形成数量较多的 $Al_2Ca$，但从该合金的 BSE（见图 5-45(a)）和 EDS 结果发现，合金中还形成了 $Al_2Nd$ 化合物。

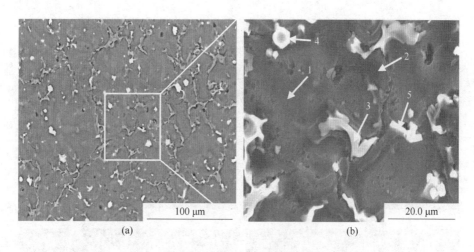

图 5-45　AZCN2 镁合金的 SEM 显微组织照片

（a）BSE；（b）图（a）中方框选定区域放大图

表 5-6　**AZ91 + 1.4%Nd1%Ca 合金（AZCN2）中各选定点 EDS 结果**

| 相 | 质量分数/% | | | | | 原子数分数/% | | | | |
|---|---|---|---|---|---|---|---|---|---|---|
| | Mg | Al | Zn | Ca | Nd | Mg | Al | Zn | Ca | Nd |
| 1 | 96.50 | 3.50 | — | — | — | 96.84 | 3.16 | — | — | — |
| 2 | 56.49 | 33.55 | — | 9.96 | — | 60.90 | 32.59 | — | 6.51 | — |
| 3 | 61.80 | 31.29 | 4.98 | 1.93 | — | 66.44 | 30.31 | 1.99 | 1.26 | — |
| 4 | 11.47 | 39.11 | — | 2.58 | 46.84 | 20.41 | 62.75 | — | 2.78 | 14.06 |
| 5 | 52.06 | 19.20 | — | 1.02 | 27.71 | 69.73 | 23.18 | — | 0.83 | 6.26 |

## 5.4.2　添加 Ca、Er 及 Nd/Ca 复合元素 AZ91 镁合金浸泡腐蚀形貌的 SEM 表征

### 5.4.2.1　不同 Ca 含量 AZ91 镁合金腐蚀形貌

图 5-46 为不同 Ca 含量实验合金在 3.5% NaCl 溶液中腐蚀 7 d 后的二次电子扫描照片。从图 5-46（a）~（c）可以明显看出镁基体均受到严重腐蚀，从 AZ91 腐蚀形貌可以看出，AZ91 镁合金在 3.5% NaCl 溶液中浸泡 7 d 后，基体腐蚀严重，腐蚀坑深度较深，腐蚀后部分网状结构 β-Mg$_{17}$Al$_{12}$ 相脱落。图 5-46（b）~（e）为添加 Ca 元素后实验合金腐蚀形貌，从图 5-46（b）和（c）中可以看出，合金腐蚀主要以 β 与 α 电偶腐蚀为主，由于 β-Mg$_{17}$Al$_{12}$ 相电位高于 α-Mg 电位，因此剩余的网状结构主要为 β-Mg$_{17}$Al$_{12}$ 相。继续增加 Ca 含量（见图 5-46（d）和（e））实验合金表面的腐蚀坑深度变浅，耐腐蚀性能明显提高。观察图 5-46（d）发现晶界处存在许多细小分散的颗粒状 Al$_2$Ca 相和岛状 β-Mg$_{17}$Al$_{12}$ 相，Al$_2$Ca 与 α 相之间的电势差大于 β-Mg$_{17}$Al$_{12}$ 与 α 相，Al$_2$Ca 与 α 相优先发生腐蚀，由于 Al$_2$Ca 的含量较少导致发生腐蚀的电偶对数量较少，合金自腐蚀程度减弱，因此试样表面整体腐蚀坑深度较浅，合金耐腐蚀性能优异。图 5-46（e）中基体腐蚀坑深度变大，腐蚀试样表面有网状 Al$_2$Ca 相残留，说明网状 Al$_2$Ca 与 α 相电偶对数量的增加导致了合金耐腐蚀性的下降。

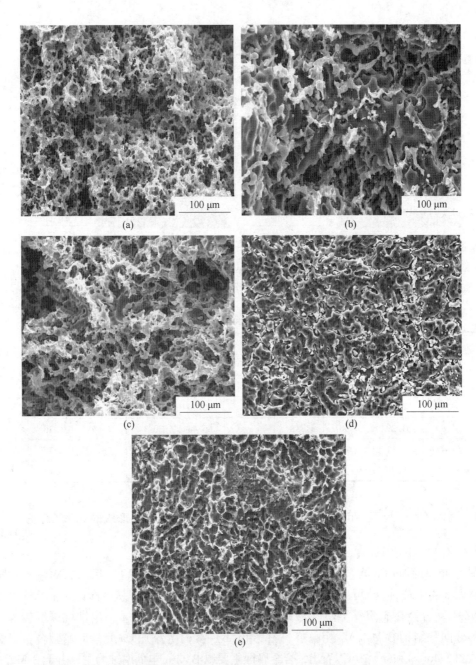

图 5-46　不同 Ca 含量实验合金在 3.5% NaCl 溶液中浸泡腐蚀 7 d 后 SEM 形貌
(a) AZ91；(b) AZC1；(c) AZC2；(d) AZC3；(e) AZC4

### 5.4.2.2　不同 Er 含量 AZ91 镁合金腐蚀形貌

在 3.5% NaCl 水溶液中腐蚀 6 d 后实验合金表面 SEM 形貌如图 5-47 所示，可见合金表面腐蚀形貌是由一系列点蚀坑组成。其中图 5-47(a)～(c)合金试样表面点蚀坑面积较大，原来独立分布的点蚀坑相互连接成片，表明合金受到了严重的局部腐蚀。其中，AZ91 合金腐蚀面积最大，腐蚀最为严重。与图 5-47(a)～(c)相比，图 5-47(d)中的合金试样表面发生局部点蚀面积最小，说明合金具有优良的抗腐蚀性能。由此不难看出添加稀土 Er 可以提高 AZ91 镁合金的耐腐蚀性能，并且随着 Er 含量的增加合金的耐蚀性能增加。

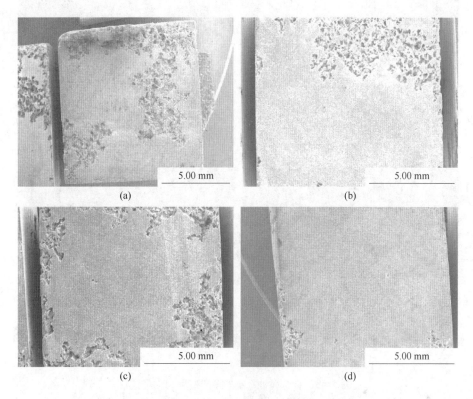

图 5-47　实验合金在 3.5% NaCl 水溶液中浸泡 6 d 后的 SEM 图片
（a）AZ91；（b）AZE1；（c）AZE2；（d）AZE3

图 5-48 为实验合金腐蚀 6 d 后去除产物后 SEM 放大图，可以进一步观察到合金腐蚀形式为典型的点腐蚀，AZ91 合金（见图 5-48（a））腐蚀坑周围的腐蚀产物膜表面上存在大量微小的孔洞，AZE1、AZE2、AZE3 合金试样表面膜较致密（见图 5-48（b）~（d）），其中 AZE3 合金腐蚀坑深度最浅，腐蚀程度最小，抗腐蚀性最好。

由 AZE2 合金 SEM 及 EDS 结果可知（见图 5-49），腐蚀产物膜中除 Mg、Al 氧化物或氢氧化物外，还有微量 Er 元素存在，说明 Er 元素进入到腐蚀产物膜中。Rosalbino 等人认为 Mg-Al-Er 合金抗腐蚀性能的提高主要是由于 Er 以 $Er_2O_3$ 的形式进入产物膜的晶格中，增加了产物膜的致密性和抗穿透能力。

由以上实验结果可知，Er 提高 AZ91 镁合金耐蚀性主要有以下几个方面原因：一是合金抗腐蚀性能与其微观组织及结构密切相关，添加 Er 后合金组织得到细化，随着 Er 含量的增加 $Al_2Er$ 相增多，β 相（$Mg_{17}Al_{12}$）数量减少且尺寸变小，导致合金发生电偶腐蚀过程中作为原电池阴极的 β 相数量减少，因此原电池数量减少提高了合金耐蚀性能；二是稀土 Er 进入到镁合金表面腐蚀产物膜中，提高其致密程度，产物膜与 β 相共同形成的保护壳层，能够阻碍腐蚀介质侵蚀基体进程，进一步提高合金耐蚀性能；三是稀土 Er 具有

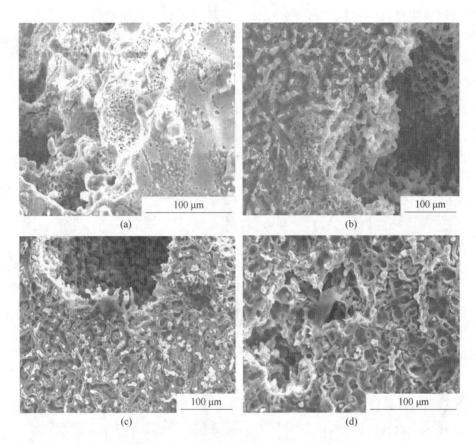

图 5-48　合金腐蚀 6 d 去除产物后 SEM 图片

（a）AZ91；（b）AZE1；（c）AZE2；（d）AZE3

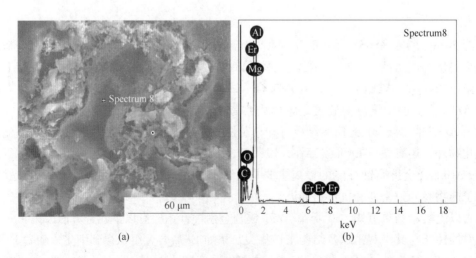

图 5-49　腐蚀 6 d 后 AZE2 合金腐蚀表面 SEM(a)及 EDS 图片(b)

净化合金液的作用，抑制杂质元素参与腐蚀过程。本工作中 Er 含量为 1.81%（AZE3）的合金组织均匀晶粒细小，β 相弥散分布于组织中，合金腐蚀程度最小，耐腐蚀性能最佳。

#### 5.4.2.3 Nd/Ca 复合添加 AZ91 镁合金腐蚀形貌

图 5-50 为 Nd/Ca 复合合金化前后试样合金在 3.5% NaCl 溶液中腐蚀 2 d 并去除腐蚀产物后的微观形貌。可以看出合金主要以点蚀为主，试样表面局部区域存在细小的点蚀坑，部分点蚀坑相互连接成片，这些区域的基体腐蚀面积与腐蚀深度严重。复合添加 Nd/Ca 元素后，合金试样表面腐蚀面积减少，腐蚀坑深度变浅说明合金耐腐蚀能力提高，对比试样腐蚀形貌发现 Nd/Ca 质量分数比为 1.4 时合金耐腐蚀性能最好。

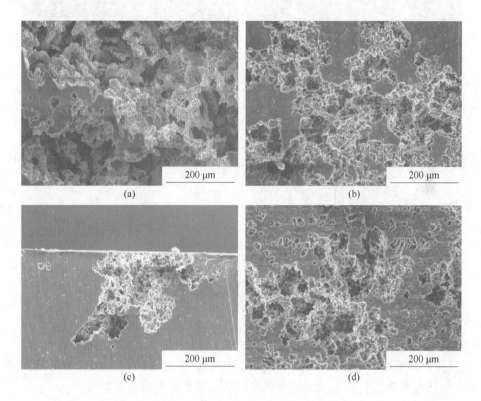

图 5-50  各合金在 3.5% NaCl 溶液中浸泡 2d 并去除腐蚀产物后的微观形貌
(a) AZ91；(b) $w(Nd)/w(Ca)=1.1$；(c) $w(Nd)/w(Ca)=1.4$；(d) $w(Nd)/w(Ca)=1.9$

图 5-51 为 AZNC2($w(Nd)/w(Ca)=1.4$) 合金在 3.5% NaCl 溶液中腐蚀 2 d 后试样表面 SEM 照片及腐蚀产物点分析能谱。从图 5-51(a) 中可以看出，试样表面存在少量腐蚀产物形成的凸起。然而试样大部分表面比较平整耐蚀情况较好，说明合金表面氧化膜起到保护作用。图 5-51(a) 中腐蚀产物放大图像，观察发现腐蚀产物致密程度较差呈现疏松多孔、高低不平的形貌特征，说明覆盖在基体表面的腐蚀产物虽然能够隔离并阻碍溶液中有害离子的侵蚀，但对合金基体的保护能力有限。对表层腐蚀产物选定点进行 EDS 分析（见图 5-51(c)）可知，构成合金腐蚀产物的主要元素包括 O、Mg 和 Al，因此确定产物膜表面应该是 MgO 和 $Al_2O_3$，其中 MgO 不稳定在水溶液中容易形成 $Mg(OH)_2$ 和一些复杂的含水化合物。

进一步分析发现在腐蚀产物表面并没有发现 Nd 元素，这和腐蚀产物膜结构有一定的关系，腐蚀过程中在基体表面形成的腐蚀产物膜结构应为外层 $Mg(OH)_2$ + 内层 MgO 和

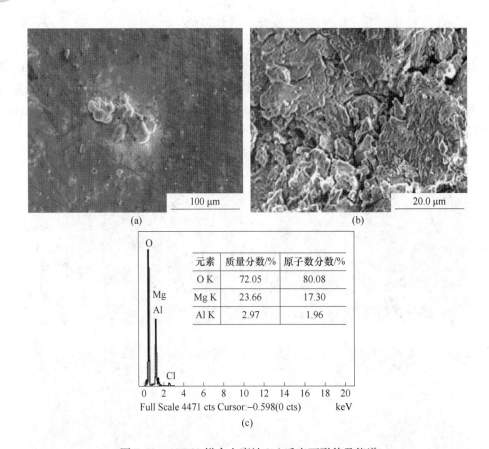

图 5-51　AZNC2 镁合金腐蚀 2 d 后表面形貌及能谱

（a）腐蚀后试样表面形貌 SEM；（b）图（a）中腐蚀产物放大图；（c）腐蚀产物 EDS 能谱

$Al_2O_3$，有研究表明添加稀土后膜结构变为外层 $Mg(OH)_2$ + 内层 MgO、$Al_2O_3$ 和 $RE_2O_3$，稀土氧化物的存在能够提高腐蚀膜的致密度，从而提高合金耐腐蚀能力。

## 习　题

5-1　电子束入射固体样品表面会激发哪些信号，它们有哪些特点和用途？

5-2　试比较透射电镜和扫描电镜的结构原理和成像特点。

5-3　扫描电镜的分辨率受哪些因素影响，扫描电镜的分辨率是指用何种信号成像时的分辨率，扫描电镜分辨率最高的信号是哪个？

5-4　简述扫描电镜的特点。

5-5　扫描电镜在材料研究中有哪些应用？

5-6　要分析钢中碳化物成分和基体中碳含量，应选用哪种电子探针仪，为什么？

5-7　说明背散射电子像和吸收电子像的原子序数衬度形成原理，并举例说明在分析样品中元素分布的应用。

5-8　简述电子探针的基本工作方法及其应用。

5-9　简述二次电子和背散射电子像的成像原理。

5-10　与光学显微镜相比，扫描电镜成像的特点是什么？

# 参 考 文 献

[1] 周玉. 材料分析方法 [M]. 4 版. 北京：机械工业出版社, 2020.

[2] 常铁军, 刘喜军. 材料近代分析测试方法 [M]. 2 版. 哈尔滨：哈尔滨工业大学出版社, 2005.

[3] 郭素枝. 扫描电镜技术及其应用 [M]. 厦门：厦门大学出版社, 2006.

[4] 张大同. 扫描电镜与能谱仪分析技术 [M]. 广州：华南理工大学出版社, 2009.

[5] 崔晓明, 于智磊, 张晓婷, 等. 析出相对含 Ca 镁合金腐蚀行为的影响 [J]. 稀有金属材料与工程, 2018, 47 (10)：3112-3119.

[6] 崔晓明, 白朴存, 刘飞, 等. Mg-8.07Al-0.53Zn-1.36Nd 镁合金微观组织及裂纹演变行为 [J]. 稀有金属材料与工程, 2017, 46 (3)：728-734.

[7] 崔晓明, 白朴存, 侯小虎, 等. Er 对 AZ91 镁合金铸态组织和耐蚀性能的影响 [J]. 稀土, 2015, 36 (4)：110-115.

[8] Cui X M, Wang Z W, Cui H, et al. Study on mechanism of refining and modifying in Al-Si-Mg casting alloys with adding rare earth cerium [J]. Mater. Res. Express, 2023, 10 (8)：086511.

[9] Cui X M, Wang Z G, Yu Z L, et al. Effect of twinning and Al-Nd phase on dynamic recrystallization in rolled Mg-Al-Zn-Nd alloy at the moderate strain rate [J]. Mater. Res. Express, 2021, 10 (8)：126506.

[10] Cui X M, Yu Z L, Liu F, et al. Influence of secondary phases on crack initiation and propagation during fracture process of as-cast Mg-Al-Zn-Nd alloy [J]. Materials Science & Engineering A, 2019 (759)：708-714.

# 6 扫描隧道显微镜和原子力显微镜

1982 年，Gerd Bining 和 Heinrich Rohrer 在 IBM 公司研制出世界上第一台具有原子分辨率的扫描隧道显微镜（scanning tunneling microscope，STM）。这种新型显微仪器使人类能够实时地观测导电物质表面的原子排列状态，可以用于研究与表面电子行为有关的物理化学性质。原子力显微镜（atomic force microscopy，AFM）是扫描探针显微镜（scanning probe microscope，SPM）的一种，也是扫描隧道显微镜的一种拓展。利用原子力显微镜可观察绝缘物质表面原子结构和图像。由于放大倍数能高达 10 亿倍，比电子显微镜分辨率高 1000 倍，可以直接观察物质的分子和原子，STM 和 AFM 已发展成为凝聚态物理、化学、生物学和纳米材料学科强有力的研究工具，对表面科学、材料科学、生命科学以及微电子技术的研究有着重大意义和重要应用价值。本章对两种显微镜的工作原理和应用进行介绍。

## 6.1 扫描隧道显微镜

### 6.1.1 扫描隧道显微镜的工作原理

#### 6.1.1.1 隧道效应简介

扫描隧道显微镜是根据量子力学中的隧道效应原理，通过探测固体表面原子中电子的隧道电流来分辨固体表面形貌的显微装置。将原子尺度的极细探针和被研究物质的表面作为两个电极，当样品与针尖的距离非常接近时（通常小于 1 nm），在外加电场的作用下，电子会穿过两个电极之间的势垒流向另一电极。根据量子力学原理，由于粒子存在波动性，当一个粒子处在一个势垒之中时，粒子越过势垒出现在另一边的概率不为零，这种现象称为隧道效应。

根据量子理论，电子具有波动性，其位置是弥散，其状态可由波函数 $\Psi(Z)$ 描述，它满足 Schrodinger 方程：

$$-\frac{\eta}{2m}\frac{\mathrm{d}^2}{\mathrm{d}Z^2}\Psi(Z) + U(Z)\Psi(Z) = E\Psi(Z) \tag{6-1}$$

如果 $U(Z)$ 一定，电子的总能量 $E > U(Z)$，式（6-1）的解如下：

$$\Psi(Z) = \Psi(0)\mathrm{e}^{\pm ikZ} \tag{6-2}$$

其中：

$$k = \frac{\sqrt{2m(E-U)}}{\eta} \tag{6-3}$$

该解为一波矢。

如果电子的总能量 $E < U(Z)$，式（6-1）的解为：

$$\Psi(Z) = \Psi(0)\,\mathrm{e}^{-kZ} \tag{6-4}$$

式中，$k = \dfrac{\sqrt{2m(E-U)}}{\eta}$。

该解为衰减常数，物理意义是描述电子在 $+Z$ 方向上的衰减。因而在 $Z$ 点附近观察到一个电子的概率密度正比于 $|\Psi_n(0)|^2\mathrm{e}^{-2kS}$，这说明金属中的电子并不完全局限于金属表面之内，电子云密度并不在表面边界处突变为零，即电子以一定的概率穿透势垒，表面上一些电子会散逸出来，在样品周围形成电子云。在金属表面以外，电子云密度呈指数衰减，衰减长度约为 1 nm。

用一个极细的、只有原子尺度的金属针尖作为探针，将它与被研究物质（称为样品）的表面作为两个电极，当样品表面与针尖非常靠近（距离 < 1 nm）时，两者的电子云略有重叠，如图 6-1 所示。若在两极间加上电压 $U$，在电场作用下，电子就会穿过两个电极之间的势垒，通过电子云的狭窄通道流动，从一极流向另一极，形成隧道电流 $I$。隧道电流 $I$ 的大小与针尖和样品间的距离 $S$ 以及样品表面平均势垒的高度 $\varphi$ 有关。

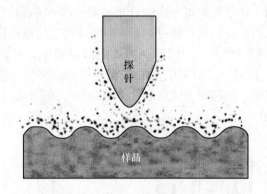

图 6-1 金属表面与针尖的电子云图

### 6.1.1.2 隧道电流的产生

样品和针尖加上偏压 $V$，对于电子而言，样品和针尖之间的能量差为 $eV$，出现从样品流向针尖的隧道电流。即处于 $E_F - eV$ 与 $E_F$ 之间能量为 $E_n$ 的样品态 $\Psi_n$ 有机会隧穿进入针尖。假定偏压远小于功函数的值，即 $eV \ll \phi$，则所有有意义的样品态能级十分接近费米能级，即 $E_n \approx -\phi$。这样第 $n$ 个样品态中的电子出现在针尖表面 $Z = S$ 处的概率 $\omega$ 为：

$$\omega \propto |\Psi_n(0)|^2\mathrm{e}^{-2kS} \tag{6-5}$$

式中，$\Psi_n(0)$ 为样品表面处第 $n$ 个样品态的数值；$k$ 为势垒中接近费米能级的样品态衰减常数，$k = \dfrac{\sqrt{2m\phi}}{\eta}$。

如果功函数以 eV 为单位，衰减常数以 $\mathrm{nm}^{-1}$ 为单位，则 $k = 5.1\sqrt{\phi(eV)}\ \mathrm{nm}^{-1}$。

在 STM 分析时，针尖扫描遍及样品表面，针尖的状态通常无变化。隧穿的电子到达 $Z = S$ 的针尖表面时，以恒定速度流入针尖，隧道电流直接正比于能量间隔为 $eV$ 内样品表面电子态的数目。把能量区间 $eV$ 内的所有样品态都包括在内，隧道电流可表示为：

$$I \propto \sum_{E_n = E_F - eV}^{E_F} |\Psi_n(0)|^2\mathrm{e}^{-2kS} \tag{6-6}$$

即隧道电流 $I$ 为：

$$I \propto V_b \exp(-A\Phi^{\frac{1}{2}}S) \tag{6-7}$$

隧道电流 $I$ 是电子波函数重叠的量度，与针尖和样品之间距离 $S$ 和平均功函数 $\Phi$ 有关。$V_b$ 是加在针尖和样品之间的偏置电压。平均功函数 $\Phi \approx \frac{1}{2}(\Phi_1 + \Phi_2)$，$\Phi_1$ 和 $\Phi_2$ 分别为针尖和样品的功函数。$A$ 为常数，在真空条件下约等于 1。

扫描探针一般采用直径小于 1 nm 的细金属丝，如钨丝、铂-铱丝等；被观测样品应具有一定导电性才可以产生隧道电流。

### 6.1.1.3　扫描模式

隧道电流强度对针尖与样品表面之间距非常敏感，如果距离 $S$ 减小 0.1 nm，隧道电流 I 将增加一个数量级，因此，利用电子反馈线路控制隧道电流的恒定，并用压电陶瓷材料控制针尖在样品表面的扫描，则探针在垂直于样品方向上高低的变化就反映出了样品表面的起伏，如图 6-2(a) 所示。将针尖在样品表面扫描时运动的轨迹直接在荧光屏或记录纸上显示出来，就得到了样品表面态密度的分布或原子排列的图像。这种扫描方式可用于观察表面形貌起伏较大的样品，且可通过加在 z 向驱动器上的电压值推算表面起伏高度的数值，这是一种常用的扫描模式。对于起伏不大的样品表面，可以控制针尖高度守恒扫描，如图 6-2(b) 所示，通过记录隧道电流的变化亦可得到表面态密度的分布。这种扫描方式的特点是扫描速度快，能够减少噪声和热漂移对信号的影响，但一般不能用于观察表面起伏大于 1 nm 的样品。

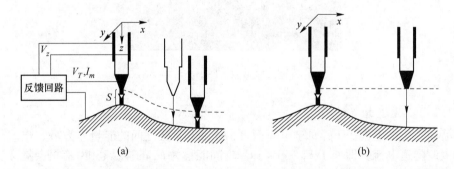

图 6-2　扫描模式示意图

(a) 恒电流模式，$V_z(V_x, V_y) \rightarrow z(x,y)$；(b) 恒高度模式，$\ln I(V_x, V_y) \rightarrow \sqrt{\Phi} \cdot z \cdot (x,y)$

$S$—针尖与样品间距；$I_m$、$V_T$—隧道电流和偏置电压；$V_z$—控制针尖在 z 方向高度的反馈电压

在 $V_b$ 和 $I$ 保持不变的扫描过程中，如果功函数随样品表面的位置而异，也同样会引起探针与样品表面间距 $S$ 的变化，因而也引起控制针尖高度的电压 $V_z$ 的变化。如样品表面原子种类不同，或样品表面吸附有原子、分子时，由于不同种类的原子或分子团等具有不同的电子态密度和功函数，此时扫描隧道显微镜给出的等电子态密度轮廓不再对应于样品表面原子的起伏，而是表面原子起伏与不同原子和各自态密度组合后的综合效果。扫描隧道显微镜不能区分这两个因素，但用扫描隧道谱（STS）方法却能区分。利用表面功函数、偏置电压与隧道电流之间的关系，可以得到表面电子态和化学特性的有关信息。

## 6.1.2 扫描隧道显微镜分析的特点及应用

STM 作为新型的显微工具与以往的各种显微镜和分析仪器相比有明显的优势：

（1）STM 具有极高的分辨率。它可以轻易地"看到"原子，这是一般显微镜甚至电子显微镜所难以达到的。可以用一个比喻来描述 STM 的分辨本领：用 STM 可以把一个原子放大到一个网球大小的尺寸，这相当于把一个网球放大到我们生活的地球那么大。

（2）STM 得到的是实时的、真实的样品表面的高分辨率图像，而不同于某些分析仪器是通过间接的或计算的方法来推算样品的表面结构。

（3）STM 的使用环境宽松。电子显微镜等仪器对工作环境要求比较苛刻，样品必须安放在高真空条件下才能进行测试。而 STM 既可以在真空中工作，又可以在大气中、低温、常温、高温，甚至在溶液中使用。因此，STM 适用于各种工作环境下的科学实验。

（4）STM 的应用领域是宽广的。无论是物理、化学、生物、医学等基础学科，还是材料、微电子等应用学科都有它的用武之地。

表 6-1 为扫描隧道显微镜与 TEM、SEM、FIM 的几项综合性能指标，读者从这些性能指标对比中可体会到扫描隧道显微镜的优点和特点。

**表 6-1 STM 与 TEM、SEM、FIM 的各项性能指标比较**

| 检测方式 | 分辨率 | 工作环境 | 样品环境温度 | 对样品破坏程度 | 检测深度 |
|---|---|---|---|---|---|
| STM | 原子级（垂直 0.01 nm，横向 0.1 nm） | 大气、溶液、真空 | 室温或低温 | 无 | 1~2 个原子层 |
| TEM | 点分辨（0.3~0.5 nm）；晶格分辨（0.1~0.2 nm） | 高真空 | 室温 | 小 | 接近扫描电镜，但实际上为样品厚度所限，一般小于 100 nm |
| SEM | 6~10 nm | 高真空 | 室温 | 小 | 10 mm（10 倍时）；1 μm（10000 倍时） |
| FIM | 原子级 | 超高真空 | 30~80 K | 有 | 原子厚度 |

扫描隧道显微镜本身具有的诸多优点，使它在研究物质表面结构、生物样品及微电子技术等领域中成为很有效的实验工具。例如，生物学家们研究单个的蛋白质分子或 DNA 分子；材料学家们考察晶体中原子尺度上的缺陷；微电子器件工程师们设计厚度仅为几十个原子的电路图等，都可利用扫描隧道显微镜。扫描隧道显微镜可对样品表面进行无损探测，避免了使样品发生变化，也无须使样品受破坏性的高能辐射作用而获得原子级的高分辨率。

在化学各学科的研究方向中，电化学算是很活跃的领域。专用于电化学研究的扫描隧道显微镜装置已研制成功。

在有机分子结构的研究中，高分辨率的扫描隧道显微镜三维直观图像是一种极为有用的工具。此法已成功地观察到苯在 Rh(111) 表面的单层吸附，并显示清晰的 Kekule 环状结构。在生物学领域，扫描隧道显微镜已用来直接观察 DNA、重组 DNA 及 HPI-蛋白质等在载体表面吸附后的外形结构。

### 6.1.2.1 表面结构与吸附物质位向的研究

材料表面的原子分子结构，通常与本底的结构不同，从而产生表面重构。利用 STM

技术，发现和证实了许多材料表面具有重构组织。如在硫酸溶液中，发现了 Au（111）表面的重构组织，为研究电极表面吸附及化学反应提供了重要的依据。

　　STM 可以确定不同原子分子在不同晶体表面的吸附位置以及键接关系。对苯在 Pt（111）表面吸附位置研究发现，苯吸附在 Pt（111）晶格的桥位（bridge site），顶位（top site）以及三原子中心处（three-fold site）。用 STM 研究分子在 Cu（100）、Ag（110）以及其他表面的吸附，发现表面种类或不同晶体晶面对分子吸附的影响，如图 6-3 所示。

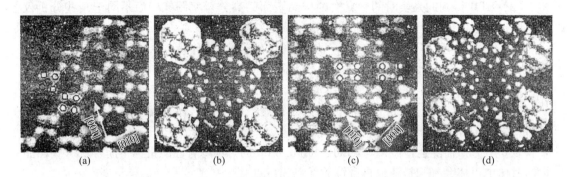

(a)　　　　　　　(b)　　　　　　　(c)　　　　　　　(d)

图 6-3　Cu-TBPP 分子在 Cu（100）面上，Ag（110）面上的 STM 图像

（a）（b）Cu（100）面上；（c）（d）Ag（110）面上

### 6.1.2.2　表面化学反应

　　许多化学反应是在电极表面进行的，了解这些反应过程，研究反应的动力学问题是化学家们长期研究的题目。吸附物质将于表面形成吸附层，吸附层的原子分子结构，分子间相互作用是研究表面化学反应的前提与基础。在超高真空环境下，科学家们使用蒸发或升华的方法将气态分子或原子吸附在基底（一般为金属或半导体）上，再研究其结构。在溶液中，原子分子将自动吸附于电极表面。在电位的控制下，吸附层的结构将有不同的变化。此种变化本身与反应的热力学与动力学过程有关，由此可以研究不同种类物质的相互作用及反应。电化学 STM 在这一领域的研究中已有很好的成果。例如：硫酸是重要的化工原料，硫酸在活性金属表面（如铑、铂等）上的吸附一直是表面化学和催化化学中的研究热点。尽管有关硫酸吸附的研究报告已有很多，但是其在电极表面的吸附是否有序，结构如何，表面催化变化过程，硫酸根离子与溶液中水分子的相互作用，水分子在硫酸的吸附结构形成中的作用等，长期没有明确结论。可以利用电化学 STM，在溶液中原位研究这一体系的吸附及结构变化过程。研究发现，硫酸根离子在 Rh（111）以及 Au（111）等表面与水分子共同吸附，水分子与硫酸根离子通过氢键结合形成（$\sqrt{3} \times \sqrt{7}$）有序结构。基于实验结果，可以得出硫酸根离子与水分子共吸附的理论并可给出模型。图 6-4 是其在 Au（111）表面吸附的 STM 图像。

　　取代酮酞菁分子在石墨表面的分子结构研究就是其中一例。单纯的酞菁分子将不会稳定吸附或形成有序结构于石墨之上，但科学家们通过化学合成法在酮酞菁分子上加入烷基链，这些烷基链可以将酮酞菁分子固定于石墨之上，并产生有序的分子点阵。图 6-5 是在石墨上这一取代酮酞菁分子表面层的 STM 图像。由图 6-5 可以看到，STM 揭示了这一吸附层分子间的相互作用、结构对称性以及分子在石墨表面的配置情况。

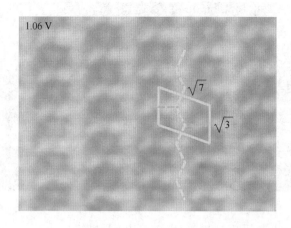

图6-4 Au(111)表面硫酸根离子与水分子共吸附的STM图像

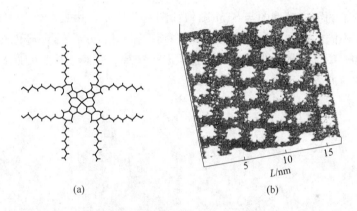

(a) (b)

图6-5 取代酮酞菁的分子结构示意图(a)和STM图像(b)

利用电位控制表面吸附分子是电化学STM在化学研究中的又一成功应用范例。利用此技术,可以控制表面吸附分子在材料表面的结构及位向等。例如控制分子与基底平行的取向变为与基体垂直的取向。这种取向变化完全可逆,且只受电位影响,其行为类似于原子分子开关。这一研究为原子分子器件的发展提供了新的途径。

光电反应是涉及生物、化学、环境、电子等众多学科的一类常见的重要化学反应,利用STM,特别是电化学STM可以跟踪监视光电化学反应过程,研究反应物分解与转化的微观机制,如分子吸附层结构,分子间的相互作用,分子分解,以及生成物的结构等。现已受到众多领域学者的重视。

### 6.1.2.3 在纳米技术中的应用

#### A 看见了以前所看不到的东西

自从1983年IBM的科学家第一次利用STM在硅单晶表面观察到原子阵列以后,大量的具有原子分辨率的各种金属和半导体表面的原子图像被相继发表。图6-6为Si(111)的原子排列图像。

$C_{60}$分子由60个碳原子组成,是一种与足球结构类似的球形分子。$C_{60}$分子具有三维的

图 6-6    Si(111)表面排列图

（a）Si(111)表面原子的排列；（b）Si(111)表面 $7 \times 7$ 重构图

立体结构，其分子的结构模型图与 STM 图像如图 6-7 所示。因此当它们吸附在固体表面上时，就存在着不同的吸附取向。在超高真空条件下将 $C_{60}$ 分子蒸发在单晶硅表面，利用 STM 在接近 $-200\ ℃$ 的低温条件下对样品表面进行扫描，获得了 $C_{60}$ 分子在不同实验条件下的高分辨图像，如图 6-8 所示。

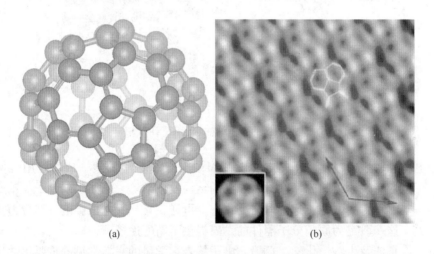

(a)                           (b)

图 6-7    $C_{60}$ 分子的结构模型图(a)与 STM 图像(b)

图 6-8    吸附在 Si(111) – $(7 \times 7)$ 面上的单个 $C_{60}$ 分子

B 实现了单原子和单分子操纵

用 STM 的针尖去操纵并控制原子及分子，将原子、分子按目标进行排列组合。如前所述，STM 既能观察原子分子的结构，又可作为一种工具，对原子分子进行加工。例如用电化学 STM，科学家们将铜原子首先吸附于 STM 针尖之上，再利用控制电位的方法，将针尖上吸附的铜原子放在金基底上，形成一个个纳米尺度的铜原子颗粒。反复这种操纵，用铜颗粒可以排成预先设计的任意纳米结构。科学家在 Ni 表面用 Xe 原子写出"IBM"三个字母（见图 6-9），把硅原子表面移走一些原子构成"100"图形（见图 6-10），展示了在低温下利用 STM 进行单个原子操纵的可能性。科学家们还构造出了更多的原子级人工结构和更具实际物理含义的人工结构"量子栅栏"。图 6-11 是用扫描隧道显微镜搬动 48 个 Fe 原子到 Cu 表面上构成的量子围栏。

图 6-9 科学家在 Ni 表面用 Xe 原子写出"IBM"

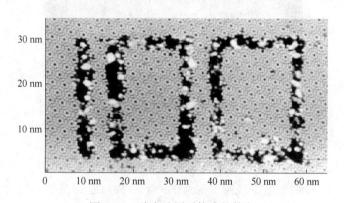

图 6-10 移走硅原子构成的数字

通常有以下几种可能的单原子或单分子操纵方式：

（1）利用 STM 针尖与吸附在材料表面的分子之间的吸引或排斥作用，使吸附分子在材料表面发生横向移动，具体又可分为"牵引""滑动""推动"三种方式。

（2）通过某些外界作用将吸附分子转移到针尖上，然后移动到新的位置，再将分子沉积在材料表面。

（3）通过外加电场，改变分子的形状，但却不破坏它的化学键。

IBM 的科学家将 $C_{60}$ 分子放置在 Cu 单晶表面，利用 STM 针尖让 $C_{60}$ 分子沿着 Cu 表面原子晶格形成的台阶做直线运动。他们将一组 10 个 $C_{60}$ 分子沿一个台阶排成一列，多个等间距的分子链，就构成了世界上最小的"分子算盘"，如图 6-12 所示。利用 STM 针尖可以来回拨动"算盘珠子"，从而进行运算操作。

图 6-11   扫描隧道显微镜搬动 48 个 Fe 原子到 Cu 表面上构成的量子围栏

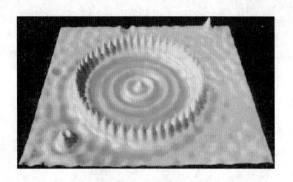

图 6-12   分子算盘

C   单分子化学反应已经成为现实

在康奈尔大学 Lee 和 Ho 的实验中，STM 被用来控制单个的 CO 分子与 Ag(110) 表面的单个 Fe 原子在 13 K 的温度下成键，形成 FeCO 和 Fe(CO)$_2$ 分子。同时，他们还通过利用 STM 研究 C—O 键的伸缩振动特性等方法来确认和研究产物分子。他们发现 CO 以一定的倾角与 Fe-Ag(110) 系统成键（即 CO 分子倾斜地立在 Fe 原子上），这被看成是 Fe 原子局域电子性质的体现。

Park 等人将碘代苯分子吸附在 Cu 单晶表面的原子台阶处，再利用 STM 针尖将碘原子从分子中剥离出来，然后用 STM 针尖将两个苯活性基团结合到一起形成一个联苯分子，完成了一个完整的化学反应过程。

利用这样的方法，科学家就有可能设计和制造具有各种全新结构的新物质。可以想象，如果能够随心所欲地对单个的原子和分子进行操纵和控制，就有可能制造出更多的新型药品、新型催化剂、新型材料和更多的暂时还无法想象的新产品。

D   在分子水平上构造电子学器件

利用单分子独特的量子电子学特性，IBM 的科学家构造了第一个单分子放大器。其原理是，利用 STM 针尖压迫 $C_{60}$ 单分子，使 $C_{60}$ 分子变形，从而通过改变其内部的结构而使其电导增加了两个数量级。这种过程是可逆的，当压力除去后，电导又恢复到原来的水平，因此可以把这个体系看成是一种"电力"开关。其开关能耗仅为 $10^{-18}$ J，比现有固体开关电路要小一万倍，而它的开关频率则要高得多。尽管这类的单分子放大器还仅仅处于实验室演示阶段，但不管怎样，它作为第一个单分子放大器的模型，其卓越的低能耗和高速度特性向人们展示了单分子器件的前景和魅力。

　　一般情况下，金属和半导体材料具有正的电导，即流过材料的电流随着所施加的电压的增大而增加。但在单分子尺度下，由于量子能级与量子隧穿的作用会出现新的物理现象——负微分电导。基于 $C_{60}$ 分子的负微分电导现象，利用 STM 针尖将吸附在有机分子层表面的 $C_{60}$ 分子"捡起"，然后再把粘有 $C_{60}$ 分子的针尖移到另一个 $C_{60}$ 分子上方。这时，在针尖与衬底上的 $C_{60}$ 分子之间加上电压并检测电流，他们获得了稳定的具有负微分电导效应的量子隧穿结构。这项工作通过对单分子操纵构筑了一种人工分子器件结构。这类分子器件一旦转化为产品，将可广泛地用于快速开关、振荡器和锁频电路等方面，这可以极大地提高电子元件的集成度和速度。

# 6.2　原子力显微镜

　　原子力显微镜（atomic force microscopy，AFM）是由 IBM 公司的 Binnig 与斯坦福大学的 Quate 于 1985 年所发明的，其目的是使非导体也可以采用扫描探针显微镜进行观测。原子力显微镜与扫描隧道显微镜最大的差别在于并非利用电子隧道效应，而是利用原子之间的范德华力（van der Waals force）作用来呈现样品的表面特性。

### 6.2.1　原子力显微镜的工作原理

　　假设两个原子中，一个是在悬臂（cantilever）的探针尖端，另一个是在样品的表面，它们之间的作用力会随距离的改变而变化，当原子与原子很接近时，彼此电子云斥力的作用大于原子核与电子云之间的吸引力作用，所以整个合力表现为斥力的作用，反之若两原子分开有一定距离时，其电子云斥力的作用小于彼此原子核与电子云之间的吸引力作用，故整个合力表现为引力的作用。若以能量的角度来看，这种原子与原子之间的距离与彼此之间能量的大小也可从 Lennard-Jones 的公式表示出来。

$$E^{\text{pair}}(r) = 4\varepsilon \left[ \left( \frac{\sigma}{r} \right)^{12} - \left( \frac{\sigma}{r} \right)^{6} \right] \tag{6-8}$$

式中，$\sigma$ 为原子的直径；$r$ 为原子之间的距离。

　　从式（6-8）中知道，当 $r$ 降低到某一程度时其能量为 $+E$，也代表了在空间中两个原子是相当接近且能量为正值，若假设 $r$ 增加到某一程度时，其能量就会为 $-E$，同时也说明了空间中两个原子之间距离相当远且能量为负值。不管从空间上去看两个原子之间的距离与其所导致的吸引力和斥力或是从能量的关系来看，原子力显微镜就是利用原子之间奇妙的关系来把原子形貌给呈现出来，让微观的世界不再神秘。

　　原子力显微镜的基本原理是将一个对微弱力极敏感的微悬臂一端固定，另一端有一微小的针尖，针尖与样品表面轻轻接触，由于针尖尖端原子与样品表面原子间存在极微弱的排斥力，通过在扫描时控制这种力的恒定，带有针尖的微悬臂将对应于针尖与样品表面原子间作用力的等位面而在垂直于样品的表面方向起伏运动。利用光学检测法或隧道电流检测法，可测得微悬臂对应于扫描各点的位置变化，从而可以获得样品表面形貌的信息。下面，以激光检测原子力显微镜（atomic force microscope employing laser beam deflection for force detection，Laser-AFM）——扫描探针显微镜家族中最常用的一种为例，来详细说明其工作原理。

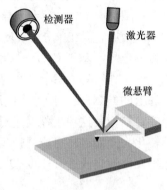

图 6-13   激光检测原子力显微镜探针工作示意图

如图 6-13 所示，二极管激光器（laser diode）发出的激光束经过光学系统聚焦在微悬臂（cantilever）背面，并从微悬臂背面反射到由光电二极管构成的光斑位置检测器（detector）。在样品扫描时，由于样品表面的原子与微悬臂探针尖端的原子间的相互作用力，微悬臂将随样品表面形貌而弯曲起伏，反射光束也将随之偏移，因而，通过光电二极管检测光斑位置的变化，就能获得被测样品表面形貌的信息。在系统检测成像全过程中，探针和被测样品间的距离始终保持在纳米（$10^{-9}$ m）量级，距离太大不能获得样品表面的信息，距离太小会损伤探针和被测样品，反馈回路（feedback）的作用就是在工作过程中，由探针得到探针-样品相互作用的强度，来改变加在样品扫描器垂直方向的电压，从而使样品伸缩，调节探针和被测样品间的距离，反过来控制探针-样品相互作用的强度，实现反馈控制。因此，反馈控制是本系统的核心工作机制。本系统采用数字反馈控制回路，用户在控制软件的参数工具栏通过参考电流、积分增益和比例增益几个参数的设置来对该反馈回路的特性进行控制。

### 6.2.1.1   原子力显微镜（AFM）的工作模式

AFM 有多种操作模式，常用的有以下 4 种：接触模式（contact mode）、非接触模式（non-contact mode）、轻敲模式（tapping mode）、侧向力模式（lateral force mode）。根据样品表面不同的结构特征和材料的特性以及不同的研究需要，选择合适的操作模式。

#### A   接触模式

将一个对微弱力极敏感的微悬臂的一端固定，另一端有一微小的针尖，针尖与样品表面轻轻接触。由于针尖尖端原子与样品表面原子间存在极微弱的排斥力（$10^{-8}$ ～ $10^{-6}$ N），样品表面起伏不平而使探针带动微悬臂弯曲变化，而微悬臂的弯曲又使得光路发生变化，使得反射到激光位置检测器上的激光光点上下移动，检测器将光点位移信号转换成电信号并经过放大处理，由表面形貌引起的微悬臂形变量大小是通过计算激光束在检测器四个象限中的强度差值得到的。将这个代表微悬臂弯曲的形变信号反馈至电子控制器驱动的压电扫描器，调节垂直方向的电压，使扫描器在垂直方向上伸长或缩短，从而调整针尖与样品之间的距离，使微悬臂弯曲的形变量在水平方向扫描过程中维持一定，也就是使探针-样品间的作用力保持一定。在此反馈机制下，记录在垂直方向上扫描器的位移，探针在样品的表面扫描得到完整图像的形貌变化，这就是接触模式。

### B 非接触模式

当微悬臂在样品上方扫描时，由于针尖与样品表面的相互作用，导致悬臂摆动，其摆动的方向大致有两个：垂直与水平方向。一般来说，激光位置探测器所探测到的垂直方向的变化，反映的是样品表面的形态，而在水平方向上所探测到的信号的变化，是由于物质表面材料特性的不同，其摩擦系数也不同，所以在扫描的过程中，导致微悬臂左右扭曲的程度也不同，检测器根据激光束在四个象限中的强度差值来检测微悬臂的扭转弯曲程度。而微悬臂的扭转弯曲程度随表面摩擦特性变化而增减（增加摩擦力导致更大的扭转）。激光检测器的四个象限可以实时分别测量并记录形貌和横向力数据。

### C 轻敲模式

用一个小压电陶瓷元件驱动微悬臂振动，其振动频率恰好高于探针的最低机械共振频率（约 50 kHz）。由于探针的振动频率接近其共振频率，因此它能对驱动信号起放大作用。当把这种受迫振动的探针调节到样品表面时（通常 $2 \sim 20$ nm），探针与样品表面之间会产生微弱的吸引力。在半导体和绝缘体材料上的这一吸引力，主要是凝聚在探针尖端与样品间的水平面张力产生的，但范德华作用也促进这一吸引力的生成。虽然这种吸引力比在接触模式下记录到的原子之间的斥力要小 1000 倍，但是这种吸引力也会使探针的共振频率降低，驱动频率和共振频率的差距增大，探针尖端的振幅减少。这种振幅的变化可以用激光检测法探测出来，据此可推出样品表面的起伏变化。

当探针经过表面隆起的部位时，这些地方吸引力最强，其振幅变小；而经过表面凹陷处时，其振幅便增大，反馈装置根据探针尖端振动情况的变化而改变加在 $z$ 轴压电扫描器上的电压，从而使振幅（也就是探针与样品表面的间距）保持恒定。同 STM 和接触模式 AFM 一样，用 $z$ 轴驱动电压的变化来表征样品表面的起伏图像。

在该模式下，扫描成像时针尖对样品进行"敲击"，两者间只有瞬间接触，克服了传统接触模式下因针尖被拖过样品而受到摩擦力、黏附力、静电力等的影响，并有效地克服了扫描过程中针尖划伤样品的缺点，适合于柔软或吸附样品的检测，特别适合检测有生命的生物样品。

### D 侧向力模式

作为轻敲模式的一项重要扩展技术，侧向力模式是通过检测驱动微悬臂探针振动信号源的相位角与微悬臂探针实际振动的相位角之差（即两者的相移）的变化来成像。

引起该相移的因素很多，如样品的组分、硬度、黏弹性质等。因此利用相移模式（相位移模式），可以在纳米尺度上获得样品表面局域性质的丰富信息。迄今相移模式已成为原子力显微镜/AFM 的一种重要检测技术。

#### 6.2.1.2 原子力显微镜的结构

在原子力显微镜系统中，可分成三个部分：力检测部分、位置检测部分、反馈系统，如图 6-14 所示。

（1）力检测部分。在原子力显微镜系统中，所要检测的力是原子与原子之间的范德华力。所以在本系统中是使用微小悬臂来检测原子之间力的变化量。微悬臂通常采用一个

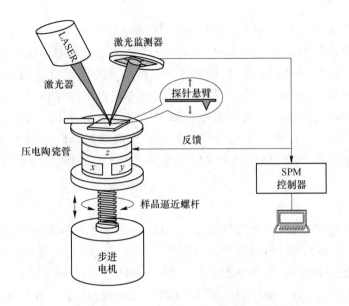

图 6-14　原子力显微镜(AFM)系统结构

长 100~500 μm、厚 0.5~5 μm 的硅片或氮化硅片制成。微小悬臂有一定的规格,例如:长度、宽度、弹性系数以及针尖的形状,而这些规格的选择是依照样品的特性,以及操作模式的不同,而选择不同类型的探针。

(2) 位置检测部分。在原子力显微镜的系统中,当针尖与样品之间有了交互作用之后,会使悬臂摆动,所以当激光照射在悬臂末端时,其反射光的位置也会因为悬臂摆动而有所改变,这就造成偏移量的产生。在整个系统中是依靠激光光斑位置检测器将偏移量记录下并转换成电信号,以供 SPM 控制器作信号处理。

(3) 反馈系统。在原子力显微镜系统中,将信号经激光检测器取出之后,在反馈系统中会将此信号当作反馈信号,作为内部的调整信号,并驱使压电陶瓷管制作的扫描器做适当的移动,以保持样品与针尖有合适的作用力。

原子力显微镜是结合以上三个部分来将样品的表面特性呈现出来的:在原子力显微镜系统中,使用微小悬臂来感测针尖与样品之间的交互作用,作用力会使悬臂摆动,再利用激光将光照射在悬臂的末端,当摆动形成时,会使反射光的位置改变而产生偏移量,此时激光检测器会记录此偏移量,也会把信号反馈给系统,以利于系统做适当的调整,最后再将样品的表面特性以影像的方式呈现出来。

### 6.2.2　原子力显微镜的应用

#### 6.2.2.1　曲线测量

AFM 除了形貌测量之外,还能测量力和探针-样品间距离的关系曲线。它几乎包含了所有关于样品和针尖间相互作用的必要信息。当微悬臂固定端垂直接近,然后离开样品表面时,微悬臂和样品间产生了相对移动。而在这个过程中微悬臂自由端的探针也在接近甚至压入样品表面，然后脱离，此时原子力显微镜测量并记录探针所感受的力，从而得到力曲线。样品的移动和微悬臂的移动都近似垂直于样品表面。这个技术可以用来测量探针尖和样品表面间的排斥力或长程吸引力，揭示定域的化学和机械性质，像黏附力和弹力，甚至吸附分子层的厚度。如果将探针用特定分子或基团修饰，利用力曲线分析技术就能够给出特异结合分子间的力或键的强度，其中也包括特定分子间的胶体力以及疏水力、长程引力等。

#### 6.2.2.2　纳米加工

AFM 不仅可用于显微成像，还可以用于在原子、分子尺度进行加工和操作。AFM 的针尖曲率半径小，且与样品之间的距离很近，所以在针尖与样品之间可以产生一个高度局域化的力、电、磁、光等的场。该场使针尖所对应的样品表面微小区域产生结构性缺陷、相变、化学反应、吸附质移位等干扰，并诱导化学沉积和腐蚀，这正是利用 AFM 进行纳米加工的客观依据。常用的纳米加工技术包括机械刻蚀、电致/场致刻蚀、浸润笔（dip-pen nano-lithography，DPN）等。

图形化纳米加工系统采用的是纳米加工中的电致刻蚀方法，电致刻蚀主要由施加在探针与样品表面间的一个短的偏压脉冲引起，当所加电压超过临界值时，暴露在电场下的样品表面会发生化学或物理变化。这些变化或者可逆或者不可逆，其机理可以直接归因于电场效应，高度局域化的强电场可以诱导原子的场蒸发，也可以由电流焦耳热或原子电迁移引起样品表面的变化。通过控制脉冲宽度和脉幅可以限制刻蚀表面的横向分辨率，这些变化通常并不引起明显的表面形貌变化，然而通过检测其导电性、$dI/dS$、$dI/dV$、摩擦力可以清晰地分辨出衬底的修饰情况。

#### 6.2.2.3　高分辨成像

AFM 可在空气中或液体环境中成高分辨图像，可以在分子水平上实时动态地研究结构和功能的关系。图 6-15 为 AlN 在两种条件下观察到的 AFM 照片，图 6-16 和图 6-17 分别为采用 AFM 技术检测的 $CaCO_3$ 和银纳米颗粒的微观照片。

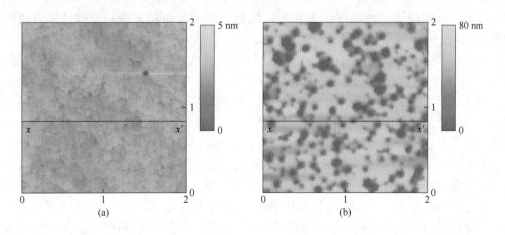

图 6-15　AlN 长大的 AFM 照片

（a）非最佳条件下；（b）最佳条件下

图 6-16    CaCO$_3$ 的 AFM 照片

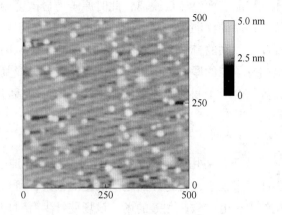

图 6-17    Ag 纳米颗粒的 AFM 照片

# 6.3 案 例 分 析

### 6.3.1 表面配位层钝化铜的氧化

使用两种表面分析仪器（STM 和 AFM），在甲酸钠存在的情况下，对铜进行溶剂热改性，可以重建铜表面的晶体结构并形成超薄的表面配位层，很好地提升了铜的耐腐蚀性。

由于铜的高导热性和电导率、延展性和无毒性，在日常生活和工业中得到了广泛的应用。然而，铜不容易形成稳定的表面钝化层以阻止其被空气持续腐蚀。许多广泛应用的抗氧化技术中，如合金化和电镀，往往会降低某些物理性能（例如，热传导和电导率以及颜色），并引入有害元素，如铬和镍。尽管研究人员已经努力开发了众多材料作为阻氧剂的表面钝化技术，但大规模应用程度仍然有限。

厦门大学和北京大学等单位的研究人员报道了在甲酸钠存在的情况下对铜进行溶剂热改性，可以重建铜表面的晶体结构并形成超薄的表面配位层，很好地提升了铜的耐腐蚀性。

在 200 ℃的甲酸钠水溶液中，对铜箔进行水热处理，首先得到了铜表面的配位钝化。如图 6-18(a) 所示，未处理的 Cu 在 25 ℃、0.1 mol/L NaOH 中保存 8 h 后，表面完全变黑。相比之下，甲酸处理后的铜金属箔（标记为 Cu-FA）保留其金属光泽，其光泽甚至超过广泛使用的铜合金（黄铜和青铜）、石墨烯涂层铜和苯并三唑（BTA）处理铜。通过光学、扫描电子显微镜（SEM）、拉曼光谱和 X 射线衍射（XRD）分析发现 [见图 6-18(b) 和 (c)]，铜、青铜和石墨烯涂层铜箔的表面被严重氧化，而在氢氧化钠的空气暴露后形成黑色的 CuO，Cu-FA 没有检测到明显的氧化物。

研究者分析发现，表面改性不会影响铜的电导率与热导率。此外，研究人员还开发了一种快速的室温电化学合成方法，所得到的材料表现出类似的强钝化性能。通过引入烷硫醇配体来配合未被钝化层保护的缺陷位点，进一步提高了铜表面的抗氧化性。研究表明，温和的处理条件使该技术适用于制备不同的铜材料，如箔、纳米线、纳米颗粒和块体材

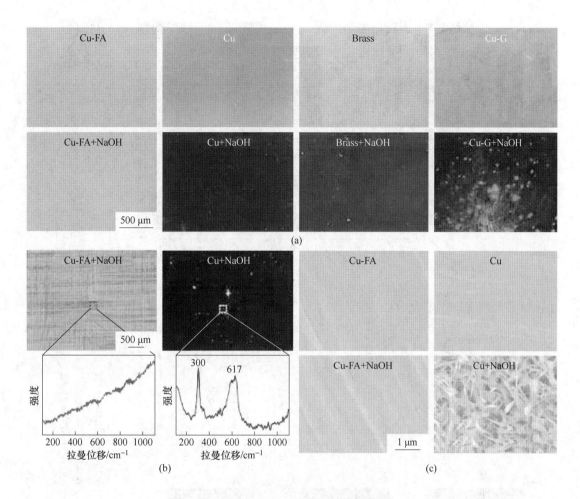

图 6-18　甲酸钠处理后铜箔的防腐性能

（a）不同表面处理条件下铜箔色泽的变化；（b）光镜下铜箔的色泽及拉曼光谱；（c）铜箔的 SEM 图片

料。这项工作中开发的技术将有助于扩大铜的工业应用。

综上所述，研究人员开发了一种简便、快速、高效的电化学工艺，可在环境条件下在铜表面制备抗腐蚀层。在电化学氧化还原条件下，Cu 表面的晶格重构已经得到了很好的证明。所制备的 Cu-FA（EC）箔也具有与溶剂热法制备的 Cu-FA 箔相同的耐腐蚀性能。同样，进一步的 DT 处理可以提高 Cu 的性能，使其对 $Na_2S$ 具有很强的耐蚀性。

这项工作中发展的电化学方法，使它有可能在实际应用中生产耐腐蚀的铜材料。但是需要指出的是，在甲酸盐技术的应用中，必须避免 pH < 3 的酸性条件，因为在这种条件下甲酸盐钝化层是不能存在的。

## 6.3.2　通过新型聚合物受体实现宽吸收和低能量损耗

全聚合物有机太阳能电池拥有高效稳定性与易操作性等特点，有望实现大面积制备。然而，载流子的分离效率逊于非富勒烯小分子有机太阳能电池，致使效率差距仍较大。华

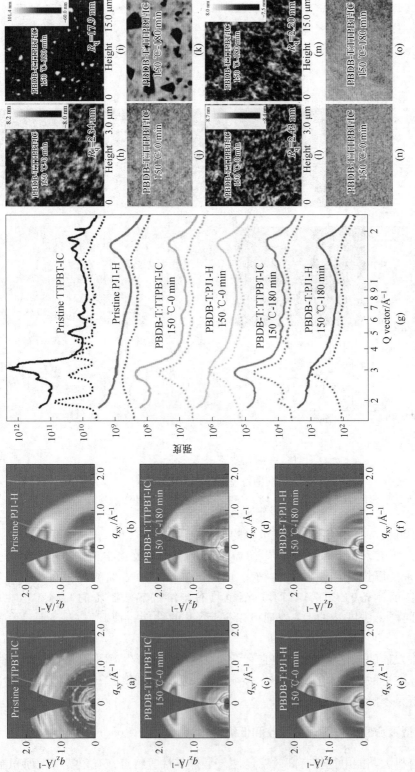

图 6-19　薄膜结构 AFM 与 TEM 图

（a）～（f）薄膜的 2D-Giwaxs 图；（g）1-D 切线剖面图（虚线为同相方向，实线为异相方向）；
（h）～（o）TTPBT-IC 与 PJ1-H 在不同退火条件下的 AFM 与 TEM 图

南理工大学黄飞课题组合成了一种新型聚合物受体材料 PJ1，拥有 1.4 eV 窄带隙，$1.39 \times 10^5$ cm$^{-1}$高消光系数的特点，光谱吸收广，电荷分离快，能量损耗低。与常用基体材料 PBDB-T 共混成膜，获得 14.4% 光电转换效率，在制成 300 nm 厚膜后仍能保持 12.1% 的效率。

研究人员在 TTPBT 小分子主架上利用维尔斯迈尔-哈克反应在芳环上生成甲酰化产物，并加入 IC 分子缩合成类 Y5 型小分子 TTPBT-IC；随后与 2,5 双（三甲基锡基）噻吩进行斯蒂勒缩聚反应，通过聚合时间与温度的控制，制得三批不同分子量的 PJ1（PJ1-L，PJ1-M，PJ-H），研究人员通过比较不同分子量的 PJ1 的材料性能与制成器件后的器件表现探究 PJ1 最合适的分子量，与 TTPBT-IC 小分子制备的器件共同比较探究两者器件的稳定性差异。

研究发现，PJ1-H（高聚合度）在 600 ~ 900 nm 吸收范围内显示出强吸收峰，且消光系数到达 $1.39 \times 10^5$ cm$^{-1}$，较 TTPBT-IC 的吸收峰整体红移，吸收范围更广，说明在高聚合度的 PJ1 分子内部有更强的分子间作用力。随着分子量的增大，PJ1 的带隙也在减小，与 PBDB-T 带隙间距缩短，降低载流子传输损失。PJ1-H 溶液在加入 3%（体积分数）氯萘 100 ℃退火 10 min 后，器件最佳效率为 14.4%，开路电压 0.90 eV，短路电流 22.3 mA/cm，填充因子为 70%，表现性能均优于其余三种材料。TTPBT-IC 为受体的器件在 150 ℃退火条件下，器件效率与 PJ1 相比急剧降低，研究人员通过差示扫描量热法得知 TTPBT-IC 熔点为 192 ℃，而 PJ1 高达 350 ℃，导致其形貌热稳定性更良好。

根据 2D-Giwaxs（图 6-19(a)和(b)）中 2D-Giwaxs 的比较，以及不同退火条件下 AFM 和 TEM 的图像比较，发现 TTPBT-IC 在成膜过程中表现出高度有序的布拉格衍射，表明结晶化较 PJ1 更为明显，整体结晶性更强，退火过程中，形貌变化使得晶面显著减小导致效率降低。相反从图 6-19(g)中可以看出（010）面有强堆叠，表明 PJ1-H 的堆叠方向呈现"face-on"面，更利于电荷的垂直方向传输，电流明显提升。

总的来说，研究人员通过合成具有窄带隙，高消光系数的新型聚合物材料 PJ1，制备出全聚合物 PJ1 有机太阳能电池，研究了不同分子量以及薄膜厚度对新材料体系的影响，得到了目前全聚合物体系太阳能电池的最高效率，该研究为后续全聚合物有机太阳能电池的研究提供了新受体材料的参考。

## 习　题

6-1　简述 STM 的原理及五个特点。

## 参 考 文 献

[1] 张志焜，崔作林. 纳米技术与纳米材料［M］. 北京：国防工业出版社，2000.

[2] 姚琲. 隧道与扫描力显微镜分析原理［M］. 天津：天津大学出版社，2009.

[3] 万立骏. 电化学扫描隧道显微技术及其应用［M］. 北京：科学出版社，2015.

[4] 王东. 原子力显微镜及聚合物微观结构与性能［M］. 北京：科学出版社，2022.

[5] 杨序纲，杨潇. 原子力显微术及其应用［M］. 北京：化学工业出版社，2012.

[6] 袁帅. 原子力显微镜纳米观测与操作［M］. 北京：科学出版社，2022.

[7] 白春礼. 扫描隧道显微术及其应用［M］. 上海：上海科学技术出版社，1994.

［8］ Kolb D M. An atomistic view of electrochemistry ［J］. Surface Science, 2002, 500: 722-740.

［9］ Qiu X H, Wang C, Zeng Q D, et al. Alkane-assisted adsorption and assembly of phthalocyanines and porphyrins ［J］. Journal of the American Chemistry Society, 2000, 122: 5550-5556.

［10］ Xie Y W, Ye R Q, Liu H L. Synthesis of silver nanoparticles in reverse micelles stabilized by natural biosurfactant ［J］. Colloids and Surfaces A: Physicochemical and Engineering Aspects, 2006, 279: 175-178.

［11］ Fang Y, Ding S Y, Zhang M, et al. Revisiting the atomistic structures at the interface of Au (111) electrode-sulfuric acid solution ［J］. Journal of the American Chemical Society, 2020, 142: 9439-9446.

［12］ Jia T, Zhang J B, Zhong W K, et al. 14.4% effciency all-polymer solar cell with broad absorption and low energy loss enabled by a novel polymer acceptor ［J］. Nano Energy, 2020, 72: 104718.

# 7 光电子能谱分析

光电子能谱主要包含 X 射线光电子能谱、紫外光电子能谱和同步辐射光电子能谱。

（1）X 射线光电子能谱英文全称为：X-ray photoelectron spectroscopy，简称 XPS。XPS 由于它在化学领域的广泛应用，常被称为化学分析用电子能谱，英文全称是：electron spectroscope for chemical analysis，简称 ESCA。主要用于分析表面化学元素的组成、化学态及其分布，特别是原子的价态、表面原子的电子密度、能级结构。近年来，X 射线光电子能谱在固体物理、材料的表面和界面表征方面也有十分广泛的应用。

（2）紫外光电子能谱英文全称为：ultraviolet photoelectron spectroscopy，简称 UPS。UPS 主要用于测量固体表面价电子和价带分布、气体分子与固体表面的吸附，以及化合物的化学键。

（3）同步辐射光电子能谱英文全称为：synchrotron radiation photoelectron spectroscopy，简称 SRPS。作为同步辐射源具有能量范围可调、单色性好、峰宽窄、射线强度大、聚焦束斑小等优势。此外，SRPS 装置复杂，需要固定场所，价格昂贵，比较适用于前沿研究，例如心血管造影术、微机械加工、大规模集成电路的成型工艺等方面。

光电子能谱同其他各种表面分析手段一样，首先由物理学家开创，并随着不断完善，在化学、金属学及表面科学领域内得到了广泛的应用。历史上，光电子能谱最初是由瑞典 Uppsala 大学的 K. Siegbahn 及其合作者经过约 20 年的努力而建立起来的。光电子能谱最初的光源采用了铝、镁等的特征软 X 射线，所以，此方法被普遍称为 X 射线光电子能谱（XPS）。

另外，伦敦帝国学院的 D. W. Turner 等人在 1962 年创制了使用 He-I 共振线作为真空紫外光源的光电子能谱仪，在分析分子内价电子的状态方面获得了巨大成功，在固体价带的研究中，紫外光电子能谱（UPS）的应用领域正逐步扩大。

下面将分别介绍 X 射线光电子能谱法和紫外光电子能谱法。

## 7.1 X 射线光电子能谱法

### 7.1.1 X 射线光电子能谱的基本原理

光电子能谱所用到的基本原理是爱因斯坦的光电效应原理。

材料暴露在波长足够短（高光子能量）的电磁波下，可以观察到电子的发射。这是由于材料内部电子是被束缚在不同的量子化的能级上，当用一定波长的光量子照射样品时，原子中的价电子或芯电子吸收一个光子后，从初态作偶极跃迁到高激发态而离开原子。最初，这个现象因为存在可观测的光电流而被称为光电效应，现在，比较常用的术语是光电离作用或者光致发射。若样品用单色的、固定频率的光子照射，这个过程的能量可用 Einstein 关系式来规定。

光子的质量为 0，所以光束对试样表面的破坏或干扰最小；光子是中性的，对样品附近的电场或磁场没有限制，能极大地减小样品带电问题，特别适合于表面研究；光不仅能在真空中传播，也能在大气和其他介质中传播，光本身不受真空条件的限制。X 射线光电子能谱就是使用 X 光束作为探束的材料分析测试技术。

#### 7.1.1.1 光电效应

所谓光电效应，指的是在光照射下从物质表面发射电子的现象，也就是以光子激发原子所发生的光电子受激发而产生辐射的过程。光电效应过程可以用图 7-1 来表示。

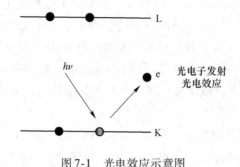

图 7-1    光电效应示意图

#### 7.1.1.2 光电离过程

可以对光电离过程作如下的简单描述：
（1）光子和原子碰撞产生相互作用；
（2）原子轨道上的电子被激发出来；
（3）激发出的电子克服样品的功函数进入真空，变成自由电子；
（4）每个原子有很多原子轨道，每个轨道上的结合能是不同的；
（5）结合能只与电子所处的能级轨道有关，是量子化的；
（6）内层轨道的结合能高于外层轨道的结合能。

从能量守恒的角度，光电离过程的能量关系要满足爱因斯坦方程：

$$h\nu = E'_k + E_b + \phi_s + R_e \tag{7-1}$$

式中，$R_e$ 为光电子的反冲能，$R_e$ = 电子质量/离子质量 = 0.0003，通常可以忽略。

故

$$h\nu = E'_k + \phi_s + E_b \tag{7-2}$$

式中，$h\nu$ 为 X 射线入射样品的光子能量；$E'_k$ 为从样品射出的光电子的能量（动能）；$\phi_s$ 为样品的功函数，也称样品的逸出功；$E_b$ 为特定原子轨道上的结合能，数值上非常接近该电子的电离能。

所谓功函数就是把一个电子从费米能级移到自由电子能级所需要的能量，谱仪的功函数主要由谱仪材料和状态决定，对同一台谱仪其功函数基本是一个常数，与样品无关，其平均值为 3 ~ 4 eV。

结合能是指在某元素的原子结构中，某一轨道的电子和原子核结合的能量。结合能与元素种类以及电子所处的原子轨道有关，能量是量子化的。结合能反映了原子结构中轨道电子的信息。

式（7-2）可以用图7-2来示意。

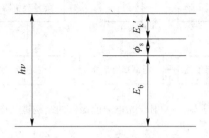

图7-2 光电效应过程中的能量关系

又因为：

$$E_k' + \phi_s = E_k + \phi_{sp} \tag{7-3}$$

式中，$E_k$ 为谱仪测量到的电子的能量（动能）；$\phi_{sp}$ 为谱仪的功函数。

对于气态分子，结合能就等于某个轨道的电离能，而对于固态中的元素，结合能还需要进行仪器功函的修正。

由式（7-2）和式（7-3），可以得到下面的式（7-4）：

$$E_b = h\nu - E_k - \phi_{sp} \tag{7-4}$$

可见，只要有 X 射线光电子能谱仪探测到出射电子的动能 $E_k$，就可以由式（7-4）计算出轨道电子与原子核结合的能量 $E_b$，由此而得知物质的种类及其所处的轨道能量状态。

### 7.1.2 X射线光电子能谱仪

20 世纪 50 年代，K. Siegbahn 成功研制 XPS 谱仪；60 年代，XPS 谱仪发展成为商用仪器。目前正向单色化、小面积、成像 XPS 发展。

图 7-3 是一款多功能光电子能谱仪 Kratos AXis Ultra（DLD）的外观图。

图7-3 多功能光电子能谱仪 Kratos AXis Ultra（DLD）

XPS 能谱仪的主要组成部件有：X 射线源，离子源，真空系统，能量分析系统，电子控制系统，数据采集和处理系统。图 7-4 为 X 射线光电子能谱仪的结构框架图。

（1）X 射线源。X 射线源由灯丝、阳极靶及加铝窗或铍窗口的滤窗组成。滤窗阻隔

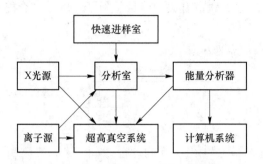

图7-4  X射线光电子能谱仪的结构框架图

电子进入分析室，也阻隔X射线辐射损伤样品。在普通的XPS谱仪中，一般采用双阳极靶激发源，如图7-5所示。常用的激发源有 Mg $K_\alpha$ X射线，光子能量为1253.6 eV 和 Al $K_\alpha$ X射线，光子能量为1486.6 eV。没经单色化的X射线的线宽可达到0.8 eV，而经单色化处理以后，线宽可降低到0.2 eV，并可以消除X射线中的杂线和韧致辐射。使用 Mg/Al 双阳极X射线源，能量范围适中，出射X射线的能量范围窄，能激发几乎所有的元素产生光电子，靶材稳定，容易保存以及具有较高的寿命。

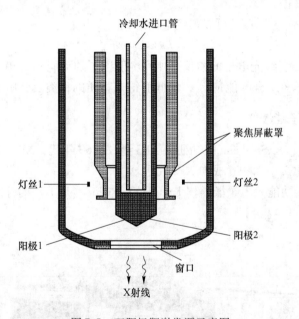

图7-5  双阳极靶激发源示意图

（2）快速进样室。X射线光电子能谱仪通常配备有快速进样室，其目的是在不破坏分析室超高真空的情况下能进行快速进样。快速进样室的体积很小，以便在 5～10 min 内能达到 $10^{-3}$ Pa 的高真空。有一些谱仪，把快速进样室设计成样品预处理室，可以对样品进行加热、蒸镀和刻蚀等操作。

（3）超高真空系统。XPS需要超高真空系统，是因为电子的平均自由程在真空中会大大加长（$10^{-6}$ Pa，大于50 m）。使用涡轮分子泵可以满足XPS对超高真空系统的需求，它体积小，无油，抽速大，但价格偏高。

（4）能量分析器。能量分析器是XPS光电子能谱的核心部分，它能够精确测定能量。目前经常使用静电型能量分析器，在分析器外部必须用金属U进行磁场屏蔽。检测器中，光电子信号微弱，仅有$10^{-11}$ A，所以必须使用光电倍增管，多通道板和位置灵敏检测器。其中，光电倍增管多采用高阻抗的二次电子发射材料，增益可以达到$10^9$。

（5）离子源。离子束溅射系统主要用于对样品表面进行清洁或对样品表面进行定量剥离。通常采用氩离子、氧离子、铯离子、镓离子等作为离子源。离子源又可分为固定式和扫描式两种。固定式Ar离子源由于不能进行扫描剥离，而且对样品表面刻蚀的均匀性较差，所以仅用作表面清洁。对于进行深度分析用的离子源，一般采用0.5～5 keV的扫描式Ar离子源。扫描离子束的束斑直径一般在1～10 mm，溅射速率范围为0.1～50 nm/min。离子束的溅射速率不仅与离子束的能量和束流密度有关，还与溅射材料的性质有关。离子束能量低，溅射速率慢，其他效应大；离子束能量过高，注入效应大，样品损伤大，但溅射速率快；一般3～10 keV比较适合溅射。但对于不同型号的仪器和离子源会有一些差别。一般的深度分析所给出的深度值均是相对于某种标准物质的相对溅射速率。

## 7.1.3　X射线光电子能谱分析与应用

在普通的XPS谱仪中，一般采用的Mg $K_\alpha$和Al $K_\alpha$ X射线作为激发源，表7-1为Mg/Al双阳极产生的特征X射线。光子的能量足够促使除氢、氦以外的所有元素发生光电离作用，产生特征光电子。由此可见，XPS技术是一种可以对所有元素进行分析的方法，这对于未知物的定性分析是非常有效的。

**表7-1　Mg/Al双阳极产生的特征X射线**

| X射线 | Mg | | Al | |
| --- | --- | --- | --- | --- |
| | 能量/eV | 相对强度 | 能量/eV | 相对强度 |
| $K_{\alpha1}$ | 1253.7 | 67 (100) | 1486.7 | 67 (100) |
| $K_{\alpha2}$ | 1253.4 | 33 | 1486.3 | 33 |
| $K_\alpha$ | 1258.2 | 1.0 | 1492.3 | 1.0 |
| $K_{\alpha3}$ | 1262.1 | 9.2 | 1496.3 | 7.8 |
| $K_{\alpha4}$ | 1263.7 | 5.1 | 1498.2 | 3.3 |
| $K_{\alpha5}$ | 1271.0 | 0.8 | 1506.5 | 0.42 |
| $K_{\alpha6}$ | 1274.2 | 0.5 | 1510.1 | 0.28 |
| $K_\beta$ | 1302.0 | 2.0 | 1557.0 | 2.0 |

经X射线辐照后，从样品表面出射的光电子的强度与样品中该原子的浓度有线性关系，可以利用它进行元素的半定量分析。鉴于光电子的强度不仅与原子的浓度有关，还与光电子的平均自由程、样品的表面光洁度、元素所处的化学状态、X射线源强度以及仪器的状态有关，因此，XPS技术一般不能给出所分析元素的绝对含量，仅能提供各元素的相对含量。由于元素的灵敏度因子不仅与元素种类有关，还与元素在物质中的存在状态、仪器的状态有一定的关系，因此不经校准测得的相对含量也会存在很大的误差。

另外，XPS 是一种表面灵敏的分析方法，具有很高的表面检测灵敏度，可以达到 $10^{-3}$ 原子单层，但对于体相检测灵敏度仅为 0.1% 左右。XPS 表面采样深度为 2.0 ~ 5.0 nm，它提供的仅是表面上的元素含量，与体相成分会有很大的差别。而它的采样深度与材料性质、光电子的能量有关，也与样品表面和分析器的角度有关。

虽然出射的光电子的结合能主要由元素的种类和激发轨道所决定，但由于原子外层电子的屏蔽效应，芯能级轨道上的电子的结合能在不同的化学环境中也是不一样的，有一些微小的差异。这种结合能上的微小差异就是元素的化学位移，它取决于元素在样品中所处的化学环境。一般元素获得额外电子时，化学价态为负，该元素的结合能降低。反之，当该元素失去电子时，化学价为正，XPS 的结合能增加。利用这种化学位移可以分析元素在该物种中的化学价态和存在形式。元素的化学价态分析是 XPS 分析最重要的应用之一。

X 射线光电子能谱法的特点：（1）是一种无损分析方法（样品不被 X 射线分解）；（2）是一种超微量分析技术（分析时所需样品量少）；（3）是一种痕量分析方法（绝对灵敏度高）。但 X 射线光电子能谱分析相对灵敏度不高，只能检测出样品中含量在 0.1% 以上的组分。X 射线光电子谱仪价格偏贵。

在 XPS 谱中，由于激发源的能量很高，可以激发出各种物理过程的电子。在激发态的退激发过程中，又可以发生各种复杂的退激发过程，释放出能量不同的各种电子。在普通的 XPS 谱中，存在的半峰主要有：自旋-轨道分裂，多重分裂（静电分裂），携上峰和携下峰以及等离子体激元损失峰，价带电子峰以及俄歇电子峰等。

仅以自旋-轨道分裂为例，当一个处于基态的闭壳层分子受光作用电离后，在生成的离子中必然存在一个未成对的电子。只要该未成对电子的角量子数大于 0，则必然会产生自旋-轨道间的偶合作用，发生能级分裂，在光电子谱上产生双峰结构。其双峰分裂间距直接取决于电子的穿透能力。通常电子的穿透能力是 $s > p > d$ 轨道，因此，p 轨道的分裂间距大于 d 轨道的分裂间距。除 s 轨道能级外，其 p、d 轨道均出现双峰结构。分裂峰的强度比与角量子数有关。

X 射线光电子能谱可以用来表征结合能、表征化学位移、表征价带结构等。

（1）表征结合能。在 XPS 分析中，由于采用的 X 射线激发源的能量较高，不仅可以激发出原子轨道中的价电子，还可以激发出芯能级上的内层轨道电子，其出射光电子的能量仅与入射光子的能量及原子轨道结合能有关，因此，对于特定的单色激发源和特定的原子轨道，其光电子的能量是特征的。当固定激发源能量时，其光电子的能量仅与元素的种类和所电离激发的原子轨道有关，因此，可以根据光电子的结合能定性分析物质的元素种类。图 7-6 为元素 Pd 的典型 XPS 谱。

（2）表征化学位移。化学结构的变化和原子价态的变化都可以引起谱峰有规律地位移。虽然出射的光电子的结合能主要由元素的种类和激发轨道所决定，但由于原子内部外层电子的屏蔽效应，芯能级轨道上的电子的结合能在不同的化学环境中是不一样的，有一些微小的差异。这种结合能上的微小差异就是元素的化学位移，它取决于元素在样品中所处的化学环境。

通常元素获得额外电子时，化学价态为负，该元素的结合能降低；反之，当该元素失去电子时，化学价为正，XPS 的结合能增加。利用这种化学位移可以分析元素在该物种中

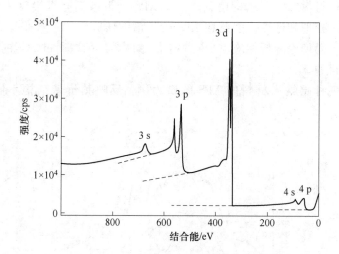

图7-6　元素 Pd 的典型 XPS 谱

的化学价态和存在形式。元素的化学价态分析是 XPS 分析的最重要的应用之一。以三氟乙酸乙酯中 C 1s 的光电子能谱为例，图7-7 为三氟乙酸乙酯中 C 1s 的光电子能谱。

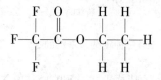

三氟乙酸乙酯的化学式

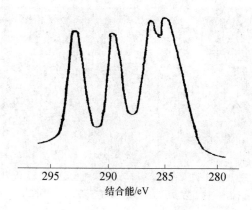

图7-7　三氟乙酸乙酯中 C 1s 的光电子能谱（激发源是 Al $K_\alpha$）

（3）表征价带结构。XPS 不仅可以提供原子芯能级的化学结构，同样还可以提供价电子的化学结构。对于固体其价带结构与其电子状态有关，因此，可以提供有关材料电子态的信息。对于固体，其价轨道兼并，形成了价带和导带，因此不能用分裂的能级表示，而是以固体能带理论来描述。

XPS 价带谱反映了固体价带结构的信息，由于 XPS 价带谱与固体的能带结构有关，因此可以提供固体材料的电子结构信息。由于 XPS 价带谱不能直接反映能带结构，还必须经过复杂的理论处理和计算，因此在 XPS 价带谱的研究中，一般采用 XPS 价带谱结构的比较进行研究，而理论分析相应较少。对于简单体系，可以通过适当的理论分析达到了解其电子结构的目的。

图 7-8 中以三种碳纳米材料的 XPS 图谱为例，反映其价带结构不同时给出的信息差异。

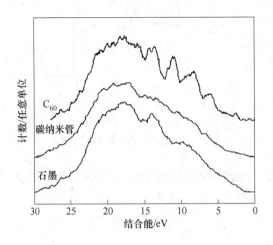

图 7-8　三种碳纳米材料的 XPS 价带谱

（4）进行成像分析。图 7-9 是硅片上氮化硅的 Si 2p XPS 像。

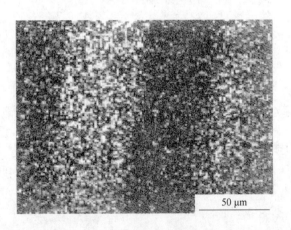

图 7-9　硅片上氮化硅的 Si 2p XPS 像

可见，XPS 能谱可以进行材料的定性分析、定量分析、价态分析、深度剖析、指纹峰分析、小面积分析，以及 XPS 图像分析。

### 7.1.4　样品的制备

X 射线光电子能谱仪对待分析的样品有特殊的要求，在通常情况下只能对固体样品进行分析。由于涉及样品在超高真空中的传递和分析，待分析的样品一般都需要经过一定的预处理，主要包括样品的大小、粉体样品的处理、挥发性样品的处理、表面污染样品及带有微弱磁性的样品的处理。

（1）样品的大小。在实验过程中样品必须通过传递杆，穿过超高真空隔离阀，送进样品分析室。因此，样品的尺寸必须符合一定的大小规范。对于块体样品和薄膜样品，其长宽最好小于 10 mm，高度小于 5 mm。对于体积较大的样品则必须通过适当方法制备成合适大小的样品。但在制备过程中，必须考虑到处理过程可能会对表面成分和状态的影响。

（2）粉体样品。粉体样品有两种制样方法：一种是用双面胶带直接把粉体固定在样品台上；另一种是把粉体样品压成薄片，然后再固定在样品台上。前者的优点是制样方便，样品用量少，预抽到高真空的时间较短，缺点是可能会引进胶带的成分。在普通的实验过程中，一般采用胶带法制样。后者的优点是可在真空中对样品进行处理，如原位反应等，其信号强度也要比胶带法高得多。缺点是样品用量太大，抽到超高真空的时间太长。

（3）挥发性材料。对于含有挥发性物质的样品，在样品进入真空系统前必须清除掉挥发性物质。一般可以通过对样品加热或用溶剂清洗等方法。在处理样品时，应该保证样品中的成分不发生化学变化。

（4）污染样品。对于表面有油等有机物污染的样品，在进入真空系统前必须用油溶性溶剂如环己烷、丙酮等清洗掉样品表面的油污，最后再用乙醇清洗掉有机溶剂。对于无机污染物，可以采用表面打磨以及离子束溅射的方法来清洁样品。为了保证样品表面不被氧化，一般采用自然干燥。

（5）带有磁性的材料。由于光电子带有负电荷，在微弱的磁场作用下，也可以发生偏转。当样品具有磁性时，由样品表面出射的光电子就会在磁场的作用下偏离接收角，最后不能到达分析器，因此，得不到正确的 XPS 谱。此外，当样品的磁性很强时，还有可能使分析器头及样品架磁化的危险，因此，绝对禁止带有磁性的样品进入分析室。一般对于具有弱磁性的样品，可以通过退磁的方法去掉样品的微弱磁性，然后就可以像正常样品一样分析。

（6）样品的荷电及消除。对于绝缘体样品或导电性能不好的样品，经 X 射线辐照后，其表面会产生一定的电荷积累，主要是正电荷。主要原因是光电子出射后样品表面积累的正电荷不能得到电子的补充。样品表面荷电相当于给从表面出射的自由的光电子增加了一定的额外电场，使得测得的结合能比正常的要高。非单色 X 射线源的杂散 X 射线可以形成二次电子，构成荷电平衡，而单色 X 射线，荷电会很严重。

样品荷电问题非常复杂，一般难以用某一种方法彻底消除。表面蒸镀导电物质的种类（如金、碳等）、蒸镀厚度、蒸镀物质与样品的相互作用都会对荷电产生影响。

利用低能电子中和枪，辐照大量的低能电子到样品表面，是一种中和正电荷的方法。但要注意控制电子流密度合适，不要产生过中和现象。

在实际的 XPS 分析中，一般采用内标法进行荷电的校准。内标法又分为金内标法和碳内标法。其中碳内标法常用真空系统中常见的有机污染碳的 C 1s 的结合能 （284.6 eV）进行校准，也可以利用检测材料中已知状态元素的结合能进行校准。

# 7.2　紫外光电子能谱

　　光电子能谱学科的发展一开始就是从两个方面进行的，一方面是 Siegbahn 等人所创立的 X 射线光电子能谱，主要用于测量内壳层电子的结合能；另一方面是 Tunner 等人所发展的紫外光电子能谱（UPS），主要用于研究价电子的电离电能。由于紫外线的能量比较低，因此它只能研究原子和分子的价电子及固体的价带，不能深入原子的内层区域。但是紫外线的单色性比 X 射线好得多，因此紫外光电子能谱的分辨率比 X 射线光电子能谱要高得多。这两方面获得的信息既是类似的，也有不同之处．因此在化学、物理和材料研究及应用方面，它们是互相补充的。

　　紫外光电子能谱最初主要用来研究气体分子，近年来已越来越多地用于研究固体表面。测量对象不同，使得测量条件也略有差异，例如，测量固体时要求获得更高的真空度。

　　紫外光电子谱在研究原子、分子、固体以及表面/界面的电子结构方面具有独特的功能。由紫外光电子谱测定的实验数据，经过谱图的理论分析，可以直接和分子轨道的能级、类型以及态密度等对照。因此，在分析化学、结构化学、量子力学、固体物理、表面科学与材料科学等领域有着广泛的应用。

## 7.2.1　紫外光电子能谱的基本原理

　　紫外光电谱的理论基础仍然是光电效应，所以它与 X 射线光电子能谱的原理是相同的，是基于 Einstein 光电方程，但是，由于紫外光只能电离结合能不大于紫外光子能量的外壳层能级，因此对于气体分子而言，还必须考虑它被电离后生成的离子的状态。

　　紫外光电子能谱测量与分子轨道能紧密相关的实验参数为电离电位 $I$。原子或分子的第一电离电位 $I_1$ 通常定义为从最高的填满轨道能级激发出一个电子所需的最小能量。第二电离电位定义为从次高的已填满的中性分子的轨道能级激发出一个电子所需的能量。

　　能量为 $h\nu$ 的入射光子从分子中激发出一个电子以后，留下一个离子，这个离子可以振动、转动或以其他激发态存在。如果激发出的光电子的动能为 $E$，则

$$E = h\nu - I - E_v - E_r \tag{7-5}$$

式中，$I$ 为电离电位；$E_v$ 为分子离子的振动能；$E_r$ 为转动能。$E_v$ 的能量范围为 0.05 ~ 0.5 eV，$E_r$ 的能量更小，至多有千分之几电子伏，因此 $E_v$ 和 $E_r$ 比 $I$ 小得多。但是现在的高分辨紫外光电子谱仪，分辨能力为 10 ~ 25 meV，易观察到振动精细结构。

## 7.2.2　紫外光电子能谱仪

　　紫外光电子能谱和 X 射线光电子能谱都可以分析光电子的能量分布，因此它们的仪器设备是类似的，主要的区别在于前者的激发源是真空紫外线，后者是 X 射线，除激发源外仪器的其他部件与 X 射线光电子谱仪相同，所以多数仪器上都是两种光源齐备。

　　现有仪器多数为多功能电子能谱仪。图 7-10 所示为美国 Thermo 公司生产的 ESCALAB 250 型电子能谱仪。其主要功能有 X 射线光电子能谱、紫外光电子能谱。该仪器具有紫外

线和 X 射线双光源，可以做 UPS 分析，做变角 XPS 分析，可以对样品进行大面积和微区的 XPS 分析，可以对样品进行元素深度分布分析。

图 7-10　美国 Thermo 公司生产的 ESCALAB 250 型光电子能谱仪

UPS 谱仪主要有两种类型，一种是适用于气体 UPS 分析的，另一种是用于固体 UPS 分析的。UPS 谱仪中所用的紫外光是由真空紫外灯提供的。用于产生紫外光的气体一般是 He、Ne 等，其紫外源的能量和波长见表 7-2。

**表 7-2　UPS 谱仪紫外源的能量及波长**

| 紫外源 | 能量/eV | 波长/nm |
| --- | --- | --- |
| He Ⅱ | 40.8 | 30.38 |
| He Ⅰ | 21.22 | 58.43 |
| Ne Ⅰ | 16.85 | 73.59 |
| | 16.67 | 74.37 |
| Ar Ⅰ | 11.83 | 104.82 |
| | 11.62 | 106.67 |
| H(Lyα) | 10.20 | 121.57 |

He Ⅰ 线是真空紫外区中应用最广的激发源。这种光子是将 He 原子激发到共振态后，由激发态 He 1s 2p(1p) 向基态 1s 1s(1s) 跃迁产生的，其自然宽度仅几个 meV。He 的放电谱没有其他显著干扰，可不用单色仪。另一种重要的紫外光源是 He Ⅱ 线，He Ⅱ 线单电离的 He 原子在放电中受激发产生的。在产生 He Ⅰ 的条件下，通常产生很少的 He Ⅱ 线。为了得到 He Ⅱ 线，可扩大阴极区的体积，降低工作气体压强，使放电区存在较多的 $He^+$。通常 He Ⅰ 产生时，可看到淡黄的白色，而 He Ⅱ 产生时，呈淡红蓝色。同步辐射源也用于紫外光电子谱的激光源。

紫外激发源是用惰性气体放电灯，这种灯产生的辐射线几乎是单色的，不需再经单色化就可用于光电子谱仪。最常用的是氦共振灯。这种灯不是封闭的，灯和样品气体的电离室部位采用差分抽气，用针阀调节灯内纯氦压力，当压力在 10～100 Pa 时用直流放电或微波放电使惰性气体电离，这时灯内产生带桃色的等离子体，它发射出 He Ⅰ 共振线，该线光子能量为 21.22 eV。

　　He Ⅰ线的单色性好（自然宽度约 0.005 eV），强度高，连续本底低，它是目前用得最多的激发源。纯氦在上面的毛细管中放电，辐射光子通过下面的毛细管进入样品气体电离室。两根分开的毛细管在同一直线上。为了防止光源气体进入靶室，氦气从上面的毛细管中出来时就被抽走。

　　紫外光电子能谱仪的组成如图 7-11 所示。

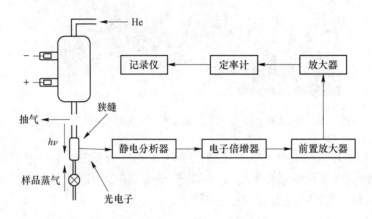

图 7-11　紫外光电子能谱仪的组成

　　2007 年 1 月由中国科学院自行研制拥有我国自主知识产权的"超高能量分辨率真空紫外激光角分辨光电子能谱仪"通过国家鉴定。真空紫外激光的使用，赋予了角分辨光电子能谱仪一些独特的优势，把现有的技术提高到一个新的台阶。真空紫外激光能量分辨率为 0.26 meV，整体系统的能量分辨率达到 0.68 meV。这是目前国际上角分辨光电子能谱达到的最佳能量分辨率，比通常的同步辐射光源提高了一个量级。真空紫外激光产生的光束流量则比通常的同步辐射光源提高两到三个量级。

### 7.2.3　紫外光电子能谱分析与应用

　　紫外光电子能谱通过测量价层光电子的能量分布，可以得到许多信息。主要用它来测量气态分子的电离，研究分子轨道的键合性质以及定性鉴定化合物种类，近年来，也常用它来研究固体的表面和界面。

　　紫外光电子能谱可以用来测量电离电位。用紫外光电子能谱可测量低于激发光子能量的电离电位，和其他方法比较它的测量结果是比较精确的。紫外光子的能量减去光电子的动能便得到被测物质的电离电位。

　　紫外光电子能谱可以用来测量分子轨道的能量。对于气态样品来说，测得的电离电位表征了分子轨道的能量。分子轨道能量的大小和顺序对于解释分子结构和研究化学反应是重要的。在量子化学方面，紫外光电子能谱对于分子轨道能量的测量已经成为各种分子轨道理论计算的有力的验证依据。

　　紫外光电子能谱可以用来研究化学键。研究 UPS 谱图中各种谱带的形状，可以得到有关分子轨道成键性质的部分信息。出现尖锐的电子峰表明有非键电子存在，带有振动精细结构的比较宽的峰可能表明有 π 键存在等。

在光电子能谱仪中，通过能量分析器可以把不同动能的光电子分开，从而得到紫外光电子谱。下面给出几种物质使用 He Ⅰ 线做光源的 UPS 一般特征谱。

#### 7.2.3.1 Ar 分子的 He Ⅰ 光电子能谱

因为 Ar 分子最外层是封闭价电子壳层为 p6。当一个电子被激发后，外壳层变为 p5。由自旋角动量和轨道角动量耦合有 $2p_{3/2}$ 和 $2p_{1/2}$，在光电子能谱图 7-12 上表现为两个锐峰。

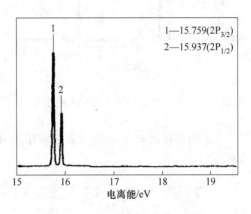

图 7-12　Ar 的 He Ⅰ 光电子能谱图

#### 7.2.3.2 $H_2$ 分子的 He Ⅰ 光电子能谱

$H_2$ 分子仅有两个电子，占据在 σ 分子轨道上，因此只产生一条谱带。而谱带中的一系列尖锐的峰，是电离时激发到 $H_2^+$ 的不同的振动状态产生，如图 7-13 所示。

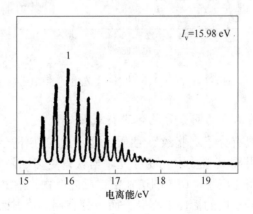

图 7-13　$H_2$ 分子的 He Ⅰ 紫外光电子谱图

#### 7.2.3.3 $N_2$ 分子的 He Ⅰ 光电子能谱

$N_2$ 分子的电子组态为：$N_2(1\sigma_g)^2(1\sigma_u)^2(2\sigma_g)^2(2\sigma_u)^2(1\pi_u)^2(2\pi_u)^2(3\sigma_g)^2$，谱峰线产生于离子的振动能级的不同激发，如图 7-14 所示。

#### 7.2.3.4 $(CH_3)_3N$ 分子的 He Ⅰ 光电子能谱

叔胺 $(CH_3)_3N$ 是一个多原子分子，除在 8.4 eV 附近有一条明显的谱带对应于 N 原子

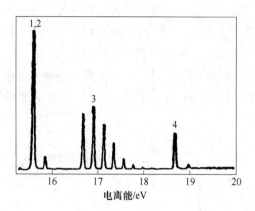

图 7-14　$N_2$ 分子的 He Ⅰ 紫外光电子谱图

的孤对非键电子的电离外，其余的谱带因相互重叠而无法清楚地分辨，至于振动峰线结构更是难以区分，如图 7-15 所示。

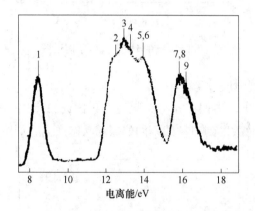

图 7-15　$(CH_3)_3N$ 的 He Ⅰ 光电子能谱图

### 7.2.3.5　对物质结构中的同分异构体进行表征

紫外光电子能谱也具有分子"指纹"性质，这一点与红外光谱相似，但它所提供的信息不同于其他技术，并与其他技术互相补充。当获得更多的解释谱图的经验之后，对 UPS 图谱的判读会更加得心应手。UPS 图谱在鉴定反应产物，指出取代作用、配位作用的程度和性质，以及预测分子内的活性中心等方面十分有用。这方面应用举例如下：顺式和反式 1,3-二氯丙烯是同分异构体，它们的化学结构式（见图 7-16）和 UPS 图谱（见图 7-17）依次列在下方。

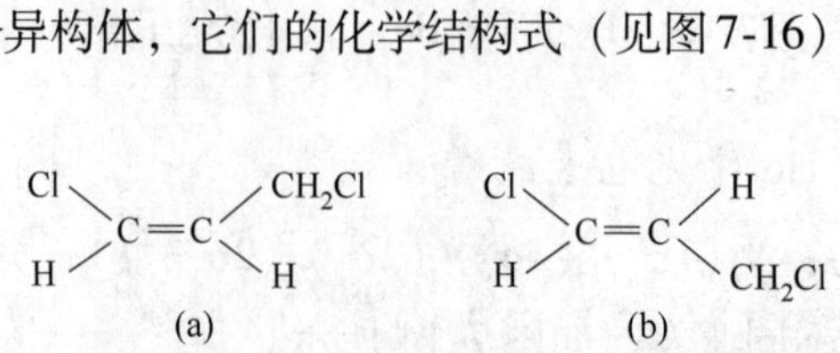

图 7-16　顺式和反式 1,3-二氯丙烯同分异构体的化学结构式

（a）顺式；（b）反式

如图 7-17 所示，位于 10 eV 左右的谱带是 1,3-二氯丙烯的 σ 轨道电离作用所致，位于 11.2 eV 的尖锐的峰对应于非键轨道电子，位于 11.8 eV 和 13.1 eV 的两个谱带来自 "Cl 3p" 轨道。在 14～19 eV 区域顺式和反式 1,3-二氯丙烯同分异构体的谱带很不相同，称为 "指纹区"，它被用来区别同分异构体。

CO 分子中有 10 个价电子，和氮分子有等电子结构，因此它的紫外光电子谱和氮分子的很相似。如图 7-18 所示，CO 分子的三个谱带的电离电位分别是 14.01 eV、16.53 eV 和 19.68 eV。

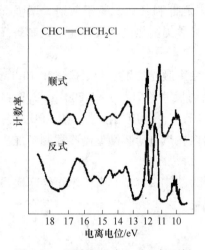

图 7-17　顺式和反式 1,3-二氯丙烯
同分异构体的 UPS 谱

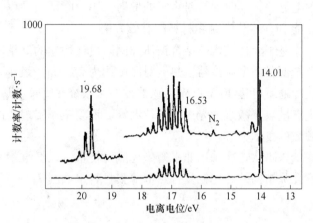

图 7-18　CO 的紫外光电子谱
（它和氮分子有等电子结构）

#### 7.2.3.6　对固体表面电子结构进行表征

除固体表面的吸附作用以外，紫外光电子能谱还用于测定各种固体表面的电子结构。这些固体包括纯金属、半导体、合金、金属硫化物以及金属氧化物等。

以表面态观测为例，实验已证明，洁净的表面存在表面态。新鲜解理 Si 单晶面的光电子能谱表明，除了呈现体内态结构以外，还观察到一个宽达 1.8 eV 的表面带。该带在 Fermi 能级以下 1.1 eV 和 0.5 eV 处有两个峰。这种表面带结构在数月之内并不变化，可是当真空室的压力上升到 $1.33 \times 10^{-8}$ Pa 时，几小时之内这种表面带结构就消失，可见这种表面带结构来自表面态，换言之，它表征了表面态，给出了固体表面态的信息。对该带的密度的估算还表明，该带大约包含电子 $8 \times 10^{14}$ 个/cm$^3$，也就是说大约每一个表面原子有一个电子。

# 7.3　案 例 分 析

发展可再生能源是我国一项既定国策，也是保证经济稳定和可持续发展的关键。全球约有 80% 的电站利用热能发电，然而这些电站的平均效率约 30%，每年约有 15TW 的热量损失到环境中，如能将这部分能量回收利用，可有效缓解当前突出的能源与环境问题。以热电材料为核心的热电转换技术可不依靠任何外力将 "热" 与 "电" 两种不同形态的能量直接转换，备受科学界和工业界的广泛关注。

特别是近年来以可穿戴式、植入式为代表的新一代智能微纳电子系统迫切需求开发微瓦-毫瓦级自供电技术代替传统充电电池，以满足其向微型化、高密度化、高稳定性和可靠性发展的技术需求。而热电材料，可利用人体体温与周围环境的温差发电，因此成为便携式智能电子器件自供电技术的有效解决方案。

中国科学院金属研究所沈阳材料科学国家（联合）实验室研究员邰凯平课题组致力于从原子尺度设计和制备具有高度有序显微结构的热电薄膜材料和器件。利用物理气相沉积技术调控相邻晶粒为小角度倾转晶界，首次实现大面积制备面内和面外方向均为高度织构取向的 $Bi_2Te_3$ 热电薄膜。研究表明，小角度倾转晶界能抑制其对载流子散射，增强面内电导率，同时保持对声子的散射作用，降低热导率，显著提高热电转换性能，是制备高性能 $Bi_2Te_3$ 热电薄膜材料的有效方法。

基于上述技术，结合该研究团队设计构建的高精度微束激光加工平台，研发出 $Bi_2Te_3$ 合金薄膜微型制冷器，热电对厚度约为 25 μm，最小面内尺寸约 200 μm×200 μm，微区制冷通量可达 40 W/cm²。该器件在微系统热管理领域具有广泛的应用前景，如 CPU 芯片定点散热、微型激光二极管控温等。该项工作实现了国内在热电薄膜微型制冷器制备加工领域的技术突破。

该团队首次采用非平衡磁控溅射技术，以纤维素纸为基体，制备具有微米至纳米多尺度孔隙结构的碲化铋复合热电薄膜材料，如图 7-19 所示。

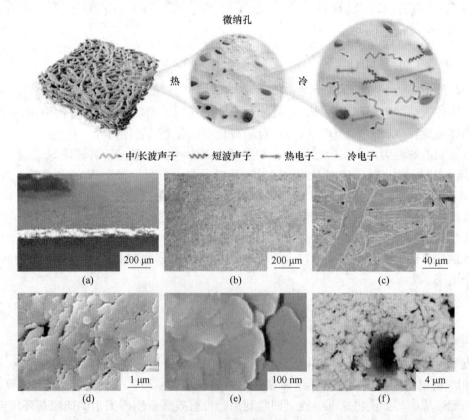

图 7-19　多尺度孔隙结构设计示意图和纤维素/$Bi_2Te_3$ 复合柔性热电材料 SEM 结构表征

（a）$Bi_2Te_3$/CF 样品的横截面；（b）~（e）$Bi_2Te_3$/CF 样品的表面形貌 SEM 图像；

（f）$Bi_2Te_3$/CF 样品的截面背散射图像

　　研究表明，由于非平衡磁控溅射技术特点，碲化铋薄膜与纤维素界面结合紧密，沉积的名义厚度可达数十微米，能有效降低薄膜器件的内阻，提高热电转换的输出效率；纤维素/$Bi_2Te_3$ 独特的网络结构、多尺度孔隙结构和 $Bi_2Te_3$ 薄膜尺度效应等赋予纤维素/$Bi_2Te_3$ 复合材料表现出良好的弯曲柔性；复合热电薄膜中的多尺度孔隙结构能有效散射声子降低热导率值，使其接近于 $Bi_2Te_3$ 理论最低热导率；$Bi_2Te_3$ 薄膜表面存在本征的氧化层，当载流子在相邻纤维素表面 $Bi_2Te_3$ 薄膜间传输时，界面处的氧化层可散射过滤低能载流子，明显提高 Seebeck 系数。

　　因此，纤维素/$Bi_2Te_3$ 复合材料室温至 473 K 的热电性能 ZT 值可达 0.24 ~ 0.38，并有望通过载流子浓度优化而进一步提升。利用高精度微束激光平台，对该复合柔性热电材料进行裁剪和器件集成，演示验证基于该复合材料的柔性热电"发电机"。该项工作为探索高性能新型柔性热电材料提供了新的思路和解决方案，为柔性热电器件的实用化开辟了崭新方向。

　　图 7-20 对多尺度孔隙碲化铋复合材料和致密碲化铋薄膜使用 XPS 进行了分析，并使用三维纳米 X 射线成像技术分析了复合薄膜材料。

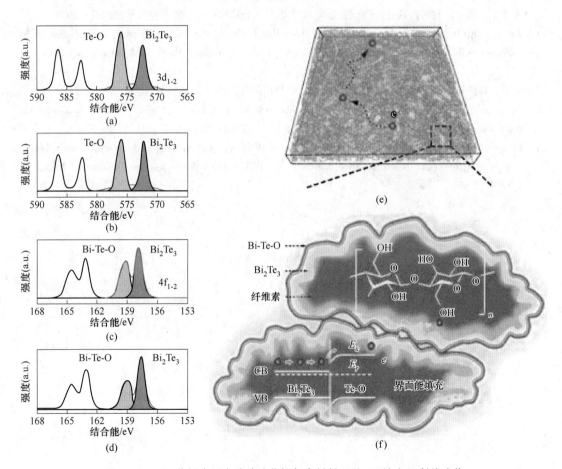

图 7-20　XPS 分析多尺度孔隙碲化铋复合材料以及 3D 纳米 X 射线成像
分析复合薄膜材料和界面能垒过滤低能载流子效应示意图
(a)(c) XPS 分析多尺度孔隙碲化铋复合材料；(b)(d) 致密碲化铋薄膜；
(e)(f) 三维纳米 X 射线成像分析复合薄膜材料和界面能垒过滤低能载流子效应示意图

## 习　题

7-1　XPS 与 UPS 有哪些主要的相同点？

7-2　XPS 与 UPS 有哪些主要的不同点？

7-3　XPS 能检测样品的哪些信息？

7-4　UPS 能检测样品的哪些信息？

7-5　简述 XPS 与 UPS 分析方法应用范围与特点。

7-6　请问要研究 $C_{60}$、碳纳米管和石墨价带结构，何种方法比较简洁，为什么？

7-7　你将采用何种分析方法对物质结构中的同分异构体进行表征，为什么？

7-8　简述 XPS 谱仪与 UPS 谱仪目前的发展情况。

## 参 考 文 献

［1］王富耻. 材料现代分析测试方法 ［M］. 北京：北京理工大学出版社，2006.

［2］常铁军，祁欣. 材料近代分析测试方法 ［M］. 2 版. 哈尔滨：哈尔滨工业大学出版社，2003.

［3］Jin Q, Shi W, Yang Z, et al. Cellulose fiber-based hierarchical porous bismuth telluride for high-performance flexible and tailorable thermoelectrics ［J］. Acs Applied Materials & Interfaces，2018，10（2）：1743.

［4］王霆，孙铁东. 高等仪器分析 ［M］. 北京：科学出版社，2023.

［5］Jin Q, Shi W B, Qiao J X, et al. Enhanced thermoelectric properties of bismuth telluride films with in-plane and out-of-plane well-ordered microstructures ［J］. Scripta Materialia，2016，119：33-37.

［6］Mingyun Kim, Kyun Joo Park, Seunghwan Seok, et al. Fabrication of microcapsules for dye-doped polymer-dispersed liquid crystal-based smart windows ［J］. ACS Applied Materials and Interfaces，2015，7：178904-17909.

# 8 俄歇电子能谱学

俄歇电子能谱（auger electron spectroscopy，AES）能提供材料表面几个原子层的成分及其分布的信息，其基础是法国物理学家 Pierre Auger 于 1925 年观测到的俄歇电子发射现象。实际上这一效应分别独立被 Lise Meitner 和 Pierre Auger 于 19 世纪 20 年代所发现，而 Meitner 于 1923 在期刊 Zeitschrift für Physik 上最先完成和报道，然而英语科学团体依然用俄歇的名字来命名它。1968 年以后俄歇电子能谱发展成为一种分析技术，不断在仪器改进、实验方法和理论计算，以及应用等方面有所发展，如今已成为普遍应用于材料表面分析的一种方法。

## 8.1　基　本　原　理

### 8.1.1　俄歇电子发射

原子在 X 射线、载能电子、离子或中性粒子的照射下，内层电子（借用 X 射线的方法称为 K、L、M、…层）可能获得足够能量而电离，并留下空穴。此时原子处于不稳定的激发态，当较外层的电子跃入内层空位时，原子多余的能量可通过两种方式释放，或发射 X 射线，或发射第三个电子，即俄歇电子。前一种退激发方式称为辐射跃迁，后一种称为俄歇跃迁。图 8-1 示意地说明俄歇电子的发射过程，其中图 8-1(a) 表示入射电子使 K 层电离而发射光电子，图 8-1(b) 表示留下的 K 层空穴由次层 $L_1$ 的电子（2 s 电子）填入，释放的能量给予另一个 2 s 电子，作为俄歇电子发射出去。显然，俄歇电子的发射牵涉到三个电子的能级，在图 8-1(b) 的情形为 K、$L_1$、$L_1$，也可以像图 8-1(c) 那样为 $L_1$、$M_1$、$M_1$，或者像图 8-1(d) 那样分别为 $L_{2,3}$、V、V（V 表示价带）。因此，常常将三个壳层的符号并列来命名俄歇跃迁和俄歇电子，即 $KL_1L_1$、$L_1M_1M_1$、$L_{2,3}VV$。事实上，当 K 层有空位时也会发射 $KL_1L_{2,3}$ 及 $KL_{2,3}L_{2,3}$ 俄歇电子，这些都属于 KLL 系列的跃迁。

全面地描述跃迁还应包括发射俄歇电子后的原子终态，因为不同的终态对应不同的俄歇电子能量。KLL 型跃迁的初态是 K 层有一个空穴，而终态可用电子组态及光谱项来表达，共有六种：

$$KL_1L_1 \cdots 2s^0 2p^6 \, (^1S)$$

$$KL_1L_{2,3} \cdots 2s^1 2p^5 \, (^1P, \, ^3P)$$

$$KL_{2,3}L_{2,3} \cdots 2s^2 2p^4 \, (^1D, \, ^3P, \, ^1S)$$

在同样的电子组态，还可以有不同的光谱项，如括号内所示，按照 L-S 耦合方法，S、P、D 分别表示总轨道角动量量子数为 0、1、2；左上角的 1 或 3 表示总自旋的取向不同所造成的单态或三重态。实验上确实证明了这些终态的存在。图 8-2 为 Mg 的 KLL 系列俄歇电子的能谱，其中可看到五个峰，而跃迁到终态 $2s^2 2p^4 (^3P)$ 的概率为零。

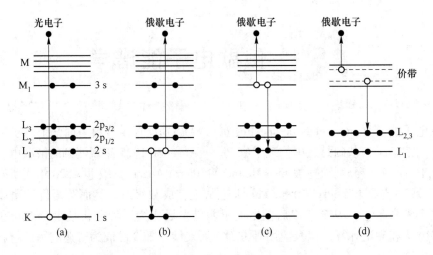

图 8-1　俄歇电子发射过程示意图

（a）入射电子使 K 层电离；（b）K 层有空穴时 $KL_1L_1$ 俄歇电子的产生；

（c）$L_1$ 次层有空穴时 $L_1M_1M_1$ 俄歇电子的产生；（d）$L_{2,3}$ 次层有空穴时 $L_{2,3}VV$ 俄歇电子的产生

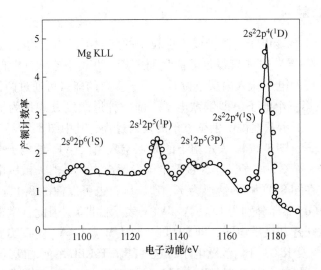

图 8-2　Mg 的俄歇电子能谱（产额计数率-电子动能）

俄歇电子的激发方式虽然有多种，但在常规的 AES 中主要采用 1～30 keV 的一次电子，因为电子便于产生高束流（50 nA～5 μA），容易聚焦和偏转。离子只对某些元素（如 Al）产生较大量的俄歇电子，能量范围一般为 0～100 eV。

## 8.1.2　俄歇电子能量

### 8.1.2.1　俄歇电子的动能

俄歇电子的动能与入射粒子的类型和能量无关，只是发射原子的特征，原则上可以由俄歇跃迁后原子系统总能量的差别算出。常用的一个经验公式为：

$$E_{\alpha\beta\gamma}^{Z} = E_{\alpha}^{Z} - E_{\beta}^{Z} - E_{\gamma}^{Z} - \frac{1}{2}(E_{\gamma}^{Z+1} - E_{\gamma}^{Z} + E_{\beta}^{Z+1} - E_{\beta}^{Z}) \tag{8-1}$$

式中，$E_{\alpha\beta\gamma}^{Z}$ 为原子序数为 $Z$ 的原子所发射的 $\alpha$、$\beta$、$\gamma$ 俄歇电子的能量；$E_{\alpha}^{Z}$、$E_{\beta}^{Z}$、$E_{\gamma}^{Z}$ 为原子序数为 $Z$ 的原子的电子束缚能；$\frac{1}{2}(E_{\gamma}^{Z+1} - E_{\gamma}^{Z} + E_{\beta}^{Z+1} - E_{\beta}^{Z})$ 为修正项，代表当 $\beta$ 电子不在时 $\gamma$ 电子束缚能的增加和 $\gamma$ 电子不在时 $\beta$ 电子束缚能的增加两者的平均值。举一例说明如下：按照式（8-1），Ni 的 $KL_1L_2$ 俄歇电子的能量应为：

$$E_{KL_1L_2}^{Ni} = E_{K}^{Ni} - E_{L_1}^{Ni} - E_{L_2}^{Ni} - \frac{1}{2}(E_{L_2}^{Cu} - E_{L_2}^{Ni} + E_{L_1}^{Cu} - E_{L_1}^{Ni})$$

式中，$E$ 的右上角标出元素符号。已知以千电子伏特为单位，对于 Ni 而言，$E_{K}^{Ni} = 8.333$ keV，$E_{L_1}^{Ni} = 1.008$ keV，$E_{L_2}^{Ni} = 0.872$ keV，因此主要部分为 6.453 keV；对于 Cu 而言，$E_{L_1}^{Cu} = 1.096$ keV，$E_{L_2}^{Cu} = 0.951$ keV，所以修正项为 0.084 keV，最后得到：

$$E_{KL_1L_2}^{Ni} = 6.453 - 0.084 = 6.369 \text{ keV}$$

与实测值 $E_{KL_1L_2}^{Ni} = 6.384$ keV 相当符合。

图 8-3 为各种系列的俄歇电子能量，并标出每种元素所产生的俄歇电子能量及其相对强度。其中，实心圆圈代表强度高的俄歇电子。由于束缚能强烈依赖于原子序数，用确定能量的俄歇电子来鉴别元素是明确而不易混淆的。各种元素主要的俄歇电子能量和标准谱都可以在有关的手册中查到。

#### 8.1.2.2 化学位移

一个原子所处化学环境的变化会改变其价电子轨道，这反过来又影响到原子势及内层电子的束缚能，从而改变俄歇跃迁的能量，引起俄歇谱峰的移动即化学位移。若元素组成化合物并发生了电荷转移，例如形成离子键合时，电负性元素获得电子使其芯电子能级提高即束缚能减小，而电正性元素失去电子使芯电子能级降低即束缚能增大，其结果是改变了元素的俄歇电子能量。这种化学态变化导致的俄歇电子峰位移相对于元素零价态的峰位移可达几个电子伏特。和发射 X 射线相比，俄歇电子的化学位移较大。以 K、L 电子层为例，它们的束缚能的移动是齐步的，因此 $K_{\alpha}$ X 射线（K→L 跃迁）的能量移动很少。而对 KLL 俄歇电子而言，如式（8-1）所示，K 层能量涉及一次，L 层能量涉及两次，因此就会表现出较大的化学位移。XPS 和 AES 都有明显的化学位移，但是 AES 的化学位移较难解释。因为前者是单电子过程，而且谱线较窄，而后者是双电子过程，谱线又较宽。

### 8.1.3 俄歇电子产额

俄歇电子产额或俄歇跃迁概率决定俄歇谱峰强度，直接关系到元素的定量分析。俄歇跃迁概率可以用量子力学进行计算。以下用一个类氢原子模型，根据含时微扰理论计算 KLL 跃迁的概率。

按照微扰理论，俄歇跃迁的概率 $W_{A}$ 可表达为：

$$W_{A} = \frac{2\pi}{h}\rho(k) \left| \iint \Phi_{f}^{*}(r_1) \Psi_{f}^{*}(r_2) \frac{e_s^2}{|r_1 - r_2|} \Phi_{i}(r_1) \Psi_{i}(r_2) \mathrm{d}r_1 \mathrm{d}r_2 \right| \tag{8-2}$$

式中，$\Phi(r)$ 和 $\Psi(r)$ 为跃入 K 空穴的电子和俄歇电子的波函数；下标 i 和 f 为始态和终态；

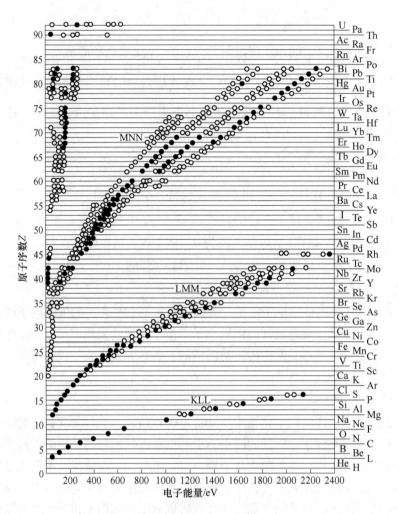

图 8-3  俄歇电子能量图

（主要俄歇峰的能量用空心圆圈表示，实心圆圈代表每个元素的强峰）

$\dfrac{e_s^2}{|r_1-r_2|}$ 为导致跃迁的两个电子间相互作用势；$\rho(k)=m\dfrac{V}{8\pi^3\hbar^2}k\sin\theta\mathrm{d}\theta\mathrm{d}\phi$ 为发射出的动量

为 $\rho=\hbar k$ 的电子按照体积 $V$ 内归一化的态密度。

对于类氢原子的 KLL 跃迁，始态和终态的波函数为：

$$\Phi_i(r_1)=\frac{1}{\sqrt{6a^3}}\frac{r_1}{a}\exp\left(-\frac{r_1}{2a}\right)Y_1^m(\theta_1,\phi_1) \tag{8-3}$$

$$\Phi_f(r_1)=\frac{2}{\sqrt{a^3}}\exp\left(-\frac{r_1}{a}\right) \tag{8-4}$$

$$\Psi_i(r_2)=\frac{1}{\sqrt{6a^3}}\frac{r_2}{a}\exp\left(-\frac{r_2}{2a}\right)Y_1^m(\theta_2,\phi_2) \tag{8-5}$$

$$\Psi_f(r_2)=\frac{1}{\sqrt{V}}\exp(-ik\cdot r_2) \tag{8-6}$$

式（8-3）~式（8-6）分别表示 $2p_1$、$1s$、$2p_2$ 态和自由态电子的波函数，$a = \dfrac{a_0}{Z}$，而 $a_0 = \dfrac{\hbar^2}{me_s^2}$ 是玻尔半径。

对于式（8-2）中的双重积分，即两电子相互作用势的矩阵元进行计算就可以得到跃迁概率 $W_A$。当然，这个计算比较烦琐而冗长。若采用玻尔模型，并粗略地假定在体积中 $r_2 > r_1$（因为 $1s$ 波函数的径向范围比 $2p$ 波函数小），所以：

$$\frac{1}{|r_1 - r_2|} \approx \frac{1 + \dfrac{r_1}{r_2}\cos(\theta_1 - \theta_2)}{r_2}$$

并考虑到各种方向的俄歇电子 $\left(\int d\Omega = \int \sin\theta d\theta d\phi = 4\pi\right)$ 可得出：

$$W_A = C \frac{v_0}{a_0} \tag{8-7}$$

其中，$v_0 = 2.2 \times 10^8$ cm/s 为玻尔速度，玻尔半径 $a_0 \approx 0.053$ nm，$C$ 为数值常数，约为 $7 \times 10^{-3}$。由这个粗略的结果可以看出 $W_A$ 与原子序数的关联性不强，这与辐射跃迁对 $Z$ 值的强关联很不相同。

讨论俄歇电子产额必须考虑荧光产额，如果忽略其他过程，则认为退激发主要通过 X 射线发射和俄歇跃迁两种过程实现，设辐射跃迁的概率为 $W_x$，则荧光产额 $\omega_x$ 的定义为：

$$\omega_x = \frac{W_x}{W_A + W_x}$$

如上所述，$W_A$ 与 $Z$ 基本无关，而 $W_x$ 近似与 $Z$ 的四次方成正比，因此荧光产额有强烈的原子序数关联。图 8-4 为相对的俄歇产额（$1 - \omega_x$）和荧光产额随原子序数的变化。由图 8-4 可见，在低 $Z$ 元素中，俄歇过程占主导，而且变化不大，对于高 $Z$ 元素，X 射线发射则成为优先的过程。

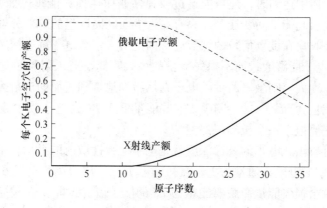

图 8-4　每一个 K 空穴所产生的俄歇电子产额及 X 射线产额与原子序数的关系

## 8.1.4　电子能谱

图 8-5 为用能量为 1 keV 的一次电子束激发的纯银样品的俄歇电子能谱。$N(E)$ 为电

子计数按能量的分布曲线，是俄歇电子能谱的一种显示模式。在 1 keV 处很窄的大峰代表弹性背散射电子，稍低能量的强度对应于背散射后因激发电子或等离子激元而损失能量的电子。在很低能区（0~50 eV）的峰与真正的二次电子相对应。俄歇电子信号只在放大 10 倍 $[N(E) \times 10]$ 的谱中才可见，在 $N(E)$ 上显示的俄歇电子强度（电子计数或密度 $N$）比较小，一般只有总电流的 0.1%，而且重叠在二次电子的高本底上。为了减少缓变的本底的影响，分离出俄歇峰，通常是取 $N(E)$ 的微商 $dN(E)/(dE)$（见图 8-5），这是如今常用的 AES 显示模式。在 $dN(E)/(dE)$ 谱中的"峰至峰"（peak-to-peak）高度（从最高的正偏离到最低的负偏离）和 $N(E)$ 曲线下的峰面积都与发射俄歇电子的原子数成正比。

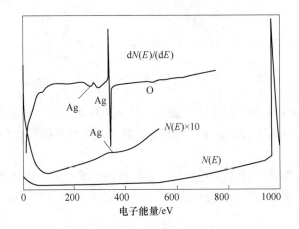

图 8-5  纯银的 AES 谱（用 1 keV 电子入射）

### 8.1.5  电子逃逸深度

如上所述，原子所产生的俄歇电子有其特征的能量。现在来讨论俄歇电子产生后的出射过程。电子在固体中运动时，还可能通过非弹性碰撞而损失能量，如激发等离子激发、使其他电子激发或引起带间跃迁等。只有在近表面区内产生的一部分电子可以不损失能量而逸出表面，被收集在俄歇信号的计数内。因此引入一个电子逃逸深度，其定义为：具有确定能量 $E_c$ 的电子能够通过而不损失能量的最大距离。若入射粒子的能量高，穿透样品的深度比逃逸深度大，则激发的俄歇电子在从激发地点到表面的出射途中将发生非弹性碰撞，电子损失能量为 $\delta E$（见图 8-6）。这些能量低于 $E_c$ 的电子就形成本底信号，在主要俄歇峰的低能一侧拖出一个长的尾部。

由以上讨论可看出，电子的逃逸深度就是电子非弹性散射的平均自由程。设想有一个衬底产生能量为 $E_c$ 的电子，通量为 $I_0$。在衬底上沉积一层薄膜，电子在穿过薄膜时若发生非弹性碰撞，就会损失能量而脱离能量为 $E_c$ 的电子流。设非弹性碰撞的截面为 $\sigma$，薄膜中散射中心的密度为 $N$，则在薄膜衬底以上距离 $x$ 处无限小厚度 $dx$ 内，由于散射而减少的电子通量 $-dI$ 应为：

$$-dI = \sigma I N dx \tag{8-8}$$

积分后可得：

$$I = I_0 \exp(-\sigma N x) \tag{8-9}$$

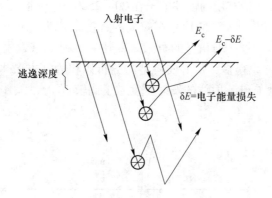

图 8-6　电子逃逸深度示意图

这里，$I$ 是通过厚度为 $x$ 的薄膜后的电子通量。或者说，当薄膜和衬底是一个整体时，$I$ 就是在 $x$ 深度处激发的电子能够逃逸到表面并保留其特征能量 $E_c$ 的通量。按照平均自由程的定义 $\lambda = 1/(\sigma N)$，则有

$$I = I_0 \exp(-x/\lambda) \tag{8-10}$$

可见，逃逸表面的俄歇电子通量随所穿过距离的增加而呈指数衰减，无碰撞的衰减长度 $\lambda$ 即平均自由程。若固体中到处均匀地激发俄歇电子，则有

$$\int_0^\infty I(x)\,\mathrm{d}x = I_0\lambda \tag{8-11}$$

就是说，电子逃逸到表面的通量只与平均自由程有关，这也即逃逸深度的含义。

逃逸深度 $\lambda$ 与入射粒子无关，是出射电子能量的函数。实验上用在衬底上沉积不同厚度异质薄膜的方法来测定，得到了一系列元素俄歇电子的 $\lambda$，与其他方法测得的电子平均自由程结果一致。图 8-7 为电子逃逸深度与动能的关系曲线，可以看出在电子动能 100 eV 附近有一个很宽的极小值。图中每一个数据点都标出材料的元素符号，说明逃逸深度-动能曲线对电子所穿过的材料不甚敏感，因此图 8-7 的曲线被称为"普适的"曲线，可相当近似地代表许多固体。

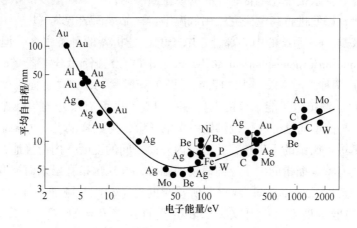

图 8-7　电子逃逸深度与电子动能的关系

对于表面分析而言，最有用的俄歇电子在 20~2500 eV 动能范围，对应的逃逸深度为 2~10 个单原子层。所以 AES 谱的信号在较大的程度上代表着 0.5~3 nm 厚表面层的信息。比较深处（$t > \lambda$）的原子对信号的贡献 $\propto \exp(-t/\lambda)$。俄歇电子的 $\lambda$ 比做电子探针分析时特征 X 射线的 $\lambda$ 小得多，X 射线典型的分析体积为立方微米。图 8-8 将俄歇电子的逃逸深度与背散射电子和 X 射线的发射深度做了比较。

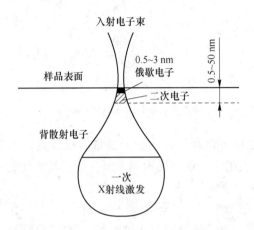

图 8-8　俄歇电子的逃逸深度与背散射电子和 X 射线发射深度的对比

## 8.2　基本装置与实验方法

### 8.2.1　基本装置

AES 的仪器主要包括以下几部分：作为一次电子束源的电子枪，分析二次电子能量的电子能谱仪，二次电子成像用的二次电子探测器，样品操作台，以及使样品表面溅射剥离的离子枪。样品台和电子束与离子束的光学组件都置于小于或等于 $10^{-8}$ Pa 的超高真空中。有的设备在真空系统中还配备有样品的原位断裂附件、薄膜蒸发沉积装置，或是样品的加热或致冷台，以便进行高温研究或用低温维持样品表面的低蒸气压。

电子能谱仪是 AES 系统的中心部件。电子能谱分析器的种类很多，但常用的有同心半球分析器（concentric hemispherical analyzer，CHA）及圆筒镜分析器（cylindrical mirror analyzer，CMA）两种。与 XPS 连用的系统（即 XAES）常用 CHA，而用电子激发的 AES 谱仪则多用 CMA。筒镜电子能谱仪的点传输率很高，因而有很好的信噪比特性，其结构如图 8-9 所示。与筒镜同轴的电子枪供给一次电子束，射到样品上。由样品表面散射或发射的一部分电子进入筒镜的入口孔，并通过内外筒之间的空间。内筒接地，在外筒上施加负偏压，可将具有特定能量的电子导向筒镜的轴心，并从出口孔出来而被电子倍增器收集起来。筒镜的通道能量（pass energy）和所探测的电子动能与施加在外筒的偏压成正比，而透过后电子的能量展宽 $\Delta E$ 则取决于分析器的分辨 $R = \Delta E/E$。多数设备的 $R$ 值为 0.2%~0.5%。分析器的透过率和能量分辨受样品位置和样品上发射电子的面积大小影响。典型的电子倍增器的增益系数为 $10 \sim 10^6$，可直接测量电子流。二次电子的能量分布

函数 $N(E)$ 在实际测量中就是收集的电子流强度对外筒偏压（$\propto E$）的函数。

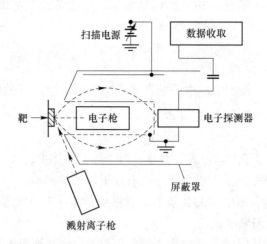

图 8-9　筒镜分析器俄歇电子能谱仪结构示意图

当用电子能谱仪测量电子动能时，实际上电子从样品射出，还要进入分析器，因此分析器与样品的功函数的差别也会影响实测值，即实测的电子动能必须从式（8-1）的 $E_{\alpha\beta\gamma}^{z}$ 中再扣去这个功函数之差。对于一定的分析器，其功函数通常是固定的，为 3~5 eV。

### 8.2.2　数据收取

图 8-5 已给出代表性的 AES 谱的两种形式。$N(E)$ 的电子能量分布函数包含了俄歇跃迁的直接信息，而通过电子学或数字转换的微商技术得到的 $dN(E)/(dE)$ 函数则可使本底充分降低。能量大于 50 eV 的背散射本底电流一般为入射电流的 30%。此电流造成的噪声电平和分析器的 $\Delta E$ 与俄歇峰宽之比决定了信噪比和元素的探测极限。AES 典型的探测灵敏度为 $10^{-3}$，即原子的摩尔分数为 0.1%。$N(E)$ 数据的收取，在一次电流小（约 nA）时用脉冲计数法，在一次电流大（约 μA）时用电压-频率转换法。数据可以直接显示为 $N(E)$，也可以显示为 $dN(E)/(dE)$ 形式。

通过电子学求导的方法是在外筒的直流电压上叠加一个小的交流电压，并用带锁相放大器的电子倍增器同步探测同相的信号。交流的扰动电压为：

$$\Delta V = k\sin\omega t$$

式中，$\omega$ 为角频率；$t$ 为时间；$k$ 为振幅，叠加在分析器的电压 $V$（$\propto$电子动能）上。因此收集到的电子流 $I(V)$ 受到调制：

$$I(V+\Delta V) = I(V+k\sin\omega t) = I_0 + I'k\sin\omega t + I''\frac{k^2}{2!}\sin^2\omega t + \cdots \tag{8-12}$$

其中

$$I' = \frac{dI}{dV}, \quad I'' = \frac{d^2 I}{dV^2}, \quad \cdots$$

在展开式中包括高次项，则有

$$I = I_0 + \left(kI' + \frac{k^3 I'''}{8}\right)\sin\omega t - \left(\frac{k^2 I''}{4} + \frac{k^4 I''''}{48}\right)\cos\omega t + \cdots \tag{8-13}$$

$I_0$ 包括了所有与时间无关的项。若 $I_0 \ll V$，则 $k^3$ 以上的高次项可以忽略。用锁相放大器进行位相灵敏的探测，选择与 $\omega$ 相关的信号分量，即可得到 $I'$ 或 $dN/(dE)$。为满足上述的近似条件，要求 $k < 0.5$ eV（俄歇峰宽）。

### 8.2.3　定量分析

对于自由电子而言，特定俄歇电子的产额取决于电子撞击下的电离截面 $\sigma_e$ 和俄歇电子发射概率 $(1 - \omega_x)$ 的乘积。

$$Y_A \propto \sigma_e (1 - \omega_x)$$

其中，$\sigma_e$ 和 $\omega_x$ 可以由量子力学计算。但是，对于处在固体中的元素，问题比较复杂。即使只考虑来自逃逸深度 $\lambda$ 处的俄歇电子，也有如下因素的影响。

（1）一次电子穿越表面层时的背散射。背散射的电子只要动能比原子中的电子束缚能大得多，则也可能激发俄歇跃迁。

（2）入射束通过固体时的强度变化，例如衍射效应会强烈影响俄歇电子产额。

（3）俄歇电子出射角的影响。当出射方向不是垂直于表面时，出射路程加长，有效的逃逸深度变短。

（4）表面粗糙度的影响。电子从粗糙表面逃逸的概率比从光滑表面逃逸的概率小。此外，分析器工作参数也影响到收集的电子计数。因此，在考虑到各种因素后，设 $Y_x(t)$ 是来自深度 $t$ 处 $\Delta t$ 厚薄层内 $x$ 元素的某种俄歇电子产额，则

$$Y_x(t) = N_x \Delta t \sigma_e(t)(1 - \omega_x) e^{-\frac{t}{\lambda \cos\theta}} I(t) T \frac{d\Omega}{4\pi} \tag{8-14}$$

式中，$N_x$ 为单位体积内的 $x$ 原子数；$\sigma_e(t)$ 为 $t$ 深度处的电离截面；$\theta$ 为分析器的角度；$T$ 为分析器的透过率；$d\Omega$ 为分析器的接收立体角。

$I(t)$ 是 $t$ 处的电子激发通量，即

$$I(t) = I_P + I_B(t) = I_P(t)[1 + R_B(t)] \tag{8-15}$$

式中，$I_P$ 为 $t$ 处的一次电子通量；$I_B$ 为一次电子引起的背散射电子通量；$R_B$ 为背散射系数。

由此可见，绝对的定量分析需要预先确定一系列参数。若采用已知原子浓度（设为 $N_x^{ST}$）的外标样，则试样的 $x$ 原子浓度（$N_x^T$）可通过比较而得：

$$\frac{N_x^T}{N_x^{ST}} = \frac{Y_x^T \lambda_x^{ST}(1 + R_B^{ST})}{Y_x^{ST} \lambda_x^T(1 + R_B^T)} \tag{8-16}$$

由于俄歇电子来自相同的原子，标样和试样的 $\sigma_e$ 和 $\omega_x$ 相同，不含在式中。若标样和试样的成分相近，可认为近似相等，则有

$$\frac{N_x^T}{N_x^{ST}} = \frac{Y_x^T}{Y_x^{ST}} \tag{8-17}$$

否则，还要考虑基体对 $\lambda$ 和 $R_B$ 的影响。在上述几个式子中均未包含粗糙度的影响，这是一个比较难以确定的因素。

应用元素灵敏度因子进行定量分析的方法是基于测量相对的俄歇峰强度，即按照如下近似公式：

$$C_x = \frac{\dfrac{I_x}{S_x}}{\sum\limits_a \dfrac{I_a}{S_a}} \tag{8-18}$$

式中，$I_x$ 为 $x$ 元素的俄歇峰强度（$\mathrm{d}N/\mathrm{d}E$ 曲线的峰高度或 $N(E)$ 曲线的峰面积）；$C_x$ 为 $x$ 元素的原子浓度；$S_x$ 为 $x$ 元素的相对灵敏度因子；求和式中包括了存在的各种元素。灵敏度因子是由各种纯元素的俄歇峰强度求出的相对值。采用这种与基体无关的灵敏度因子忽略了化学效应、背散射系数和逃逸深度等在样品中和纯元素中的不同，所以只是半定量的，准确度约 ±30%。其主要的优点就是不需要标样。这种计算结果也对表面粗糙度不敏感，因为在一级近似条件下所有俄歇峰都同样程度地受粗糙度的影响。灵敏度因子方法测定浓度的准确度取决于材料的本性、俄歇峰测量的准确度以及所用的灵敏度因子。各元素的灵敏度因子可以在参考手册中查到，但是为了提高准确度最好在与分析样品相同的实验条件下测量各个元素的标样来确定。定量分析的典型误差约 ±10%。

由 $N(E)$ 数据求出的俄歇强度可给出较准确的定量结果，因为峰面积本来就包含了全部俄歇发射的电流，不受化学效应的影响。但是，由于牵涉到本底的扣除方法，$N(E)$ 曲线上的峰面积很难测准。目前正在发展对谱仪传递函数的表征和能谱的计算机模拟与合成技术，希望进一步提高定量分析的准确性。

### 8.2.4 化学态的判断

前面已说明，表面区原子所处的化学环境不同可改变俄歇电子的能量，即化学位移，除此之外，化学态变化还可能引起俄歇谱峰形状的改变。这两个因素都可用于鉴定表面原子的化学态。

元素组成离子键化合物时，化学位移可达几个电子伏特。合金中金属组元的成分变化不会产生明显的化学位移。但是，清洁金属表面上吸附哪怕不到一个单原子层的氧，也会使金属元素的俄歇峰出现可观测到的位移，并且氧覆盖越多位移越大。对于多数金属，此类位移小于或等于 1 eV。若在表面形成体相的硫化物、碳化物或氧化物，位移将超过 1 eV，如 $Ta_2O_5$ 中的 Ta 就位移了 6 eV。一般地说，电负性差别越大，移动越大。此外，氧化的价数及弛豫效应也会影响位移量。图 8-10 为氧化铝的 Al 俄歇峰相对于金属 Al 的化学位移。在低能的 LVV 跃迁（1378 eV）和高能的 KLL 跃迁（1396 eV），位移都很明显，达到 17 ~ 18 eV。

当俄歇过程只涉及内电子层时，由于电子能量损失机制的变化，也会引起谱峰形状的变化。例如，Al 的 KLL 俄歇电子从金属逸出时激发很强的等离子激元而损失能量（量子化的），形成许多次峰，而氧化铝则没有（见图 8-10）。当俄歇过程涉及一两个价电子时还观察到键合的改变引起谱形的若干变化。虽然谱形可与价带电子的能态分布联系起来，但其关系比较复杂，不像 XPS 那么直接。俄歇谱形的变化可用来鉴定 C、S、N 和 O 等元素在表面的电子态。图 8-11 为 C 的 KVV 俄歇峰在几种化合态的 AES 谱形。

### 8.2.5 结果形式

根据分析目的，可选择不同的入射束参数，得到如下不同形式的结果。

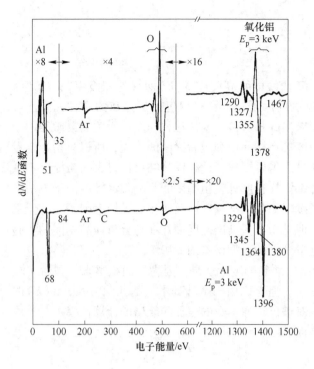

图 8-10　$Al_2O_3$ 和金属 Al 的 AES 谱

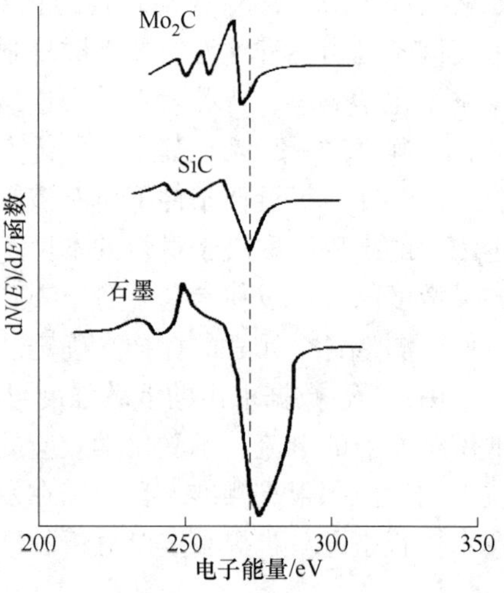

图 8-11　C 的 KVV 俄歇峰在几种
化合态的 AES 谱形

（1）AES 谱。可用散焦的入射束照射或用聚焦束在选区内扫描，从较大的面积获得俄歇电子能谱。最好是扫描，那样可以明确限定所观测的区域并避免剥蚀坑边缘效应。分析器的接收面积往往限制了分析的最大面积，多数筒镜分析器的分析区域直径小于等于0.5 mm。若用细束作点分析，则电子束的大小决定了分析面积。当用小束斑（小于100 nm）及较高能量时，背散射效应明显，此时产生 AES 信号的面积略大于束斑大小。许多 AES 谱仪的数据显示形式为 $EN(E)$ 或 $d[EN(E)]/dE$ 曲线，可根据元素（或化合物）的标准谱鉴别元素及其化学态。

（2）AES 成分深度剖图。用载能惰性气体离子（如 $Ar^+$，能量 0.5 ~ 5 keV）轰击样品使表面溅射，再用电子束进行 AES 分析，可以得到元素浓度沿深度分布的剖图。AES 剖图既可以分析表面成分，也可给出近表面层任何深度的成分信息，尤其适于分析10 nm ~ 1 m 的薄膜及其界面。溅射往往是连续进行的，而 AES 则在一组选定的元素峰上循环收取。也可以采用溅射和取谱交替进行的方式，这样两个过程分别独立控制，可以改善深度分辨。成分剖图的横坐标是溅射时间，可以换算成深度；纵坐标可以采用灵敏度因子换算成元素的原子百分比。在最好情况下深度分辨可达 5 nm。

（3）AES 成像及线扫描。用扫描 AES 或称扫描俄歇显微镜（scanning auger microscopy，SAM）所获得的此类结果与电子探针的 X 射线成像相似。一次电子束在样品表面的一定选区扫描，然后分析器探测和收集所产生的某种组分的 AES 信号，并用来调制示波器显示屏的强度。显示屏的 $x$、$y$ 轴对应于样品选区的二维坐标，显示的强度分布即二次电子像。这种方法的优点是将高的空间分辨率（一般可分辨 50～200 nm，个别可小至 20 nm）与 AES 对表面和对轻元素的灵敏度结合起来。虽然扫描电镜或电子探针的 X 射线能谱或波谱也可进行这种微化学分析，但它们的取样体积都相当大（深度及直径均为 0.5～10 μm），而且对原子序数在 11 以下的元素几乎不可能分析。

### 8.2.6  方法的局限性

AES 方法尽管具有表面灵敏的突出优点，仍存在如下一些问题。

#### 8.2.6.1  分析灵敏度

因为俄歇跃迁涉及一个原子的三个电子，所以不能分析氢和氦。另外，AES 对多数元素的探测灵敏度都较低，原子摩尔分数为 0.1%～1.0%。这是因为与 X 射线衍射或其他分析方法相比，其取样的体积或原子数较少，限制了探测灵敏度。若用大束流及较长时间的信号平均，可以适当改善，但由于本底电流引起的噪声，改善仍有限。

#### 8.2.6.2  电子束引起的假象

电子束比 X 射线更易与物质相互作用，造成一些假象。例如，电子束轰击会促进表面原子的移动，因而有些元素可能进入或移出被分析区。若样品导热性不好，会引起局部升温及有关效应，例如表面物质的分解（有机物、生物样品及某些无机化合物尤为突出）和聚合，许多氧化物在电子束照射下可能还原到较低的氧化态。从这个角度考虑，最好用较小的一次电子束流（牺牲灵敏度）和能量，并且电子束也在较大面积内扫描。

#### 8.2.6.3  绝缘体样品的电荷积累问题

电荷积累会引起俄歇谱峰的位移，严重时得不到任何有用数据。因为 AES 对表面特别灵敏，所以排除了在表面涂层（此法在扫描电镜常用）的可能性，采用掠角入射会产生较多的二次电子发射，可减少电荷积累。另外是用导电金属栅网盖住表面，以充当局部的电荷尾间。由于这个问题的限制，多数 AES 的成功应用都是对良导体的分析，如金属与合金、半导体等。

#### 8.2.6.4  谱峰重叠问题

当某个元素含量较低，而且其主要 AES 峰被样品主要成分的峰所叠盖时，分析灵敏度大为降低。例如 Ti 和 N、Fe 和 Mn、Na 和 Zn 的谱峰常常互相重叠。如果其中某个元素只有一个谱峰（例如 N），问题就更加严重，但这是少数。多数情况下，其中一个或两个元素都有若干个谱峰，这样可用不叠盖的谱峰（哪怕是较小的）来分析。采用 $N(E)$ 模式取谱，再进行谱的剥离，也可解决谱峰叠盖问题。

#### 8.2.6.5  高蒸气压样品

样品的蒸气压一般要求小于 $10^{-6}$ Pa，才不会破坏谱仪的超高真空。若样品快速放气，当置入真空室时其表面化学性质必然发生变化，同时使真空度下降。采用致冷台使样品冷到液氮温度，可使放气减少，这样可以分析多数的固体和许多液体。

#### 8.2.6.6  溅射的复杂影响

用离子溅射剥蚀样品过程中发生的一系列现象，影响了深度分辨率，也造成深度剖图的许多假象。虽然 AES 分析用的是一次电子束而不是一次离子束，其影响相对简单些，但仍有相当复杂的影响。即使仔细排除剥蚀坑边缘的影响，还会有溅射引起的表面粗糙度，离子轰击下的原子混合，辐照诱导的扩散、偏聚或化学作用，以及择优溅射等等所造成的深度剖图畸变，因此，对深度剖图的定量诠释必须十分谨慎。当需要剖析较厚膜（膜厚大于微米数量级）时，溅射对 AES 剖图的影响更为严重。为避免长时间的溅射，可先制成与表面成小角度的倾斜剖面，或用旋转的硬质半球在样品上挖坑，并使边缘做成劈形。一次电子束逐步地沿剖面或坑边移动，便可获得成分沿深度的变化。

　　关于深度坐标的标定也常存在误差。常用某种标样（如 $Ta_2O_5$）的溅射率来将溅射时间换算成深度。其实，样品的溅射率与标样不尽相同。严格地应该用其他方法对所分析样品的剥蚀坑进行测量而决定溅射率。另外，当样品的成分随深度变化很大时，溅射率也在随时变化，难免也带来误差。

# 8.3　应 用 实 例

### 8.3.1　微电子学的应用

　　随着大规模集成电路技术的日益发展，需要在更小的微区内了解表面或近表面区、薄膜及其界面的物理性质和化学成分，AES 为此提供了有力的工具。现在以 Au-Ni-Cu 金属化系统为例说明对薄膜的研究。这个系统广泛用作内连线、混合微电路的外接引线及陶瓷衬底上的薄膜。常用的结构是最内层为 Cu，最外层为 Au，为防止环境侵蚀并保证可连接性和低的接触电阻，中间用 Ni 作扩散阻挡层。此例中样品是在涂覆了 Cu 层的陶瓷衬底上电镀一层 0.1 μm 厚的 Ni 和 2.0 μm 厚的 Au。整个系统在空气中 300 ℃ 热处理 4 h 以模拟检验过程。处理后从 25 μm×25 μm 面积的表面取得的 AES 谱如图 8-12 所示。由谱可见，表面除了 Au 之外还有 C、O 和 Ni。扫描 AES 图说明，在某些区域只存在 Ni 和 O，而另一些区域则还有 Au 和 C。富 Ni 区的成分-深度剖图（见图 8-13）说明，此处 Ni 和 O 仅局限于最表面的 5 nm 层内，而在其下面的 Au 膜内只有极少量的 Ni。这说明 Ni 是通过 Au

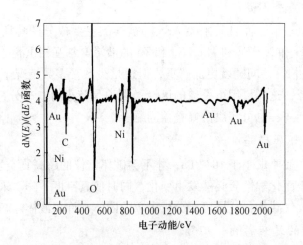

图 8-12　Au-Ni-Cu 金属化样品在空气中 300 ℃ 加热 4 h 后表面较大面积取得的俄歇谱

的晶界扩散出来，再通过表面扩散而富集在表面，同时发生氧化。上述分析结果表明，Ni 以 NiO 的形式存在并覆盖着大部分 Au 膜表面是造成可连接性差的原因。

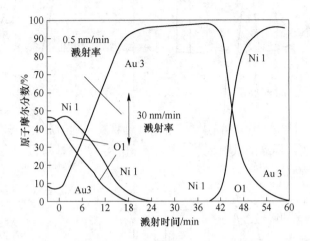

图 8-13　由 Au-Ni-Cu 金属化样品表面上的富 Ni 区得到的深度剖图

　　类似的情况也在镀金的不锈钢引线框上出现。AES 深度剖图和 AES 元素像二者结合的分析结果表明，Ni 通过不锈钢衬底的晶界迅速扩散到 Au 镀层表面，借助表面扩散而在表面散布并与 O 化合，形成厚约 5 nm 的 NiO 层，致使可连接性变差。

　　在薄膜及微电子学方面的应用常将 AES 和 RBS（卢瑟福背散射，Rutherford backscattering spectrometry）结合起来，发挥各自的优点。举例说明如下。

　　InP(100)单晶上沉积 100 nm 厚的 Ni，并在 250 ℃退火 30 min，其 RBS 与 AES 剖图示于图 8-14 中。由沉积态的结果（见图 8-14(a)）可见，RBS 谱上 Ni 的信号重叠在衬底的 In 信号上；在 AES 剖图上 In、P 信号清楚分开，高度相近，Ni 信号的拖尾是由于溅射过程引起的假象，实际上从 RBS 可知 Ni/InP 界面是很明锐的。退火之后，InP 与 Ni 膜反应，形成一个中间层 $In_xNi_yP_z$。在两种剖图上（见图 8-14(b)）均可分开纯 Ni 层与合金的 InPNi 层，但 AES 更清晰，因为其深度分辨较好。在 RBS 上，合金层中 Ni 与 In 的信号高度相近，相当于 Ni/In 原子比约为 3（$\sigma_{In}/\sigma_{Ni} \approx 3.08$），P/In 约为 0.5。但从 AES 得到的结果则很不同，P/In 产额之比约为 2，说明 P 富集。引起矛盾的原因是 AES 分析剥蚀过程中的优先溅射和偏聚。

　　AES 的一大优点是能够分析表面和界面上的少量轻元素，如 C、O 等。薄膜通过互扩散发生反应时，界面原有的氧化物常常成为反应的阻碍。薄膜在热处理后变得不平整，也常与其污染有关。图 8-15 是硅衬底上沉积的 Ta-Si 薄膜的 AES 深度剖图。界面上原有的氧化物层（约 1.5 nm 厚）看得很清楚。当采用热氧化法在 Ta-Si 薄膜上形成均匀 $SiO_2$ 层时，界面的氧化物会阻挡 Si 扩散出来。

### 8.3.2　多层膜的研究

　　多层膜在微电子学、光学及磁学方面有广泛的应用前景。AES，特别是深度剖析方法也是研究多层膜的有力工具。

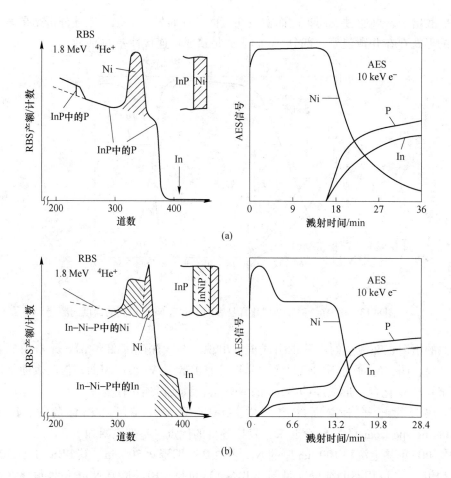

图 8-14　InP 上沉积 Ni 膜的 RBS(左)与 AES(右)剖图对比

(a) 溅射态；(b) 退火后

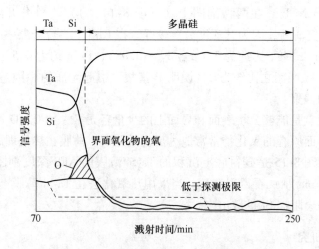

图 8-15　沉积在多晶硅衬底上的 Ta-Si 膜界面的 AES 剖图

图 8-16 是沉积在硅衬底上的 Cr/Ni 多层膜结构的深度剖图。最外面的 Ni 层约为 25 nm 厚，其他层为 50 nm。用 5 keV 的 Ar 离子束溅射剥层。图 8-16 说明 AES 能够剖析原子序数很相近的元素（用卢瑟福背散射光谱法 RBS 不易分开 Cr 与 Ni）。图 8-16(a) 的浓度振荡图比较圆滑，是由于溅射产生的表面粗糙形貌所致。若在溅射时同时转动样品，则可明显减少粗糙度的影响，所得的结果为图 8-16(b)。

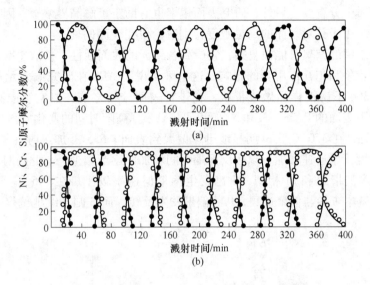

图 8-16　硅衬底上 Cr/Ni 多层膜结构的深度剖图
(a) 无转动的浓度振荡图；(b) 转动后的浓度振荡图

图 8-17 是制备的 $Mo/SiO_2$ 多层膜的 AES 剖图。多层膜的单层厚度为：$d_{Mo} = 4.4$ nm，$d_{SiO_2} = 3.3$ nm。鉴于单层厚度与深度分辨相仿，剖图中的浓度随深度而振荡的幅度不可能像图 8-16 一样达到 100%。正如前文所述，深度分辨率随深度增加而越来越差，因此，尽管多层膜的界面是基本相似的，但信号强度振荡的幅度越来越小，表观的界面宽度越来越大。

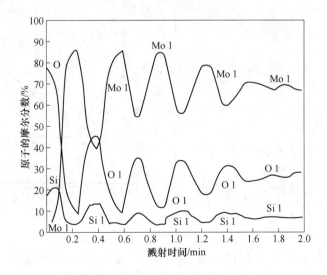

图 8-17　$Mo/SiO_2$ 多层膜的 AES 剖图

### 8.3.3 表面偏聚的研究

许多合金元素或杂质虽然含量很少（甚至仅为 $10^{-6}$ 量级），却能通过扩散并偏聚在表面而显著改变表面的化学成分。适当热处理后，这种偏聚有可能反转。多数工程材料是二元的或更复杂的成分，因此常会出现表面偏聚。这种现象对于材料的粘接、氧化、催化、腐蚀及烧结性质十分重要。另外，研究表面偏聚也有助于了解晶界偏聚，因为二者的行为是相似的。AES 由于其对表面的高灵敏度特别适于研究表面偏聚。

多组元系统中的偏聚可能很复杂，它受到各组元的表面活性、扩散速率，以及偏聚元素之间的位置竞争和相互作用等的影响。这里举例说明 AES 在研究偏聚元素的位置竞争方面的应用。304 不锈钢样品做成带状，在进行表面分析之前在真空室内溅射清洗和加热。不同温度下表面的 P、S、Si 和 N 等元素的 AES 峰高随时间的变化如图 8-18 所示。由图 8-18（a）可见，在 350 ℃ 下 Si 明显地迅速偏聚到表面。535 ℃ 加热时（见图 8-18（b））Si 在表面的浓度开始迅速增加，以后反而随时间增加而逐渐减少。与此同时，P 却连续地集聚到表面。N 的情况和 Si 相似，S 也发生偏聚但速率较小。在 745 ℃ 下（见图 8-18（c））Si 和 N 基本未参与偏聚过程，P 的偏聚发生反转，而 S 则连续地偏聚。以上结果说

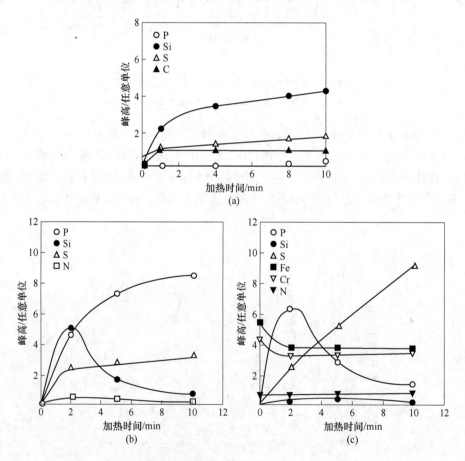

图 8-18   304 不锈钢在真空中不同温度加热时表面成分的变化

(a) 350 ℃；(b) 535 ℃；(c) 745 ℃

明，Si 在较低温 350 ℃迅速偏聚，而 P 的偏聚则在 535 ℃占主导，二者的位置竞争造成了 Si 偏聚的反转。同样地在 P 与 S 之间的位置竞争发生在更高温度（745 ℃）。用扫描 AES（电子束直径约 3 μm）观察 750 ℃加热 10 min 后置于室温的样品表面，看到 P 是近似均匀分布的，而 S 则在某些区域富集。溅射剥离后可知 P、S 偏聚的层厚仅约为 3 nm。

### 8.3.4 晶界的化学成分

金属和合金的晶界化学成分与各种晶界现象，如晶界脆性、晶间腐蚀、氢脆以及再结晶等有关。特别是当晶界富集某些类金属元素，如 S、P、Sb 及 Sn 时会引起 Fe、Ni 及其合金的晶间断裂。扫描 AES 是研究晶界的理想工具。

为避免断口表面的迅速污染，这种研究需采用原位断裂。其方法有冲击断裂或冷却后冲击断裂。这对于有恰当的韧-脆转变温度的材料是可行的，但是许多金属用此方法仍不引起晶间断裂，则采用充氢使足够多的晶界暴露出来，或者采用原位慢速应变断裂装置。原位断裂后即刻用 AES 进行半定量分析（用灵敏度因子方法）。

硫偏聚影响 Ni 晶间氢脆的结果用图 8-19 描述。有两种 Ni 样品，其成分列于表 8-1。真空熔炼的 Ni 含 S 量较高，区熔 Ni 棒含 S 量很低。比较两种 Ni 材在 600 ℃热处理后的 AES 谱及断口形貌发现，真空熔炼的 Ni 样品显示出 100% 的晶间断裂，在其俄歇谱中有较大的 S 峰（见图 8-19(a)）。11 个选区平均得到的晶间断口表面的含 S 量为 0.2 单原子层。相比之下，区熔金属 Ni 的断口为混合型，韧性断口选区得到的俄歇谱没有 S 峰（见图 8-19(b)），10 个选区平均得到的含 S 量为 0.1 单原子层。

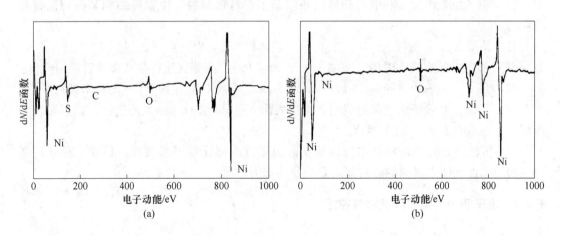

图 8-19　不同 Ni 材在 600 ℃加热 240 h 后断裂表面的 AES 谱

（a）真空熔炼；（b）区熔

表 8-1　镍材的体成分

| 材料 | 元素含量（$10^{-6}$原子） | | | | | |
| --- | --- | --- | --- | --- | --- | --- |
| | S | P | Sb | C | N | O |
| 区熔 | 0.5 | | 0.3 | 670 | 5 | 45 |
| 真空熔 | ≤5 | <40 | <50 | 45 | 5 | 180 |

# 8.4　俄歇电子能谱方法实操总结

### 8.4.1　俄歇电子能谱方法的特点和局限性

简单总结以上所述，AES 有如下的功能和特点：

（1）适于分析 1～3 nm 以内表面层的成分；

（2）可分析除 H、He 以外的各种元素，尤其是与 RBS 和扫描电镜的 X 射线分析相比，对于轻元素 C、O、N、S、P 等有较高的灵敏度；

（3）可进行成分的深度剖析或薄膜及界面分析，分辨深度为 5～10 nm；

（4）有较好的横向分辨（约 50 nm），能分析大于或等于 100 $nm^2$ 面积内的成分变化；

（5）通过原位断裂可分析晶界及其他界面；

（6）可做多相的成分分析，在某种程度上可判断元素的化学态。

局限性：

（1）不能分析 H 和 He；

（2）定量分析的准确度不高，用元素灵敏度因子分析法时误差为 ±30%，用成分相似的标样分析时的误差为 ±10%；

（3）对多数元素的探测灵敏度为原子摩尔分数 0.1%～1.0%；

（4）电子束轰击损伤和电荷积累问题限制了在有机材料、生物样品和某些陶瓷材料的应用。

对样品要求：

（1）形态，低蒸气压固体（室温下小于 $10^{-6}$ Pa）、高蒸气压样品或液体需要用冷台；

（2）尺寸，一般为直径约 15 mm，高约 5 mm，可分析直径约 1 μm 的粉末颗粒；

（3）表面，必须清洁，最好光滑。粗糙表面上可分析约 1 μm 大的选区，或者在较大面积（直径约 0.5 mm）上求平均。

AES 方法不论在理论和技术方面或实际应用方面都还在不断发展。目前。提高定量分析的准确性和增强横向的分辨能力是主要的努力方向。

### 8.4.2　电子源的种类和样品制备技术

#### 8.4.2.1　电子源的种类

在俄歇电子能谱仪中，通常采用的有三种电子束源，包括钨丝、六硼化镧灯丝及场发射电子枪。其中，目前最常用的是采用六硼化镧灯丝的电子束源。该灯丝具有电子束束流密度高、单色性好以及高温耐氧化等特性。现在新一代的俄歇电子能谱仪较多地采用场发射电子枪，其优点是空间分辨率高、束流密度大，缺点是价格贵、维护复杂、对真空度要求高。电子枪又可分为固定式电子枪和扫描式电子枪两种。扫描式电子枪适合于俄歇电子能谱的微区分析。

SEM 电子枪用于产生电子，主要有两大类，共三种。一类是利用场致发射效应产生电子，称为场致发射电子枪。这种电子枪极其昂贵，在 10 万美元以上，且需要小于

$10^{-8}$ Pa 的极高真空度，但它具有至少 1000 h 的寿命，且不需要电磁透镜系统。另一类则是利用热发射效应产生电子，有钨枪和六硼化镧枪两种。钨枪的寿命在 30～100 h 之间，价格便宜，但成像不如其他两种明亮，常作为廉价或标准 SEM 配置。六硼化镧枪的寿命介于场致发射电子枪与钨枪之间，为 200～1000 h，价格约为钨枪的 10 倍，图像比钨枪明亮 5～10 倍，需要略高于钨枪的真空度，一般在 $10^{-5}$ Pa 以上，但比钨枪容易产生过度饱和以及热激发问题。图 8-20 为俄歇电子能谱仪。

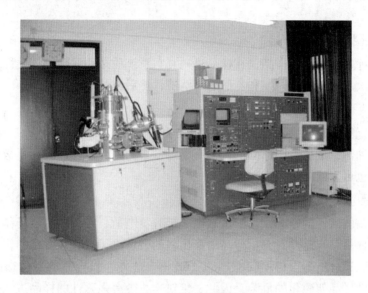

图 8-20　俄歇电子能谱仪

### 8.4.2.2　样品制备技术

样品特定要求：可分析固体导电样品或特殊处理的绝缘体固体，粉体样品经特殊制样处理也可以进行一定的分析。因真空中传递和放置，所以需要预处理样品，制备样品需要考虑的影响因素及涉及的技术手段具体包括：样品种类及荷电影响、样品的挥发性、样品的表面污染、样品的微弱磁性和样品的采样深度和溅射剥离。

A　样品种类及荷电的影响

对于块状样品和薄膜样品，其样品尺寸应该满足长宽小于 10 mm，高度小于 5 mm。因为样品面积越小，其俄歇电子能谱空间分辨率越高，因此需要在样品台上多固定一些样品。

对于粉末样品，制样方式有两种：一是用导电胶把粉体固定在样品台上，该方法的特点是制样方便，样品量少，预抽到高真空的时间短，但胶带成分可能会影响样品的分析；二是把样品压成薄片，再固定在样品台上，该方法的特点是可在真空中处理样品（加热或是表面反应），但样品用量大，抽到高真空的时间长。

关于样品荷电问题，导电性不好的样品（如半导体材料，绝缘体薄膜）在电子束的作用下，表面会产生一定的负电荷积累，给表面自由的俄歇电子增加了一定的额外电压，使得测得的俄歇动能比正常的要高。当电子束的束流密度很高时，样品荷电是一个非常严重的问题。对于导电性不好的样品，荷电问题严重的不能获得俄歇谱。如果基体材料能导电，荷电效应几乎可以消除，而对于普通的薄膜样品，一般不用考虑其荷电效应。对于绝缘体样品，可在分析点（面积越小越好，一般应小于 1 mm）周围镀金，来解决荷电问题。此外，还有用带小窗口的 Al、Sn、Cu 箔等包覆样品等方法，并且对于绝缘体样品，荷电效应会影响俄歇电子能谱的录谱。因此，把粉体样品或小颗粒样品直接压到金属铟或锡的基材表面，这样可以解决样品的荷电问题。对于需要用离子束溅射的样品，建议使用锡作为基材，因为在溅射过程中金属铟经常会扩散到样品表面而影响样品的分析结果。

B  样品的挥发性

对于含有挥发性物质的样品，在样品进入真空系统前必须清除掉挥发性物质。加热或溶剂清洗，依次用正己烷、丙酮和乙醇超声清洗，然后红外烘干。

C  样品的表面污染

对于表面有油等有机物污染的样品。需要用油溶性溶剂（如环己烷、丙酮等）清洗掉样品表面的油污，最后再用乙醇清洗掉有机溶剂。为了保证样品表面不被氧化，一般采用自然干燥，也可表面打磨处理。

D  样品的微弱磁性

对于带有微弱磁性的样品，由于俄歇电子带有负电荷，在微弱的磁场作用下，也可以发生偏转。当样品具有磁性时，由样品表面出射的俄歇电子就会在磁场的作用下偏离接收角，最后不能到达分析器，得不到准确的 AES 谱。此外，当样品的磁性很强时，还存在导致分析器头及样品架磁化的危险，因此，绝对禁止带有强磁性的样品进入分析室。对于具有微弱磁性的样品，一般可以通过退磁的方法去掉样品的微弱磁性，然后就可以像正常样品一样分析。

E  样品的采样深度和溅射剥离

关于采样深度，俄歇电子能谱的采样深度与出射的俄歇电子的能量及材料的性质有关。一般定义俄歇电子能谱的采样深度为俄歇电子平均自由程的 3 倍。根据俄歇电子的平均自由程的数据可以估计出各种材料的采样深度，一般金属为 0.5 ~ 2 nm，无机物和有机物为 1 ~ 3 nm。从总体上来看，俄歇电子能谱的采样深度比 XPS 的要浅，更具有表面灵敏性。

为了清洁被污染的固体表面和进行离子束剥离深度分析，需要用离子束溅射技术，工艺参数为：离子枪发射 0.5 ~ 5 keV 的 Ar 离子源，离子束的束斑直径在 1 ~ 10 mm。溅射速率在 0.1 ~ 50 nm/min 之间。为了提高分析过程的深度分辨率，一般应采用间断溅射方式。为了减少离子束的坑边效应，应增加离子束/电子束的直径比。为了降低离子束的择优溅射效应及基底效应，应提高溅射速率和降低每次溅射间隔的时间。离子束的溅射速率不仅与离子束的能量和束流密度有关，还与溅射材料的性质有关，所以给出的溅射速率是标准物质的溅射速率。

8.4.2.3  电子束激发俄歇电子能谱与 X 射线激发俄歇电子能谱的比较

用电子束作为激发源的优点是：

（1）电子束的强度比 X 射线源大多个数量级；

（2）电子束可以进行聚焦，具有很高的空间分辨率；

（3）电子束可以扫描，具有很强的图像分析功能；

（4）由于电子束束斑直径小，具有很强的深度分析能力。

用 X 射线作为激发源的优点是：

（1）由于 X 射线引发的二次电子较弱，俄歇峰具有很高的信背比；

（2）X 射线引发的俄歇电子具有较高的能量分辨率；

（3）X 射线束对样品的表面损伤小得多。

## 8.4.3　俄歇电子能谱应用及分析中需注意的问题

### 8.4.3.1　俄歇电子能谱的定性分析

俄歇电子能量仅仅和原子轨道能级有关，而与入射电子的能量无关，与激发源无关。

对于特定的元素及特定的俄歇跃迁过程，俄歇电子的能量是特定的，根据俄歇电子的动能，可以定性分析样品表面物质的元素种类。

定性分析方法可适用于除氢、氦以外的所有元素，且由于每个元素会有多个俄歇峰，定性分析的准确度很高，因此，AES 技术是适用于对所有元素进行一次全分析的有效定性分析方法，这对于未知样品的定性鉴定是非常有效的。

激发源的能量远高于原子的能级差，一束电子束可以激发出多个内层轨道电子，再加上退激发过程中还涉及两个次外层轨道的电子跃迁过程，因此，多种俄歇跃迁过程可以同时出现，并在俄歇电子能谱图上产生多组俄歇峰。尤其是对原子序数较高的元素，俄歇峰的数目更多，使俄歇电子能谱的定性分析变得非常复杂。在利用俄歇电子能谱进行元素定性分析时，必须非常小心。

通常在进行定性分析时，主要是利用与标准谱图对比的方法。根据 Perkin-Elmer 公司的《俄歇电子能谱手册》，建议俄歇电子能谱的定性分析过程如下：

（1）首先把注意力集中在最强的俄歇峰上。利用"主要俄歇电子能量图"可以把对应于此峰的可能元素降低到 2～3 种。然后通过与这几种可能元素的标准谱进行对比分析，确定元素种类。考虑到元素化学状态不同所产生的化学位移，测得的峰的能量与标准谱上的峰的能量相差几个电子伏特是很正常的。

（2）在确定主峰元素后，利用标准谱图，在俄歇电子能谱图上标注所有属于此元素的峰。

（3）重复（1）和（2）的过程，去标识更弱的峰。含量少的元素，有可能只有主峰才能在俄歇谱上观测到。

如果还有俄歇峰未能标识，则它们有可能是一次电子所产生的能量损失峰。改变入射电子能量，观察该峰是否移动，如移动就不是俄歇峰。

俄歇电子能谱的定性分析是一种常规的分析方法，也是俄歇电子能谱最早的应用之一。

一般利用 AES 谱仪的宽扫描程序，收集从 20～1700 eV 动能区域的俄歇谱。为了增加谱图的信背比，通常采用微分谱来进行定性鉴定。对大部分元素，其俄歇峰主要集中在 20～1200 eV 的范围内，对于有些元素，则需要利用高能端的俄歇峰来辅助进行定性分析。此外，可以通过提高激发源电子能量的方法来提高高能端俄歇峰的信号强度。

在进行定性分析时，通常采取俄歇谱的微分谱的负峰能量作为俄歇动能，进行元素的定性标定。

在分析俄歇电子能谱图时，有时还必须考虑样品的荷电位移问题。一般来说，金属和半导体样品几乎不会荷电，因此不用校准。但对于绝缘体薄膜样品，有时必须进行校准，通常以 C KLL 峰的俄歇动能 278.0 eV 作为基准。在离子溅射的样品中，也可以用 Ar KLL 峰的俄歇动能 214.0 eV 来校准，如图 8-21 所示。

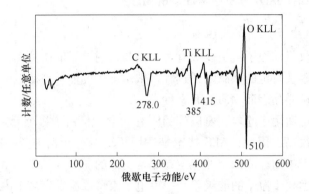

图 8-21　金刚石表面的 Ti 薄膜的俄歇定性分析谱（微分谱）

（电子枪的加速电压为 3 kV）

在判断元素是否存在时，应依据其所有的次强峰进行佐证，否则应考虑是否为其他元素的干扰峰。

AES 谱图的横坐标为俄歇电子动能，纵坐标为俄歇电子计数的一次微分。激发出来的俄歇电子由其俄歇过程所涉及的轨道名称命名。由于俄歇跃迁过程涉及多个能级，可以同时激发出多种俄歇电子，因此在 AES 谱图上可以发现 Ti LMM 俄歇跃迁有两个峰。由于大部分元素都可以激发出多组光电子峰，因此非常有利于元素的定性标定，排除能量相近峰的干扰。由于相近原子序数元素激发出的俄歇电子的动能有较大的差异，因此相邻元素间的干扰作用很小。

### 8.4.3.2　俄歇电子能谱的半定量分析

从样品表面出射的俄歇电子的强度与样品中该原子的浓度有线性关系，因此可以利用这一特征进行元素的半定量分析。因为俄歇电子的强度不仅与原子的多少有关，还与俄歇电子的逃逸深度、样品的表面光洁度、元素存在的化学状态以及仪器的状态有关，因此，AES 技术一般不能给出所分析元素的绝对含量，仅能提供元素的相对含量。

因为元素的灵敏度因子不仅与元素种类有关，还与元素在样品中的存在状态及仪器的状态有关，即使是相对含量，不经校准也存在很大的误差。此外，虽然 AES 的绝对检测灵敏度很高，可以达到 1~3 单原子层，但它是一种表面灵敏的分析方法，对于体相检测灵敏度仅为 0.1% 左右，其表面采样深度为 1.0~3.0 nm，提供的是表面上的元素含量，与体相成分会有很大的差别。最后，还应注意 AES 的采样深度与材料性质和激发电子的能量有关，也与样品表面与分析器的角度有关。

俄歇电子能谱的定量分析方法很多，主要包括纯元素标样法、相对灵敏度因子法以及相近成分的多元素标样法。最常用和实用的方法是相对灵敏度因子法。该方法的定量计算可以用下式进行：

$$c_i = \frac{I_i/S_i}{\sum_{i=1}^{n} I_i/S_i} \tag{8-19}$$

式中，$c_i$ 为第 $i$ 种元素的摩尔分数；$I_i$ 为第 $i$ 种元素的 AES 信号强度；$S_i$ 为第 $i$ 种元素的相对灵敏度因子，可以从手册上获得。

AES 提供的定量数据是摩尔分数，而不是平常所使用的质量分数，这种比例关系可以通过下列公式换算：

$$c_i^{\mathrm{wt}} = \frac{c_i \times A_i}{\sum_{i=1}^{n} c_i \times A_i} \tag{8-20}$$

式中，$c_i^{\mathrm{wt}}$ 为第 $i$ 种元素的质量分数；$c_i$ 为第 $i$ 种元素的 AES 摩尔分数；$A_i$ 为第 $i$ 种元素的相对原子质量。

在定量分析中必须注意的是 AES 给出的相对含量也与谱仪的状况有关，因为不仅各元素的灵敏度因子是不同的，AES 谱仪对不同能量的俄歇电子的传输效率也是不同的，并会随谱仪污染程度而改变。

当谱仪的分析器受到严重污染时，低能端俄歇峰的强度可以大幅度下降。AES 仅提供表面 1～3 nm 厚的表面层信息，样品表面的 C、O 污染以及吸附物的存在也会严重影响其定量分析的结果，由于俄歇能谱的各元素的灵敏度因子与一次电子束的激发能量有关，因此，俄歇电子能谱的激发源的能量也会影响定量结果。

### 8.4.3.3　表面元素的化学价态分析

虽然俄歇电子的动能主要由元素的种类和跃迁轨道所决定，但由于原子内部外层电子的屏蔽效应，芯能级轨道和次外层轨道上的电子的结合能在不同的化学环境中是不一样的，有一些微小的差异。这种轨道结合能上的微小差异可以导致俄歇电子能量的变化，这种变化就称作元素的俄歇化学位移，它取决于元素在样品中所处的化学环境。一般来说，由于俄歇电子涉及三个原子轨道能级，其化学位移要比 XPS 的化学位移大得多。

与 XPS 相比，俄歇电子能谱虽然存在能量分辨率较低的缺点，但却具有 XPS 难以达到的微区分析优点，此外，某些元素的 XPS 化学位移很小，难以鉴别其化学环境的影响，但它们的俄歇化学位移却相当大，显然，后者更适合于表征化学环境的作用。同样，在 XPS 中产生的俄歇峰的化学位移也比相应 XPS 结合能的化学位移要大得多。因此，俄歇电子能谱的化学位移在表面科学和材料科学的研究中具有广阔的应用前景。

金属 Ni 的 MVV 俄歇动能为 61.7 eV；NiO 中的 Ni MVV 俄歇动能为 57.5 eV，俄歇化学位移为 -4.2 eV；对于 $Ni_2O_3$，Ni MVV 的俄歇动能为 52.3 eV，俄歇化学位移为 -9.4 eV，如图 8-22 所示。

金属 Ni 的 LMM 俄歇动能为 847.6 eV；而 NiO 中的 Ni LMM 俄歇动能为 841.9 eV，俄歇化学位移为 -5.7 eV；对于 $Ni_2O_3$，Ni LMM 的俄歇动能为 839.1 eV，俄歇化学位移为 -8.5 eV，如图 8-23 所示。

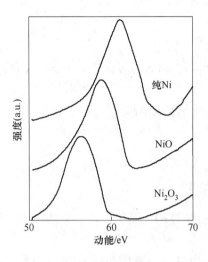

图 8-22　不同价态的镍氧化物的
Ni MVV 俄歇谱

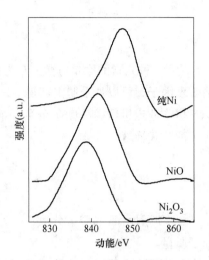

图 8-23　不同价态的镍氧化物的
Ni LMM 俄歇谱

相邻原子的电负性差对俄歇化学位移也有影响。$Si_3N_4$ 的 Si LVV 俄歇动能为 80.1 eV，俄歇化学位移为 -8.7 eV，而 $SiO_2$ 的 Si LVV 的俄歇动能为 72.5 eV，俄歇化学位移为 -16.3 eV，如图 8-24 所示。

Si KLL 俄歇谱图（见图 8-25）同样显示出这两种化合物中 Si 俄歇化学位移的差别。$Si_3N_4$ 中 Si KLL 俄歇动能为 1610.0 eV，俄歇化学位移为 -5.6 eV。$SiO_2$ 中 Si KLL 俄歇动能为 1605.0 eV，俄歇化学位移 -10.5 eV。Si LVV 的俄歇化学位移比 Si KLL 的要大。

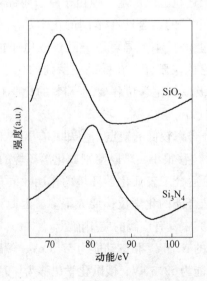

图 8-24　电负性差对 Si LVV 谱的影响

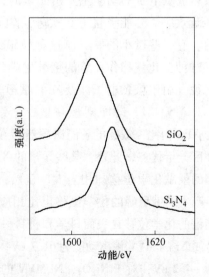

图 8-25　电负性差对 Si KLL 谱的影响

这清楚地表明价轨道比内层轨道对化学环境更为敏感。不论是 $Si_3N_4$ 还是 $SiO_2$，其中 Si 都是以正四价存在，但 $Si_3N_4$ 的 Si—N 键的电负性差为 $-1.2$，俄歇化学位移为 $-8.7$ eV。而在 $SiO_2$ 中，Si—O 键的电负性差为 $-1.7$，俄歇化学位移则为 $-16.3$ eV。通过计算可知 $SiO_2$ 中 Si 的有效电荷为 $+2.06\ e$，而 $Si_3N_4$ 中 Si 的有效电荷为 $+1.21\ e$。

#### 8.4.3.4　弛豫势能的影响

表 8-2 为几种氧化物的结构化学参数，从表中可以看出，$SiO_2$ 的 O KLL 俄歇动能为 502.1 eV，而 $TiO_2$ 的则为 508.4 eV，其数值与 $PbO_2$ 的 O KLL 俄歇动能相近（508.6 eV）。虽然这些氧化物中的氧都是以负二价离子 $O^{2-}$ 存在，相应的电负性差也相近，氧元素上的有效电荷也比较接近，但俄歇电子能量却相差甚远，这种现象用电荷势模型就难以解释，这时必须用弛豫能的影响才能给予满意的解释。

表 8-2　几种氧化物的结构化学参数

| 氧化物 | $R^+$/nm | 电负性差 | O 原子的有效电荷 | O KLL 俄歇动能/eV |
|---|---|---|---|---|
| $SiO_2$ | 0.041 | 1.7 | $-1.03$ | 502.1 |
| $TiO_2$ | 0.068 | 1.9 | $-1.19$ | 508.4 |
| $PbO_2$ | 0.084 | 1.7 | $-1.03$ | 508.6 |

原子外弛豫能（离子有效半径）将起主要作用。正离子的离子半径越小，对负离子 $O^{2-}$ 的极化作用越强，这种正离子的极化作用将使负氧离子的电子云发生更大的变形，促使化学键由离子型向共价型过渡，这时正离子上的部分电荷不再全部转移到氧负离子的 2p 轨道上，从而导致氧原子上的有效电荷降低，O KLL 的俄歇动能比无极化作用时低。

弛豫能与离子半径成反比，离子半径越小，弛豫能越大，俄歇化学位移也越大，俄歇动能越低。在上述氧化物中 $SiO_2$ 的极化作用最大，弛豫能也是最大。对于 $PbO_2$，极化作用最弱，弛豫能也最低。因此，$SiO_2$ 中的 O KLL 俄歇动能最低，而 $PbO_2$ 的 O KLL 动能则最高。极化作用，即弛豫能大小对这组化合物中氧俄歇化学位移作了较好的解释。

Si LVV 俄歇谱的动能与 Si 原子所处的化学环境有关。在 $SiO_2$ 物种中，Si LVV 俄歇谱的动能为 72.5 eV，而在单质硅中，其 Si LVV 俄歇谱的动能则为 88.5 eV。由图 8-26 可见，随着界面的深入，$SiO_2$ 物种的量不断减少，单质硅的量则不断地增加。

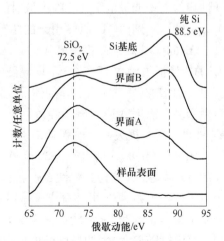

图 8-26　Si LVV 俄歇谱的动能与 Si 原子所处的化学环境有关

# 8.5　案例分析

### 8.5.1　薄膜衬底材料中俄歇电子能谱的蒙特卡罗模拟

薄膜材料在现代材料技术中应用广泛。光学镀膜技术中，经常在特定的衬底上沉积一层薄膜，可以改善材料的物理化学性质。许多工业和技术设备都需要覆盖具有特定化学性质的薄膜，薄膜材料具有许多独特的光学与电学性质，这些性质和薄膜本身的制作工艺有关，同时也与薄膜的厚度密切有关。因此，表征纳米量级的薄膜厚度具有十分重要的研究意义。

在众多表面分析技术中，俄歇电子的采样深度一般为纳米级别，具有很高的表面灵敏度，适合材料表面定性和定量分析，文章的主要研究目的是：整合当前最新的电子与固体原子的散射理论，用蒙特卡罗方法模拟研究薄膜对衬底俄歇能谱的影响，并用衬底的俄歇峰强度来表征衬底材料上均匀薄膜的厚度，得出俄歇信号强度与薄膜厚度的一般关系式，并推导出相关的有效衰减长度。

利用蒙特卡罗方法模拟了俄歇电子在薄膜衬底材料中（Al/Ag、Ag/Cu）的产生和输运，计算了衬底中俄歇电子信号强度随着不同薄膜厚度的变化。模拟得到的电子能谱的能量范围是从入射电子弹性散射峰到俄歇峰，其中包括由电子激发引起的体等离子体损失峰。利用 Mott 截面描述弹性散射截面，Penn 介电函数描述非弹性散射截面。在弹性峰和俄歇峰的低能区域，出现了来自薄膜和衬底元素的等离子体损失峰。对模拟得到的俄歇电子能谱进行背底扣除后，得到了俄歇峰强度与薄膜厚度的近似指数衰减关系。最后计算有效衰减长度来讨论薄膜厚度的测量。

图 8-27(a)是入射电子为 1000 eV，入射电子数为 $1.0 \times 10^8$，样品为 Ag 衬底上覆盖均匀的 Al 薄膜，计算得到弹性峰附近的 EN(E)电子能谱。可以看到入射电子能量处有一个显著的峰，对应着那些没有发生非弹性散射也没有能量损失的出射电子，也就是弹性峰。初级散射电子在出射出表面过程中，会有部分初级电子经历非弹性散射损失能量。在低于弹性峰的电子能量范围，非弹性散射能量损失中最主要和最明显的就是体等离子体激发。可以清晰地看到由 Al 和 Ag 引起的体等离子体损失峰，Al 的体等离子体损失峰大约是 15 eV，Ag 的体等离子体损失峰大约是 3.8 eV 和 8 eV。这些体等离子体损失峰存在于 Al、Ag 的能量损失函数中。对于不同厚度的 Al 薄膜，Ag 的体等离子体损失峰强度随着 Al 薄膜厚度的增加而变弱，而 Al 的体等离子体损失峰强度随着 Al 薄膜厚度的增加而变强。并且由于多重散射效应，电子经过两次、三次等离子体能量损失后，在大约 30 eV、45 eV 处也出现了损失峰（峰强越来越弱，峰越来越宽）。

图 8-27(b)是入射电子为 2000 eV，入射电子数为 $3.0 \times 10^8$，样品为 Cu 衬底上覆盖均匀的 Ag 薄膜，计算得到弹性峰附近的 EN(E)电子能谱。可以清晰地看到由 Ag 引起的体等离子体损失峰，Ag 的体等离子体损失峰大约是 3.8 eV 和 8 eV，而这里 Cu 没有明显的能量损失峰，这和 Cu 的能量损失函数一致。对于不同厚度的 Ag 薄膜，Ag 的体等离子体损失峰强度随着 Ag 薄膜厚度的增加而变强。所以，可以看出，随着薄膜厚度的增加，由薄膜材料引起的等离子体能量损失峰强度逐渐增大，而衬底材料的等离子体能量损失峰逐渐减弱。

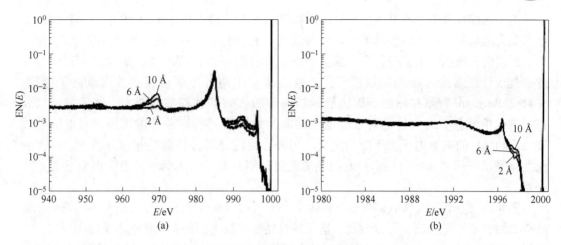

图 8-27　模拟得到的不同薄膜厚度下的弹性峰区域的 EN($E$)谱

(a) Al/Ag 样品；(b) Ag/Cu 样品

　　图 8-28(a)中 Ag 的俄歇峰能量大概为 347.8 eV 和 353.3 eV，这和初始输入的俄歇谱能量分布一致。多个能量损失峰出现在俄歇峰的低能区域，能量间隔大约为 15 eV，这是 Al 薄膜的体等离子体能量损失造成的，并且随着 Al 薄膜厚度的增加，由 Al 引起的能量损失峰强度变强。由于 Ag 衬底中产生的俄歇电子需要经过在 Al 薄膜中散射才能出射到接收器，所以，随着薄膜厚度的增加，Ag 的俄歇峰强度逐渐降低。如图 8-28(b)所示，Cu 的俄歇峰能量大概为 918 eV，这和初始输入的 Cu 的俄歇谱能量分布一致。和 Al/Ag 体系不同，这里没有出现明显的由于 Ag 薄膜的等离子体损失而引起的能量损失峰，因为 Ag 薄膜的两个主要等离子体能量损失峰（3.8 eV 和 8 eV）都落入了 Cu 的初始俄歇峰的能量分布范围中（900～930 eV），形成的能量损失峰将不容易分辨。同样，由于 Cu 衬底中产生的俄歇电子需要经过在 Ag 薄膜中散射才能出射出表面进入接收器，所以，随着 Ag 薄膜厚度的增加，Cu 的俄歇峰强度逐渐降低。

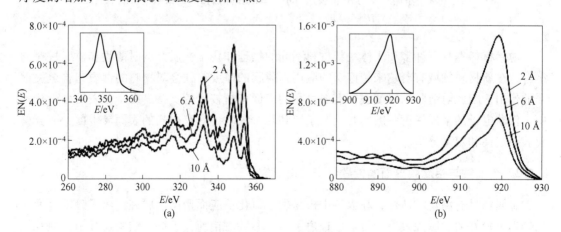

图 8-28　不同薄膜衬底材料在不同厚度下测得的俄歇电子能谱

(不包括背散射电子，插图为峰的源分布)

(a) Al/Ag 出射的 AgM$_{45}$VV 俄歇电子能谱；(b) Ag/Cu 出射的 CuL$_{23}$VV 俄歇电子能谱

　　为了正确计算俄歇信号强度随着薄膜厚度的变化，俄歇电子能谱必须进行背底扣除，以得到无能量损失的出射俄歇电子。因为俄歇电子产生后，一旦发生非弹性散射损失能量后，就损失了所携带的能量信息，需要当作非弹性散射背底扣除掉，统计的俄歇信号强度只能统计没有能量损失的俄歇电子。这里选用了两种方法得到有效俄歇电子能谱：一种是 Tougaard 背景扣除法，即由能量损失分布求解非弹性散射背底，然后将背底从原始谱线中减去；另一种是对俄歇电子的收集过程做了特定条件的筛选，只对能量损失 $\Delta E < 1$ eV 的俄歇电子做了数目统计。另外，对应能量分析器的相对分辨率，已经对全能谱做了一个 Gauss 卷积。背底扣除的能量范围和初始输入的俄歇电子能量分布范围一致。

　　图 8-29 显示了在 Al/Ag 和 Ag/Cu 体系中不同的薄膜厚度下，经过两种不同背底扣除法得到的有效电子能谱。可以发现，这两种背底扣除法得到的有效俄歇电子能谱形状几乎相同，这可以验证 Tougaad 方法和准弹性电子统计法的一致性。然后就可以得到不同薄膜厚度下一致的俄歇信号强度，进行俄歇信号强度随不同薄膜厚度变化的定量分析。

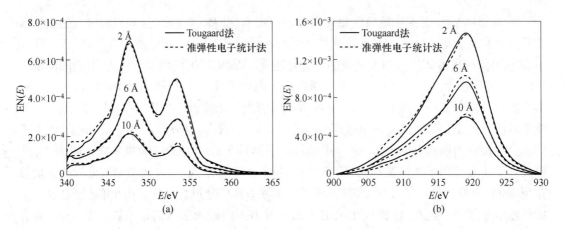

图 8-29　不同厚度的 Al 薄膜通过不同背底扣除法得到的俄歇电子能谱

（a）Al/AgM$_{45}$VV 有效俄歇电子能谱；（b）Al/CuL$_{23}$VV 的有效俄歇电子能谱

　　薄膜材料本身有许多和固体块状材料不同的物理和化学性质，同时薄膜和衬底材料的组合，在新材料领域有着越来越广泛的应用。薄膜的厚度往往会对材料的性质起着至关重要的作用，因此对薄膜的厚度表征需要可靠的表面分析技术的支持。在众多表面分析技术中，俄歇电子的采样深度一般为几个原子层到几个纳米，具有很高的表面灵敏度，适合材料表面定性和定量分析。

### 8.5.2　金属铀与铝薄膜界面的俄歇电子能谱研究

　　金属铀具有高化学活性，在大气中极易发生氧化反应而遭严重腐蚀。离子镀铝可为金属铀提供较好的防腐蚀效果。目前已报道了镀膜参数对铝薄膜组织、结构及其耐腐蚀性能的影响，而二者之间的界面仅 Chang 等人曾提到了：这种不可避免的缺陷将对其腐蚀性能产生影响，他们认为铀基体和铝薄膜间由于原子扩散而引起的界面宽化可提高薄膜在大气中的耐腐蚀性能。在非铀基体和薄膜界面研究方面，Ries 等人在碳钢上制备了组分突变和组分渐变两种界面的 Ti/TiN 薄膜。在室温环境、乙酸盐溶液中的腐蚀实验结果表明：组分渐变的 Ti/TiN 薄膜的抗腐蚀性能明显优于组分突变的薄膜。郑斌等人用俄歇电子能谱仪对金刚石界面合金化进行了研究，表明界面 TiC 合金的形成有利于提高金刚石模具的抗磨损性能。可见，界面对薄膜性能的影响是不可忽视的。本工作根据俄歇电子能谱（AES）分析结果就界面对铀上铝薄膜耐大气腐蚀影响进行研究。

图 8-30 为未循环和循环轰击镀两种工艺下的 Al 薄膜、U 基体原子的 AES 深度剖析谱。与图 8-30(a)相比较，图 8-30(b)所示的 Al 薄膜与 U 基体之间的界面原子的扩散效应相当明显，以 Al 原子向 U 基体内扩散为主，深度大于 400 nm。除了 Al、U 元素外，观察到了元素 O 的存在。图 8-31 是循环 $Ar^+$ 轰击镀样品在不同溅射深度处的 AES 线形谱，溅射深度为图 8-30(b)中标识的 $A$、$B$、$C$、$D$、$E$ 和 $F$ 点。图 8-31 中的 $A$ 谱表明：Al 的 LMM 俄歇电子特征谱能量是 56 eV，以 $Al_2O_3$ 形式存在。氩离子溅射一段时间后，$Al_2O_3$ 已基本蚀刻干净，显示出金属态的 Al，它的 LMM 俄歇主峰能量变为 65.5 eV，2 个次峰分别是 58 eV、52 eV（图 8-31 $B$ 谱）。图 8-30(b)中 $C$ 点的俄歇电子能谱表明，Al 的 LMM 俄歇峰（图 8-31 $C$ 谱）与图 8-31 $B$ 谱基本一致，说明 Al 仍主要以金属态存在，而 U 元素有 4 个俄歇跃迁，它们分别是 OPV 73.5 eV、$O_5$VV 85.5 eV、$O_5$VV 90.5 eV 和 $O_4$VV 95.5 eV，但后 3 个峰形不甚明显，表明图 8-30(b)中 $C$ 溅射深度处 O 相对百分含量随 U 相对百分含量增加而增加的结果是使部分铀发生了氧化。当氩离子继续溅射至图 8-30(b)中 $D$ 点处时，得到 50~110 eV 时 Al 和 U 元素各特征跃迁（图 8-31 中 $D$ 谱）。与图 8-31 中 $C$ 谱比较，Al 的 3 个俄歇峰的峰肩较尖锐，化学态有所变化，U 元素的 $O_5$VV 85.eV 和 $O_4$VV 95.5 eV 两峰则已探测不到，但 OPV 73.5 eV 和 $O_5$VV 90.5 eV 两峰强度之比高于金属 U 和 $UO_2$ 状态。在此深度处开始生成了 $UAl_3$ 相，随后，从 $D$ 深度到 $E$ 深度段内的溅射谱均表明有 $UAl_3$ 相存在（未循环轰击镀样品无该相生成）。随着继续溅射，O 相对百分含量下降，U 从化合态与金属态共存转变为单一金属态。图 8-30(b)中 $F$ 深度处的俄歇线形谱表明基本上以 Al、U 金属态共存。

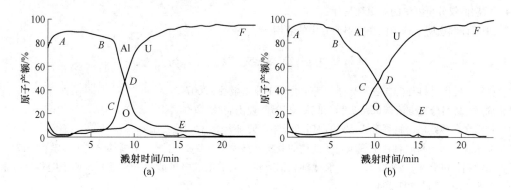

图 8-30　Al/U 薄膜界面的 AES 深剖谱

（a）未循环轰击样；（b）循环轰击样

氩离子剥离时观测到的 $Al_2O_3$ 和 $UO_2$ 是在溅射沉积过程中金属与真空室残余氧气发生氧化反应生成的。界面原子的扩散是因为对基体施加负高压后获得载能离子对界面的修饰作用，即引起界面区的温升效应和被溅射原子的反冲注入效应，促进了 U、Al 原子间的

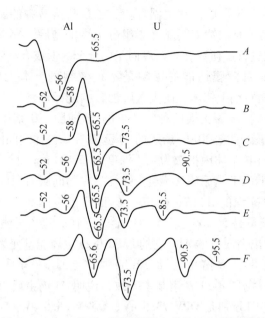

图 8-31 Al/U 薄膜不同溅射深度处的 AES 线形分析

扩散，使界面得以宽化。U、Al 原子间的扩散及载能离子轰击镀的结果导致在界面造成能量和浓度起伏或使界面原子发生化学反应，生成 UAl₃ 相。

8-1　俄歇谱仪为什么只能分析样品表面层元素的信息？

8-2　能谱仪、俄歇谱仪和 X 射线光电子能谱仪都可用于成分分析，它们各自的特点是什么？

8-3　俄歇效应和光电效应发生过程有何异同？

8-4　俄歇谱仪分析方法的局限性是什么？

8-5　举例详细说明俄歇谱仪在材料研究中的应用。

## 参 考 文 献

［1］ 张锐. 现代材料分析方法［M］. 北京：化学工业出版社，2007.

［2］ 周玉. 材料分析方法［M］. 2 版. 北京：机械工业出版社，2004.

［3］ 杜希文，原续波. 材料分析方法［M］. 天津：天津大学出版社，2014

［4］ 尤东森. 薄膜衬底材料中俄歇电子能谱的蒙特卡洛模拟［D］. 合肥：中国科学技术大学，2017.

［5］ 吕学超，鲜晓斌，张永彬，等. 金属铀与铝薄膜界面的俄歇电子能谱研究［J］. 原子能科学技术，2002，36（3）：202-204.

# *9* 热 分 析

热分析已经成为一种涉及多种学科的通用技术，是仪器分析的重要组成部分，应用前景也越来越广阔。现在，热分析技术还在日新月异地发展着。

热分析是在程序控制温度下测量物质的物理性质与温度关系的一类技术。程序控制温度是指按某种规律加热或冷却，通常是线性升温和线性降温，物质包括原始试样和在测量过程中由化学变化生成的中间产物及最终产物。

## 9.1 差热分析法

差热分析（differential thermal analysis，DTA）是在程序控制温度下测量物质和参比物之间的温度差与温度（或时间）关系的一种技术，描述这种关系的曲线称为差热曲线或 DTA 曲线。由于试样和参比物之间的温度差主要取决于试样的温度变化，因此就其本质来说，差热分析是一种主要与熔变测定有关并借此了解物质有关性质的技术。

### 9.1.1 基本原理与差热分析仪

物质在加热或冷却过程中会发生物理变化或化学变化，与此同时，往往还伴随吸热或放热现象。伴随热效应的变化，物质会发生晶型转变、沸腾、升华、蒸发、熔融等物理变化，以及氧化还原、分解、脱水和离解等化学变化。另外，有一些物理变化虽无热效应发生但比热容等某些物理性质也会发生改变。物质发生熔变时质量不一定改变，但温度是必定会变化的。差热分析正是在物质这类性质基础上建立的一种技术。

若将在实验温区内呈热稳定的已知物质（即参比物）和试样一起放入一个加热系统中，并以线性程序温度对它们加热，在试样没有发生吸热或放热变化且与程序温度间不存在温度滞后时，试样和参比物的温度与线性程序温度是一致的。若试样发生放热变化，由于热量不可能从试样瞬间导出，于是试样温度偏离线性升温线，且向高温方向移动。反之，在试样发生吸热变化时，由于试样不可能从环境瞬间吸取足够的热量，从而使试样温度低于程序温度。只有经历一个传热过程，试样才能恢复到与程序温度相同的温度。这就是 DTA 的工作过程。

在试样和参比物的比热容、导热系数和质量等相同的理想情况下，用图 9-1 装置测得的试样和参比物的温度及它们之间的温度差随时间的变化如图 9-2 所示。图中 $T_s$ 代表试样温度，$T_r$ 代表参比物温度，$\Delta T = T_s - T_r$。纵坐标轴代表试样与参比物之间的温度差，横坐标轴代表温度（$T$）或时间（$t$）。参比物的温度始终与程序温度一致，试样温度则随吸热和放热过程的发生而偏离程序温度线。当 $\Delta T$ 为零时，图中参比物与试样温度一致，两温度线重合，在 $\Delta T$ 曲线上则为一条水平基线。试样吸热时，$\Delta T < 0$，在 $\Delta T$ 曲线上是一个向下的吸热峰。当试样放热时，$\Delta T > 0$，在 $\Delta T$ 曲线上是一个向上的放热峰。由于是

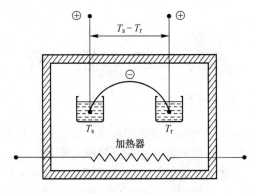

图 9-1　DTA 的基本装置

$T_s$—试样的温度；$T_r$—参比物的温度

线性升温，通过温度（$T$）-时间（$t$）关系可将 $\Delta T$-$t$ 图转换成 $\Delta T$-$T$ 图。$\Delta T$-$t$（或 $T$）图即是差热曲线，表示试样和参比物之间的温度差随时间或温度变化的关系。

　　由于试样和参比物在热性质上的差别和在传热过程上的差异，在试样没有发生任何变化的情况下参比物温度、程序温度与试样温度彼此也不完全一致，总存在一定的偏差。在试样有热效应时，受其影响，参比物的温度也或多或少会偏离原来的温度线，只有经过热量重新平衡才能回到原来的温度线上。这表明在整个过程中，试样、参比物与炉子间存在着复杂的传热过程。

　　差热分析仪的结构如图 9-3 所示。它包括带有控温装置的加热炉、放置样品和参比物的坩埚、用以盛放坩埚并使其温度均匀的保持器、测温热电偶、差热信号放大器和信号接收系统（记录仪或计算机等）。

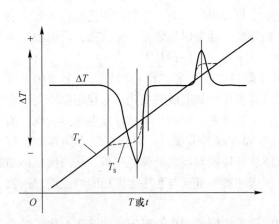

图 9-2　线性程序升温时试样和参比物
　　　　的温度及温度差随时间的变化

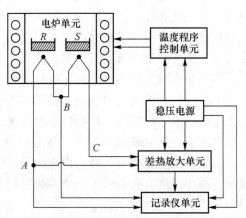

图 9-3　差热分析仪的基本结构

## 9.1.2　差热曲线分析与应用

### 9.1.2.1　典型的差热分析曲线

比较接近实际的典型差热分析曲线如图 9-4 所示。当试样和参比物在相同条件下一起等速升温时，在试样无热效应的初始阶段，它们间的温度差 $\Delta T$ 为接近于零的一个基本稳定的值，得到的差热曲线是近于水平的基线（$T_1 \sim T_2$）。当试样吸热时，所需的热量由炉子传入和依靠试样降低自身的温度得到。由于有传热阻力，在吸热变化的初始阶段，传递的热量不能满足试样变化所需的热量，这时试样温度降低。当 $\Delta T$ 达到仪器已能测出的温度时，就出现吸热峰的起点（$T_2$），在试样变化所需的热量等于炉子传递的热量时，曲线到达峰顶（$T_{\min}$）。当炉子传递的热量大于试样变化所需的热量时，试样温度开始升高，曲线折回，直到 $\Delta T$ 不再能被测出，试样转入热稳定状态，吸热过程结束（$T_3$）。反之，试样发生放热变化时，释放出的热量除了由传热导出一部分外，尚能使试样温度升高，在 $\Delta T$ 达到可由仪器检出时，曲线偏离基线，出现放热峰的起点（$T_4$）。当释放出的热量和导出的热量相平衡时，曲线到达峰顶（$T_{\max}$）。当导出的热量大于释放出的热量时，曲线便开始折回，直至试样与参比物的温度差接近零，仪器测不出为止。此时曲线回到基线，成为放热峰的结束点（$T_5$）。$T_1 \sim T_2$、$T_3 \sim T_4$ 及 $T_5$ 以后的基线均对应着一个稳定的相或化合物，但由于与反应前的物质在比热容等热性质上的差别，它们通常不在一条水平线上。图 9-4 曲线上的 $T_{\max}$ 是产生热效应的物理或化学变化的结束点，它在 DTA 曲线上的位置一般是不确定的。许多试样的实际差热曲线不完全与图 9-4 类似，差热曲线上峰的重叠和交错情况是经常出现的，有时曲线还呈缓慢变化和复杂的基线偏移。需说明的是差热分析定义中的温度应是试样所处的温度，即试样自身的温度。但在实际测量中，有的以参比物的温度表示，有的则以炉子温度表示。

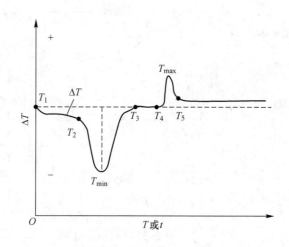

图 9-4　典型的差热分析曲线

由于差热分析主要与试样是否发生伴有热效应的状态变化有关，这就决定了它不能表征变化的性质，即该变化是物理变化还是化学变化，是一步完成的还是分步完成的，以及质量有无改变。关于变化的性质和机理需要依靠其他方法才能进一步确定。差热分析的另一个特点是，它本质上仍是一种动态量热，即量热时的温度条件不是恒定的而是变化的。因而测定过程中体系不处于平衡状态，测得的结果不同于热力学平衡条件下的测量结果。此外，试样和程序温度（以参比物温度表示）之间的温度差比其他热分析方法更显著和重要。

从差热曲线上可清晰地看到差热峰的数目、位置、方向、宽度、高度、对称性以及峰面积等。峰的数目表示物质发生物理、化学变化的次数；峰的位置表示物质发生变化的转化温度；峰的方向表明体系发生热效应的正负性；峰面积说明热效应的大小：相同条件下，峰面积大的热效应也大。在相同的测定条件下，许多物质的差热曲线具有特征性，即一定的物质就有一定的差热峰的数目、位置、方向、峰温等，所以，可通过与已知的热谱图的比较来鉴别样品的种类、相变温度、热效应等物理化学性质。因此，差热分析广泛应用于化学、化工、冶金、陶瓷、地质和金属材料等领域的科研和生产。理论上讲，可通过峰面积的测量对物质进行定量分析。

#### 9.1.2.2 差热分析曲线的应用

固体物质中的水分通常分为游离水和结合水。游离水是充满物理空间与大毛细管中的水分，一般只有与水直接接触才会出现。而结合水来源于物质对水分的吸附、水分的毛细管凝聚及水与物质的化学结合。结合水与物质的结合力较游离水强，且结合力随结合方式而异。在 DTA 或 DSC 曲线上脱水过程呈吸热峰，仅在脱水后出现无定形态向稳定的结晶态转化时，才出现放热峰。

根据加热而发生脱水的温度，可区分固体中水分的结合方式。例如通过研究砂、硅胶和多孔玻璃在 0 ℃以下的冷却与加热 DTA 曲线可知（见图 9-5），这些物质中的水是以两种方式存在的，图中小的低温峰是结合得更为牢固的水形成的。

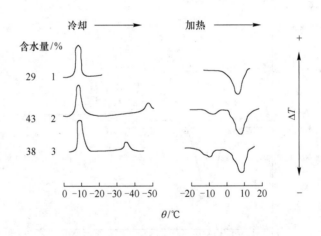

图 9-5　三种含水无机物的 DTA 曲线
1—砂；2—硅胶；3—多孔玻璃

### 9.1.3 影响差热分析曲线测定结果的因素

由差热分析曲线测定的主要物理量是热效应发生和结束的温度、峰顶温度（$T_{max}$、$T_{min}$）、峰面积以及通过定量计算测定转变（或反应）物质的量或相应的转变热。研究表明，差热分析的结果明显地受到仪器类型、待测物质的物理化学性质和采用的实验技术等因素的影响。此外，实验环境的温湿度有时也会带来些影响。应当看到，许多因素的影响并不是孤立存在的，而是互相联系，有些甚至还是互相制约的。

### 9.1.3.1　样品因素

#### A　试样性质的影响

样品因素中，最重要的是试样的性质。可以说试样的物理和化学性质，特别是它的密度、比热容、导热性、反应类型和结晶等性质决定了差热曲线的基本特征：峰的个数、形状、位置和峰的性质（吸热或放热）。

#### B　参比物性质的影响

作为参比物的基本条件是在实验温区内具有热稳定结构性质，它的作用是为获得 $\Delta T$ 创造条件。从差热曲线的形成可以看出，只有当参比物和试样的热性质、质量、密度等完全相同时才能在试样无任何类型能量变化的相应温区内保持 $\Delta T = 0$，得到水平的基线。实际上这是不可能达到的。与试样一样，参比物的导热系数也受许多因素影响，例如比热容、密度、粒度、温度和装填方式等。这些因素的变化均能引起差热曲线基线的偏移。即使同一试样用不同参比物实验，引起的基线偏移也不一样。因此，为了获得尽可能与零线接近的基线，需要选择与试样导热系数尽可能相近的参比物。然而，参比物的选择在很大程度上还是依据经验，最终必须满足基线能够重复这一基本要求。

一些常用的参比物，例如焙烧过的 $Al_2O_3$、$MgO$ 和 $NaCl$ 均有吸湿性，吸湿后会影响差热曲线起始段的真实性。这类参比物是否会发生吸附现象，也是需要注意的。

#### C　惰性稀释剂性质的影响

惰性稀释剂是为了实现某些目的而掺入试样、覆盖或填于试样底部的物质。理想的稀释剂应不改变试样差热分析的任何信息。然而在实际使用中尽管稀释剂与试样之间没有发生化学作用，但稀释剂的加入或多或少会引起差热峰的改变并往往降低差热分析的灵敏度。如果稀释剂同时用作参比物，那么混合后的试样与参比物在物理性质上的差别将随稀释剂用量的增加而减小。当稀释剂的比热容大于试样时，稀释剂的加入还利于试样的比热容保持相对恒定，但使峰高降低。一旦稀释剂使试样的导热系数增加，峰高一般也要下降。

### 9.1.3.2　实验条件的影响

#### A　试样量的影响

试样量对热效应的大小和峰的形状有着显著的影响。一般而言，试样量增加，峰面积增加，并使基线偏离零线的程度增大。增加试样量还会使试样内的温度梯度增大，并相应地使变化过程所需的时间延长，从而影响峰在温度轴上的位置。另外，对有气体参加或释放气体的反应，因气体扩散阻力加大抑制了反应的进行，常使变化过程延长，这将造成相邻变化过程峰的重叠和使分辨率降低，这是不希望发生的。

一般来说，试样量小，差热曲线出峰明显、分辨率高，基线漂移也小，不过对仪器灵敏度的要求也高。同时试样量过少，会使本来就很小的峰消失；在试样均匀性较差时，还会使实验结果缺乏代表性。

#### B　升温速率的影响

广义上说，温度程序包括加热方法、升温速率及线性加热或冷却的线性度和重复性，它是影响差热曲线最重要的实验条件之一。

对有质量变化的反应（如化学反应）和没有质量变化的反应（如相变反应），其影响途径有着明显的差别，而且对前者的影响更大，这表现为加热速率增加，峰温、峰高和峰面积均增加，而与反应时间对应的峰宽减小。如果以在试样中直接测量的温度作温度轴，对没有质量变化的反应，升温速率对峰温几乎没有影响，但影响峰的振幅和曲线下面的面积。

C 炉内气氛的影响

气氛对差热分析的影响由气氛与试样变化关系所决定。当试样的变化过程有气体释出或能与气氛组分作用时，气氛对差热曲线的影响就特别显著。在差热分析中，常用的气氛有静态和动态两种；在动态气氛中，试样可以在选定的压力、温度和气氛组成等条件下完成变化过程。当差热分析仪配有完善的气氛控制系统时，能在实验中保持和重复所需的动态气氛，得到重复性好的实验结果。惰性气氛并不参与试样的变化过程，但它的压力大小对试样的变化过程（包括反应机理）会产生影响。

### 9.1.3.3 仪器因素

对于实验人员来说，仪器通常是固定的，一般只能在某些方面，如坩埚或热电偶作有限的选择。但是在分析不同仪器获得的实验结果或考虑仪器更新时，仪器因素却是不容忽视的。

A 加热方式、炉子形状和大小的影响

常见的加热方式是电阻炉加热，此外还有红外辐射加热与高频感应加热。加热方式不同，向样品传热的方式不同。炉子形状和大小是决定炉子热容的主要因素，它们影响差热曲线基线的平直、稳定和炉子的热惯性。

B 样品支持器的影响

样品支持器的影响尤其是均温块体，对热量从热源向样品传递，以及对发生变化的试样内释出或吸收热量的速率和温度分布都有着明显的影响。所以，在差热分析中，样品支持器是与差热曲线的形状、峰面积的大小和位置、检测温度差的灵敏度及峰的分辨率直接有关的基本因素之一。

作为样品支持器的一个部件，坩埚对差热曲线也有影响。它的影响不仅与坩埚的材料、大小、质量、型号及参比物坩埚和试样坩埚的相似程度直接有关，而且还和与坩埚大小直接相关的试样装填直径大小及装填量紧密相关。

制作坩埚的常用材料是金属或陶瓷，坩埚直径一般决定了试样的装填直径。装填直径越小，试样内的温度梯度就越小。

C 温度测量和热电偶的影响

差热曲线上的峰形、峰面积及峰在温度轴上的位置，均受热电偶的影响，其中影响最大的是热电偶的接点位置、类型和大小。测温热电偶接点的位置以及温度轴上的温度测量方法，对差热曲线的分析是非常重要的。测温热电偶接点的位置不同，测出的温度可能相差数十摄氏度。

D 电子仪器工作状态的影响

影响最大的是仪器低能级微伏直流放大器的抗干扰能力、信噪比、稳定性和对信号的响应能力及记录仪的测量精度、灵敏度和动态响应特性等。

由以上讨论可以看出，影响差热分析的因素是极其复杂的。目前已经知道的影响规律或结论，大多还只是实践经验的总结。在实际测量中，有时很难控制这些影响因素。在进行差热分析前，必须正确选择实验条件，并认真分析，方可得到正确结论。

## 9.2　差示扫描量热法

### 9.2.1　基本原理与差示扫描量热仪

差热分析虽能用于热量定量检测，但其准确度不高，只能得到近似值，且由于使用较多试样，使试样温度在产生热效应期间与程序温度间有着明显的偏离，试样内的温度梯度也较大，因此难以获得变化过程中准确的试样温度和反应的动力学数据。差示扫描量热法（differential scanning calorimetry，DSC）就是为克服 DTA 在定量测定上存在的这些不足而发展起来的一种新技术。

差示扫描量热法是在程序控制温度下测量输入物质（试样）和参比物的能量差与温度（或时间）关系的一种技术。测量方法又分为两种基本类型：功率补偿型和热流型。两者分别测量输入试样和参比物的功率差及试样和参比物的温度差。测得的曲线称为差示扫描量热曲线或 DSC 曲线，如图 9-6 所示。功率补偿型 DSC 曲线上的纵坐标以 $\mathrm{d}Q/\mathrm{d}T$ 或 $\mathrm{d}Q/\mathrm{d}t$ 表示，后者的单位是 $\mathrm{mJ/s}$。纵坐标上热效应的正负号按照热化学确定，吸热为正，峰应向上，恰与 DTA 规定的吸热方向相反。对于热流型 DSC，其曲线的表示法与 DTA 曲线相同。

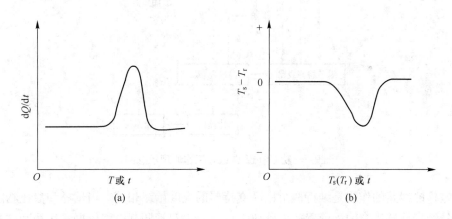

图 9-6　功率补偿型 DSC 曲线(a)和热流型 DSC 曲线(b)

用 DSC 测量时，试样质量一般不超过 10 mg。试样微量化后降低了试样内的温度梯度，样品支持器也做到了小型化，且装置的热容量也随之减小了，这对热量传递和仪器分辨率的提高都是有利的。

为了获得可靠的定性和定量的结果，DSC 与 DTA 一样，也需校正温度轴和标定热定量校正系数 $K$；而且校正温度轴的方法和使用的温度标准物，热定量校正的原理和热量校正的标准物，与 DTA 相同或类似。

DSC 的工作温度，目前大多还只能到达中温（1100 ℃）以下，明显低于 DTA。从试样产生热效应释放出的热量向周围散失的情况来看，功率补偿型 DSC 仪的热量损失较多，而热流型 DSC 仪的热量损失较少，一般在 10% 左右。现在，DSC 已是应用最广泛的三大热分析技术（TG、DTA 和 DSC）之一。在 DSC 中，功率补偿型 DSC 仪比热流型 DSC 仪应用得更多些。

### 9. 2. 1. 1　功率补偿型 DSC 仪的工作原理

功率补偿型 DSC 仪的工作原理，如图 9-7 所示。整个仪器由两个交替工作的控制回路组成。平均温度控制回路用于控制样品以预定程序改变温度，它是通过温度控制器发出一个与预期的试样温度 $T_p$ 成比例的信号，这一电信号先与平均温度计算器输出的平均温度 $T_{p'}$ 的电信号比较后再由放大器输出一个平均电压。这一电压同时加到设在试样和参比物支持器中的两个独立的加热器上。随着加热电压的改变，加热器中的加热电流也随之改变，消除了 $T_p$ 与 $T_{p'}$ 之差。于是试样和参比物均按预定的速率线性升温或降温。这种不用外部炉子加热的方式称为内热式。温度程序控制器的电信号同时输入记录仪中，作为 DSC 曲线的横坐标信号。平均温度计算器输出的电信号的大小取决于反应试样和参比物温度的电信号，它的功能是计算和输出与参比物和试样平均温度相对应的电信号，与温度程序电信号相比较。样品的电信号由内设在支持器里的铂电阻测得。

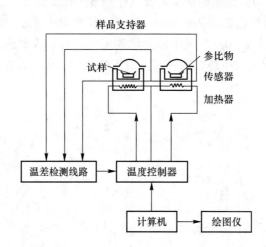

图 9-7　功率补偿型 DSC 工作原理示意图

温差检测线路的作用是维持两个样品支持器的温度始终相等。当试样和参比物间的温差电信号经变压器耦合输入前置放大器放大后，再由双管调制电路依据参比物和试样间的温度差改变电流，以调整差示功率增量，保持试样和参比物支持器的温度差为零。与差示功率成正比的电信号同时输入记录仪，得到 DSC 曲线的纵坐标。平均温度控制回路与差示温度控制回路交替工作受同步控制电路控制。

上述使试样和参比物的温度差始终保持为零的工作原理称为动态零位平衡原理。这样得到的 DSC 曲线，反映了输入试样和参比物的功率差与试样和参比物的平均温度即程序温度（或时间）的关系。其峰面积与热效应成正比。

除以上功率补偿方式外，还有一些其他的补偿方式。例如，通过调节试样侧的加热功率消除试样和参比物间的温度差。这种方式有利于参比物以预定的升温程序改变温度。还有一类是当试样放热时只给参比侧通电，试样吸热时只给试样侧通电，以实现 $T_p$ 接近零。

这种补偿加热方式对程序升温影响较大。

### 9.2.1.2 热流型 DSC 仪的工作原理

这类 DSC 仪与 DTA 仪一样，也是测量试样和参比物的温度差与温度（或时间）关系的，但它的定量测量性能好。这类仪器用差热电偶或差热电堆测量温度差，用热电偶或热电堆检测试样的温度，并用外加热炉实现程序升温。

### 9.2.2 影响差示扫描量热曲线测定结果的因素

由于 DSC 和 DTA 都是以测量试样熔变为基础的，而且两者在仪器原理和结构上又有许多相同或相似之处，因此，影响 DTA 的各种因素同样会以相同或相近规律对 DSC 产生影响。但是，由于 DSC 试样用量少，因而试样内的温度梯度较小且气体的扩散阻力下降，对于功率补偿型 DSC，还有热阻影响小的特点，因而某些因素对 DSC 的影响程度与对 DTA 的影响程度不同。

影响 DSC 的因素主要是样品、实验条件及仪器因素。样品因素中主要是试样性质、粒度以及参比物的性质。

## 9.3 热 重 法

### 9.3.1 基本原理与热重法仪

热重法是在程序控制温度下借助热天平以获得物质的质量与温度关系的一种技术。图 9-8 是热天平基本结构示意图，其中能记录的天平是最为重要的部分。这种热天平与常规分析天平一样，都是称量仪器，但因其结构特殊，使其与一般天平在称量功能上有显著差别。例如，常规分析天平只能进行静态称量，即样品的质量在称量过程中是不变的，称量时的温度大多是室温，周围气氛是大气。而热天平则不同，它能自动、连续地进行动态称量与记录，并在称量过程中能按一定的温度程序改变试样的温度，试样周围的气氛也是可以控制或调节的。

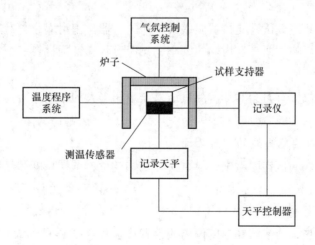

图 9-8　近代热天平的基本结构

现以较常见的试样皿位于称量机构上面的（即上皿式）零位型天平为例，来进一步说明热天平的工作原理。这种天平在加热过程中试样无质量变化时仍能保持初始平衡状态；而有质量变化时，天平就失去平衡，并立即由传感器检测并输出天平失衡信号。这一信号经测重系统放大用以自动改变平衡复位器中的电流，天平又重回到初始平衡状态即所谓的零位。平衡复位器中的线圈电流与试样质量变化成正比。因此，记录电流的变化即能得到加热过程中试样质量连续变化的信息，而试样温度同时由测温热电偶测定并记录。于是得到试样质量与温度（或时间）关系的曲线。热天平中阻尼器的作用是维持天平的稳定。天平摆动时，就有阻尼信号产生，这个信号经测重系统中的阻尼放大器放大后再反馈到阻尼器中，使天平摆动停止。

目前热天平的种类很多，根据试样皿在天平中所处位置分为上皿、下皿及水平三种。若按天平的动作方式，除了零位型之外，还有偏转型。后者是直接根据称量机构相对于平衡位置的偏转量来确定载荷大小的。由于零位型天平优点显著，现在热天平大多采用这种方式。

### 9.3.2 影响热重曲线的因素

热重法易受仪器、试样和实验条件的影响。来自仪器的影响因素有基线、试样支持器和测温热电偶等；来自试样的影响因素有质量、粒度、物化性质和装填方式等；来自实验条件的影响因素有升温速率、气氛和走纸速率等。

#### 9.3.2.1 影响热重曲线的仪器因素

**A 基线漂移的影响**

基线漂移是指试样没有变化而记录曲线却指示出有质量变化的现象，它造成试样失重或增重的假象。这种漂移主要与加热炉内气体的浮力效应和对流影响等因素有关。气体密度随温度而变化，随温度升高，试样周围气体密度下降，气体对试样支持器及试样的浮力也变小，出现增重现象。与浮力效应同时存在的还有对流影响。这是试样周围的气体受热变轻形成一股向上的热气流，这一气流作用在天平上便引起试样表现为失重。

**B 试样支持器（坩埚与支架）的影响**

试样容器及支架组成试样支持器。盛放试样的容器常用坩埚，它对热重曲线有着不可忽视的影响。这种影响主要来自坩埚的大小、几何形状和结构材料三个方面。

**C 测温热电偶的影响**

测温热电偶的位置有时会对热重测量结果产生相当大的影响，特别是在温度轴不校正时，不同位置测出的温度有时相差很大。

#### 9.3.2.2 影响热重曲线的试样因素

在影响热重曲线的试样因素中，最重要的是试样量、试样粒度和热性质以及试样装填方式。

**A 试样量的影响**

试样吸热或放热，会使试样温度偏离线性程序温度。试样量越大，这种影响也越大，相应地，热重曲线位置的改变也就越大。

B　试样粒度的影响

试样粒度对热传导和气体的扩散同样有较大的影响。粒度越小，单位质量的表面积越大，因而分解速率比同质量的大颗粒试样快，反应越易达成平衡，在给定温度下的分解程度也就越大。于是，一般试样粒度小易使起始温度和终止温度降低和反应区间变窄，从而改变热重曲线的形状。

C　试样的热性质、装填方式和其他因素的影响

试样的反应热、导热性和比热容都对热重曲线有影响，而且彼此还是互相联系的。例如，吸热反应易使反应温区扩展，且表现反应温度总比理论反应温度高。

试样装填方式对热重曲线的影响，一般来说，装填越紧密，试样颗粒间接触就越好，也就越利于热传导，但不利于气氛气体向试样内的扩散或分解的气体产物的扩散和逸出。通常试样装填得薄而均匀，可以得到重复性好的实验结果。

9.3.2.3　影响热重曲线的实验条件

A　升温速率的影响

升温速率对热重曲线有明显的影响，这是因为升温速率直接影响炉壁与试样、外层试样与内部试样间的传热和温度梯度，一般并不影响失重。对于单步吸热反应，升温速率慢，起始分解温度和终止温度通常均向低温移动，且反应区间缩小，但失重百分比一般并不改变。

B　气氛的影响

一般来说，提高气氛压力，无论是静态还是动态气氛，常使起始分解温度向高温区移动和使分解速率有所减慢，相应地，反应区间则增大。

C　走纸速率和其他因素的影响

记录热重曲线的纸速，对曲线的清晰度和形状有明显的影响，但并不改变质量与温度间的关系。

此外，称量量程和仪器工作状态的品质，测试过程中有无试样飞溅、外溢、升华、冷凝等，也都会影响实验得到的 TG 曲线。

## 9.3.3　热重法的应用

重量分析法是分析化学中定量分析的一种最基本的方法。测定不同离子时，常规法必须先经分离才能测定，而分离费时费力。利用 TG 则能不经预分离就能迅速地同时测定两种或三种离子，且测量精密度与常规法相当。

例如，钙镁离子共存时，由于草酸铵沉淀钙时草酸铵也和镁离子发生反应，形成溶解度较低的草酸镁，使草酸钙的沉淀中必然混杂有未知量的草酸镁，给常规测定法带来困难。而用热重法则需直接测出混合物的 TG 曲线，然后利用无水草酸镁和无水草酸钙在 397 ℃之后的 TG 曲线的差别就能计算出钙镁的含量。图 9-9(a)中曲线 1 是草酸钙 TG 曲线，曲线 2 是草酸镁的 TG 曲线。图 9-9(b)是二者混合后的 TG 曲线。现设原混合物中含有 $x$ mg 的 Ca 及 $y$ mg 的 Mg，因为 Ca 在 $CaCO_3$ 中占 40.08/100.09，Mg 在 MgO 中占 24.31/40.31，故若设 $m$ mg 的 $CaCO_3$ 及 MgO 的混合物中含 $m_1$ mg 的 $CaCO_3$ 及 $m_2$ mg 的 MgO，则

$$m_1 = \frac{100.09}{40.08}x \quad m_2 = \frac{40.31}{24.31}y \tag{9-1}$$

$$m = \frac{100.09}{40.08}x + \frac{40.31}{24.31}y \quad n = \frac{56.08}{40.08}x + \frac{40.31}{24.31}y \tag{9-2}$$

最后求得 $x$，$y$。这就实现了不经分离就能同时测定 Ca 和 Mg 离子含量的目的。

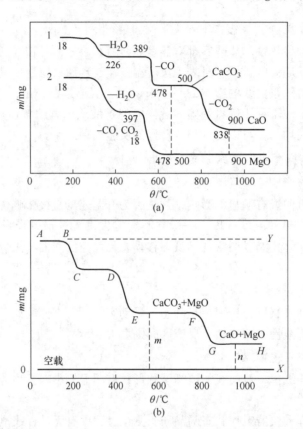

图 9-9   草酸盐的 TG 曲线

（a）草酸钙和草酸镁的 TG 曲线；（b）草酸钙和草酸镁混合物的 TG 曲线

1—$CaC_2O_4 \cdot H_2O$；2—$MgC_2O_4 \cdot H_2O$

# 9.4   案 例 分 析

## 9.4.1   含 Ca、Nd、Er 元素 AZ91 镁合金差热分析

本案例基于第 5 章（5.4.1 节）"添加 Ca、Nd、Er 元素对 AZ91 镁合金微观组织演变 SEM 表征"研究基础上，以添加 Ca、Nd、Er 元素 AZ91 镁合金材料为研究对象，使用德国耐驰公司（型号 STA409PC）高温同步热分析仪，对实验合金进行了热重-差热扫描量热（TG-DSC）分析。

AZ91 镁合金 TG-DSC 升温曲线如图 9-10 所示，从图中可以看出存在 2 个吸热峰值点，第 1 个点在 431.58 ℃有一明显的尖锐吸热峰，说明在该温度下合金发生了相变，位于该吸热峰左侧转折点为相变起始温度。由 Mg-Al 二元相图可知，AZ91 镁合金在 437 ℃时发生共晶转变：L(液)→α-Mg + $Mg_{17}Al_{12}$，从图 9-10 中可以看出本实验中相变起始温度为 426.56 ℃，也就是说共晶转变温度处在 426.56 ~ 431.58 ℃之间，此实验结果与理论值（437 ℃）符合较好。共晶相变结束后合金中 α-Mg + $Mg_{17}Al_{12}$ 组织转变 L(液) + $Mg_{17}Al_{12}$ 两相组织，组织中的 $Mg_{17}Al_{12}$ 相分解。根据第 2 个吸热峰值点对应的温度为 576.55 ℃，该吸热峰起始温度和终了温度分别为 566.57 ℃和 583.48 ℃，可以判断该合金的液相线温度处在 566.57 ~ 583.48 ℃之间，即对应组织中 α-Mg 基体全部熔化转变成液相的温度。

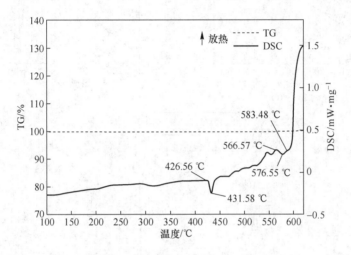

图 9-10　AZ91 镁合金 TG-DSC 升温曲线

图 9-11 为不同 Ca 含量 AZ91 镁合金 TG-DSC 升温曲线。由图 9-11(a)可以看出，Ca 含量为 1.25%时，合金仅在 431.16 ℃有一较小的吸热峰，该峰值对应的温度为合金中 $Mg_{17}Al_{12}$ 相变温度。值得注意的是，本实验合金中当 Ca 含量大于 1.25%时，合金 DSC 结果中在 500 ~ 550 ℃之间均存在 2 个明显吸热峰点。图 9-11(b)中第 1 个吸热峰值点对应的温度为 524.29 ℃，该峰值点左侧附近转折点为相变起始温度，对应的温度为 491.29 ℃，可以判断共晶转变温度在 491.29 ~ 524.29 ℃之间。由 Mg-Ca 二元合金相图可知，在 516.5 ℃温度下，合金体系共晶反应为 L(液)→Mg + $Mg_2Ca$，在该温度下，Mg 中 Al 元素的固溶度约为 12%（质量分数），Ca 元素在 Mg 中的固溶度较低约为 0.83%（原子数分数），因此在共晶组织 Mg 中存在多余的 Al 元素，在冷却过程中这些 Al 原子扩散过程受阻，导致了(Mg,Al)₂Ca 相变。第 2 个吸热峰值点对应的温度为 595.29 ℃，判定该合金的液相线温度约为 595.29 ℃。从图 9-11(c)可以看出第 1 个峰值范围变窄，峰高变大，合金 Mg-Al-Ca 共晶相发生相变的起始温度升高，对应的温度从 491.29 ℃增加到 509.09 ℃，温度增加幅度在 18 ℃左右。说明随着 Ca 含量的增加，合金中 Mg-Al-Ca 共晶相的含量较多，并且合金高温稳定性有所提高。从以上分析结果可以进一步看出，当 Ca 含量≥1.74%时，一方面 AZ91 镁合金中随着 Ca 含量的增加，$Mg_{17}Al_{12}$ 相逐渐减少，形成的 Mg-Al-Ca 共晶相逐渐增加，这个结果与其 XRD 结果相一致，合金中 Mg-Al-Ca 共晶相所占的比例比较大，这可能是由于 Ca 原子固溶到了体心立方结构的 $Mg_{17}Al_{12}$ 相中，形成了 Mg-Al-Ca 化合物。另一方面，随着 Ca 含量的增加，AZ91 镁合金的 Mg-Al-Ca 化合物的

相变起始温度逐渐升高，说明 Ca 含量的增加可以提高 AZ91 镁合金的高温稳定性。

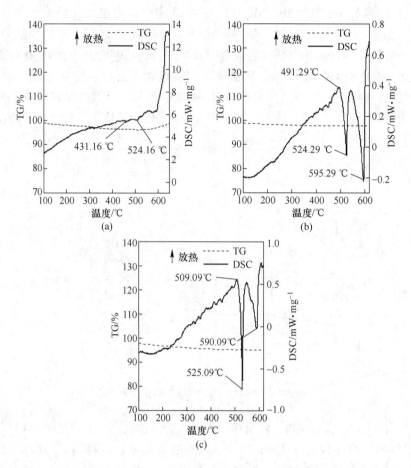

图 9-11　不同 Ca 含量 AZ91 镁合金 TG-DSC 升温曲线

（a）AZC2；（b）AZC3；（c）AZC4

图 9-12 为分别单独加入 Nd、Er 元素的 AZ91 镁合金 TG-DSC 升温曲线，从图 9-12（a）可以看出合金在 432.11 ℃出现了第 1 个吸热峰，图 9-12（b）第 1 个吸热峰对应的温度为 431.85 ℃，结合这两个成分合金 XRD 结果可以判断这个温度范围对应的吸热峰是由于 $Mg_{17}Al_{12}$ 相发生了相变，对比这两个结果可以看出，加入稀土元素的 AZ91 镁合金在熔化前仅有 $Mg_{17}Al_{12}$ 相变。

从 Nd/Ca 复合 AZ91 镁合金 DSC 结果（见图 9-13）可以看出，不同 Nd/Ca 复合含量的合金中没有明显的吸热峰值点，但在图 9-13（a）~（c）中椭圆区域 DSC 曲线有缓慢的放热趋势，对应的温度区间为 430~520 ℃。随着 Nd/Ca 比值的增加，缓慢放热曲线对应温度区间变窄，且向高温区偏移，说明随着 Nd/Ca 复合比的增加，AZ91 镁合金中的第二相主要以高熔点的 $Al_2Nd$ 和 $Al_2Ca$ 为主，同时存在 Mg-Al-Ca 和逐渐减少的 $Mg_{17}Al_{12}$ 相。

### 9.4.2　添加 La、Ce、Er、Sc 元素的铝硅铸造合金差热分析

随着汽车轻量化的发展，铝合金作为可大规模工业化生产的材料，受到人们广泛的关

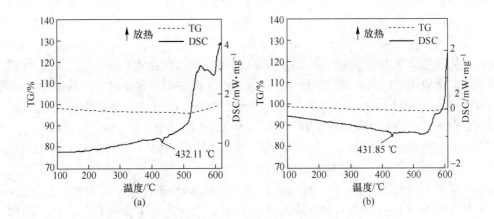

图 9-12　AZN2 和 AZE2 镁合金 TG-DSC 升温曲线

（a）AZN2；（b）AZE2

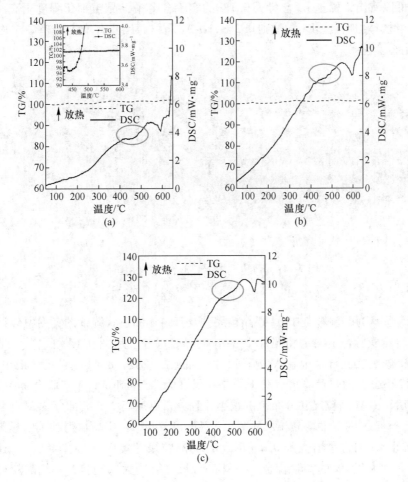

图 9-13　Nd/Ca 复合合金化 AZ91 镁合金 TG-DSC 升温曲线

（a）AZNC1；（b）AZNC2；（c）AZNC3

注。Al-Si-Mg 合金具有优良的铸造性能和耐腐蚀性能，在汽车、航空航天等领域得到广泛
应用。但 Al-Si-Mg 铸造合金中存在尺寸粗大的 α-Al、共晶 Si 以及杂质富 Fe 相，导致合金
力学性能变差并限制其应用范围。采用合金化、热处理等方法，可以有效改善铝硅合金微
观组织，从而提高其力学性能。稀土具有细化组织，净化合金液，提高铝合金综合性能等
作用，被广泛应用于铝合金材料生产中。本案例选用高纯铝作为原材料，其中稀土元素通
过 Al-2% RE（RE = La、Ce、Sc、Er）中间合金形式加入，采用金属型铸造方法，制备得
到实验合金 Al-7% Si-0.6% Mg-x% RE（x = 0，0.1，0.2；RE = La、Ce、Sc、Er）。

图 9-14 为实验合金中加入不同含量的稀土 La 后的显微组织照片（OM 和 SEM）。如
图 9-14（a）所示，实验合金主要由初生 α-Al 和共晶 Si 构成，从图 9-14（a）中不难发现，
在未添加稀土 La 的实验合金中，初生 α-Al 呈树枝晶状分布，尺寸较为粗大且形状不规
则。共晶 Si 呈粗大的针片状，并且沿着 α-Al 枝晶界以半连续网状的形式分布，并且共晶
Si 的范围较大。从图 9-14（b）和（c）可以直观地看到，在加入稀土 La 后，实验合金的组织
得到了细化，α-Al 的枝晶臂间距减小，树枝晶的数量减少，实验合金中出现较多数量的
等轴晶，组织分布相对来说较为均匀，共晶 Si 的尺寸变细且范围减小。通过比较图 9-14
（b）和（c）可以看出，稀土 La 含量为 0.1% 的实验合金中，晶粒细化程度更高，组织分布
更为均匀。继续增加稀土 La 含量到 0.2%，α-Al 晶粒的尺寸有增大的趋势，共晶 Si 形貌
及尺寸无明显变化。

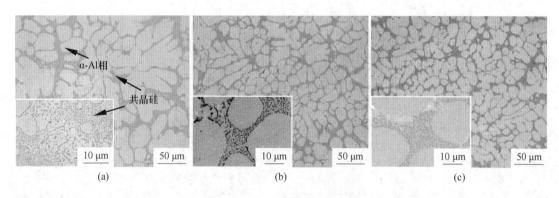

图 9-14  不同 La 含量实验合金显微组织照片
（a）0% La；（b）0.1% La；（c）0.2% La

图 9-15 所示为实验合金中 α-Al 晶粒尺寸及其占比的柱状统计图，图中分别统计了 10
张不同 La 含量实验合金的金相照片中 α-Al 的晶粒尺寸。从图 9-15 可以直观地看出，未
添加稀土 La 时，实验合金中 α-Al 晶粒尺寸分布范围较大，α-Al 晶粒尺寸最小为 30 μm，
最大可达 170 μm，通过计算可得其平均晶粒尺寸为 80.44 μm。在实验合金中加入 0.1%
的稀土 La 后，α-Al 晶粒尺寸分布范围减小并且分布更加集中，大部分 α-Al 晶粒的尺寸都
在 30 ~ 60 μm 范围内，平均晶粒尺寸减小为 47.49 μm，α-Al 晶粒得到了明显细化。当实
验合金中稀土 La 的含量增大到 0.2% 时，α-Al 晶粒尺寸集中分布在 40 ~ 70 μm 范围内，
相较于 La 含量为 0.1% 的实验合金，α-Al 晶粒尺寸有增大的趋势，平均晶粒尺寸略微增
加，达到了 51.26 μm，但相较未添加稀土 La 的实验合金，晶粒依然有所细化，这与在金
相中观察得到的规律是一致的。

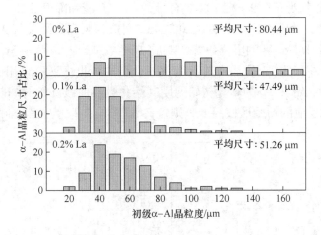

图 9-15　实验合金中 α-Al 尺寸及其占比

图 9-16 所示为实验合金经过深腐蚀后共晶 Si 的 SEM 照片。从图 9-16 中可以更加直观地看出，添加稀土 La 前后实验合金中共晶 Si 形貌的变化。在未添加稀土 La 的实验合金中，存在着粗大，尺寸较大的片层状共晶 Si，共晶 Si 表面存在较多沿各个方向的凸起。在添加稀土 La 后，实验合金中共晶 Si 的形貌发生了改变。在加入 0.1% 稀土 La 的实验合金中（见图 9-16(b)），共晶 Si 的尺寸减小，在共晶 Si 的各片层之间出现了大量沿不同方向交错的分枝。实验合金中稀土 La 含量增加到 0.2%（见图 9-16(c)）时，共晶 Si 的形貌尺寸与图 9-16(b)相比并未发生明显的变化。这与图 9-14 中所反映出来的共晶 Si 的变化规律是一致的。

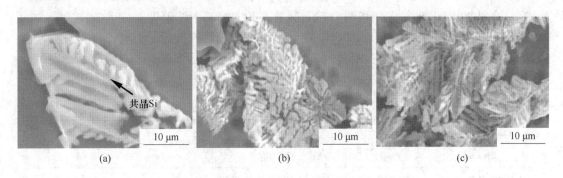

图 9-16　深腐蚀后实验合金中共晶 Si 照片
(a) 0%La；(b) 0.1%La；(c) 0.2%La

综上所述，稀土 La 的加入有效地细化了实验合金中 α-Al 晶粒的尺寸，并且改善了共晶 Si 的形貌，共晶 Si 的各片层之间沿不同方向交错的分枝长大，并且当实验合金中 La 的添加量为 0.1% 时，细化变质效果最佳。

为了进一步分析实验合金的相变过程、过冷度的变化等情况，并制定实验合金固溶温度的合理选取范围。本案例对铸态实验合金进行差热-热重测试，实验设备选用 SⅡ-TG/DTA6300 型差热分析仪，在氩气保护气中进行，升温速度为 10 ℃/min，温度范围为 0～700 ℃。实验选用质量为 5 mg 左右的粉末状样品进行测试。

图 9-17 所示分别为不同 La 含量实验合金的 DSC 升温和降温曲线。从图中可以看到，在 DSC 升温曲线中，峰 1 对应 α-Al 的熔化，峰 2 对应为二元共晶反应 Al + Si→L。在 DSC 降温曲线中，峰 1 对应 α-Al 的凝固，峰 2 对应二元共晶反应 L→Al + Si。通过对比 3 条曲线发现，实验合金中稀土 La 的加入并没有改变合金的析出序列。采用 MUELLER 定义对 DSC 曲线进行处理，定义 $T_M$ 为熔化初始温度（熔化吸热曲线开始时的陡峭切线与基线的交点），$T_N$ 为共晶反应的初始形核温度，则定义 $\Delta T = T_M - T_N$ 为共晶 Si 的过冷度。

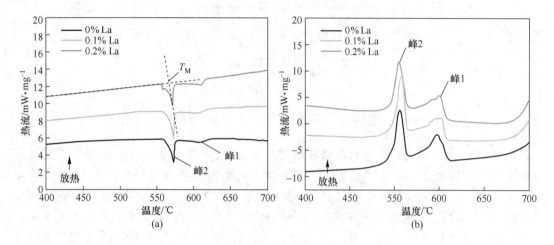

图 9-17　不同 La 含量实验合金的 DSC 升温和降温曲线
（a）升温；（b）降温

图 9-18 为实验合金的 DSC-DDSC 升温曲线。从图 9-18（a）中可以看出，未添加稀土 La 的实验合金 DDSC 曲线中存在两个向下的峰，其中第二个峰值处对应的为实验合金的熔点，即材料的熔化初始温度，即 DSC 曲线中第二个峰的外推起始温度，也是该实验合金的固相线，DDSC 曲线中靠右侧向上峰的峰值温度对应的为实验合金的液相线。通过计算分别得出 3 组实验合金的 $\Delta T$，其结果见表 9-1。

表 9-1　不同 La 含量实验合金的 DSC 表征结果　　　　（℃）

| 试样编号 | $T_M$ | $T_N$ | $\Delta T$ |
|---|---|---|---|
| 0% La | 566.80 | 566.15 | 0.65 |
| 0.1% La | 568.60 | 565.26 | 3.34 |
| 0.2% La | 567.92 | 566.13 | 1.79 |

由表 9-1 中数据可知，当稀土 La 的添加量为 0.1% 时，Al-Si 共晶反应共晶 Si 的初始形核温度从 566.15 ℃ 降低为 565.26 ℃，当稀土 La 的添加量为 0.2% 时，共晶 Si 的初始形核温度为 566.13 ℃。因此，在实验合金中加入稀土 La 后，实验合金共晶反应的初始形核温度降低，过冷度增大，分别增加了 2.69 ℃ 和 1.14 ℃。在更大的过冷度下，共晶 Si 在更低的温度形核，使得共晶 Si 上沿各个方向出现的分枝长大，粗大的片层状共晶 Si 得到细化，这与图 9-16 中观察到的结果是一致的。

图 9-19 分别为不同 Ce 含量实验合金的 DSC 升温和降温曲线。同样采用 MUELLER 定

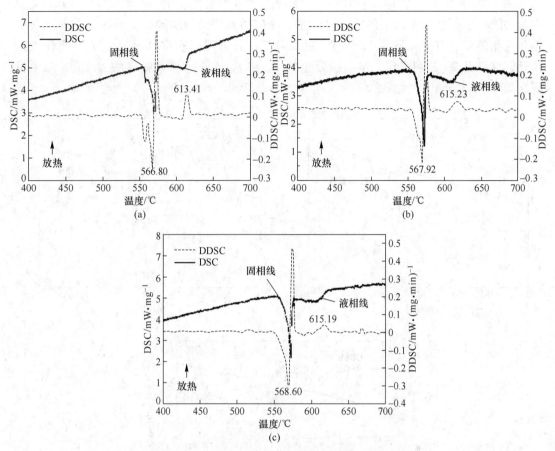

图 9-18　不同 La 含量实验合金 DSC-DDSC 升温曲线

（a）0% La；（b）0.2% La；（c）0.1% La

义对 DSC 曲线进行处理，即熔化初始温度（熔化吸热曲线开始时的陡峭切线与基线的交点）为 $T_M$，共晶反应的初始形核温度为 $T_N$，则过冷度 $\Delta T = T_M - T_N$。

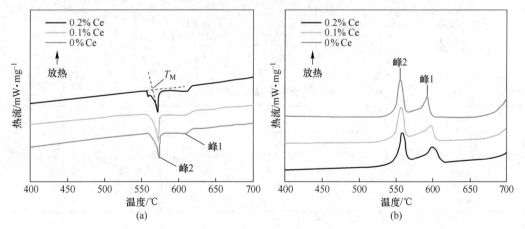

图 9-19　不同 Ce 含量实验合金的 DSC 升温和降温曲线

（a）升温；（b）降温

图 9-20 为实验合金的 DSC-DDSC 升温曲线。从中可以看出，未添加稀土 Ce 的实验合金 DDSC 中存在两个向下的峰，其中第二个峰值对应的为实验合金的熔点，即材料的熔化初始温度，并且由图 9-21 中 TG 曲线可知，在升温过程中样品发生了不同程度的损耗。从图 9-20 分别得到 3 组实验合金的 $T_M$ 和 $T_N$ 值并计算其各自的 $\Delta T$ 值，结果见表 9-2。

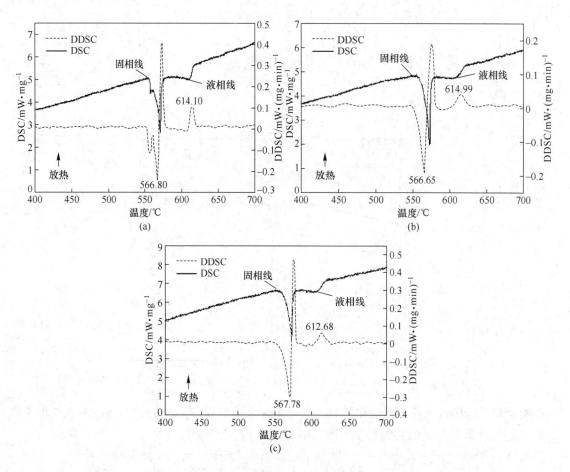

图 9-20 不同 Ce 含量实验合金 DSC-DDSC 升温曲线

(a) 0% Ce; (b) 0.1% Ce; (c) 0.2% Ce

表 9-2 不同 Ce 含量实验合金的 DSC 表征结果 (℃)

| 试样编号 | $T_M$ | $T_N$ | $\Delta T$ |
|---|---|---|---|
| 0% Ce | 566.80 | 566.15 | 0.65 |
| 0.1% Ce | 566.65 | 564.87 | 1.78 |
| 0.2% Ce | 566.46 | 564.80 | 1.66 |

由表 9-2 可知，当稀土 Ce 含量为 0.1% 时，Al-Si 共晶反应的初始形核温度从 566.15 ℃ 降低为 564.87 ℃，当稀土 Ce 元素含量为 0.2% 时，Al-Si 共晶反应的初始形核温度又降低

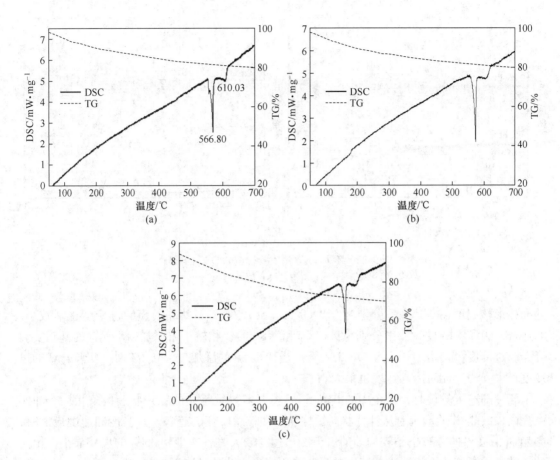

图 9-21 不同 Ce 含量实验合金 DSC-TG 升温曲线

(a) 0% Ce；(b) 0.1% Ce；(c) 0.2% Ce

到 563.80 ℃。因此，在实验合金中加入 Ce 元素后，实验合金的共晶反应的初始形核温度降低，过冷度增大，分别增加了 1.13 ℃和 1.01 ℃。在更大的过冷度下，共晶 Si 生长时出现一定的分枝，粗大的片层状共晶 Si 得到细化。由表 9-1 可知，实验合金中加入 0.1% 稀土 La 后，共晶 Si 的过冷度增大 3.34 ℃，而加入 0.1% 稀土 Ce 的实验合金，共晶 Si 的过冷度增大了 1.78 ℃，稀土 Ce 加入实验合金之后，同样可以引起二元共晶反应中共晶 Si 的过冷度增大，促使共晶 Si 细化，但稀土 La 加入到实验合金中后过冷度增大程度更高。

对添加不同含量稀土 Er 实验合金 DSC 曲线进行分析。结合实验合金中共晶 Si 组织的变化趋势，分析冷却速度对合金中共晶 Si 组织的影响。图 9-22 为测得的实验合金 DSC 曲线。

图 9-22(a) 和(b) 分别为添加不同稀土 Er 实验合金的升温和降温曲线。在图 9-22 中的 DSC 升温曲线中，峰 1 对应共晶反应 $L \rightarrow Al + Si$，峰 2 对应的是 $\alpha(Al)$ 熔化。按照 MUELLER 定义对 DSC 曲线进行处理，即熔化初始温度（熔化吸热曲线开始时的陡峭切线与基线的交点）为 $T_M$，共晶反应的初始形核温度为 $T_N$，则过冷度 $\Delta T = T_M - T_N$。

通过计算得到实验合金的过冷度 $\Delta T$，见表 9-3。从表中可知，添加稀土 Er 实验合金

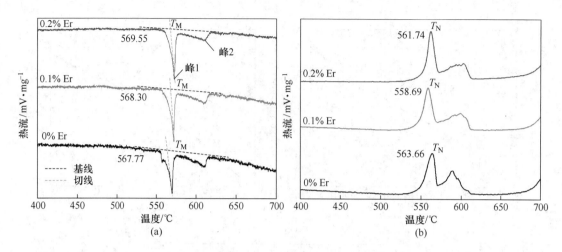

图 9-22　不同 Er 含量实验合金的 DSC 曲线

(a) 升温；(b) 降温

的初始形核温度逐渐升高，分别为 558.69 ℃、561.74 ℃。共晶反应的过冷度逐渐减小。
0.1% Er、0.2% Er 的过冷度分别为 9.61 ℃和 7.81 ℃，相较于未添加稀土元素的基础实验
合金，过冷度分别增加了 5.5 ℃、3.7 ℃。当稀土 Er 的添加量为 0.1% 时，实验合金的过
冷度最大，说明此时冷却速度也最大。

　　当冷却速度较慢时，合金中的共晶 Si 形貌大多数呈粗大的针片状、板条状；冷却速
度提高，共晶 Si 的形貌有从针片状向短棒状、颗粒状转变的趋势，且当冷却速度最大时，
共晶 Si 沿晶界的分布也是较均匀的。当冷却速度较大时，初生相 α-Al 的尺寸最小，粗大
的树枝晶逐渐细化。说明冷却速度的提高可以降低初生 α-Al 的枝晶间距，而（α-Al + Si）
共晶形成于初生 α-Al 枝晶间，所以提高冷却速度也能抑制（α-Al + Si）共晶的生长，进
而对共晶 Si 的尺寸、形貌有一定的影响。

表 9-3　不同含量 Er 试验合金 DSC 表征结果　　　　　　　　　（℃）

| 试样编号 | $T_M$ | $T_N$ | $\Delta T$ |
|---|---|---|---|
| 0% Er | 567.77 | 563.66 | 4.11 |
| 0.1% Er | 568.30 | 558.69 | 9.61 |
| 0.2% Er | 569.55 | 561.74 | 7.81 |

　　图 9-23 为添加稀土 Sc 元素实验合金的 DSC 曲线图，对吸热曲线和放热曲线进行分
析，讨论加入稀土 Sc 元素对合金初始形核温度及过冷度的影响，与共晶 Si 沿晶界分布的
趋势对比，来说明冷却速度对共晶 Si 沿晶界分布的变化规律。

　　从表 9-4 可以看出，Al-7Si-0.6Mg 合金的初始形核温度为 563.66 ℃。随着稀土 Sc 的
加入，实验合金的初始形核温度均增大，分别为 560.99 ℃和 561.74 ℃。共晶反应的过冷
度逐渐减小，添加 0.1% Sc、0.2% Sc 的过冷度依次为 8.08 ℃和 7.41 ℃。相较于未添加
稀土元素的基础实验合金，过冷度分别增加了 3.97 ℃、3.3 ℃。所以当稀土 Er 和稀土 Sc

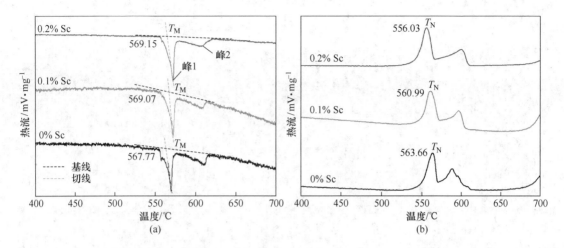

图 9-23　不同 Sc 含量实验合金的 DSC 曲线

（a）升温；（b）降温

的添加量都为 0.1% 时，二者的过冷度均达到最大，说明此时二者冷却速度也最大。冷却速度越大，共晶 Si 组织分布越均匀，细化效果越好。

表 9-4　不同含量 Sc 实验合金 DSC 表征结果　　　　　　　　　　（℃）

| 试样编号 | $T_M$ | $T_N$ | $\Delta T$ |
| --- | --- | --- | --- |
| 0% Sc | 567.77 | 563.66 | 4.11 |
| 0.1% Sc | 569.07 | 560.99 | 8.08 |
| 0.2% Sc | 569.15 | 561.74 | 7.41 |

习　题

9-1　差热分析的基本原理是什么？

9-2　简述差示扫描量热仪的基本工作原理。

9-3　为什么加热过程中即使试样未发生变化，差热曲线仍会出现较大的基线漂移？

9-4　热重法和差热分析法各有什么特点，各有什么局限性？

## 参 考 文 献

[1] 常铁军. 材料近代分析测试方法 [M]. 2 版. 哈尔滨：哈尔滨工业大学出版社，2005.

[2] 罗清威，唐玲，艾桃桃. 现代材料分析方法 [M]. 重庆：重庆大学出版社，2021.

[3] 李刚，岳群峰，林惠明，等. 现代材料测试方法 [M]. 北京：冶金工业出版社，2013.

[4] 王慧新，白朴存，崔晓明，等. Er 对 Al-7Si-0.6Mg 合金组织及性能的影响 [J]. 特种铸造及有色合金，2022，42（7）：870-874.

[5] Cui X M, Wang Z W, Cui H, et al. Study on mechanism of refining and modifying in Al-Si-Mg casting alloys with adding rare earth cerium [J]. Mater. Res. Express, 2023, 10 (8)：086511.